자원 리사이클링 공학

Engineering of Resources Recycling

자원 리사이클링 공학

Engineering of Resources Recycling

손호상 지음

경북대학교출판부

지은이 | 손호상(Sohn, Hosang)

1983 경북대학교 금속공학과 학사
1985 경북대학교 금속공학과 석사
1993 일본 Kyoto대학 야금학과 박사
1985~1988 현대자동차 기술연구소
1993~1994 ㈜영풍 석포제련소 기술연구소
1994~2001 포스코 기술연구소
2001~현재 경북대학교 신소재공학부 교수
2013~2015 경북대학교 공과대학 학장
2017~2018 한국자원리싸이클링학회 회장
2018~현재 포스코 석좌교수

자원리사이클링공학

초판 1쇄 2019년 1월 10일 | **초판 3쇄** 2022년 1월 10일
지은이 손호상 | **펴낸이** 홍원화 | **펴낸 곳** 경북대학교출판부
출판등록 1973년 10월 10일 ㉿97호 | **주소** 대구광역시 북구 대학로 80
전화 053-950-3830 | **팩스** 053-953-4692 | **E-mail** press@knu.ac.kr
Homepage www.knupress.com
ISBN 978-89-7180-512-1 93580

정가는 뒤표지에 있습니다.
파본은 바꾸어 드립니다.

머리말

천연자원은 무한정 사용할 수 없는 것이 현실이다. 특히 지구상에 존재하는 무기물 자원은 사용할 수 있는 양이 한정되어 있다. 그럼에도 불구하고 그동안 인류는 자원을 채취(resource extraction)하여 제품을 생산(production)하고 사용(consumption) 후에 폐기(dispose)하는 선형경제(linear economy) 구조 속에서 살아왔다. 그러나 필연적으로 발생하는 폐기물(waste)을 더 이상 처분할 장소조차 구하지 못하면서 천연자원은 점점 고갈되어 가고 있는 실정이다. 이러한 선형경제의 대안으로 나온 것이 순환경제(circular economy) 모델이다. 순환경제는 제품 생산부터 사용 이후까지의 전체 과정에서 상품의 사용 기간을 늘리고, 자원을 효율적으로 사용하여 폐기물의 배출을 최소화할 뿐만 아니라, 배출되는 폐기물을 재자원화하는 것으로, 새로운 비즈니스 모델로도 주목받고 있다.

한편, 천연자원을 무한정 사용할 수 있다고 하더라도 자원의 탐사, 채굴, 그리고 사용할 수 있는 재료로 만드는 과정에서 필연적으로 많은 부작용이 발생한다. 그러나 제품으로 만들어진 무기물의 경우에는 그 형태가 그대로 남아서 폐기되기 때문에 도시광산(urban mine)으로서 무궁무진한 가치가 있다. 특히 금속자원의 경우 스크랩으로부터 생산하는 것이 광석으로부터 1차 지금(地金)을 생산하는 것에 비하여 3~45 % 정도의 에너지만 소비하므로 매우 친환경적인 제조업이 될 수 있다.

다행히 최근에 이러한 도시광산의 개념이 일반화되고, 더욱이 순환경제 모델이 알려지면서 자원 리사이클링에 대한 인식의 전환이 이루어져 많은 자원을 재활용하고 있다. 그러나 아직 법적인 제도가 미비할 뿐만 아니라 리사이클링기술이 부족하고 경제성만 추구하다 보니 재활용되지 못하고 낭비되는 도시광산 자원이 더 많은 것이 현실이다.

한편 자원 리사이클링기술에 관한 전문서적이 부족하여 교육현장이나 산업현장에서 제대로 된 교육을 하지 못하거나, 참고할 자료가 부족하여 수많은 연구 논문들을 찾아 헤매고 있는 실정이다. 저자는 이러한 현실을 안타깝게 여겨, 그동안의 연구와 강의 경험을 바탕으로 천연광석을 대상으로 하는 제련공학을 자원 리사이클링 관점에서 도시광물(urban ore)을 원료로 사용하는 제련공학으로 새롭게 정리하였다.

자원 리사이클링은 순환경제 모델의 한 축을 담당하고 있는 것으로, 도시광산으로부터 도시광물인 유가물(有價物)을 채취하여 재자원화하는 것이다. 지하자원을 채굴하는 것을 제외하면 자원공학과 제련공학을 융합한 것으로 생각할 수 있다. 즉, 도시광산으로부터 유가물을 쉽게 회수하기 위해서 파쇄와 선별을 하고, 필요에 따라서는 화학적인 전처리를 거친다. 그리고 원료의 특성에 따라 용융, 환원, 정제 등의 공정을 거쳐서 비로소 재자원화가 완성된다.

본 서에서는 이러한 자원 리사이클링을 위해 가장 기본이 되는 물리화학과 파쇄 및 선별 등의 물리적 전처리, 배소 등의 화학적 전처리, 그리고 건식제련과 습식제련의 기본에 대하여 설명하였다. 또한 자원 리사이클링의 원료는 매우 다양하지만, 우리가 재자원화하고자 하는 원소의 관점에서 보면 유사한 방법으로 회수하기 때문에 양산금속과 희소금속으로 구분하여 각 원소의 관점에서 본 리사이클링기술과, 각 원소별 주요 발생원에 따른 리사이클링기술에 대해 설명하였다.

비록 이 한 권의 책에서 모든 자원의 리사이클링을 다루지는 못하였지만, 이 책이 순환경제 시대를 대비하는 데 기여할 수 있을 것으로 생각된다. 본 서에서 다루지 못한 내용들에 대해서는 기존의 여러 참고 서적이나 문헌들을 살펴보면서 새로운 리사이클링 프로세스를 구축하여 순환경제 시대를 이끌 수 있기를 기대한다.

2019. 1.

蘇爺 孫豪祥

목차

제1장

자원 리사이클링의 개요

1.1 서론

자원(resources)을 가장 단순하게 정의하면 '원재료나 광물과 같이 인류에게 유용한 물질의 저장원'이라 할 수 있다. 일반적으로 자원이라 하면 단순하게 '지하자원', '천연자원', '자연자원'을 의미하지만 최근에는 도시광산(urban mine)으로 불리는 지상자원까지 포함하게 되었다.

지상자원 중에서도 금속자원의 재활용 역사는 아마 인류가 금속을 사용하면서부터 시작되었을 것이다. 재활용에 관한 문헌상의 기록도 꽤 오래되었다. 특히 무기를 녹여서 농기구인 쟁기를 만드는 것은 성경에도 쓰여 있으며, 1984년에 데즈먼드 음필로 투투[1]는 노벨평화상 수상 당시 "칼을 쟁기로 만들자.(Let us beat our swords into ploughshares.)"라는 구약 성서의 구절을 인용한 바 있다. 그리고 이보다 훨씬 전인 진시황 시절에 무기를 모아 녹여 동상을 만들었다는 이야기가 있으며, 667년 한반도의 삼국통일을 이룬 신라의 문무왕[2]은 "무기를 녹여 농기구를 만들었고, 백성을 어질고 오래 살게 하였다."라는 이야기가 전해지고 있다. 또한 고려시대에도 성종 6년에 개혁의 일환으로 칼을 녹여 농기구를 만들었다고 전해진다.[3]

이러한 내용들은 전쟁과 무기의 상징인 칼을, 평화적인 생산의 상징인 농업용 쟁기로 바꾸자는 것으로, 반전 구호나 통치의 수단으로 사용한 것이지만,[4] 옛사람들도 금속재료의 재활용

---

1 데즈먼드 음필로 투투(Desmond Mpilo Tutu, 1931년~): 넬슨 만델라와 함께 인종차별 정책의 철폐에 결정적인 기여를 한 인물이며, 세계적으로 유명한 평화 운동가. 1984년 10월 15일 노벨 평화상을 수상했다.

2 문무왕(文武王, 626년~681년): 신라 제30대 왕(재위: 661년~681년). 『삼국사기』 문무왕본기 문무왕 21년 조에 수록된 문무왕 유조 중.

3 고려 성종(成宗, 961년 1월~997년 11월, 고려 제6대 국왕, 재위: 981년~997년)이 성종 6년에 지방 호족을 해체시키기 위해 지방의 무기를 몰수해 농기구를 제조하였다.

가치를 알고 있었음을 시사한다.

한편 자원을 얻는 광산에는 두 가지 종류가 있다. 하나는 자연에서 광물을 채취하는 전통적인 지질학적인 광산으로, 지하자원을 얻는 광산이다. 또 다른 하나는 지상자원을 채취하는 도시광산이다. '도시광산'은 1988년 일본 Tohoku 대학의 Nanjo 교수가 만들어 낸 용어로,[5] 지구상에 축적되어 있는 공업제품을 재생 가능한 자원으로 간주하여, 이러한 자원이 축적된 장소를 도시광산(urban mine)으로 명명하면서 사용되기 시작하였다. 지금은 자원 재활용 분야는 물론이고 사회 전반에서 일반적인 용어로 자리 잡았는데, 도시광산에서 나오는 광물은 도시광물(urban ore)로 부를 수 있을 것이다.

자원 리사이클링은 수명이 다한 자동차나 컴퓨터·휴대전화는 물론 다양한 종류의 전기·전자제품, 산업 부산물 등을 수거해 폐기하면서 제품에 사용되었던 자원을 수집하여 재활용하는 것을 의미한다. 지질학적인 광산에서 자원을 채굴하기 위해서는 탐사부터 시작해서 경제성을 검토해야 하고, 그런 다음 자원을 채굴하여 선광(ore dressing) 등의 처리를 거쳐서 우리가 사용할 수 있는 상태로 만들어야 한다. 그러나 도시광산의 경우에는 탐사와 채굴이 필요 없을 뿐만 아니라, 간단한 처리만으로도 자원을 사용 가능한 재료로 탈바꿈시킬 수 있다는 장점이 있다. 특히 금속자원의 경우 천연광석을 환원하여 금속으로 만들 때보다 훨씬 적은 에너지를 들여 도시광물로부터 재자원화하는 것이 가능하다.

표 1.1은 대표적인 도시광물과 그것에 함유되어 있는 금속원소를 나타낸 것이다.[6] 표에는 대표적인 도시광물에 함유되어 있는 금속원소를 나열하였는데, 수많은 원소들이 다양한 도시광물에 포함되어 있음을 알 수 있다. 특히 Fe, Cu, Zn, Pb을 제외하면 대부분이 수입에 의존하고 있는 원소들이며, 이러한 양산금속도 천연광석의 전량을 수입하여 금속으로 만들고 있다. 이러한 도시광물을 재활용하지 않는다면 자원의 낭비는 물론, 처리할 장소조차 없는 실정이므로, 도시광물로부터 유가자원을 회수하는 것은 더 이상 선택의 문제가 아니라 필수적인 문제가 되었다.

---

4 반면에 쟁기를 무기로 만든 사례도 있다. 일제강점기인 1940년대에 태평양 전쟁 발발 이후 전쟁에 필요한 무기를 만드는 원료를 조달하기 위해 구리와 고철 등의 금속류를 강제로 공출하면서, 학교의 철문, 사찰과 교회의 종, 농기구, 놋그릇, 수저, 제사 도구 등 금속으로 된 것이면 모두 강탈해 갔다. 출처: 『한국민족문화대백과사전』, 국사편찬위원회.

5 Michio Nanjo, 1987: Urban Mine, New Resources for the Year 2,000 and Beyond, *Bulletin of the Research Institute of Mineral Dressing and Metallurgy*, Tohoku University 43(2), pp. 239-251.(실제로는 1988년 3월 25일에 발행됨)

6 국가청정지원센터 홈페이지 참조.

〈표 1.1〉 도시광산과 도시광물 및 그것에 함유된 금속원소

도시광산	도시광물	함유 금속원소
이동 수단	자동차, 전동차, 선박, 항공기	Fe, Al, Ti, Cu, Zn, Co, V, Mo 등
전기·전자제품	PC, 전자레인지, 냉장고, 세탁기, 복사기, 휴대폰, 의료기기 등	Cu, Ag, Au, Pt, Pd, Fe, In, W, Zr, Co, Ti, Mo, Ga, Ta, Nb, REE 등
전동기, 공구류	모터류, 절삭 공구	Fe, Cu, W, Co, V, Mo, Ti, REE 등
전지	1·2차 전지, 수소연료전지, 태양전지	Pb, Li, Ni, Mn, Fe, Zn, Hg, Cd, Pt, Co, Sb, REE 등
촉매	촉매스크랩, 석유화학촉매, 자동차용 촉매	Pt, Pd, Ni, Mo, V, Co 등
설비, 구조물	건물, 교량, 철로, 공장, 송전선, 통신케이블	Fe, Al, Cu, Zn, Ni, Sn, Mn, Cr 등
기타	도금슬러지, 도금폐액, ASR	Cu, Zn, Sn, Cr, Fe, Ni, Ag, Au, Pt, Pd 등

1.2 자원 리사이클링의 필요성

'자원은 유한, 창의는 무한'이라는 말이 있다. 말 그대로 지구상의 자원은 한정되어 있지만, 신기술을 개발할 수 있는 창의는 무한하다는 뜻으로, 우리에게 시사하는 바가 매우 큰 구호이다. 특히 우리나라에서 양산되고 있는 대표적인 금속인 철강, 동, 아연, 납을 생산하기 위한 천연광석들은 전량을 수입에 의존하고 있으며, 일부를 제외하면 천연자원은 전무하다고 할 수 있을 것이다.

표 1.2에는 지각 중 원소의 존재량을 나타내는 클라크수[7]를 나타내었다. 철은 클라크수에서 4위를 차지하는 매우 풍부한 자원이지만, 동은 26위로 비교적 희귀한 자원이다. 인류가 동을 사용하기 시작한 것이 약 11,000년 전으로 알려져 있으니, 언젠가는 고갈되어 더 이상 천연광석으로부터 동을 채취하는 것이 힘들 수도 있을 것이다. 마찬가지로 아연은 24위, 납은 36위이므로 이러한 원소들 또한 천연자원인 광석으로부터 채취하는 것이 곤란한 날이 올 것이다.

---

7 Clarke, F. W. and Washington, H. S., 1924: The composition of the earth's crust, *US. Geol. Surv. Prof. Paper.* 127.
* 클라크수(Clarke 數, Clarke Number): 지구 최외각 부분을 형성하는 물질들의 존재비율을 각 원소에 대해 중량백분율로 나타낸 수.

〈표 1.2〉 지각 중 존재 원소 순위와 농도(%)

순서	원소	농도(%)	순위	원소	농도(%)
1	^{8}O	46.60	40	^{62}Sm	6.0×10^{-4}
2	^{14}Si	27.72	41	^{64}Gd	5.4×10^{-4}
3	^{13}Al	8.13	42	^{66}Dy	4.8×10^{-4}
4	^{26}Fe	5.00	43	^{70}Yb	3.0×10^{-4}
5	^{20}Ca	3.63	44	^{72}Hf	3.0×10^{-4}
6	^{11}Na	2.83	45	^{55}Cs	3.0×10^{-4}
7	^{19}K	2.59	46	^{68}Er	2.8×10^{-4}
8	^{12}Mg	2.09	47	^{4}Be	2.8×10^{-4}
9	^{22}Ti	0.44	48	^{35}Br	2.5×10^{-4}
10	^{1}H	0.14	49	^{50}Sn	2.0×10^{-4}
11	^{15}P	0.105	50	^{73}Ta	2.0×10^{-4}
12	^{25}Mn	0.095	51	^{92}U	1.8×10^{-4}
13	^{9}F	0.0625	52	^{33}As	1.8×10^{-4}
14	^{56}Ba	0.0425	53	^{42}Mo	1.5×10^{-4}
15	^{38}Sr	0.0375	54	^{32}Ge	1.5×10^{-4}
16	^{16}S	0.026	55	^{74}W	1.5×10^{-4}
17	^{6}C	0.20	56	^{63}Eu	1.2×10^{-4}
18	^{40}Zr	0.0165	57	^{67}Ho	1.2×10^{-4}
19	^{23}V	0.0135	58	^{65}Tb	8.0×10^{-5}
20	^{17}Cl	0.013	59	^{53}I	5.0×10^{-5}
21	^{24}Cr	0.01	60	^{69}Tm	5.0×10^{-5}
22	^{37}Rb	9.0×10^{-3}	61	^{71}Lu	5.0×10^{-5}
23	^{28}Ni	7.5×10^{-3}	62	^{81}Tl	5.0×10^{-5}
24	^{30}Zn	7.0×10^{-3}	63	^{48}Cd	2.0×10^{-5}
25	^{58}Ce	6.0×10^{-3}	64	^{51}Sb	2.0×10^{-5}
26	^{29}Cu	5.5×10^{-3}	65	^{83}Bi	2.0×10^{-5}
27	^{39}Y	3.3×10^{-3}	66	^{49}In	1.0×10^{-5}
28	^{57}La	3.0×10^{-3}	67	^{80}Hg	8.0×10^{-6}
29	^{60}Nd	2.8×10^{-3}	68	^{47}Ag	7.0×10^{-6}
30	^{27}Co	2.5×10^{-3}	69	^{34}Se	5.0×10^{-6}
31	^{21}Sc	2.2×10^{-3}	70	^{44}Ru	1.0×10^{-6}
32	^{3}Li	2.0×10^{-3}	71	^{46}Pd	1.0×10^{-6}
33	^{7}N	2.0×10^{-3}	72	^{52}Te	1.0×10^{-6}
34	^{41}Nb	2.0×10^{-3}	73	^{78}Pt	1.0×10^{-6}
35	^{31}Ga	2.5×10^{-3}	74	^{45}Rh	5.0×10^{-7}
36	^{82}Pb	1.3×10^{-3}	75	^{79}Au	4.0×10^{-7}
37	^{5}B	1.0×10^{-3}	76	^{75}Re	1.0×10^{-7}
38	^{59}Pr	8.2×10^{-4}	77	^{76}Os	1.0×10^{-7}
39	^{90}Th	7.2×10^{-4}	78	^{77}Ir	1.0×10^{-7}

알루미늄의 경우 표 1.2에 나타낸 바와 같이 자원은 매우 풍부하지만 제련 비용이 높아서 우리나라에서는 1차 지금(地金)을 생산하지 않으며, 수입에 의존하거나 스크랩을 용융하여 재활용하고 있다. 특히 표 1.3에 나타낸 바와 같이 알루미늄은 1차 지금 제조에 소요되는 에너지의 약 5 % 수준으로 2차 지금을 생산할 수 있기 때문에 재활용이 매우 중요한 금속 중의 하나이다.

납은 인류가 약 8,500년 전부터 사용해 온 매우 친숙한 금속이지만 언어장애, 두통, 복통, 빈혈, 운동마비 등의 증상을 일으키는 것으로 알려져 있는데, 로마제국의 멸망이 납중독 때문이라는 설이 있을 정도이다. 이러한 납의 대부분은 자동차 등에 들어가는 납축전지에 사용되고 있다. 폐자동차(ELV)[8]에서 납축전지를 수거하여 재활용하고 있으나, 만일 이러한 납축전지가 재활용되지 못하고 버려진다면 상상하기 힘든 사태에 직면할 것이다.

〈표 1.3〉 광석으로부터의 1차 지금과 스크랩으로부터의 2차 지금 생산을 위한 에너지 원단위 비교(10^9cal/ton)

금속	광석으로부터의 1차 지금	스크랩으로부터의 2차 지금	2차 지금/1차 지금(%)
스펀지 타이타늄(Ti)	103.3	8.0	7.74
마그네슘 잉곳(Mg)	90.2	3.0	3.33
알루미늄 잉곳(Al)	61.5	3.0	4.88
니켈 음극(Ni)	36.3	3.8	10.47
동 음극(Cu)	22.8	4.5	19.74
아연 음극(Zn)	16.4	4.5	27.44
철강(Fe)	8.06	3.3	40.94
납(Pb)	6.80	3.0	44.12

몇 가지 금속에 대하여 자원, 에너지, 환경적인 측면에서 재활용이 필요한 이유에 대해 알아보았다. 특히 표 1.3에 나타낸 바와 같이 우리에게 친숙한 금속의 경우 스크랩으로부터 2차 지금을 생산하는 데 필요한 에너지가 1차 지금을 생산하는 데 필요한 에너지에 비해 3~45 % 수준으로

8 ELV: End of Life Vehicle

매우 낮음을 알 수 있다. 또 1차 지금 생산에 필요한 에너지가 많을수록 2차 지금 생산에 필요한 에너지 비율이 낮은 특징이 있으므로 이러한 원소들은 필히 재활용해야 할 것이다. 구리는 자원 고갈에 대비해서라도 필히 재활용해야 할 원소이며, 알루미늄은 에너지적으로 재활용하는 것이 필수적임을 알 수 있다. 또한 납의 경우 지구 환경적인 측면에서도 필히 재활용하여 처리하는 것이 안정적임을 알 수 있다.

1.3 자원 리사이클링의 요소기술

자원 리사이클링 프로세스는 원료가 되는 도시광물을 어떻게 간단한 공정과 적은 에너지로 고부가가치 물질로 재생하고, 환경보전을 도모할 것인가가 관건이다. 천연광산에서 광석을 채굴하여 자원화하기 위해서는 탐사, 채굴, 선광, 제련 등의 과정을 거쳐야 하지만 도시광물을 유가물로 재자원화하는 데는 탐사와 채굴 과정이 필요가 없다. 그러나 그 후속 공정인 선광과 제련 프로세스의 요소기술은 도시광물을 재자원화하는 데 필수적인 기술이 될 것이다. 이를 위한 몇 가지 요소기술은 다음과 같다.

① 수집: 천연광산의 '채굴'과 같은 개념으로 생각할 수 있다. 다만 광산이 아닌 제조공정이나, 소비자가 사용하여 확산되어 있는 원재료를 어떻게 효율 좋고 순도가 저하하지 않으면서, 더욱이 오염을 최소화하여 수집할 것인지가 중요하다.

② 파쇄·분쇄: 천연광물의 경우에도 채굴한 상태로 바로 사용할 수 없지만, 특히 도시광물의 경우에는 취급을 용이하게 하고 무가치한 물질을 분리하기 위해 파쇄·분쇄가 필요하다. 천연광물의 파쇄·분쇄에 대해서는 많은 기술 축적이 있으나, 도시광물은 그 종류가 다양할 뿐만 아니라 시대에 따라 광물의 종류가 바뀌기 때문에 아직 기술적으로 정리되지 못하고 있다.

③ 선별: 기본적으로는 천연광물의 선광기술을 활용한다. 즉, 수 선별, 중력 선별, 자력 선별, 부유 선별, 정전기 선별 등이 있으며, 기술 발전에 따라 분석기기를 이용하는 기술까지 실용화되어 있다.

④ 전처리 기술: 상기한 파쇄, 선별과 함께 화학적 전처리로 하소, 배소, 소결 등의 기술을 도시광물에도 동일하게 적용할 수 있다.

⑤ 제련: 도시광물은 금속 상태의 것이 많으나 대부분 여러 종류의 금속이 혼합되어 있으므로 목적금속을 추출하기 위해서는 제련 공정을 거쳐야 한다. 제련법에는 건식과 습식이 있다. 천연광물의 건식제련은 산화, 환원 등의 반응이 필요한데, 도시광물의 경우에도 단순한 용융에서부터 용융환원, 고체환원, 휘발제련 등을 동일하게 적용할 수 있다. 습식에는 침출, 여과, 정액, 용매추출, 이온교환, 세멘테이션, 전해채취 등이 있으며, 도시광물의 처리에 쉽게 접목할 수 있다.

⑥ 정제: 도시광물은 여러 종류의 원소가 혼합되어 있으므로 필수적으로 정제를 해야 하지만, 목적에 따라 고순도화까지는 하지 않아도 되는 경우가 있다. 그러나 필요에 따라 건식정제, 습식정제, 전해정제 등의 기술을 적용해야 한다.

⑦ 가공: 판재화, 선재화, 분말화 등이 있다.

상기한 자원 리사이클링을 위한 여러 가지 요소기술을 응용하여 대상에 따라 조금속을 얻는 간단한 폐기물 처리법에서부터 보다 고부가가치의 고순도화, 기능화 등으로의 전개가 기대된다. 또한 자원 리사이클링에서는 순도, 형태에 따라서 생산 공정으로의 적절한 피드백을 도모할 필요가 있다.

1.4 순환경제와 자원 리사이클링

최근 전 세계적으로 4차 산업과 함께 순환경제(circular economy)란 용어가 새로운 화두가 되고 있다. 일부 자원에 대해서는 예전부터 재활용하여 왔으나, 환경과 에너지 문제와 맞물려 1970년대부터 순환경제의 개념이 등장하였다. 특히 2013년과 2014년 다보스포럼의 핵심 의제로 등장하면서 전 지구적인 자원 고갈과 환경 문제를 해결할 수 있는 새로운 대안으로 등장하였다.(그림 1.1 참조)

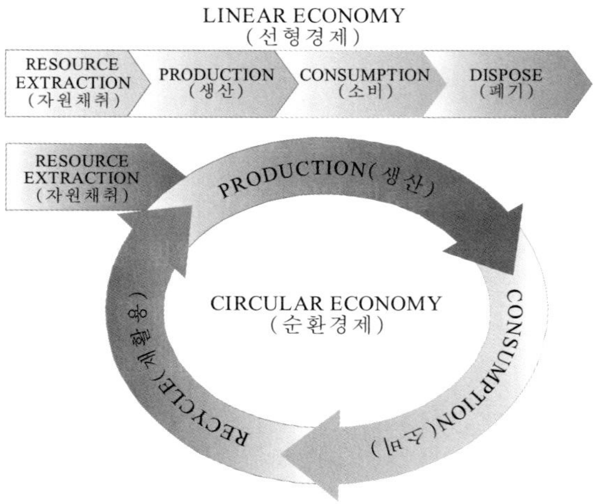

[그림 1.1] 선형경제와 순환경제

이러한 순환경제와 대비되는 선형경제(linear economy)는 천연자원을 채취(resource extraction)하여 제품을 생산(production)하고 사용(consumption)한 후에 폐기(dispose)하는 경제구조이므로 필연적으로 다량의 폐기물(waste)이 발생한다. 이러한 문제점을 해결할 수 있는 대안이 순환경제이다. 순환경제는 제품 생산부터 사용 후까지의 전 과정에서 자원을 효율적으로 사용하고 폐기물의 배출을 최소화하는 구조이지만, 단순한 환경보호의 차원을 넘어 새로운 비즈니스 모델로서도 주목받고 있다. 특히 자원 리사이클링 관점에서는 경제적·기술적으로 한 단계 도약할 수 있는 새로운 기회가 되었다.

'순환경제 4.0'을 창안한 자원공학자인 마르쿠스 로이터 박사는 '순환경제 4.0'에 나선 이유를 다음과 같이 설명하고 있다.[9] "인류 산업의 역사는 곧 자원 소비의 역사였다. 산업혁명 이전인 1700년대 이전까지 인류가 필요한 광물자원은 철·구리·납·아연·탄소·주석 정도였다. 그러다 1800년대에 들어서면서 여기에 코발트·망간·칼슘 등이 더해졌다. 19세기 말 전기시대가 열리면서 알루미늄·크롬·니켈·마그네슘·바나듐·금·백금·텅스텐·몰리브덴 등이 추가됐다. 2000년대에 모바일 시대가 본격화하면서 숱한 희소금속이 새롭게 필요해졌다. 현재 사용되는 광물은 중요한 것만 40종이 넘는다. 여기에는 로듐·지르코늄·인듐·루테늄·오스뮴·갈륨·게르마늄 등 화학 수업 시간에나 들을 수 있었던 온갖 희귀원소가 포함됐다. 이젠 전등

9 『중앙선데이』 2016. 7. 31., 490호 4면, 「금속재료 분리·재활용하는 '도시광산' 시스템 만들어야」.

하나를 개발하더라도 어떤 것이 자원 재활용에 도움이 되는지를 파악해야 하는 시대가 된 것이다.”

또 “지질학적 광산이든, 도시 광산이든 기존 방식으로는 인류의 지속 가능한 삶을 보장하지 못한다. 그래서 효율을 극적으로 높일 ‘순환경제 4.0’이 필요해진 것이다. 공학은 여기에서 새로운 길을 찾고 있다.”라고 설명하고 있다.

한편 자원 리사이클링 입장에서는 선형경제이든 순환경제이든 폐기물이 발생할 수밖에 없다. 따라서 순환경제란 폐기물을 재활용하여 자원을 순환할 수 있도록 하는 것이라고 해석할 수 있을 것이다. 앞에서 설명한 도시광산의 개념을 보다 구체화하여 설사 폐기물이 발생하더라도, 그 폐기물로부터 쉽게 유가자원을 회수할 수 있도록 하는 것이 필요하다.

따라서 순환경제의 활성화와 정착을 위해서는 생산자와 소비자의 인식 전환은 물론, 자원을 재활용하는 기술을 개발하고 실용화할 필요가 있다. 그러나 현실을 들여다보면 일부 기술 개발이 이루어지고 있지만 실용화가 매우 부족한 실정이다. 이것은 엔지니어의 몫이라 할 수 있겠다. 초심으로 돌아가 자원 리사이클링을 위한 새로운 학문체계를 구축하여 인력을 양성하고 실용화 가능한 기술을 개발할 필요가 있을 것이다. 개발된 기술이 경제성은 전혀 없고, 또 다른 환경 문제를 유발한다면 아무리 우수한 기술이어도 우리 사회가 받아들일 수 없을 것이다.

순환경제의 확산은 자원 리사이클링 산업이 한 단계 도약할 수 있는 새로운 기회이며, 이러한 절호의 기회를 잘 살린다면 지구환경을 지키면서 새로운 비즈니스 모델의 창출에 기여할 수 있을 것이다.

제2장

자원 리사이클링의 물리화학

자원 리사이클링은 폐자동차, 폐전기·전자부품, 폐촉매, 폐자석 등은 물론이고 산업 부산물이나 폐기물 등의 지상자원인 도시광물로부터 물리화학적 방법으로 유가금속을 회수하는 것이다. 이러한 공정에서는 원료의 파쇄·분쇄, 선별과 같은 물리적 전처리와 하소·배소와 같은 화학적 전처리를 거쳐서 고온으로 용융하여 처리하는 건식처리와 수용액 등을 이용하는 습식처리에 의해 목적금속을 회수한다.

자원 리사이클링에서 이러한 건식처리나 습식처리를 이해하기 위해서는 반드시 대상으로 하는 물질의 반응이나, 반응에 관여하는 물질의 특성을 파악하고, 또 최적의 반응장치를 설계·운전함과 동시에 이러한 여러 장치의 최적 구성을 실현할 수 있어야 한다. 이 중에서 반응이나 반응물질의 특성을 파악하는 데는 화학열역학, 물성론 및 반응속도론 등을 포함한 물리화학의 체계를 기초로 한 해석이 필요하다. 그리고 실제의 리사이클링 공정에서는 물질과 열의 흐름이 수반되므로 현상을 파악하려면 반응공학적 수법이 필수적인데, 이는 별도의 서적을 참고하기 바란다.

본 장에서는 이러한 물리화학과 열역학으로부터 자원 리사이클링 공학의 기초가 되는 사항에 대하여 설명한다. 보다 상세한 내용은 재료·금속의 열역학 관련 전문서적을 참고하기 바란다.[10]

2.1 기체의 성질

2.1.1 이상기체

이상기체는 분자 간의 인력과 척력이 무시되고, 평균 분자 간의 간격이 매우 넓어서 분자가

10 Y. Waseda et al. 저, 손호상 역, 2017: 『A. Yazawa의 열역학 문제집』, 경북대학교출판부.
David R. Gaskell 저, 민동준 외 역, 2010: 『재료금속열역학』, 홍릉과학출판사.

자유로이 운동한다. 전체 에너지에는 운동에너지가 주로 기여하며, 분자 간 상호작용에 의한 위치에너지의 기여는 전혀 없다. 또 이상기체는 그 자체의 체적을 가지지 않는다.

(1) Boyle의 법칙(1660년)

온도와 질량이 일정할 때 기체의 부피는 그 기체가 받는 압력에 반비례한다.

$$V \propto \left(\frac{1}{P}\right)_{T,m} \quad \text{or} \quad PV = C \tag{2.1}$$

V: 기체의 체적, P: 압력, T: 절대온도(K), m: 질량, C: 상수

(2) Gay-Lussac의 법칙(1802년)

압력과 질량이 일정할 때 기체의 부피는 절대온도에 비례한다.

$$V \propto (T)_{P,\, m} \tag{2.2}$$

(3) Boyle-Charles의 법칙

질량이 일정한 기체의 부피는 절대온도에 비례하고, 압력에 반비례한다.

$$PV = kT \quad (k\text{: 비례상수}), \qquad \therefore \ \frac{P_1 V_1}{T_1} = \frac{P_2 V_2}{T_2} = k \tag{2.3}$$

(4) Avogadro의 가설

온도와 압력이 동일한 조건하에서 동일 부피를 가진 모든 기체는 동일한 분자수[11]를 가진다.

$$V \propto (n)_{P,\, m} \quad \text{or} \quad V/n = k \tag{2.4}$$

(5) Dalton의 분압법칙(1801년)

물리적 또는 화학적인 작용이 없는 두 기체를 일정한 온도에서 서로 혼합했을 때 각각의 기체는 용기 내에 단독으로 있을 때와 같은 압력을 나타내고, 혼합에 따른 전체 압력은 용기 내의 각각의 기체가 나타내는 압력의 합과 같다.

---

11 Avogadro수: 6.0221367×10^{23} mol^{-1}

$$P = p_1 + p_2 + \cdots + p_n = \sum p_i, \qquad p_i = x_i \cdot P \quad (x_i\text{: 몰 분율}) \tag{2.5}$$

(6) 이상기체 상태방정식

$$\frac{PV}{T} = \text{constant} = R \quad \text{or} \quad PV = RT, \quad PV = nRT \tag{2.6}$$

(7) 기체상수 R

$$R = \frac{PV_n}{nT} = [(\text{힘}) \times (\text{길이})^{-2}][(\text{길이})^3]\left[\frac{1}{\text{몰수}}\right]\left[\frac{1}{\text{온도K}}\right] \tag{2.7}$$

$$R = 1.0132 \times 10^6 \times \frac{22414}{1} \times \frac{1}{273.15} = 8.314 \times 10^7\,[\text{erg} \cdot \text{mol}^{-1} \cdot \text{K}^{-1}]$$

$$= 8.314\ [\text{J} \cdot \text{mol}^{-1} \cdot \text{K}^{-1}]$$

$$R = 1 \times \frac{22.414}{1} \times \frac{1}{273.15} = 0.08206\ \left[\frac{\text{L} \cdot \text{atm}}{\text{mol} \cdot \text{K}}\right]$$

예제 2.1 740 mmHg, 25 ℃에서 건조된 공기의 밀도 ρ가 1.146 g/L일 때, 공기의 조성을 분자무게비로 구하라.(단, 공기는 N_2(28 g/mol)와 O_2(32 g/mol)만 존재한다고 가정한다.)

풀이

이상기체 상태방정식으로부터

$$PV = nRT \quad \text{and} \quad \rho = M/V \quad (M\text{: 공기의 분자량})$$

$$M_{air} = \frac{nRT\rho}{P} = 1 \times 0.08206 \times 298 \times 1.146 \times \frac{760}{740} = 28.782\ [\text{g/mol}]$$

N_2의 질량분율을 w라 두면

$$M_{N_2} \cdot w + M_{O_2} \cdot (1 - w) = 28w + 32(1 - w) = 28.782$$

$$\therefore w = 0.8045$$

따라서 무게비로 $N_2 = 80.45\ \%$, $O_2 = 19.55\ \%$이다.

2.1.2 실제기체(Van der Waals 방정식)

대부분의 실제기체들은 상온의 낮은 압력(≤10 atm)에서 이상기체 상태방정식을 만족하지만, 압력이 높아지고 온도가 낮아짐에 따라 편차의 정도가 증가한다. 반데르발스는 보정압력

$(P+a/V^2)$과 보정부피 $(V-b)$를 사용하여 이상기체 상태방정식을 다음 식과 같이 보정하였다.

$$\left(P+\frac{a}{V_m^2}\right)(V_m-b)=RT \tag{2.8}$$

a와 b는 실험적으로 결정되는 상수이며, V_m은 몰부피를 나타낸다.

예제 2.2 1 mol의 CO_2가 20 ℃에서 1 L의 체적을 차지하고 있을 때, 그 압력을 (a) 이상기체의 법칙, (b) Van der Waals의 식을 이용하여 계산하라. 단, CO_2의 a=3.59 $L^2 \cdot atm/mol$, b=0.0427 L/mol이다.

풀이

(a) 이상기체 방정식 $PV=nRT$를 적용한다.

$$P=\frac{nRT}{V}=\frac{1\times0.08206\times293}{1}=24.044\ \text{atm}$$

(b) 식(2.8)의 Van der Waals 방정식을 적용한다.

$$\therefore\ \left(P+\frac{3.59}{1^2}\right)(1-42.7\times10^{-3})=0.08206\times293$$

$$P=\frac{0.08206\times293}{1-42.7\times10^{-3}}-\frac{3.59}{1^2}=21.526\ \text{atm}$$

2.1.3 기체의 밀도

기체의 밀도는 단위 체적당 중량으로 나타내며, 단위는 g/L이다. 기체의 중량을 w(g), 부피를 v(L)라 하면, 밀도는 $\rho_g=w/v$로 나타낼 수 있다. 이 밀도는 압력이나 온도에 의해서 바뀐다. 기체의 상태가 바뀌어도 중량은 변하지 않으므로 이 식을 상태방정식 $p_1v_1/T_1=p_2v_2/T_2$에 대입하면 아래와 같다.

$$\frac{p_1}{T_1\rho_1}=\frac{p_2}{T_2\rho_2}$$

여기서 ρ_1, ρ_2는 각각 기체의 상태가 $(p_1,\ T_1)$, $(p_2,\ T_2)$일 때의 밀도이다.

표준상태에서의 밀도(표준밀도라고도 함)를 ρ_0라 하면 위의 식은 다음과 같이 된다.

$$\rho=\rho_0\times\frac{p}{760}\times\frac{273}{T} \tag{2.9}$$

그리고 기체의 상태방정식으로부터 다음과 같은 관계식이 얻어진다.

$PV = nRT,\ \ V = M/\rho$ (M: 분자량)

$$\rho_2 = \rho_1 \times \frac{p_2}{p_1} \times \frac{T_1}{T_2} M = \frac{\rho RT}{P} \tag{2.10}$$

예제 2.3 어떤 기체의 밀도가 27 ℃, 740 mmHg에서 2.73 g/L이다.

(a) 27 ℃, 760 mmHg에서의 밀도를 구하라.

(b) 표준상태(NTP)에서의 밀도를 구하라.

풀이

(a) $T_1 = T_2$이므로

$$\rho_2 = \rho_1 \times \frac{p_2}{p_1} \times \frac{T_1}{T_2} \qquad \rho_2 = 2.73 \times \frac{760}{740} \times 1 = 2.80\ \text{g/L}$$

(b) $\rho = \rho_0 \times \frac{p}{760} \times \frac{273}{T} \qquad \therefore\ \rho_0 = 2.73 \times \frac{760}{740} \times \frac{300}{273} = 3.08\ \text{g/L}$

2.2 열역학적 변수

2.2.1 엔탈피(열함량)

계의 내부 에너지 U, 계에 주어진 열량 Q, 외부에 대하여 한 일량 W의 관계는 열역학 제1법칙[12]에 따르면

$$U_2 - U_1 = \Delta U = Q - W \tag{2.11}$$

식(2.11)은 무한소의 변화량[13]에 대해 다음과 같이 나타낸다.

$$dU = \delta Q - \delta W \tag{2.12}$$

외압 P에 대하여 계의 체적이 dV만큼 변화하는 일이 일어난 경우

$$dU = \delta Q - PdV \tag{2.13}$$

---

12 에너지 보존의 법칙: 에너지는 새로이 생성되거나 소멸되지 않으며, 단지 그 형태만 바뀐다.

13 'δ'는 경로함수, 'd'는 상태함수를 나타낸다.

계의 엔탈피 H는 식(2.14)로 정의되며, 양변을 미분하면 식(2.15)가 된다.

$$H \equiv U + PV \tag{2.14}$$

$$dH = dU + PdV + VdP \tag{2.15}$$

지금 $m\mathrm{A} + n\mathrm{B} = q\mathrm{C}$ 의 반응을 가정하면 이 반응의 엔탈피 변화 ΔH는

$$\Delta H = qH_C - (mH_A + nH_B) \tag{2.16}$$

여기서 H_i는 i 물질 1 몰당의 엔탈피이며, 298 K에서 순물질(순수한 화합물은 아님)은 $H \equiv 0$으로 정해져 있다. 식(2.16)에서 $\Delta H > 0$의 경우는 흡열반응, $\Delta H < 0$의 경우는 발열반응이다. 또 반응의 최초와 최종 상태만 규정되면 반응 과정은 ΔH에 영향을 미치지 못하는데, 이것을 Hess의 법칙이라 한다.

예제 2.4 다음의 데이터를 이용하여 고체 Pb와 1 기압의 산소로부터 고체 PbO_2를 생성하기 위한 표준 생성 엔탈피를 구하라.

$$\mathrm{Pb(s)} + \frac{1}{2}\mathrm{O_2(g)} = \mathrm{PbO(g)} \qquad \Delta H^0_{298} = -224.26 \ \mathrm{kJ} \tag{1}$$

$$3\mathrm{PbO(s)} + \frac{1}{2}\mathrm{O_2(g)} = \mathrm{Pb_3O_4(s)} \qquad \Delta H^0_{298} = -76.15 \ \mathrm{kJ} \tag{2}$$

$$\mathrm{Pb_3O_4(s)} + \mathrm{O_2(g)} = 3\mathrm{PbO_2(s)} \qquad \Delta H^0_{298} = -101.67 \ \mathrm{kJ} \tag{3}$$

풀이

Hess의 법칙을 이용하는 예제이다. 구하고자 하는 반응은 다음과 같다.

$$\mathrm{Pb(s)} + \mathrm{O_2(g)} = \mathrm{PbO_2(s)} \tag{4}$$

따라서 식(1)~(3)을 이용하면 식(1)+식(2)×1/3+식(3)×1/3로 주어진다.

$$\Delta H^0_{298}(4) = \Delta H^0_{298}(1) + \frac{1}{3}\Delta H^0_{298}(2) + \frac{1}{3}\Delta H^0_{298}(3)$$

$$= -224.26 - 25.38 - 33.89 = -283.53 \quad \mathrm{kJ}$$

2.2.2 열용량(비열)

물질의 열용량(熱容量, heat capacity)은 '어떤 물질의 온도를 단위 온도만큼 올리는 데 필요한 열량'으로서, 측정 가능한 물리량이며, C [J/K]로 나타낸다.

열용량은 계의 크기에 따라 달라지는 크기성질(extensive property)이다. [크기성질/크기성질]=

[세기성질]이 되므로, 물질에 따른 상대적인 비교를 위해서는 세기성질(intensive property)로 변환하여야 하며, 다음과 같다.

- 비열(比熱, specific heat capacity): 단위 질량당 열용량, $[\mathrm{J \cdot K^{-1} \cdot g^{-1}}]$
- 몰 열용량(molar heat capacity): 단위 몰당 열용량, $[\mathrm{J \cdot K^{-1} \cdot mol^{-1}}]$

온도가 dT만큼 변화하였을 때 δQ의 열량이 계에 흡수되면 비열 C는

$$C \equiv \delta Q / dT \tag{2.17}$$

등압하에서는 $dP = 0$이므로 식(2.15)는 식(2.18)이 되어 식(2.13) 및 식(2.18)로부터 식(2.19)가 얻어진다.

$$dH = dU + PdV \quad (\text{등 압 변 화}) \tag{2.18}$$

$$dH = \delta Q_P \tag{2.19}$$

이때의 비열 C_P(등압비열)는 식(2.17) 및 식(2.19)로부터 다음과 같다.

$$C_P = (\partial H / \partial T)_P \tag{2.20}$$

그리고 식(2.20)으로부터 식(2.21)이 유도된다.

$$H_{T2} - H_{T1} = \int_{T1}^{T2} C_P dT \tag{2.21}$$

그림 2.1에서 보는 것처럼 T_1에서 T_2까지 온도가 상승하는 사이에 변태점 T_t(변태열 L_t), 융점 T_m(융해열 L_m), 비등점 T_v(증발열 L_v)가 존재하는 경우 식(2.21)은 식(2.22)로 나타낸다.

$$H_{T2} - H_{T1} = \int_{T1}^{Tt} C_{P1} dT + L_t + \int_{Tt}^{Tm} C_{P2} dT + L_m \tag{2.22}$$
$$+ \int_{Tm}^{Tv} C_{P3} dT + L_v + \int_{Tv}^{T2} C_{P4} dT$$

또 식(2.20)으로부터 Kirchhoff의 식이라 불리는 식(2.23)이 도출된다.

$$\Delta C_P = (\partial \Delta H / \partial T)_P \tag{2.23}$$

한편 $m\mathrm{A} + n\mathrm{B} = q\mathrm{C}$의 반응에 대해서는 다음과 같이 나타낸다.

$$\Delta C_P = qC_C - (mC_A + nC_B) \tag{2.24}$$

혼합기체의 등압비열은 다음 식과 같이 나타낸다.

$$C_{P,mix} = \sum x_i C_{P,i} \quad (x_i\text{는 } i\text{가스 성분의 몰 분율}) \tag{2.25}$$

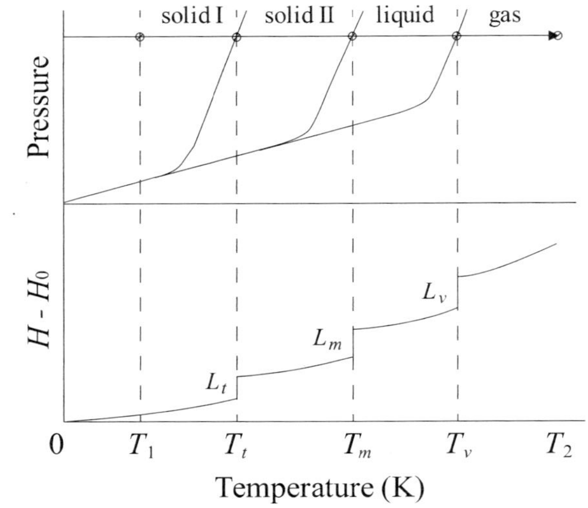

[그림 2.1] 물질의 상태에 미치는 압력과 온도의 관계 및 엔탈피 변화

고체의 등압비열은 근사적으로 Neumann-Kopp의 법칙을 이용하여 구할 수 있다. 지금 물질의 분자식을 A_mB_n으로 나타내는 경우, A 및 B의 원자량을 M_A 및 M_B, 원자열을 α_A 및 α_B라 하면, A_mB_n의 등압비열은 다음과 같다.

$$C_{P,AmBn} = (m\alpha_A + n\alpha_B) / (mM_A + nM_B) \tag{2.26}$$

표 2.1에 각 원소의 원자열 α를 나타내었다.

〈표 2.1〉 각 원소의 원자열 α ($J{\cdot}K^{-1}{\cdot}mol^{-1}$)

원소	원자열 α	원소	원자열 α	원소	원자열 α
C	7.53	Cl	27.20	Si	15.90
H	9.62	S	22.59	Bi	11.30
O	16.74	P	22.59	Sn	15.90
F	20.92	N	20.92	기타	26.78

예제 2.5 철 스크랩 1 kg을 25 ℃에서 1,600 ℃까지 올리는 데 필요한 열량을 구하라. 단, 철은 고체 상태일 때 760 ℃, 910 ℃, 1,400 ℃에서 변태가 일어나며, 이때의 생성열은 각각 1,364, 900, 690 J/mol이다. 그리고 융점은 1,537 ℃, 용융열은 15,355 J/mol, 원자량은 55.85

g/mol이며 온도 범위에 따른 열용량은 다음 표와 같다.

Temp. range(℃)	$C_{P,Fe}$ [J·K^{-1}·mol^{-1}]
25~760	$12.55+31.71\times10^{-3}T+2.51\times10^{5}T^{-2}$
760~910	46.57
910~1,400	$24.27+8.37\times10^{-3}T$
1,400~1,537	$28.20+6.86\times10^{-3}T$
1,537~2,700	$40.88+1.67\times10^{-3}T$

풀이

25 ℃~1,600 ℃ 사이에는 네 번의 상변태가 있으므로 아래와 같이 구한다.

$$Q_{1873} = \Delta H^0_{298} + \int_{298}^{1033} C_{P,1}dT + \Delta H^{tr}_{1033} + \int_{1033}^{1183} C_{P,2}dT + \Delta H^{tr}_{1183} \quad (1)$$

$$+ \int_{1183}^{1673} C_{P,3}dT + \Delta H^{tr}_{1673} + \int_{1673}^{1810} C_{P,4}dT + \Delta H^{tr}_{1810} + \int_{1810}^{1873} \Delta C_{P,5}dT$$

$$\int_{298}^{1033} C_{P,1}dT = \int_{298}^{1033} (12.55 + 31.71\times10^{-3}T + 2.51\times10^{5}T^{-2})dT$$

$$= 25334.259$$

$$\int_{1033}^{1183} C_{P,2}dT = 6985.5, \qquad \int_{1183}^{1673} C_{P,3}dT = 17748.956,$$

$$\int_{1673}^{1810} C_{P,4}dT = 5500.1, \qquad \int_{1810}^{1873} C_{P,5}dT = 2769.184$$

각 온도구간에서 구한 열량과 변태열을 식(1)에 대입하면

$$Q_{1873} = 76,647 \quad [\mathrm{J/mol}]$$

문제에서 스크랩 1 kg당의 열량이므로

$$Q' = \frac{Q_{1873}}{M_{Fe}} \times \frac{1000}{1000} = \frac{76,647}{55.85}\left[\frac{\mathrm{J}}{\mathrm{mol}} \cdot \frac{\mathrm{mol}}{\mathrm{g}}\right] \times \frac{1000}{1000}\left[\frac{\mathrm{g}}{\mathrm{kg}} \cdot \frac{\mathrm{kJ}}{\mathrm{J}}\right]$$

$$= 1372.4 \quad [\mathrm{kJ/kg}]$$

예제 2.6 Neumann-Kopp의 법칙을 이용하여 40 wt% CaO-35 wt% SiO_2-25 wt% Al_2O_3계 고체 슬래그의 열용량을 추정하라.

풀이

다성분계 슬래그의 열용량은 식(2.26)으로부터 계산한다. (α_i: 원자열)

$$C_{P,\mathrm{CaO}} = \frac{26.78+16.74}{40.08+16} = 0.776,$$

$$C_{P,\mathrm{SiO2}} = \frac{15.92+2\times16.74}{28.09+32} = 0.82,$$

$$C_{P,\mathrm{Al2O3}} = \frac{2\times26.78+3\times16.74}{2\times26.98+3\times16} = 1.018$$

$$\therefore\ C_{P,slag} = 0.4\times0.776+0.35\times0.82+0.25\times1.018 = 0.852\ \ \mathrm{J{\cdot}K^{-1}{\cdot}g^{-1}}$$

2.2.3 엔트로피

엔트로피 S는 열역학 제2법칙[14]으로부터

$$dS \equiv \delta Q/T \tag{2.27}$$

식(2.27)은 "어떤 상태변화에 따른 엔트로피의 변화량은 그 상태변화를 가역적으로 일으켰을 때에 이동하는 열량을 절대온도로 나눈 값과 같다."라는 것을 나타낸다.

등압의 조건하에서 식(2.19)~(2.21)로부터

$$dS = dH/T = (C_P/T)dT \tag{2.28}$$

$$S_{T2} - S_{T1} = \int_{T1}^{T2} (C_P/T)dT \tag{2.29}$$

그림 2.1에 나타난 것처럼 T_1에서 T_2까지 온도가 상승할 때 변태점 T_t(변태열 L_t), 융점 T_m(융해열 L_m), 비등점 T_v(증발열 L_v)가 존재하는 경우 식(2.29)는 식(2.30)으로 표시된다.

$$S_{T2} - S_{T1} = \int_{T1}^{Tt} C_{P1}/T dT + L_t/T_t + \int_{Tt}^{Tm} C_{P2}/T dT + L_m/T_m + \int_{Tm}^{Tv} C_{P3}/T dT + L_v/T_V + \int_{Tv}^{T2} C_{P4}/T dT \tag{2.30}$$

식(2.29)에서 $T_1 = 0$ K의 경우, 열역학 제3법칙에 따라 $S_{0\,\mathrm{K}} = 0$이다.

한편 $m\mathrm{A}+n\mathrm{B}=q\mathrm{C}$의 반응의 엔트로피 변화 ΔS는 다음과 같다.

$$\Delta S = qS_C - (mS_A + nS_B) \tag{2.31}$$

---

14 열역학 제2법칙: 열 저장체나 그 주위에 아무런 변화를 남기지 않고 일정한 온도의 열 저장체로부터 열을 뽑아내어 일로 전환할 수 있는 순환기관을 만드는 것은 불가능하다.

여기서 S_i는 i 물질 1몰당 엔트로피이다.

용융 엔트로피 ΔS_m은 용융열 ΔH_m과 융점 T_m에 의해서 산출되지만 식(2.32)의 관계가 경험적으로 알려져 있다.

$$\Delta S_m = \Delta H_m / T_m \fallingdotseq 8.37 \ [\mathrm{J/(mol \cdot K)}] \tag{2.32}$$

이 관계는 Richard의 법칙으로 불리며, 용융열을 모르는 경우에 융점으로부터 용융열을 추정할 때 이용된다. 또 증발의 엔트로피 ΔS_v는 증발열 ΔH_v 및 비등점 T_v에 의해서 산출되며, Trouton의 법칙이라 불리는 식(2.33)의 경험법칙이 있다.

$$\Delta S_v = \Delta H_v / T_v \fallingdotseq 87.86 \ [\mathrm{J/(mol \cdot K)}] \tag{2.33}$$

예제 2.7 주어진 자료로부터 100 ℃의 아연 1 mol을 1,000 ℃로 가열하였을 때의 엔트로피 변화를 구하라. 단, 아연의 끓는점 이상에서 분압은 1 atm이다.

용융잠열 7,385 J/mol (at 692.5 K), 증발잠열 115,311 J/mol (at 1,180 K)

몰비열 고체 $C_{P(s)} = 22.38 + 10.04 \times 10^{-3} T \ (\mathrm{J \cdot mol^{-1} \cdot K^{-1}})$

액체 $C_{P(l)} = 31.38 \ (\mathrm{J \cdot mol^{-1} \cdot K^{-1}})$

기체 $C_{P(g)} = 20.79 \ (\mathrm{J \cdot mol^{-1} \cdot K^{-1}})$

풀이

구하고자 하는 엔트로피 변화 ΔS는

$$\Delta S = \int_{373}^{692.5} \frac{C_{P(s)}}{T} dT + \frac{\Delta H_m}{T} + \int_{692.5}^{1180} \frac{C_{P(l)}}{T} dT + \frac{\Delta H_v}{T} + \int_{1180}^{1273} \frac{C_{P(g)}}{T} dT$$

$$= \int_{373}^{692.5} \frac{22.38 + 10.04 \times 10^{-3} T}{T} dT + \frac{7385}{692.5} + \int_{692.5}^{1180} \frac{31.38}{T} dT$$

$$+ \frac{115{,}311}{1180} + \int_{1180}^{1273} \frac{20.79}{T} dT$$

$$= 143.74 \ (\mathrm{J \cdot mol^{-1} \cdot K^{-1}})$$

2.2.4 자유에너지

화학이나 금속과 관련된 대부분의 반응은 일정한 압력과 온도, 또는 일정한 부피와 온도하에서 일어난다. 일정한 P와 T 또는 일정한 V와 T하의 계를 닫힌계(closed system)라 부르는데,

계의 경계면에서 물질의 이동은 없으나 에너지의 이동은 가능하다. 따라서 이러한 조건하에서 자발적 반응의 기준으로 자유에너지(Gibbs free energy와 Helmholtz free energy)를 도입하여 정한다.

반응의 진행 방향을 알기 위한 지표인 깁스 자유에너지(Gibbs free energy) G는 다음 식과 같이 정의한다.

$$G \equiv H - TS \tag{2.34}$$

식(2.14)의 $H \equiv U + PV$로부터

$$G = U + PV - TS \tag{2.35}$$

양변을 미분하면

$$dG = dU + PdV + VdP - TdS - SdT \tag{2.36}$$

식(2.18) 및 (2.28)로부터

$$dU = dH - PdV = TdS - PdV \tag{2.37}$$

따라서 식(2.36) 및 (2.37)로부터

$$dG = VdP - SdT \tag{2.38}$$

등압의 조건에서는 $dP = 0$이므로 식(2.38)로부터

$$\left(\frac{\partial G}{\partial T}\right)_P = -S \tag{2.39}$$

식(2.34) 및 (2.39)로부터

$$G = H + T\left(\frac{\partial G}{\partial T}\right)_P \tag{2.40}$$

여기서

$$\left[\frac{\partial}{\partial T}\left(\frac{G}{T}\right)\right]_P = \frac{1}{T}\left(\frac{\partial G}{\partial T}\right) - \frac{G}{T^2} \tag{2.41}$$

또 식(2.40)의 양변을 T^2으로 나누면

$$\frac{G}{T^2} - \frac{1}{T}\left(\frac{\partial G}{\partial T}\right)_P = \frac{H}{T^2} \tag{2.42}$$

이므로 식(2.41)과 (2.42)로부터

$$\left[\frac{\partial}{\partial T}\left(\frac{G}{T}\right)\right]_P = -\frac{H}{T^2} \tag{2.43}$$

식(2.43)은 Gibbs-Helmholtz의 식으로 부른다.[15]

반응의 표준엔탈피 변화 ΔH^0 및 표준엔트로피 변화 ΔS^0로부터 자유에너지 변화 ΔG^0는 다음과 같이 나타낸다.

$$\Delta G_T^0 = \Delta H_T^0 - T\Delta S_T^0 \tag{2.44}$$

어떤 반응에 따른 자유에너지 변화는 생성물질의 전체 합과 반응물질의 전체 합의 차이로 나타낸다. 따라서 온도 T에서 일어나는 반응에 대한 깁스 자유에너지 변화 ΔG는 다음과 같이 나타낼 수 있다.

$$\begin{aligned}\Delta G &= \sum G_{product} - \sum G_{reactant} \\ &= \left(\sum H_{product} - \sum H_{reactant}\right) - T\left(\sum S_{product} - \sum S_{reactant}\right) \\ &= \Delta H - T\Delta S\end{aligned}$$

어떤 반응 $a\mathrm{A} + b\mathrm{B} \rightarrow c\mathrm{C} + d\mathrm{D}$에 대한 25 ℃에서의 표준 자유에너지 변화 ΔG^0는 다음과 같이 나타낸다.

$$\begin{aligned}\Delta G_{298}^0 &= \sum G_{298,\,\mathrm{product}}^0 - \sum G_{298,\,\mathrm{reactant}}^0 \\ &= \left(c\Delta G_{298,\,\mathrm{C}}^0 + d\Delta G_{298,\,\mathrm{D}}^0\right) - \left(a\Delta G_{298,\,\mathrm{A}}^0 + b\Delta G_{298,\,\mathrm{B}}^0\right)\end{aligned}$$

예제 2.8 1 기압하에서 탄소에 의한 MnO의 환원이 열역학적으로 몇 도 이상 또는 이하에서 가능한지를 계산하라.

$$2<\mathrm{C}> + (\mathrm{O}_2) = 2(\mathrm{CO})\,;\ \Delta G^0 = -223{,}426 - 175.3T\ [\mathrm{J}] \tag{1}$$

$$2<\mathrm{Mn}> + (\mathrm{O}_2) = 2<\mathrm{MnO}>\,;\ \Delta G^0 = -798{,}307 + 164.2\,T\ [\mathrm{J}] \tag{2}$$

풀이

C에 의한 MnO의 환원반응은 식(1)-식(2)에 의해

$$2<\mathrm{MnO}> + 2<\mathrm{C}> = 2<\mathrm{Mn}> + 2(\mathrm{CO}) \tag{3}$$

$$\therefore \Delta G_{(3)}^0 = \Delta G_{(1)}^0 - \Delta G_{(2)}^0 = 574{,}881 - 339.5\,T\ [\mathrm{J}]$$

평형이 되는 온도는 $\Delta G_{(3)}^0 = 0$이므로

$$\Delta G_{(3)}^0 = 574{,}881 - 339.5\,T = 0 \quad \therefore T = 1693.32\ [\mathrm{K}]$$

---

15 Gibbs-Helmholtz 방정식으로부터 한 온도에서 어떤 반응의 ΔG를 알면 다른 온도에서의 ΔG를 계산할 수 있다.

따라서 1,420.3 ℃ 이상이 되면 환원반응이 일어난다.

2.3 활동도와 반응평형

2.3.1 활동도

외부 압력에 대하여 일을 하는 계에 열역학 제1법칙과 제2법칙을 결합하고, 온도가 일정한 경우는 다음과 같이 된다.

$$dG = VdP \tag{2.45}$$

1 몰의 이상기체인 경우, 이상기체 상태방정식으로부터 다음과 같은 식이 유도된다.

$$dG = RT\,d\ln P \tag{2.46}$$

어떤 물질의 활동도란 그 물질이 임의의 상태에 있을 때의 퓨가시티[16]와 표준상태에 있을 때의 퓨가시티의 비이며, '열역학적 농도'로 다음과 같다.

$$a \equiv f/f^0 \tag{2.47}$$

여기서 a 는 활동도(activity), f 는 임의의 상태에서의 퓨가시티, f^0 는 표준상태에서의 퓨가시티를 나타낸다. 이상기체인 경우 퓨가시티는 모든 압력에서 압력과 동일하므로, 식(2.47)을 식(2.46)에 대입하면

$$dG = RT\,d\ln\left(f^0 \cdot a\right) \tag{2.48}$$

등온상태에서는 f^0 도 일정한 값을 가지므로

$$dG = RTd\ln f^0 + RTd\ln a = RTd\ln a \tag{2.49}$$

한편 식(2.46)을 정적분하면 다음과 같이 된다.

$$G - G^0 = RT\ln(P/P^0) \tag{2.50}$$

여기서 G^0 및 P^0는 표준상태에서의 자유에너지 및 압력을 나타낸다.

이상기체이므로 i성분의 활동도를 $a_i \equiv P_i/P_i^0$라 정의하면, 식(2.50)으로부터

$$\overline{G_i} = G_i^0 + RT\ln a_i \tag{2.51}$$

---

16 퓨가시티(fugacity)는 fugere(도망가다)에서 온 단어로, escaping tendency와 같은 뜻이다. 따라서 물질의 퓨가시티는 그 상태로부터 벗어나려는 정도를 나타낸다.

여기서 $\overline{G_i}$ 는 i성분의 부분 몰자유에너지이다.

예제 2.9 500 ℃에서 철을 10 wt% 고용하고 있는 아연의 퓨가시티를 구하라. 단, 순수한 아연의 500 ℃에서의 증기압은 1.58 mmHg이며, 이상용액으로 가정한다.(원자량 Fe: 55.85, Zn: 65.38 g/mol)

풀이

아연의 몰 분율 x_{Zn}은 다음 식으로부터 0.885이다.

$$x_{\mathrm{Zn}} = \frac{(90/65.38)}{(90/65.38)+(10/55.85)} = 0.885$$

이 합금을 이상용액으로 가정하였으므로, 500 ℃에서 합금의 증기압 p_{Zn}은

$$p_{\mathrm{Zn}} = p^0_{\mathrm{Zn}} \cdot x_{\mathrm{Zn}} = 1.58 \times 0.885 = 1.398 \ \mathrm{mmHg}$$

따라서 퓨가시티 f_{Zn}은

$$f_{\mathrm{Zn}} = p_{\mathrm{Zn}} = 1.398 \ \mathrm{mmHg} \ \text{or} \ f_{\mathrm{Zn}} = \frac{1.398}{760} = 1.84 \times 10^{-3} \ \mathrm{atm}$$

2.3.2 평형상수

자유에너지 변화(ΔG)가 음의 값을 가지면 반응이 일어난다는 것을 나타낸다. 그런데 이 ΔG의 값은 반응이 어디까지 진행할 것인지와 밀접한 관계가 있다. 다시 말하면 고려하고 있는 조건에서 ΔG의 크기는 그 상태가 평형상태로부터 얼마만큼 벗어나 있는지를 나타내는 척도이다.

$aA + bB + \cdots = rR + sS + \cdots$ 반응의 자유에너지 변화 ΔG는

$$\Delta G = \sum G_{\mathrm{product}} - \sum G_{\mathrm{reactant}} = (rG_R + sG_S + \cdots) - (aG_A + bG_B + \cdots)$$

반응물질과 생성물질이 표준상태에 있다면 자유에너지 변화 ΔG^0 는 다음과 같다.

$$\Delta G^0 = \left(rG^0_R + sG^0_S + \cdots\right) - \left(aG^0_A + bG^0_B + \cdots\right)$$

따라서 식(2.51)로부터

$$\Delta G - \Delta G^0 = \left[(RT\ln a^r_R) + (RT\ln a^s_S) + \cdots\right] - \left[(RT\ln a^a_A) + (RT\ln a^b_B) \cdots\right]$$

$$\therefore \ \Delta G = \Delta G^0 + RT\ln\left(\frac{a^r_R \cdot a^s_S}{a^a_A \cdot a^b_B}\right) \tag{2.52}$$

$\Delta G < 0$에서는 반응이 우측으로 진행하고, $\Delta G > 0$에서는 좌측으로 진행한다. 평형상태에서는 $\Delta G = 0$이므로 $(a_R^r \cdot a_S^s \cdot \cdots)/(a_A^a \cdot a_B^b \cdot \cdots)$항을 '열역학적 평형상수' 또는 간단하게 '평형상수'라 부르고, 'K'로 나타낸다. 따라서 평형상태에서는

$$\Delta G^0 = -RT\ln\left(\frac{a_R^r \cdot a_S^s}{a_A^a \cdot a_B^b}\right) = -RT\ln K \tag{2.53}$$

식(2.53)으로부터 반응의 평형상수는 표준 자유에너지 변화를 알면 계산할 수 있다.

예제 2.10 실험실에서 질소나 아르곤가스 중의 산소를 제거하기 위해 가열한 구리 중을 통과시키면 아래와 같은 반응이 일어난다. 600 ℃에서 평형에 도달해 있다고 가정하여 질소 중의 평형 산소분압을 구하라.

$$4\text{Cu(s)} + \text{O}_2\text{(g)} = 2\text{Cu}_2\text{O(s)}, \quad \Delta G^0 = -338{,}300 + 146.63T \text{ [J]}$$

풀이

이 반응식의 평형상수는 다음과 같다.

$$K = \frac{a_{\text{Cu2O}}^2}{a_{\text{Cu}}^4 \cdot p_{\text{O2}}} = \exp\left(-\frac{\Delta G^0}{RT}\right)$$

600 ℃에서 $\Delta G_{873}^0 = -210{,}292$ J이고, $a_{\text{Cu2O}} = a_{\text{Cu}} = 1$이므로

$$K = \frac{1}{p_{\text{O2}}} = \exp\left(-\frac{\Delta G^0}{RT}\right) = 3.83 \times 10^{12}$$

$$\therefore p_{\text{O2}} = \frac{1}{K} = \frac{1}{3.83 \times 10^{12}} = 2.61 \times 10^{-13} \text{ atm}$$

2.3.3 반트 호프 방정식(Van't Hoff Equation)

식(2.43)의 Gibbs-Helmholtz 식으로부터 식(2.53)을 이용하여 van't Hoff의 식(등압 평형식)으로 불리는 식(2.54)가 도출된다.

$$\left(\frac{\partial \ln K}{\partial T}\right)_P = \frac{\Delta H^0}{RT^2}, \qquad \left[\frac{d(\ln K)}{d(1/T)}\right]_P = -\frac{\Delta H^0}{R} \tag{2.54}$$

즉, 이는 평형상수와 엔탈피의 관계를 나타내는 식이며, ΔH^0가 온도에 의존하지 않는다고 하면 식(2.54)를 적분하여 식(2.55)를 얻을 수 있다.

$$\ln K = -\frac{\Delta H^0}{RT} + I \tag{2.55}$$

따라서 평형상수의 대수값인 $\ln K$와 온도의 역수인 $(1/T)$의 관계를 그림으로 나타내면 그 직선의 기울기가 $-\Delta H^0/R$이 되므로, 임의의 온도에서 그은 접선으로부터 그 온도에서의 반응열인 ΔH^0를 구할 수 있다.

식(2.54)에 의하면 RT^2은 항상 (+) 값이 되므로

① $\Delta H^0>0$, 즉 흡열반응에서는 $\partial \ln K/\partial T > 0$ 으로, 온도 상승과 함께 K는 커지고, 평형은 흡열방향 즉 온도 상승을 저지하는 방향으로 이동한다.

② $\Delta H^0<0$, 즉 발열반응에서는 $\partial \ln K/\partial T < 0$ 으로, 온도 상승과 함께 K는 작아지고, 평형은 역방향 즉 발열방향으로 이동한다.

③ $\Delta H^0=0$, 즉 열의 출입이 없는 반응에서는 $\partial \ln K/\partial T = 0$, 즉 K는 온도에 관계없이 일정하고 온도를 변화시켜도 평형상태는 변하지 않는다.

예제 2.11 여러 온도에서 아래 반응식의 평형상수를 표에 나타내었다.

$$<FeO> + (CO) = <Fe> + (CO_2);\ K_1 \tag{1}$$

$$<FeO> + (H_2) = <Fe> + (H_2O);\ K_2 \tag{2}$$

Temp.(℃)	600	700	800	900	1000
K_1	0.900	0.673	0.535	0.453	0.396
K_2	0.332	0.422	0.499	0.594	0.668

표에 나타낸 온도에서 아래 반응식의 평형상수를 계산하라.

$$(CO) + (H_2O) = (CO_2) + (H_2) \tag{3}$$

단, 일산화탄소와 수증기로부터 수소를 생산하는 반응의 반응열은 온도에 무관하다고 가정한다.

풀이

식(3)은 식(1)-식(2)로부터 구할 수 있다. 따라서 식(3)의 평형상수는

$$K_{(3)} = \frac{p_{H2} \cdot p_{CO2}}{p_{CO} \cdot p_{H2O}} = \frac{K_1}{K_2}$$

식(3)의 반응열이 온도에 무관하다고 하면 식(2.54)의 반트호프 방정식[17]을 적분한 아래 식으로부터 $\ln K$와 $(1/T)$의 관계를 그림 2.2와 같이 그래프로 나타내어 직선의 기울기로부터 ΔH를 구할 수 있다.

$$\ln K = -\frac{\Delta H^0}{RT} + I$$

기울기가 4,232이므로

$$\Delta H^0 = -R\tan\theta = -8.314 \times 4{,}233 = -35{,}193\ [\mathrm{J/mol}]$$

Temp.(℃)	600	700	800	900	1,000
K_1	0.900	0.673	0.535	0.453	0.396
K_2	0.332	0.422	0.499	0.594	0.668
K_3	2.711	1.595	1.072	0.763	0.593

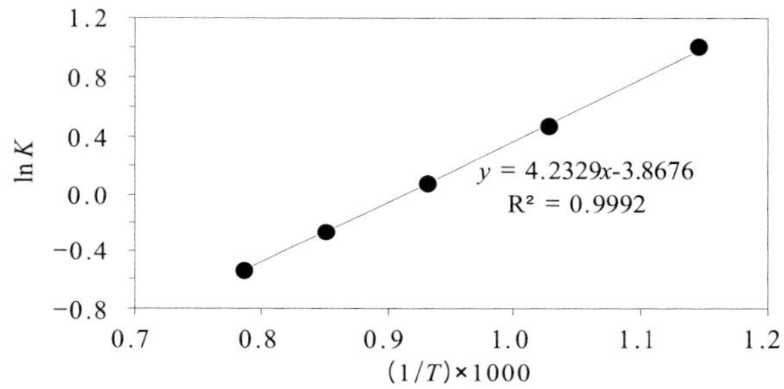

[그림 2.2] 반트호프 방정식으로부터 ΔH를 구하는 방법

2.3.4 Clausius-Clapeyron 식

순수한 액체 A의 증발을 생각하면 A(l)=A(g)의 평형에서

$$\Delta G^0 = -RT\ln P = \Delta H^0 - T\Delta S^0 \tag{2.56}$$

비등점 T_v는 $P = 1$ atm이 되는 온도이므로 식(2.56)으로부터 $\Delta G_v^0 = 0$이며, $\Delta S_v^0 = \Delta H_v^0 / T_v$이다. 비등점 근방에서 $\Delta S^0 ≒ \Delta S_v^0$(상수)로 보면, 식(2.56)은

$$\ln P = -\Delta H^0 / RT + \Delta S_v^0 / R \tag{2.57}$$

양변을 미분하면

17 반트호프 방정식으로부터 평형상수에 미치는 온도의 영향을 계산할 수 있다.

$$dP/P = (\Delta H^0/RT^2)dT \tag{2.58}$$

여기서 $V = RT/P$라면

$$dP/dT = \Delta H^0/(TV) \tag{2.59}$$

증발에 있어서 $V(g) \gg V(l)$이므로 $\Delta V = V(g) - V(l) \fallingdotseq V(g)$로 되며, 식(2.59)는 Clausius-Clapeyron 식이라 불리는 식(2.60)으로 나타내게 된다.

$$dP/dT = \Delta H^0/(T\Delta V) \tag{2.60}$$

예제 2.12 Sn의 융점은 1 기압에서 232.0 ℃이다. 10 기압에서의 융점을 구하라. 단, 융점에서의 밀도는 Sn(s)=7.07 g/cm^3, Sn(l)=6.93 g/cm^3, ~~용융~~잠열은 59.41 J/g이다.

풀이

Clausius-Clapeyron 식에 의하면

$$\frac{dT}{dP} = \frac{T_m(V_1 - V_2)}{\Delta H_f}$$

단, $\Delta H_f = 59.41$ [J/g]이므로 환산계수 9.87(= 82.06/8.314)을 곱하여 압력단위로 환산한다.

$$\frac{dT}{dP} = \frac{505(1/6.93 - 1/7.07)}{59.41 \times 9.87} = 0.00246 \quad [\mathrm{K \cdot atm^{-1}}]$$

따라서 10 기압에 대한 융점의 증가분은 약 0.025 ℃이다. 즉, 10 기압에서의 융점은 $232 + 0.025 = 232.025$ ℃ 이다.

2.4 용액

용액(溶液, solution)이란 열역학에서 가장 중요한 위치를 차지하는 것으로, 고체, 액체, 기체에 상관없이 여러 화학성분으로 구성된 균일상(均一相, homogeneous phase)이다. 즉, 두 가지 이상의 성분을 함유하는 혼합물이 균일상을 만들었을 때, 이 혼합물을 용액이라 부른다. 용액의 생성은 화학반응의 진행 조건을 근본적으로 변화시킨다.

2.4.1 용액의 농도

용액의 조성은 '중량 백분율(weight%)'이나 '원자 백분율(atom%)', 그리고 '몰 분율(mole fraction)'을 사용하여 나타낸다.

(1) 중량 백분율(weight percent)

$$\mathrm{wt\%}\ i = \frac{w_i}{w_1 + w_2 + \cdots + w_n} \times 100 \tag{2.61}$$

wt% i: 성분 i의 중량 백분율, w_i: 용액 내의 각 성분의 중량

(2) 원자 백분율(atom percent)

$$\mathrm{atom\%}\ i = \frac{n_i}{n_1 + n_2 + \cdots + n_n} \times 100 \tag{2.62}$$

atom% i: 성분 i의 원자 백분율, n_i: 성분 i의 몰수(w_i/M_i)

(3) 몰 분율(mole fraction)

몰 분율은 용액 내의 특정 물질의 몰수를 그 용액을 구성하고 있는 모든 물질의 전체 몰수로 나눈 것이다. 다성분계 용액에서 성분 i의 몰 분율 x_i는 다음과 같다.

$$x_i = \frac{n_i}{n_1 + n_2 + \cdots + n_n}, \quad \Sigma x_i = 1 \tag{2.63}$$

A-B 2성분계 용액에서 상호 관계식은 다음과 같다.

$$\mathrm{wt\%\ A} = \left[\frac{\mathrm{atom\%A \times M_A}}{\mathrm{atom\%A \times M_A + atom\%B \times M_B}} \right] \times 100 \tag{2.64}$$

$$\mathrm{atom\%\ A} = \left[\frac{\mathrm{wt\%A / M_A}}{\mathrm{wt\%A / M_A + wt\%B / M_B}} \right] \times 100 \tag{2.65}$$

여기서 M_i는 원자량(g/mol)을 나타낸다.

한편 중량 백분율(wt%)과 원자 백분율(atom%)은 다음과 같은 관계에 있다.

$$\frac{[\mathrm{wt\%A}]}{100 - [\mathrm{wt\%A}]} = \frac{\mathrm{M_A}}{\mathrm{M_B}} \left(\frac{[\mathrm{atom\%A}]}{100 - [\mathrm{atom\%A}]} \right)$$

양변에 대수를 취하면

$$\log\left(\frac{[\mathrm{wt\%A}]}{100-[\mathrm{wt\%A}]}\right)=\log\mathrm{M_A}-\log\mathrm{M_B}+\log\left(\frac{[\mathrm{atom\%A}]}{100-[\mathrm{atom\%A}]}\right) \tag{2.66}$$

예제 2.13 Cu-Fe-S 3원계 융체 중 Fe의 함유량은 10 wt%이다. 이 융체를 Cu_2S-FeS의 2원계로 생각하여 FeS의 몰 분율을 구하라. 단, $M_{\mathrm{Fe}}=55.85$, $M_{\mathrm{Cu}}=63.54$, $M_{\mathrm{S}}=32.06$ g/mol이다.

풀이

Cu-Fe-S 3원계 융체를 100 g이라 하면 Fe는 10 g이다.

$$n_{\mathrm{Fe}}=n_{\mathrm{FeS}}=10/55.85=0.179\ \mathrm{mol}$$

$$w_{\mathrm{FeS}}=M_{\mathrm{FeS}}\times n_{\mathrm{FeS}}=87.91\times 0.179=15.736\ \mathrm{g}$$

$$n_{\mathrm{Cu2S}}=\frac{100-w_{\mathrm{FeS}}}{M_{\mathrm{Cu2S}}}=\frac{84.264}{159.14}=0.530$$

$$\therefore\ x_{\mathrm{FeS}}=\frac{n_{\mathrm{FeS}}}{n_{\mathrm{FeS}}+n_{\mathrm{Cu2S}}}=\frac{0.179}{0.179+0.530}=0.253$$

2.4.2 라울(Raoult)의 법칙: 이상용액(Ideal Solutions)

이상기체의 경우와 마찬가지로, 용액 구성분자 혹은 원자 간의 상호작용이 서로 같고, 더욱이 완전히 무질서한 배치를 하고 있는 용액에서 액상 중의 성분이 기상으로 증발하려는 경향은 용액 중 각 성분의 분자 혹은 원자 수에 비례한다. 따라서 평형증기압과 용액 조성의 사이에는 다음과 같은 관계가 성립한다.

$$P_i=P_i^0\cdot x_i$$

여기서 P_i: 성분 i의 평형증기압, P_i^0 : 순수한 성분 i의 평형증기압, x_i: 성분 i의 몰 분율이다. 위의 관계를 Raoult의 법칙이라 한다. 즉, 라울의 법칙이란 용질 첨가에 따른 용매의 증기압 감소율이 용액 중 용질의 몰 분율과 같다는 것이다.

A-B 2성분계의 어떤 용액에서 A와 B가 나타내는 분압(partial pressure)을 p_{A} 및 p_{B}라 하고, 순수한 A와 순수한 B의 증기압을 각각 P_A^0 및 P_B^0라 하면, 라울의 법칙에 따라서 다음의 관계가 성립한다.

$$\frac{p_A}{P_A^0} = x_A, \quad \frac{p_B}{P_B^0} = x_B \quad (x_A + x_B = 1)$$

일반적으로 표시하면

$$\frac{p_i}{P_i^0} = x_i \tag{2.67}$$

여기서 증기가 이상적으로 거동한다면 다음의 관계가 성립한다.

$$a_i = x_i \tag{2.68}$$

만일 어떤 용액이 라울의 법칙을 만족한다면 용액 내의 어떤 성분의 활동도는 용액 내의 그 성분의 몰 분율과 같다. 라울의 법칙을 만족하는 용액을 '이상용액(理想溶液, ideal solution)'이라 부른다.

실제용액 내의 어떤 성분의 활동도는 그 성분의 몰 분율에 비례하며, 그림 2.3에 나타낸 것처럼, 용액이 라울의 법칙을 만족하는 경우의 활동도 값보다 크거나 작은 값을 나타낸다. 그림에서 알 수 있는 바와 같이 용매의 농도가 아주 높을 때에는 대부분의 경우 라울의 법칙을 잘 만족한다.

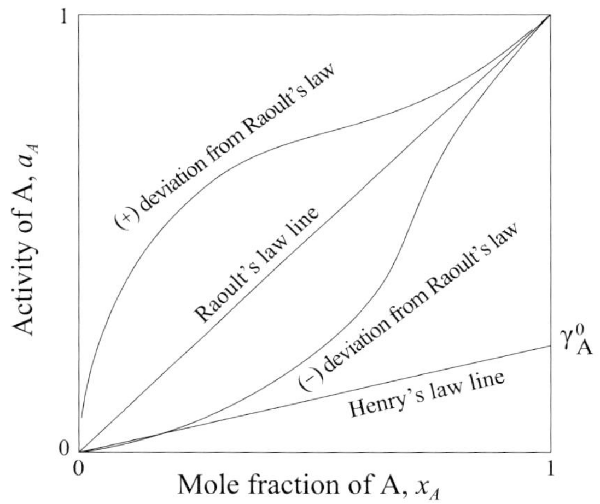

[그림 2.3] 몰 분율에 대한 용질 A의 활동도

예제 2.14 Fe-Mn, FeO-MnO용액은 1,550 ℃에서 이상용액으로 볼 수 있다. MnO(30 mol%)와 FeO(70 mol%)의 슬래그와 평형하는 Fe 중 Mn의 농도를 중량 %로 구하라. 단,

$$2Mn(l) + O_2(g) = 2MnO(l) \qquad \Delta G_1^0 = -801,100 + 173.02\,T \ [J] \tag{1}$$

$$2Fe(l) + O_2(g) = 2FeO(l) \qquad \Delta G_2^0 = -477,560 + 97.06\,T \ [J] \tag{2}$$

풀이

슬래그-메탈 사이의 반응은 식[(1) − (2)]/2로부터 다음과 같이 나타낼 수 있다.

$$Mn(l) + FeO(l) = MnO(l) + Fe(l) \quad \Delta G_3^0 = -161,770 + 37.98\,T \ [J] \tag{3}$$

1,823 K에서 $\Delta G_3^0 = -92,533$ (J)이다. 식(3)의 평형상수를 K_3라 하면

$$\Delta G_3^0 = -RT\ln K_3 = -RT\ln\left(\frac{a_{Fe} \cdot a_{MnO}}{a_{Mn} \cdot a_{FeO}}\right)$$

이상용액으로 볼 수 있으므로 $a_i = x_i$이므로

$$\log\frac{a_{Fe} \cdot a_{MnO}}{a_{Mn} \cdot a_{FeO}} = \log\frac{x_{Fe} \cdot x_{MnO}}{x_{Mn} \cdot x_{FeO}} = \frac{925,33}{19.147 \times 1823} = 2.651$$

$x_{FeO} = 0.7$, $x_{MnO} = 0.3$을 대입하여 $x_{Fe} + x_{Mn} = 1$의 관계에 의해

$$x_{Fe} = 0.9990, \quad x_{Mn} = 0.0010$$

원자분율을 wt%로 환산하면(M_{Fe}, M_{Mn}은 각각 Fe 및 Mn의 원자량)

$$\frac{wt\%Mn}{wt\%Fe} = \left(\frac{M_{Mn}}{M_{Fe}}\right) \times \left(\frac{at\%Mn}{at\%Fe}\right), \quad \frac{wt\%Mn}{100 - wt\%Mn} = \left(\frac{54.94}{55.85}\right) \times \left(\frac{0.10}{99.90}\right) = 0.0010$$

$$\therefore \quad wt\%Mn = 0.10$$

2.4.3 비이상용액(Non-ideal Solutions)

비이상용액(또는 실제용액)이란, 용액 내의 적어도 한 성분에 대해서는 식(2.68)이 잘 적용되지 않는 용액을 말한다. 식(2.68)을 비이상용액에도 적용할 수 있도록 하기 위해 도입된 보정인자 γ_i를 성분 i에 대한 라울형 활동도계수(Raoultian activity coefficient)라 부른다. 즉,

$$a_i = \gamma_i \cdot x_i \tag{2.69}$$

활동도계수는 온도, 압력 및 용액의 조성에 따라 좌우되며, 이상용액의 경우는

$$\gamma_i = 1 \tag{2.70}$$

한편 실제용액에서는 전체 농도 범위에서 Raoult의 법칙을 만족하는 것은 매우 드물고, 그림 2.3의 곡선과 같이 양(+) 또는 음(−)의 편기를 나타낸다. Raoult의 법칙이 성립하지 않는

경우에도 충분히 희박한 용액, 즉 용매 성분 B에 대하여 용질성분 A가 $x_A \ll x_B$의 범위에서는 성분 A의 원자가 성분 B의 원자에 완전히 둘러싸여, 성분 A의 원자는 주위로부터 균일한 상호작용을 받으므로 A-B 2원계에서는 다음과 같은 관계가 성립한다.

$$p_A = k_A \cdot x_A \tag{2.71}$$

여기서 k_A는 주어진 온도에서 상수이다. 그림 2.3에 나타낸 것처럼, 묽은 용액 내에서 용질이 나타내는 증기압이 용질의 몰 분율에 비례하는 것을 헨리의 법칙이라 한다.

식(2.71)의 양변을 p_A^0로 나누면 다음과 같은 식이 된다.

$$a_A = \frac{p_A}{p_A^0} = \frac{k_A}{p_A^0} \cdot x_A = \text{constant} \cdot x_A \tag{2.72}$$

식(2.72)의 상수는 무한히 묽은 용액의 초기 조성 범위 내에서 활동도-조성 곡선의 기울기와 같은 값이다. 또는 A의 농도가 0인 점에서 활동도-조성 곡선에 그린 접선의 기울기이며, γ_A^0로 표시하고, 무한히 묽은 용액에서 용질의 활동도계수이다.

2.4.4 활동도의 기준상태

(1) Raoult의 기준

Raoult 기준의 i성분의 활동도 a_i^R은 i성분의 몰 분율 x_i 및 활동도계수 γ_i^R을 이용하여 식(2.73)으로 나타낸다.

$$a_i^R = \gamma_i^R \cdot x_i \tag{2.73}$$

순수한 물질 i를 기준으로 한 x_i=1에서 $a_i^R = 1$이므로

$$\lim_{x_i \to 1} \gamma_i^R = 1 \tag{2.74}$$

식(2.74)는 Raoult의 법칙이라 부른다.

한편 i성분이 저농도인 경우, a_i^R은 직선으로 근사할 수 있다. 이것은 Henry의 법칙이라 부르며, 활동도계수 γ_i^0를 이용하여 식(2.75)로 나타낸다.

$$a_i^R = \gamma_i^o \cdot x_i, \quad \lim_{x_i \to 0} \gamma_i^R = \gamma_i^o \tag{2.75}$$

(2) Henry의 기준

i성분이 저농도인 경우, 앞서 설명한 것처럼 a_i^R은 직선 근사로 나타낼 수 있다. 즉 Henry의 법칙이 성립한다면 Henry 기준의 i성분의 활동도 a_i^H는 식(2.76)으로 나타낸다.

$$a_i^H = \gamma_i^H \cdot x_i , \quad \lim_{x_i \to 0} \gamma_i^H = 1 \tag{2.76}$$

따라서 Raoult 기준으로부터 Henry 기준으로 변환하면 다음과 같다.

$$a_i^R / a_i^H = \gamma_i^R / \gamma_i^H = \gamma_i^0 \tag{2.77}$$

$$i\,(\text{Raoult}) = i\,(\text{Henry}), \quad \Delta G_{R \to H}^o = - RT \cdot \ln(a_i^H / a_i^R) = RT \cdot \ln \gamma_i^0 \tag{2.78}$$

(3) 1 wt% 기준

i성분이 저농도이고 Henry의 법칙이 성립한다면, 농도로서 wt%를 이용하여 무한 희박용액에서 wt%와 i성분의 활동도가 같다고 보고 식(2.79)가 성립한다.

$$a_i = f_i \cdot [\text{wt\%}] , \quad \lim_{[\text{wt\%}i] \to 0} f_i = 1 \tag{2.79}$$

식(2.79)로부터 i성분 농도가 1 wt%일 때의 a_i는 편의상 1이 된다.

Henry 기준으로부터 1 wt% 기준으로의 변환은

$$a_i / a_i^H = f_i \cdot [\text{wt\%}] / (\gamma_i^H \cdot x_i) \tag{2.80}$$

wt%와 몰 분율의 관계는

$$[\text{wt\%}i] = \frac{x_i \cdot M_i}{x_i \cdot M_i + (1 - x_i) \cdot M_{solvent}} \times 100 \fallingdotseq 100 \frac{x_i \cdot M_i}{M_{solvent}} \tag{2.81}$$

여기서 M_i는 i성분의 원자량, $M_{solvent}$는 용매(예를 들면 미량의 i성분을 함유한 용철)의 원자량을 나타낸다. 식(2.81)을 변형하면

$$\frac{[\text{wt\%}i]}{x_i} \fallingdotseq 100 \frac{M_i}{M_{solvent}} \tag{2.82}$$

무한 희박용액에서는 식(2.76)으로부터 $\gamma_i^H = 1$, 식(2.79)로부터 $f_i = 1$이므로

$$i\,(\text{Henry}) = \underline{i}\,(1\ \text{wt\%}) \tag{2.83}$$

$$\Delta G_{H \to 1\,\text{wt\%}}^0 = - RT \cdot \ln(a_{\underline{i}} / a_i^H) = RT \cdot \ln\{M_{solvent} / (100\, M_i)\}$$

Raoult의 기준으로부터 1 wt% 기준으로의 변환은 식(2.79) 및 (2.83)으로부터

$$i\,(\text{Raoult}) = \underline{i}\,(1\ \text{wt\%}) \tag{2.84}$$

$$\Delta G^0_{R\to 1\text{wt\%}} = \Delta G^o_{R\to H} + \Delta G_{H\to 1\text{wt\%}} = -RT\cdot \ln(a_{\underline{i}} / a_i^R)$$

$$= RT\cdot \ln\left(\gamma_i^0 \cdot \frac{M_{solvent}}{100\,M_i}\right)$$

예제 2.15 1,600 ℃에서 순수한 액체 Si이 용철 중 1 wt%Si의 무한 희석상태로 변화할 때의 자유에너지 변화를 계산하라. 단, 이 온도에서 $\gamma^0_{\text{Si}} = 0.0011$이며, Fe와 Si의 원자량은 각각 55.85 g/mol, 28.09 g/mol이다.

풀이

$$\text{Si(pure liuid)} = \text{Si(1 wt\% in Fe)}$$

$$\Delta G^0_{\text{Si}} = RT\ln\left(\gamma^0_{\text{Si}}\frac{M_{\text{Fe}}}{100\cdot M_{\text{Si}}}\right) = -167{,}095\ \text{J}\cdot\text{mol}^{-1}$$

2.4.5 다성분계의 활동도계수

용매 1에 용질성분 2, 3 …이 함유되는 다성분계의 활동도계수는 용질성분끼리의 상호작용의 영향을 받지만 용질성분의 농도가 작은 경우에는 이러한 농도의 1차 형식의 형태로 나타낸다. 즉, 성분 2의 활동도계수는

$$\ln\gamma_2(x_2, x_3\cdots) = \ln\gamma_2^0 + \epsilon_2^{(2)}x_2 + \epsilon_2^{(3)}x_3 + \cdots \tag{2.85}$$

여기서 γ_2^0는 2원계에서의 값이며, 계수 $\epsilon_2^{(2)}$, $\epsilon_2^{(3)}$ …는 다음과 같다.

$$\epsilon_2^{(2)} = \frac{\partial\ln\gamma_2}{\partial x_2},\qquad \epsilon_2^{(3)} = \frac{\partial\ln\gamma_2}{\partial x_3} \tag{2.86}$$

여기서 $\epsilon_i^{(j)}$를 i성분에 대한 j성분의 상호작용 모계수라 한다.

몰 분율 대신에 질량 백분율, 자연대수 대신에 상용대수를 이용할 때는 상호작용 조계수 $e_i^{(j)}$를 다음과 같이 정의한다.

$$e_2^{(2)} = \frac{\partial\log f_2}{\partial[\%2]},\qquad e_2^{(3)} = \frac{\partial\log f_2}{\partial[\%3]} \tag{2.87}$$

무한 희박용액에서는 $f_2^0 = 1$, 즉 $\log f_2^0 = 0$이 되어

$$\log f_2(\%2,\ \%3,\cdots) = e_2^{(2)}[\%2] + e_2^{(3)}[\%3] + \cdots = \log f_2{}' + \log f_2^{(3)}\ \cdots \tag{2.88}$$

지금 간단한 1-2-3이라는 3원계에서 상호작용 모계수와 상호작용 조계수 사이에는 다음과

같은 관계가 성립한다.(M_i: 각 성분의 원자량)

$$\epsilon_3^{(2)} = \epsilon_2^{(3)}, \quad e_3^{(2)} = (M_3/M_2)e_2^{(3)} \tag{2.89}$$

$$\epsilon_2^{(3)} = 230\frac{M_3}{M_2}e_2^{(3)} + \left(1 - \frac{M_3}{M_2}\right) \tag{2.90}$$

이상은 용질 2를 무한 희박용액으로 보는 범위 내에서 성립한다.

예제 2.16 450 ℃에서 0.015 몰 분율의 Zn을 함유하는 Bi-Zn 2원계 용액에서 무한희석 상태를 기준으로 한 Zn의 활동도계수는 3.974이다. Bi용액 중 상호작용계수 $\epsilon_{\mathrm{Zn}}^{\mathrm{Pb}}$과 $\epsilon_{\mathrm{Zn}}^{\mathrm{Ag}}$는 각각 1.3과 -2.5이다. Bi-Zn-Pb-Ag용액에서 Zn, Pb, Ag의 몰 분율이 모두 0.015일 때 450 ℃에서 Zn의 활동도계수를 계산하라.

풀이

식(2.85)로부터 $f_B = f_B^B \cdot f_B^C \cdot f_B^D \cdots$

$$\ln f_{\mathrm{Zn}} = \ln f_{\mathrm{Zn}}^{\mathrm{Zn}} + \ln f_{\mathrm{Zn}}^{\mathrm{Pb}} + \ln f_{\mathrm{Zn}}^{\mathrm{Ag}} = \ln f_{\mathrm{Zn}}^{\mathrm{Zn}} + x_{\mathrm{Pb}} \cdot \epsilon_{\mathrm{Zn}}^{\mathrm{Pb}} + x_{\mathrm{Ag}} \cdot \epsilon_{\mathrm{Zn}}^{\mathrm{Ag}}$$

위 식에 각각의 값을 대입하면

$$\ln f_{\mathrm{Zn}} = (\ln 3.974) + (0.015 \times 1.3) + (0.015 \times -2.5) = 1.362$$

$$\therefore \ln f_{\mathrm{Zn}} = 1.362 \qquad \therefore f_{\mathrm{Zn}} = 3.904$$

따라서 주어진 용액의 무한희석의 몰 분율을 표준상태로 한 경우 Zn의 활동도계수는 3.904이다.

2.5 퍼텐셜도(Potential Diagram)

2.5.1 표준 자유에너지-온도도(Ellingham Diagram)

화학반응의 자유에너지나 평형상수는 온도에 따라 변화하고, 각각 온도의 함수로 나타낼 수 있다. 이러한 관계를 실제의 화학반응에 대해서 그래프로 나타내 두면 열역학적 제 특성을 직관적으로 파악할 수 있어서 매우 편리하다. 따라서 다음의 식(2.91)에 나타낸 금속의 산화-환원반응을 예로 들어 설명한다.

$$\frac{2m}{n}\mathrm{M} + \mathrm{O}_2 = \frac{2}{n}\mathrm{M_m O_n} \tag{2.91}$$

$$\Delta G^{0} = -RT\ln\left(\frac{a_{M_mO_n}^{2/n}}{a_{M}^{2m/n}\cdot p_{O_2}}\right) = RT\ln p_{O_2} \quad \text{at } a_{M_mO_n}=1,\ a_M=1 \tag{2.92}$$

따라서 ΔG^{0}는 온도와 p_{O_2}에만 의존한다. 식(2.92)에서의 $RT\ln p_{O_2}$를 산소 퍼텐셜(oxygen potential)이라 한다.

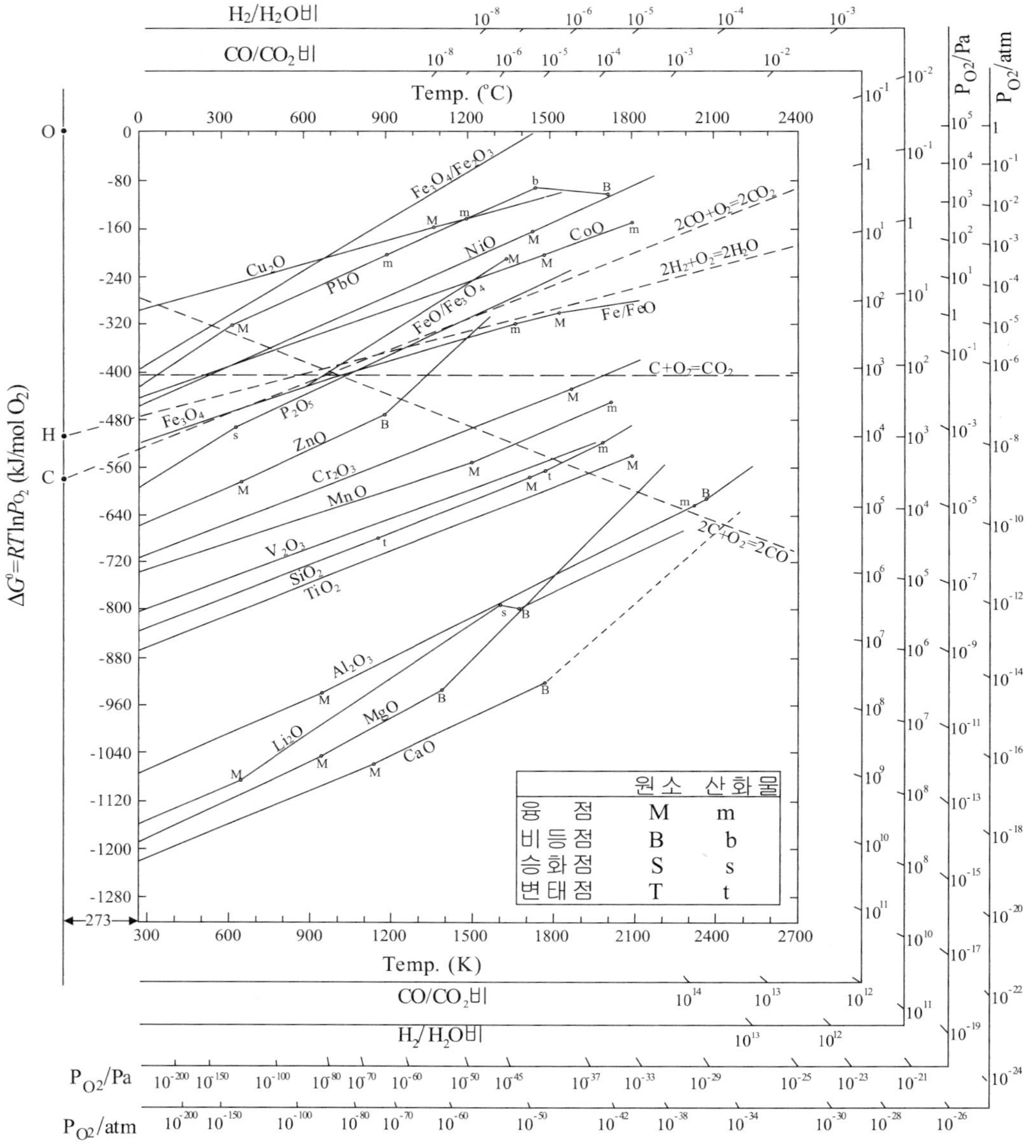

[그림 2.4] 산화물의 표준 자유에너지 변화-온도도(Ellingham Diagram)

그림 2.4는 제련반응에서 각종 산화물의 표준 생성 자유에너지와 온도의 관계를 나타낸 것으로, ΔG^0는 T에 대하여 직선으로 나타난다. 이와 같은 표준 자유에너지-온도 그래프를 Ellingham Diagram이라 부른다. 즉, 이 경우 ΔG^0는 다음 식으로 나타낸다.

$$\Delta G^0 (= RT \ln p_{O_2}) = a + bT = \Delta H^0 - T\Delta S^0 \quad (2.93)$$

여기서 상수 a는 반응의 표준 엔탈피 변화(생성열) ΔH^0이며, 그림 2.4에서 각 직선을 절대 0도(T=-273 ℃)까지 외삽하였을 때의 ΔG^0와 같다. 그림 2.4에서 직선이 아래쪽에 위치하는 금속일수록 산화되기 쉽고, 그 산화물은 안정하다.

또 상수 b는 그림 2.4에서 직선의 구배($\partial \Delta G / \partial T$)를 나타내고, 반응의 표준 엔트로피 변화(생성 엔트로피)의 음의 값($-\Delta S^0$)에 상당한다. 응축상의 엔트로피 변화는 기상의 엔트로피 변화보다 작으므로 상변화가 일어나는 온도에서 기울기가 바뀐다.

예로서 1,400 ℃에서의 FeO와 MnO의 산화환원을 생각해 본다. 그림 2.5에서 1,400 ℃에서 $2Fe(s) + O_2 = 2FeO(l)$의 반응의 평형 산소압(해리 산소압)을 구하기 위해서는 FeO에 대한 Ellingham 선상의 1,400 ℃의 점 a와 절대 0도에서의 종축(좌측 축)상의 O점을 연결하는 직선을 P_{O_2}축(우측 축)까지 외삽하면 된다. 1,400 ℃에서 FeO의 해리 산소압(a′점)은 $10^{-9.8}$ atm이다. 즉 1,400 ℃에서 P_{O_2}>$10^{-9.8}$ atm에서는 Fe가 산화하여 FeO가 존재한다. 마찬가지로 1,400 ℃에서 $2Mn(l) + O_2 = 2MnO(s)$의 반응에 대해서도 해리 산소압을 구하면 b′점은 $10^{-16.5}$ atm이다. 이러한 결과로부터

① $P_{O_2} > 10^{-9.8}$ atm: FeO(l) 및 MnO(s)가 존재하므로 이 산소분압에서는 기상에 의한 Fe(s) 및 Mn(l)의 산화가 일어난다.

② $P_{O_2} = 10^{-9.8}$ atm: Fe(s), FeO(l) 및 MnO(s)가 존재한다.

③ $10^{-16.5}$ atm $< P_{O_2} < 10^{-9.8}$ atm: Fe(s) 및 MnO(s)가 존재하므로, FeO(l)는 Mn(l)나 기상에 의해서 환원된다. 혹은 Mn(l)는 FeO(l)나 기상에 의해서 산화된다.

$$FeO(l) + Mn(l) \rightarrow Fe(s) + MnO(s)$$

④ $P_{O_2} = 10^{-16.5}$ atm: Fe(s), Mn(l) 및 MnO(s)가 존재한다.

⑤ $P_{O_2} < 10^{-16.5}$ atm: Fe(s) 및 Mn(l)가 존재하므로 이 산소분압하에서는 기상에 의한

FeO(l) 및 MnO(s)의 환원만 일어난다.

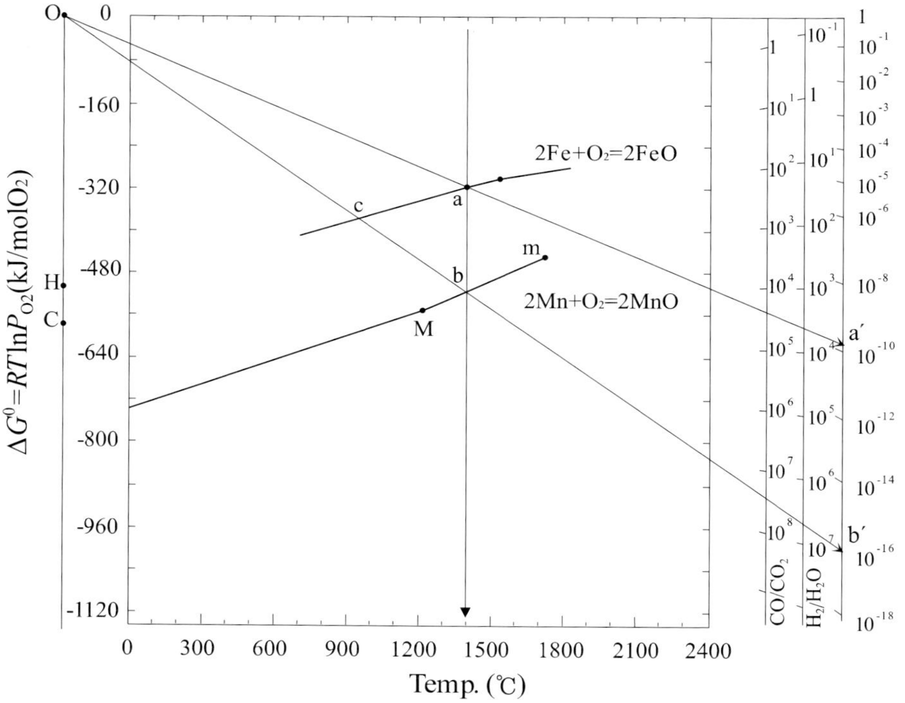

[그림 2.5] FeO 및 MnO의 안정성과 P_{O2}의 관계

2.5.2 M-S-O 퍼텐셜도

황화물의 산화반응에 대해 고찰하는 경우 금속 M의 O와 S에 대한 친화력을 동시에 평가할 필요가 있다. 금속 M의 산화 및 황화반응은 다음과 같다.

$$2M + O_2 = 2MO,\ \log K = 2\log(a_{MO}/a_M) - \log p_{O_2} \quad (2.94)$$

$$2M + S_2 = 2MS,\ \log K = 2\log(a_{MS}/a_M) - \log p_{S_2} \quad (2.95)$$

여기서 $a_M = a_{MO} = a_{MS} = 1$로 두면, 일정 온도에서 $\log p_{O_2}$와 $\log p_{S_2}$, 즉 산소 퍼텐셜과 유황 퍼텐셜에 대응하는 값을 종축과 횡축에 잡은 그림 2.6을 그릴 수 있다. 이 그림에서 식 (2.94), (2.95)의 평형관계는 각각 수평, 수직의 선으로 나타나고, 또 좌하에서 우상으로의 사선은 다음의 평형관계를 나타낸다.

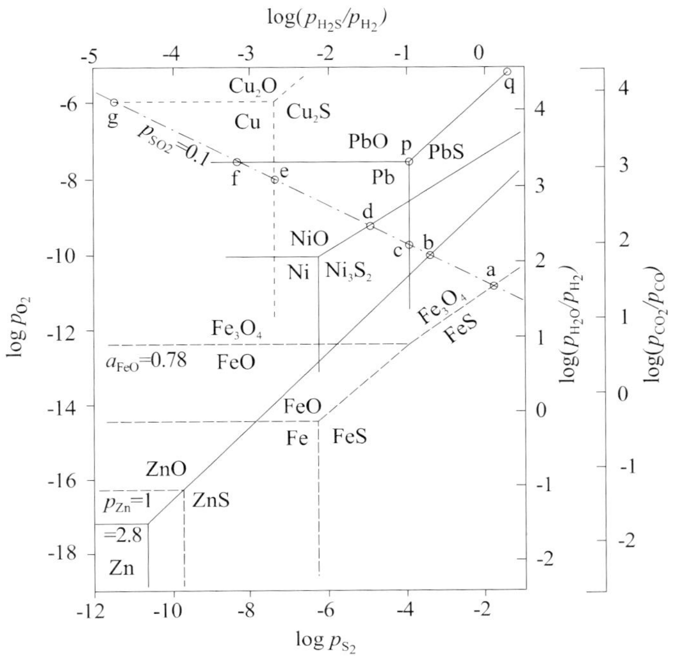

[그림 2.6] M-S-O계 유황-산소 퍼텐셜도(1,300 K)

$$2MS + O_2 = 2MO + S_2,\ \ \log K = 2\log(a_{MO}/a_{MS}) + \log p_{S_2} - \log p_{O_2} \tag{2.96}$$

따라서 이 그림으로부터 그 온도에서의 M, MS, MO의 안정영역을 구분하여 나타낼 수 있게 된다. 또 그림의 상단에 나타낸 p_{H_2S}/p_{H_2}, 우단에 나타낸 p_{H_2O}/p_{H_2}, p_{CO_2}/p_{CO} 등에 의해서도 각각 S, O의 퍼텐셜이 표시되고, H_2나 CO 등과의 반응 가능성에 대하여 검토할 수 있다.

또 그림에는 p_{SO_2}가 일정한 값을 나타내는 등압선을 사선으로 나타낼 수 있다.

$$1/2S_2(g) + O_2(g) = SO_2(g),\quad \Delta G^0/J = -361,660 + 72.48T \tag{2.97}$$

$$\log K = \log p_{SO_2} - 1/2\log p_{S_2} - \log p_{O_2}$$

제련공정에서는 황화물에 대한 p_{S_2}를 감소시키기 위해 공기 중의 O_2를 이용하여 SO_2로 제거해 가는 것이 일반적인 방법이기 때문에 일정한 p_{SO_2}하에서 서서히 p_{S_2}를 감소시키고 p_{O_2}를 증가시키는 과정으로 생각할 수 있다. 따라서 분위기는 SO_2의 등압선에 따라 그림의 우하에서 좌상으로 변화한다.

예제 2.17 주어진 식을 이용하여 680 ℃에서 황화코발트에 대한 퍼텐셜도를 그리고 안정영역을 나타내어라.

$$2Co(s) + O_2(g) = 2CoO(s): \ \Delta G^0 = -470,960 + 143.10T \text{ (J)} \quad (1)$$

$$Co(s) + S_2(g) = CoS_2(s): \ \Delta G^0 = -611,200 + 344.64T \text{ (J)} \quad (2)$$

$$CoO(s) + SO_3(g) = CoSO_4(s): \quad (3)$$

$$\Delta G^0 = -289,660 - 115.60T\log T + 573.96T \text{ (J)}$$

$$\frac{1}{3}S_2(g) + O_2(g) = \frac{2}{3}SO_3(g): \ \Delta G^0 = -304,650 + 107.86T \text{ (J)} \quad (4)$$

풀이

Co/CoO: $\log p_{O2} = -\log K_{(1)}$

Co/CoS2: $\log p_{S2} = -\log K_{(2)}$

CoS2/CoO: (1)-(2)×2

$$2CoS_2(s) + O_2(g) = 2CoO(s) + 2S_2(g): \ \Delta G^0 = 751,440 - 546.18T \text{ (J)} \quad (5)$$

$$\log p_{O2} = \log K_{(5)} + 2\log p_{S2}$$

나머지 부분도 동일하게 계산하면 그림 2.7과 같은 퍼텐셜도를 얻을 수 있다.

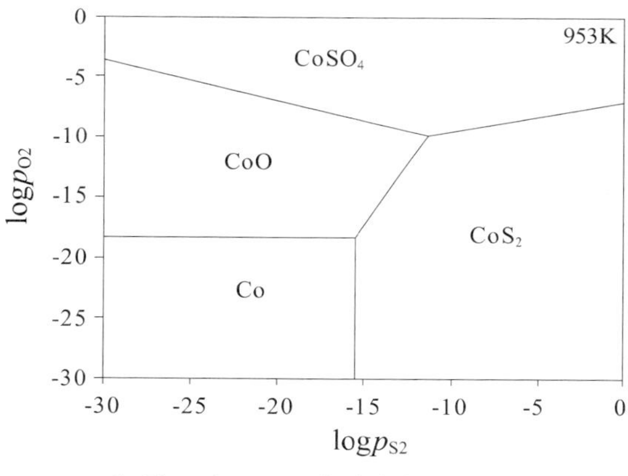

[그림 2.7] Co-S-O계 퍼텐셜도(953 K)

2.6 상률

어떤 계가 존재하고, 온도 T, 압력 P, 상의 수 p, 상 중의 성분의 수가 n이고, 화학반응에 대한 평형의 조건이 r개 있다고 하자. 이 계가 평형상태에 있기 위한 조건, 즉 이 계를 구성하는 상의 수는 그대로 두고 임의로 선택할 수 있는 강도변수가 얼마인지 생각해 보자. 먼저 결론을 보이면, 임의로 선택할 수 있는 강도변수, 이것을 자유도라 하며, 이 자유도 F는 다음과 같이 주어진다.

$$F=(n-r)+2-p \tag{2.98}$$

예를 들어 진공으로 유지하고 있는 용기 중에서 C(s)와 SiO_2(s)의 혼합물을 가열하여 다음의 반응을 일으키는 경우를 생각해 보자.

$$\mathrm{C(s)+SiO_2(s)=SiO(g)+CO(g)} \tag{2.99}$$

성분의 수는 4, 상의 수는 3이지만 평형관계를 고려해야 한다. 우선 위의 식에 나타낸 평형반응식을 고려해야 한다. 그리고 SiO(g)와 CO(g)는 등몰 생성하므로 평형관계 r=2가 된다. 따라서 자유도는 1이 된다. 따라서 이 계의 경우 외부에서 SiO나 CO를 도입하지 않는다면 온도변수 한 가지에 의해서 평형이 결정된다.

예제 2.18 $CaCO_3$(s)를 가열하여 CaO를 제조하는 반응의 자유도를 구하라.

풀이

예제를 반응식으로 나타내면 다음과 같다.

$$\mathrm{CaCO_3(s)=CaO(s)+CO_2(g)}$$

따라서 자유도를 구하는 식(2.98)에서 성분의 수(n), 상의 수(p), 평형조건(r)은 각각 다음과 같다.

성분의 수: $CaCO_3$, CaO, CO_2, n=3

상의 수: 고체($CaCO_3$, CaO) 2개, 기체(CO_2) 1개, p=3

평형조건: r=1

$\therefore\ F=(n-r)+2-p=(3-1)+2-3=1$

따라서 한 가지의 세기변수만을 자유롭게 선정할 수 있다.(온도나 p_{CO_2})

2.7. 전기화학

2.7.1 전기화학 전지의 열역학

갈바닉 전지에 의한 기전력 E와 전기화학 반응의 ΔG는 다음과 같은 관계가 있다.

$$\Delta G = -zFE \quad (F\text{: Faraday constant, 96,500 coulomb}) \tag{2.100}$$

여기서 z는 외부 회로를 흐르는 전자의 몰수이다. 압력이 일정한 경우는

$$\left(\frac{\partial \Delta G}{\partial T}\right)_P = -\Delta S \tag{2.101}$$

따라서 다음의 관계가 성립한다.

$$\left(\frac{\partial \Delta G}{\partial T}\right)_P = -zF\left(\frac{\partial E}{\partial T}\right)_P \tag{2.102}$$

$$\Delta S = zF\left(\frac{\partial E}{T}\right)_P \tag{2.103}$$

$$\Delta H = -zF\left[E - T\left(\frac{\partial E}{\partial T}\right)_P\right] \tag{2.104}$$

예제 2.19 아래의 가역전지에서, 25 ℃에서의 기전력은 각각 0.4902 V와 0.2111 V이다. 이 전지들의 e.m.f. 온도계수는 각각 -186×10^{-6} V/K과 -127×10^{-6} V/K이다.

$$Pb(s)|PbCl_2(s),\ KCl,\ AgCl(s)|Ag(s) \tag{1}$$

$$Pb(s)|PbI_2(s),\ KI,\ AgI(s)|Ag(s) \tag{2}$$

25 ℃에서 다음 반응의 ΔG^0를 계산하라.

$$\langle PbI_2\rangle + 2\langle AgCl\rangle = \langle PbCl_2\rangle + 2\langle AgI\rangle \tag{3}$$

풀이

위 두 전지반응 (1), (2)의 반응물과 생성물은 모두 다 표준상태에 있으므로, 반응의 자유에너지 변화는 표준 자유에너지 변화인 ΔG^0가 된다. 따라서 측정된 기전력은 표준상태에서 전지의 기전력이 된다.

$$\Delta G^0 = -zFE^0 \tag{4}$$

전지반응 (1)에서 Pb는 (-)극, Ag는 (+)극이 된다. 따라서 Pb전극의 용해반응이 자발적으로 일어나고, Ag이온은 금속 Ag로 자발적으로 석출된다. 그러므로 전지의 자발적인 반응은 다음과

같이 나타낼 수 있다.

$$\langle Pb \rangle + 2\langle AgCl \rangle = \langle PbCl_2 \rangle + 2\langle Ag \rangle \quad (5)$$

즉, 전지를 통하여 2 패러데이의 전기가 흐름에 따라 1 몰의 Pb가 용해되고 2 몰의 Ag가 석출된다. 마찬가지로 전지반응 (2)는 다음과 같이 나타낼 수 있다.

$$\langle Pb \rangle + 2\langle AgI \rangle = \langle PbI_2 \rangle + 2\langle Ag \rangle \quad (6)$$

식(4)로부터 식(5), (6)의 표준 자유에너지 변화를 구하면 다음과 같다.

$$\Delta G^0_{298,(5)} = -zFE = -2 \times 96,487 \times 0.4902 = -94,596 \ [J]$$

$$\Delta G^0_{298,(6)} = -2 \times 96,487 \times 0.2111 = -40,737 \ [J]$$

따라서 식(5)-식(6)에 의해 다음과 같은 식이 얻어진다.

$$\langle PbI_2 \rangle + 2\langle AgCl \rangle = \langle PbCl_2 \rangle + 2\langle AgI \rangle \quad (7)$$

$$\therefore \ \Delta G^0_{298,(7)} = -94,596 - (-40,737) = -53,859 \ [J]$$

2.7.2 평형전위와 Nernst의 식

수용액 중에서의 전기화학반응은 일반적으로 다음과 같이 나타낸다.

$$x\mathrm{Ox} + m\mathrm{H}^+ + ze^- = y\mathrm{Re} + z\mathrm{H_2O} \quad (2.105)$$

여기서 Ox는 산화종, Re는 환원종을 나타내는데, 일반적인 화학반응식으로 나타내면

$$a\mathrm{A} + b\mathrm{B} + \cdots = x\mathrm{X} + y\mathrm{Y} + \cdots \quad (2.106)$$

등온, 등압하에서 이 반응의 깁스 자유에너지 변화는 각 성분의 화학퍼텐셜 μ_i를 이용하여 다음과 같이 나타낸다.

$$\Delta G = (x\mu_\mathrm{X} + y\mu_\mathrm{Y} + \cdots) - (a\mu_\mathrm{A} + b\mu_\mathrm{B} + \cdots) \quad (2.107)$$

한편 식(2.106)의 전기화학반응에서 전극전위를 E, 반응에 관여하는 전자 수를 z라 하면 이 반응에 따른 자유에너지 변화 ΔG는 반응에서 최대의 일 zFE와 동일하므로

$$E = -\frac{\Delta G}{zF} \quad (2.108)$$

$$E = -\frac{\Delta G^0}{zF} - \frac{RT}{zF}\ln\left(\frac{a_\mathrm{X}^x \cdot a_\mathrm{Y}^y \cdots}{a_\mathrm{A}^a \cdot a_\mathrm{B}^b \cdots}\right) \quad (2.109)$$

여기서

$$E^0 = -\frac{\Delta G^0}{zF} = \frac{RT}{zF}\ln K \tag{2.110}$$

따라서

$$E = E^0 - \frac{RT}{zF}\ln\left(\frac{a_X^x \cdot a_Y^y \cdots}{a_A^a \cdot a_B^b \cdots}\right) \tag{2.111}$$

위의 식은 평형전위(equilibrium potential)를 나타내는 Nernst의 식으로 부른다. 여기서 E^0는 표준전극전위(standard electrode potential)이며, 반응계의 각 성분의 활동도가 1일 때의 전위를 나타낸다. 표 2.2에 대표적인 금속의 표준전극전위의 값을 나타내었는데, 이는 표준 수소전극(standard hydrogen electrode: SHE)을 기준으로 한 값이다. Nernst의 식은 평형상태에서 전극반응의 전극전위를 나타내는 식이다.

〈표 2.2〉 표준전극전위 E^0 (전위계열)

반전지반응	표준전극 전위(V)	반전지반응	표준전극 전위(V)
$Au^{3+} + 3e = Au$	+1.5	$Ni^{2+} + 2e = Ni$	-0.25
$Pt^{2+} + 2e = Pt$	+1.2	$Co^{2+}2e = Co$	-0.28
$Ag^{+} + e = Ag$	+0.80	$Cd^{2+} + 2e = Cd$	-0.40
$Hg_2^{2+} + 2e = 2Hg$	+0.79	$Fe^{2+} + 2e = Fe$	-0.44
$Cu^{2+} + 2e = Cu$	+0.34	$Cr^{3+} + 3e = Cr$	-0.74
$BiO^{+} + 2H^{+} + 3e = Bi + H_2O$	+0.32*	$Zn^{2+} + 2e = Zn$	-0.76
$HAsO_2 + 3H^{+} + 3e = As + 2H_2O$	+0.25*	$Mn^{2+} + 2e = Mn$	-1.18
$SbO + 2H^{+} + 2e = Sb + H_2O$	+0.21*	$Al^{3+} + 3e = Al$	-1.66
$2H^{+} + 2e = H_2$	0	$Mg^{2+} + 2e = Mg$	-2.36
$Pb^{2+} + 2e = Pb$	-0.13	$Na^{+} + e = Na$	-2.71
$Sn^{4+} + 4e = Sn$	-0.14		

* pH=0에서의 값

전극의 평형전위 E는 상기한 Nernst의 식으로 나타낸다. 즉, 다음의 산화-환원대의 반응(반전지반응) 평형을 Nernst의 식으로 나타내면 다음과 같다.

$$M^{z+} + ze^{-} = M$$

$$E_{eq} = E^0 + \frac{RT}{zF}\ln a_{M^{z+}} = E^0 + \frac{0.059}{z}\log a_{M^{z+}} \text{ (at 298 K)} \quad (2.112)$$

$a_{M^{z+}}$는 이온용액(전해욕) 중 금속이온의 활동도이며, 각각의 용액계에 따라서 관용적으로 기준을 잡는 방법이 정해져 있다. 수용액의 경우에는 무한 희박 기준을 채용하고, 농도에는 질량 몰농도[mol/kgH_2O]를 사용한다.

예제 2.20 25 ℃에서 $Cu|Cu^{2+}$와 $Cu|Cu^+$ 각각의 표준전극전위는 0.337 V와 0.521 V이다. $2Cu^+ = Cu^{2+} + Cu$ 반응의 평형상수를 구하라.

풀이

묽은 동 수용액 중에서 Cu^+, Cu^{2+}, 금속 Cu가 평형한 것으로 간주한다.

$$Cu^{2+} + 2e = Cu,\ E_1^0 = 0.337 \text{ V} \quad (1)$$

우선 $Cu|Cu^{2+}$의 E_1^0로부터

$$\Delta G_1^0 = -zFE_1^0 = -2 \times 0.337 \times F = -0.674F$$

$$Cu^+ + e = Cu \quad (2)$$

$Cu|Cu^+$에서는 $E_2^0 = 0.521$ V이므로

$$\Delta G_2^0 = -zFE_2^0 = -1 \times 0.521 \times F = -0.521F$$

따라서 식(2)×2−식(1)에 의해

$$2Cu^+ = Cu^{2+} + Cu,\ \Delta G^0 = -0.521F \times 2 + 0.674F = -0.368F = -35,506 \text{ (J)}$$

$$K = \frac{a_{Cu^{2+}}}{a_{Cu^+}^2} = \exp\left(-\frac{\Delta G^0}{RT}\right) = 1.67 \times 10^6$$

2.8 반응속도론

2.8.1 반응의 분류

화학반응은 여러 가지 입장에서 분류할 수 있다. 우선, 화학반응 자체의 형식에 따라 분류하면 다음과 같다.

① 단일반응(single reaction): A → B

② 다중반응(multiple reaction)

- 연쇄반응(consecutive reaction): A → B → C
- 병발반응(competitive reaction): $A + B \rightarrow \begin{cases} X + Y \\ Z + W \end{cases}$

그리고 반응이 관여하는 상에 따라 분류하면 다음과 같다.

① 균일반응(homogeneous reaction)

② 불균일반응(heterogeneous reaction)

균일반응은 반응에 관여하는 상이 기상, 액상, 고상 중 어느 한 가지인 경우로 기상반응, 액상반응이 여기에 해당한다. 반면에 두 가지 이상의 상이 반응에 관여하는 경우를 불균일반응이라 하는데, 제련반응의 대부분이 불균일반응이다.

균일반응의 경우, 반응속도는 반응계의 단위 체적당, 단위 시간당 생성하는 생성물의 양으로 나타낸다. 즉,

$$R^* = \frac{1}{V}\frac{dn}{dt} \quad \left[\frac{\text{mol}}{\text{cm}^3 \cdot \text{s}}\right] \tag{2.113}$$

단, V는 반응계의 부피, n은 생성물의 몰수, t는 시간이다.

불균일반응은 기상-액상 간, 기상-고상 간, 고상-액상 간, 액상1-액상2 간 등의 계면(interface)에서 일어나므로 반응속도는 단위 면적당, 단위 시간당 생성하는 생성물의 양으로, 다음 식과 같이 나타낸다.

$$R^* = \frac{1}{A}\frac{dn}{dt} \quad \left[\frac{\text{mol}}{\text{cm}^2 \cdot \text{s}}\right] \tag{2.114}$$

단, A는 반응계의 계면적이다.

또한 반응조작 방법에 따라 분류하면 다음과 같다.

① 회분반응(回分反應, batch operation)

② 반회분반응(半回分反應, semi-batch operation)

③ 연속반응(連續反應, continuous operation)

2.8.2 반응속도에 미치는 농도의 영향

화학반응속도는 반응물질의 농도에 비례한다. 반응하는 원자나 분자 농도의 곱의 합은 '반응

차수(order of reaction)'로 알려진 반응속도를 결정할 때 반드시 고려해야 할 사항이다.

(1) 1차 반응

예로서 1차 반응에서의 반응속도는 다음과 같이 나타낸다.

$$\mathrm{A} = \mathrm{X} + \mathrm{Y}, \quad -\frac{dC}{dt} = kC \tag{2.115}$$

여기서 $C(\mathrm{mol/cm^3})$는 임의의 시간 t에서 A의 농도이며, k는 속도상수이다. 식(2.115)를 $t=0$에서 $C=C_0$이고, $t=t$에서 $C=C$의 경계조건으로 적분하면

$$k = \frac{2.303}{t}\log\frac{C_0}{C_0 - x} \tag{2.116}$$

여기서 x는 시간 t 안에 반응한 A의 양이다. 식(2.116)으로부터 1차 반응인 경우 y축에 $\log[C_0/(C_0-x)]$를, x축에 시간 t를 잡고 플롯하면 직선이 되는 것을 알 수 있다. 직선의 기울기는 $k/2.303$과 같다.

1차 반응에서 반응이 50 % 완료되는 데 걸리는 시간, 즉 반감기(half-life time) $t_{0.5}$는 식(2.116)으로부터 다음과 같이 나타낼 수 있다.

$$t_{0.5} = \frac{2.303\log 2}{k} \tag{2.117}$$

따라서 1차 반응의 반감기는 초기농도와는 무관하다.

예제 2.21 어떤 1차 반응의 속도상수는 $8.0\times10^{-4}\ \mathrm{sec^{-1}}$이다. 초기농도가 0.05 mol/L일 때 반응 개시 시의 반응속도를 구하라. 또 1차 반응에서는 반응이 99.9 % 일어나는 데 필요한 시간이 반감기의 약 10배인 것을 증명하라.

풀이

이 반응의 속도를 v라 하면 속도상수 k 및 초기농도 C_0 사이에 다음과 같은 관계가 성립한다.

$$v = kC_0$$

따라서

$$\begin{aligned} v = kC_0 &= 8.0\times10^{-4}\times0.05 \\ &= 4.0\times10^{-5}\ [\mathrm{mol\cdot L^{-1}\cdot s^{-1}}] \\ &= 4.0\times10^{-8}\ [\mathrm{mol\cdot cm^{-3}\cdot s^{-1}}] \end{aligned}$$

한편, 1차 반응에서는 $kt = \ln[C_0/(C_0 - x)]$, 반감기 $t_m = \ln 2/k = 0.693k$이므로, 99.9 % 까지 반응이 진행되는 데 필요한 시간은[18]

$$t = \frac{1}{k}\ln\left[\frac{C_0}{C_0(1-0.999)}\right] = \frac{1}{k}\ln 10^3 = \frac{2.303\times 3}{k}$$

$$\therefore \ \frac{t}{t_m} = \frac{2.303\times 3}{0.693} \simeq 10$$

(2) 2차 반응

아래 반응식의 반응속도가 A와 B의 농도에 의존한다면 이 반응은 2차 반응이 된다.

$$\mathrm{A + B = X + Y} \tag{2.118}$$

임의의 시간 t에서 A와 B의 농도를 각각 C_A, C_B라 하면, 반응속도는 다음과 같이 나타낼 수 있다.

$$-\frac{dC_A}{dt} = -\frac{dC_B}{dt} = k\,C_A \cdot C_B \tag{2.119}$$

임의의 시간 t에서 반응한 A와 B의 농도를 x라 하면, 식(2.119)는 다음과 같이 나타낼 수 있다.

$$-\frac{d(C_A - x)}{dt} = -\frac{d(C_B - x)}{dt} = k(C_A - x)(C_B - x)$$

또는

$$\frac{dx}{dt} = k(C_A - x)(C_B - x) \tag{2.120}$$

여기서 C_A, C_B는 각각으로 A와 B의 초기농도이다. 식(2.120)을 $t = 0$에서 $x = 0$이고, $t = t$에서 $x = x$의 경계조건으로 적분하면

$$k = \frac{2.303}{t(C_A - C_B)}\log\frac{C_B(C_A - x)}{C_A(C_B - x)} \tag{2.121}$$

만일 $C_A = C_B = C$라면 식(2.120)을 적분하면 다음과 같이 된다.

---

18 이러한 문제에서는 단위에 주의할 필요가 있다. 1차 반응의 속도상수 k의 차원은 [시간]$^{-1}$로 농도와는 무관하다. 그러나 2차 반응의 속도상수 k의 차원은 [시간]$^{-1}$[농도]$^{-1}$이다.

$$k = \frac{1}{t} \cdot \frac{x}{C(C-x)} \tag{2.122}$$

2차 반응에서 두 가지 반응물질의 양이 같을 때, 반감기(half-life time) $t_{0.5}$는 식(2.122)로부터 다음과 같이 나타낼 수 있다.

$$t_{0.5} = \frac{1}{kC} \tag{2.123}$$

따라서 1차 반응의 경우와 달리 2차 반응의 반감기는 초기농도에 의존한다. 그리고 보다 높은 차수의 반응도 위와 같은 방법으로 구할 수 있다.

예제 2.22 반응물질의 초기농도가 0.4 mol/L인 2차 반응에서, 반응이 30 % 완료되는 데 80분이 소요되었다. 반응속도상수와 반응이 80 % 완료되는 데 소요되는 시간을 계산하라.

풀이

식(2.122)를 적용한다.

$$k = \frac{1}{80 \times 60} \cdot \frac{0.30 \times 0.4}{0.40(0.4 - 0.3 \times 0.4)} = 2.232 \times 10^{-4}\ [\mathrm{L \cdot mol^{-1} \cdot sec^{-1}}]$$

따라서 속도상수는 $2.232 \times 10^{-4}\ [\mathrm{L \cdot mol^{-1} \cdot sec^{-1}}]$이다.

반응이 80 % 완료되는 데 걸리는 시간인 $t_{0.80}$은 식(2.122)로부터 계산할 수 있다.

$$2.232 \times 10^{-4} = \frac{1}{t_{0.8}} \cdot \frac{0.80 \times 0.4}{0.4(0.4 - 0.80 \times 0.4)}$$

$$\therefore t_{0.80} = \frac{0.80 \times 0.4}{0.4 \times (0.4 - 0.80) \times 2.232 \times 10^{-4})} = 4.48 \times 10^{4}\ [\mathrm{sec}]$$

따라서 4.48×10^{4} sec에 반응이 80 % 완료될 것이다.

2.8.3 반응속도에 미치는 온도의 영향

속도상수 k의 온도 T에 대한 의존성은 아래의 Arrhenius 식으로 나타낸다.

$$k = A \exp\left(-\frac{E}{RT}\right) \tag{2.124}$$

여기서 A는 빈도인자(frequency factor), E는 반응의 활성화 에너지이다. 식(2.124)의 양변에 대수를 취하면 다음과 같다.

$$\log k = \log A - \frac{E}{2.303R}\left(\frac{1}{T}\right) \qquad (2.125)$$

Arrhenius 법칙은 $\log k$를 온도의 역수$(1/T)$에 대해서 플롯하여 검증한다. 식(2.125)에 따라 $-E/(2.303R)$의 기울기를 가지는 직선이 얻어진다. 따라서 활성화 에너지 E를 계산할 수 있다. $1/T=0$에서 만나는 점이 $\log A$ 이므로 빈도인자를 계산할 수 있다.

예제 2.23 서로 다른 온도에서 산용액 중에 아연 배소광을 침출할 때의 속도상수 $k(\mathrm{mol/(cm^4 \cdot min)})$는 다음과 같다.

$\log k$	-10.9	-11.1	-11.2	-11.5	-12.1	-12.6
$(1/T)\times 10^3$	2.30	2.35	2.38	2.45	2.61	2.75

이 침출반응의 활성화 에너지를 계산하라.

풀이

활성화 에너지 값을 얻기 위해 $\log k$를 $(1/T)$에 대해 플롯하면 그림 2.8과 같은 직선이 얻어지는데, 기울기는 -3.791×10^3이며, $(-E/19.147)$과 같다.

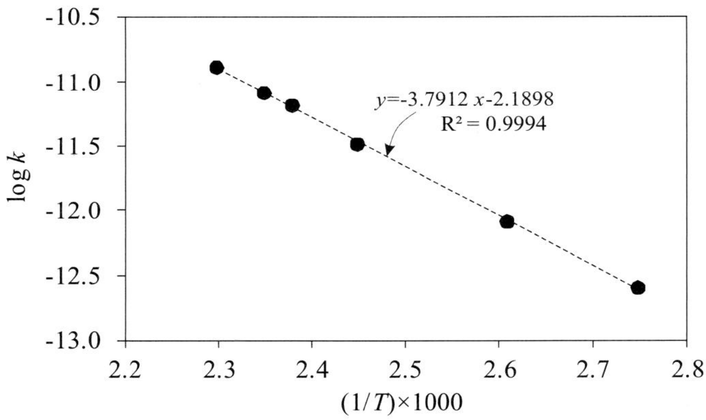

[그림 2.8] 침출반응에서 $\log k$의 $(1/T)$에 대한 플로트

$$-3.791\times 10^3 = -\frac{E}{19.147}$$

$$\therefore E = 3.791\times 10^3 \times 19.147 = 72{,}586 \ [\mathrm{J/mol}]$$

따라서 이 침출반응의 활성화 에너지는 72,586 J/mol이다.

2.8.4 미반응핵 모델(unreacted-core model)

고-기반응이나 고-액반응의 속도를 해석하기 위해서 가장 널리 이용되는 것이 미반응핵 모델(unreacted-core model)이다. 이 모델에서는 그림 2.9에 나타낸 것처럼 고체 표면으로부터 내부를 향하여 반응이 구심적으로 진행되고, 내부의 미반응 부분과 외측의 반응 생성물층 사이에 계면(interface)이 형성되는 것으로 간주한다. 반응식을 다음과 같이 나타내면

$$\mathrm{A}(s) + b\mathrm{B}(g) = c\mathrm{C}(s) + d\mathrm{D}(g) \tag{2.126}$$

반응은 아래의 각 단계를 거쳐서 진행하는 것으로 생각된다.

① 가스 경계층을 통한 반응가스의 확산

② 다공질 반응 생성물층 내의 반응가스의 확산

③ 계면에서의 화학반응

④ 다공질 반응 생성물층 내의 반응 생성가스의 확산

⑤ 경계층 내의 생성가스의 확산

이러한 각 단계 중 ④ 및 ⑤는 식(2.126)에 나타낸 화학 양론계수에 의해서 각각 ② 및 ①에 관계시킬 수 있다. 여기서는 반응가스에 주목하여 ①-③단계에 대해 각 과정의 속도식을 나타낸다.

반응에 의해서 입자 반경 r_0가 변화하지 않는 것으로 가정하고, 의정상(pseudo-steady state) 가정하에서는 다음과 같은 식이 각각 얻어진다.

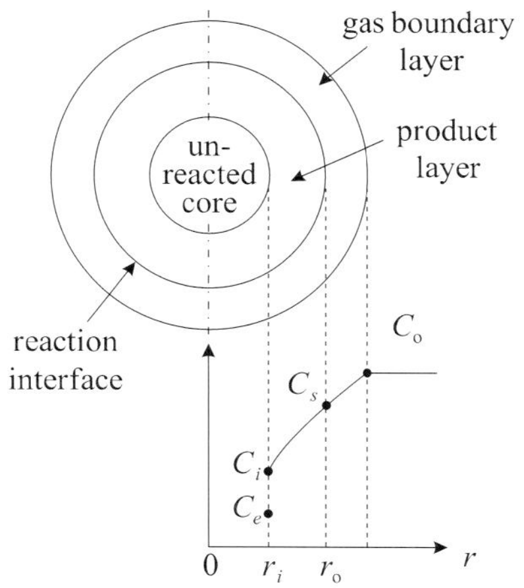

[그림 2.9] 미반응핵 모델

$$\text{가스경계층 물질이동: } R^* = \frac{4\pi r_o^2}{\psi} k_g (C_o - C_s) \tag{2.127}$$

$$\text{생성물층 내 확산 : } R^* = \frac{4\pi r_i r_o}{\psi (r_o - r_i)} D_e (C_s - C_i) \tag{2.128}$$

$$\text{계면 화학반응 : } R^* = \frac{4\pi r_i^2}{\psi} k C_i \tag{2.129}$$

위의 식에서

k_g: 가스경계층 물질이동계수, D_e: 유효확산계수, k: 반응속도상수,

ψ: 형상계수 [$=4\pi r_0^2/a$(실표면적)]

식(2.127)~(2.129)에 포함되어 있는 C_s 및 C_i는 일반적으로 미지의 값이다. 따라서 이러한 식으로부터 C_s 및 C_i를 소거하면 다음과 같은 총괄 반응속도식이 얻어진다.

$$R^* = \frac{4\pi r_o^2 C_o / \psi}{\dfrac{1}{k_g} + \dfrac{r_o (r_o - r_i)}{r_i D_e} + \dfrac{r_o^2}{r_i^2 k}} \tag{2.130}$$

이 식에서 분모의 각 항을 각각

$$\text{경계층 물질이동 저항 : } \lambda_1 = \frac{1}{k_g}$$

$$\text{생성물층 내 확산 저항: } \lambda_2 = \frac{r_o (r_o - r_i)}{r_i D_e}$$

$$\text{계면반응 저항: } \lambda_2 = \frac{r_o^2}{r_i^2 k}$$

으로 둔다. 각 저항의 백분율은 다음 식으로 구한다.

$$\eta_i = \frac{100\lambda_i}{\lambda_1 + \lambda_2 + \lambda_3} \qquad (i = 1,\ 2,\ 3) \tag{2.131}$$

따라서 η_i를 비교하면 어느 단계의 저항이 지배적인지를 알 수 있다.

한편 반응률 x와 계면반경 r_i는 다음 식과 같이 나타낸다.

$$x = 1 - \left(\frac{r_i}{r_o}\right)^3 \tag{2.132}$$

2.8.5 반응의 율속단계

미반응핵 모델에서는 가스경계층 물질이동, 생성물층 내 가스확산 및 계면반응의 3단계 과정이 직렬로 연결되어 있다. 여기서 어느 한 단계의 저항이 지배적이면 사실상 총괄 반응속도가 그 단계의 속도에 의해서 결정된다. 이것을 율속단계(controlling step)라 한다. 식(2.126)과 마찬가지로 1 몰의 고체 A와 b 몰의 가스 B가 반응하는 것으로 하여 각 율속단계에서의 반응속도식을 알아본다.

우선 고체 A의 반응속도를 반응에 의해 소비된 가스 B의 양으로 나타내면

$$R^* = -4\pi r_i^2 \rho_s b \frac{dr_i}{dt} \tag{2.133}$$

단, ρ_s는 고체 A의 몰밀도(mol A/cm^3)이다. 또 고체의 형상은 구체로 가정한다.

가스경계층 물질이동 율속일 때 가스 농도의 구배는 경계층 내에서만 생긴다. 단 반응의 평형상수는 충분히 크고, 계면에서 가스의 평형농도가 0에 가까운 경우

$$R^* = 4\pi r_o^2 k_g C_o \tag{2.134}$$

식(2.133)과 (2.134)를 같다고 두고 초기조건 $t=0$에서 $r_i = r_o$를 이용하여 적분하면

$$-\rho_s b (r_i^3 - r_o^3) = 3 r_o^2 k_g C_o t \tag{2.135}$$

반응률 x와 계면반경 r_i는 식(2.132)로 주어지므로 위의 식으로부터

$$x = \frac{3 k_g C_o}{\rho_s b r_o} t \tag{2.136}$$

이것이 가스경계층 물질이동 율속에서의 속도식이다.

생성물층 내의 가스확산이 율속단계일 때는

$$R^* = \frac{4\pi r_i r_o}{r_o - r_i} D_e C_o \tag{2.137}$$

으로 되므로 위와 마찬가지로 반응률 x를 구하면 다음과 같이 된다.

$$1 - 3(1-x)^{2/3} + 2(1-x) = \frac{6 D_e C_o}{\rho_s b r_o^2} t \tag{2.138}$$

이 식은 Bogdandy의 식으로 불리기도 한다.

계면반응 율속일 경우에는

$$R = 4\pi r_i^2 k C_o \tag{2.139}$$

이 되며, McKewan의 식이라 불리는 다음 식이 얻어진다.

$$1-(1-x)^{1/3} = \frac{k\,C_o}{\rho_s\,b\,r_o}\,t \tag{2.140}$$

위에서 나타낸 식(2.136), (2.138), (2.140)에서 반응 완결시간 $t = t_f$에서 x =1로 둔다. 한편 시간 t를

$$\tau = t \;/\; t_f \tag{2.141}$$

에 의해서 무차원화하면 각각 다음과 같은 식이 얻어진다.

가스경계층 물질이동 율속: $\tau = x$ (2.142)

생성물층 내 확산 율속: $\tau = 1 - 3\,(1-x)^{2/3} + 2\,(1-x)$ (2.143)

계면 화학반응 율속: $\tau = 1-(1-x)^{1/3}$ (2.144)

식(2.142)~(2.144)를 도시하면 그림 2.10과 같이 되며, 이 그림으로부터 율속단계를 검토할 수 있다.

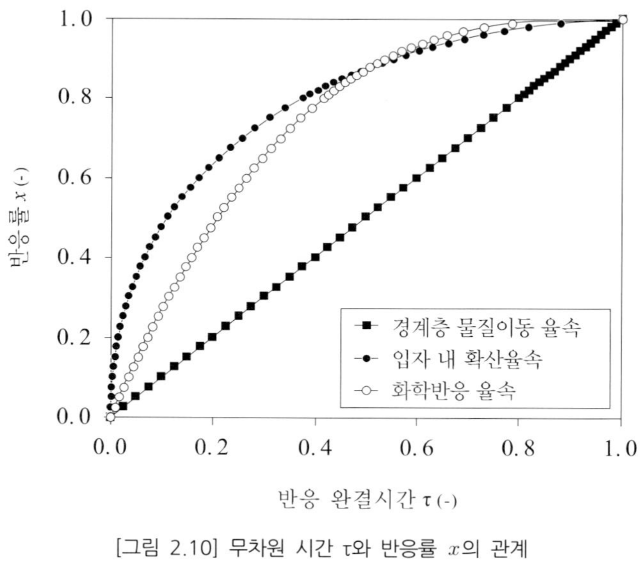

[그림 2.10] 무차원 시간 τ와 반응률 x의 관계

제3장

원료의 물리적 전처리

3.1 전처리의 개요

자원 리사이클링의 원료가 되는 도시광물은 각종 스크랩, 폐자동차, 폐전기·전자기기, 도시 쓰레기의 소각재는 물론 제련 중간산물, 금속을 함유한 산업 폐기물까지 다종다양하다. 따라서 공존 성분도 다르며 금속의 존재 형태와 크기도 다르다. 이러한 원료를 리사이클링 공정(건식제련이나 습식제련)에서 높은 실수율로 경제적으로 회수하기 위해서는, 적용할 프로세스에 적합한 조성과 형상으로 만들어 두는 것이 중요하다. 이와 같이 리사이클링 공정에서 처리하기 쉽도록 하기 위한 조작을 전처리 또는 예비처리라 하는데, 물리적인 방법과 화학적인 방법으로 구분할 수 있다.

물리적인 전처리라 함은 원료의 화학적 변화가 없는 파쇄, 분쇄, 선별, 조립성형 등을 의미한다. 특히 목적금속의 농도가 낮은 경우에는 이러한 물리적 전처리인 파쇄와 분쇄 및 선별을 통하여 품위를 높일 수 있다.

한편 리사이클링 원료는 금속상으로 존재하기도 하지만 화합물상으로 존재하는 경우도 있으며, 금속상으로 존재하는 원료도 다양한 성분을 함유하고 있는 경우 이들을 분리하여 정제하기 위해서는 물리적 처리만으로는 그 목적을 달성하기 힘들 때가 있다. 따라서 대상 원료의 화학적 조성을 바꾸는 배소(roasting) 등의 처리가 필요한데, 이는 다음 장에서 다룬다.

3.2 원료의 파쇄와 분쇄

자원 리사이클링 공정의 원료에는 액체와 고체가 있다. 고체물질을 원료로 사용하려면 그

크기에 따라 파쇄하고 분쇄하거나 필요에 따라서는 압축하여야 한다. 분쇄(粉碎, comminution, pulverization, grinding, milling, size reduction)란 그림 3.1과 같이 기계적인 단위조작의 일종으로, 고체를 잘게 부수는 조작을 의미한다.

특히 자원 리사이클링 공정에서 사용하는 원료는 다양한 물질의 집합체로 이루어져 있기 때문에, 광석 중에서 유용한 성분을 분리하여 정광(concentrate)으로 만드는 공정과 마찬가지로 효율적인 선별을 위해 파쇄와 분쇄가 반드시 필요하다. 천연광석에 대해서는 개별 광물에 대한 물성이 잘 정리되어 있으나, 도시광물은 천연광석과는 달리 금속상, 비금속상들이 혼합되어 있기 때문에 후속 공정을 위한 파·분쇄에 대해 많은 검토가 필요하다.

특히 파·분쇄기를 선택하거나 설계하려면 ① 어떤 재료를, ② 시간당 얼마만큼, ③ 어떤 분쇄비(원료입도/제품입도)로, ④ 어떤 입도분포로 만들 것인가에 대해 파악해야 한다. 이러한 정성적·정량적 평가에 따라 기종, 크기, 조작조건을 설계하여 마지막으로 필요한 동력까지 결정하여야 한다. 그러나 상기한 바와 같이 도시광물의 특성을 일률적으로 평가하기 곤란한 부분이 많은 것이 사실이다. 다만, 기본적인 파·분쇄의 원리는 동일하므로 본 절에서는 파·분쇄의 원리, 분쇄에너지 그리고 분쇄기의 종류 등에 대해 알아본다.

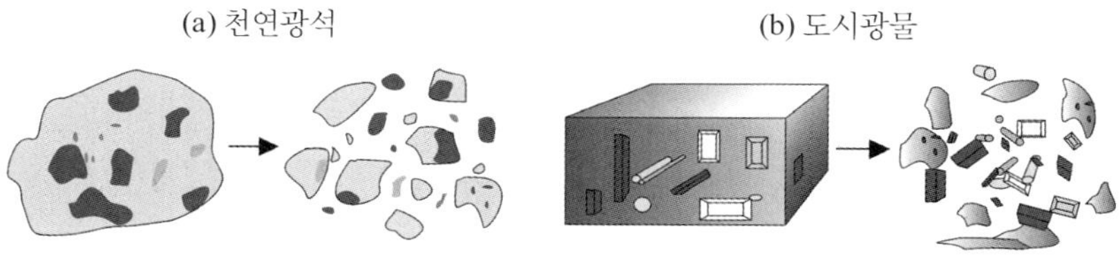

[그림 3.1] 천연광석과 도시광물의 분쇄과정 모식도

3.2.1 분쇄의 목적과 분쇄기구

분쇄는 고체에 외력을 가하여 파괴함으로써 입자크기를 감소시키고, 표면적을 증대시키는 기계적 단위조작이다. 특히 도시광물을 습식으로 처리하기 위해서는 파쇄와 분쇄 및 선별이 반드시 필요하며, 건식으로 처리하기 위해서도 어느 정도의 파·분쇄와 선별이 필요하다. 분쇄의 목적에는 물리적 측면과, 화학적 또는 물리화학적 측면이 있는데, 파·분쇄의 구체적인 목적은 다음과 같다.

① 분쇄한 쇄성물이 일정한 입도를 가지도록 하여 유동특성을 개선함에 따라 분체의 취급을 용이하게 하거나, 보다 미세한 상태에서 분체를 혼합하여 분체의 균일도를 높인다.

② 반응이나 물질이동에 관여하는 고체입자의 표면적을 증가시켜 용해성이나 분산성을 향상시킴으로써 반응속도를 높인다.

③ 리사이클링 대상물을 분쇄하면, 어떤 부분에는 A성분의 함유량이 많고, 또 어떤 부분에는 B성분의 함유량이 많은 경우가 있다. 이와 같이 유용성분이 편석될 정도의 크기로 분쇄하여 이 성분을 분리·회수하기 위한 것이다.

분쇄기구의 작용은 그림 3.2와 같이 네 가지 과정으로 나누어 생각할 수 있으나, 실제로는 이러한 것들의 복합작용에 의해서 분쇄가 일어난다.

① 압축(compacting): 입자가 힘을 받아서 짓눌려 파괴되는 것

② 충격(impacting): 볼밀이라면 입자에 볼이 부딪혀서 분쇄되는 것이며, 제트밀이라면 입자가 어떤 속도를 가지고 벽이나 물체에 부딪히면 입자는 관성력을 갖고 있기 때문에 부딪히는 도중의 충격력에 의해서 입자가 깨트려지는 것

③ 마찰(rubbing): 미분쇄(微粉碎)에 매우 유효한 분쇄작용으로, 입자가 벽이나 물체의 표면을 활주하게 되면 마찰력이 작용하고, 이 마찰력에 의해 입자가 마모되어 입자 표면이 떨어져 나가게 되는 것

④ 전단(shearing): 미분쇄와는 그다지 관계가 없으나, 에지와 같은 것으로 입자의 양 끝을 누를 때 생기는 전단력에 의한 분쇄

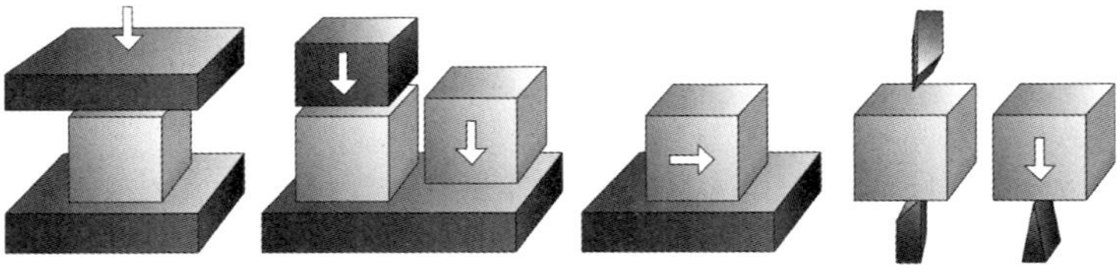

[그림 3.2] 분쇄기구(Grinding mechanism)의 작용

3.2.2 분쇄 에너지

도시광물에 대해서는 별도의 분쇄기구나 분쇄 에너지에 대한 이론이 정립되어 있지 않기에 천연광석의 분쇄 에너지에 대해 알아본다.

도시광물과 달리 천연광석을 분쇄하면 대부분 입자상으로 존재하기 때문에, 분쇄이론에서는 생성되는 입자에 대해서 검토한다. 그러나 분쇄 과정 중 생성되는 입자 1개에 작용하는 응력은

측정이 불가능하다. 따라서 재료 전체에 가해지는 일양(에너지, E)과 분쇄량의 관계를 구한 것을 분쇄이론이라 부른다.

분쇄에 필요한 에너지는 고체의 변형, 새로운 표면적의 생성 등에 소비되지만 대부분은 열로서 손실되며, 실제의 분쇄기에서는 기계적 손실을 포함하여 새로운 표면적 생성에 필요한 에너지보다 100~1,000배의 에너지가 필요하므로 분쇄효율이 매우 낮다. 도시광물의 경우에도 천연광물과 그다지 큰 차이는 나지 않을 것이다. 다만 도시광물의 경우 연성인 물질이 함유되어 있기 때문에 판상의 생성물 등이 만들어지기도 한다.

우선 Lewis(1937년)는 어떤 크기 x_1의 입자를 x_2까지 분쇄하는 데 필요한 에너지 E에 관한 일반식으로 다음과 같은 식을 제안하였다.

$$dE = -C\frac{dx}{x^n} \tag{3.1}$$

여기서 E는 단위 입자에 대한 순수한 에너지, x는 생성물(분쇄된 것)의 특정 크기값, n은 지수, C는 상수이다. 이 식은, 입자크기의 감소에 대한 미분량은 입자크기의 변화량(dx)에 비례하고, 입자크기의 n승에 반비례하는 것을 나타낸다. 여기서 n의 값은 물질에 따라 다르며, n의 값에 2, 1, 1.5를 대입하여 적분하면 아래에 기술한 Rittinger, Kick, Bond의 식이 된다.

(1) Rittinger의 법칙

Rittinger(1857년)는 "분쇄에 필요한 에너지는 재료의 표면적 증가에 정비례한다."라는 법칙을 보고하였다. 비표면적(m^2/kg)은 입자크기에 반비례하므로 Rittinger의 가설은 다음과 같으며, 식(3.1)을 $n = 2$로 두고 적분한 것에 상당한다.

$$E = K_R\left(\frac{1}{x_p} - \frac{1}{x_f}\right) = K_R'(S_p - S_f) \tag{3.2}$$

여기서 x_f와 x_p는 각각 분쇄 전후의 입자직경, S_f와 S_p는 각각 분쇄 전후의 비표면적을 나타내며, K_R과 K_R'은 시료용기에 따라서 결정되는 상수이다.

(2) Kick의 법칙

Kick(1885년)는 "기하학적으로 흡사한 두 가지 물체가 거의 동일한 변형을 받는 경우, 여기에 필요한 분쇄 에너지는 두 물체의 부피나 중량에 비례한다."라고 설명하여, 분쇄에 필요한 에너지를 입자직경을 이용하여 다음 식과 같이 나타내었는데, 이는 식(3.1)을 $n=1$로 두고 적분한 것에 상당한다.

$$E=K_K\ln\left(\frac{x_f}{x_p}\right) \tag{3.3}$$

여기서 K_K는 상수이며, x_f와 x_p는 각각 분쇄 전후의 입자직경을 나타낸다. 일반적으로 조파쇄할 때나 매우 경질의 재료를 일시적으로 분쇄할 때에 유효할 수 있다.

(3) Bond의 이론

Bond(1952년)는 Rittinger 법칙과 Kick 법칙의 대안으로 "일정량의 균질한 분쇄물에 가해진 유효한 전체 분쇄 에너지양은 분쇄물 입자직경의 제곱근에 반비례한다."라는 이론을 내놓았다. 여기서 전체 분쇄 에너지양이란 입자직경이 일정한 크기가 될 때까지 필요한 단위 중량당의 분쇄 에너지양이다. 따라서 Bond는 모든 분쇄를 무한히 큰 입자(고체)가 입자직경이 제로인 무한개의 입자로 분쇄되는 도중의 현상으로 가정하여 다음 식을 제안하였는데, 이는 식(3.1)을 $n=1.5$로 두고 적분한 것에 상당한다.

$$E=K_B\left(\frac{1}{\sqrt{x_p}}-\frac{1}{\sqrt{x_f}}\right) \tag{3.4}$$

또한 Bond는 위의 식을 실용성 있는 다음 식으로 제안하였다.

$$W=W_i\left(\frac{10}{\sqrt{P_{80}}}-\frac{10}{\sqrt{F_{80}}}\right) \tag{3.5}$$

여기서 F_{80}(μm), P_{80}(μm)은 각각 분쇄 전후의 80 % 통과입자의 크기를 나타낸다. 즉, 분쇄에서 얻어지는 분체는 입자직경의 분포가 넓기 때문에, 대표하는 입자직경(80 % 통과입자 직경)을 사용하고 있다. 위의 식을 널리 사용하는 이유는 Bond의 식(3.5) 중의 W_i(kWh/ton)를 시료용기의 파쇄저항을 나타내는 Work index로 정의하고(식(3.7) 참조), 많은 시료용기에 대해 측정하여 얻어진 실험식이기 때문이다.[19] Bond의 식은 현재 대부분의 분쇄기 설계에 적용되고 있으며, 특히 볼밀이나 로드밀에서 양호한 결과를 얻을 수 있는 것으로 보고되어 있다.[20]

---

19 Yoshiteru Kanda, 2006: Estimation of Fine Grinding Energy, *Bull. Yamagata Univ. (Eng.)* **29**(1), pp. 7-15.

20 A. Jankovic, H. Dundar, and R. Mehta, 2010: Relationships between comminution energy and product size for a magnetite ore, *The J. Southern African Inst. Mining and Metallurgy* **110**(3), pp. 141-146.

예제 3.1 어떤 분쇄기에서 입도가 16 mm인 철광석을 파쇄하여 4 mm의 입도로 만드는 경우와, 4 mm를 1 mm로 만드는 경우에 소요되는 일양을 Bond의 이론을 이용하여 구하라. 단, 철광석의 W_i는 12.84 (kWh/ton)이다.

풀이

분쇄에너지 E는 다음 식과 같이 나타낼 수 있다.

$$W_{16\to4} = W_i\left(\frac{10}{\sqrt{P_{80}}} - \frac{10}{\sqrt{F_{80}}}\right) = 12.84\left(\frac{10}{\sqrt{4}} - \frac{10}{\sqrt{16}}\right) = 32.1\ \mathrm{kWh/ton}$$

$$W_{4\to1} = W_i\left(\frac{10}{\sqrt{P_{80}}} - \frac{10}{\sqrt{F_{80}}}\right) = 12.84\left(\frac{10}{\sqrt{1}} - \frac{10}{\sqrt{4}}\right) = 64.2\ \mathrm{kWh/ton}$$

따라서 동일한 축소비에서도 소요되는 일양이 다른 것을 알 수 있다. 한편 많은 천연광석에 대한 W_i는 구해져 있으나 도시광물에 대한 것은 아직 구해져 있지 않다.

(4) Holmes의 이론

Holmes는 Kick의 법칙에 기초하여 입자의 강도는 입자직경의 거듭제곱함수로 된다고 가정하여 이론식을 얻었다. 그는 Bond가 제안한 식(3.4)의 입자직경의 거듭제곱수가 0.5인 것에 대하여, 이 값은 파쇄물의 종류에 따라 다른 것으로 생각하여 다음 식을 제안하였다.

$$W = W_{iH}(1 - R^{-\gamma})\left(\frac{100}{P}\right)^{\gamma} \tag{3.6}$$

여기서 W_{iH}는 Holmes의 에너지 지수, $R(=F/P)$은 분쇄비, γ는 'Kick의 법칙으로부터의 편기'로 불리며, 파쇄물의 종류에 따라 0.25~0.73의 값이 보고되어 있다.

이러한 이론은 광석의 파쇄에 관한 것으로, 아직 리사이클링 원료에 대해서는 알려진 바가 없으므로 이러한 이론을 적절하게 활용할 수 있을 것이다.

예제 3.2 어떤 분쇄기에서 평균 입자직경 160 mm의 광물을 부수어 평균 입자직경 60 mm의 분쇄물을 얻었다. 소요되는 동력은 14 t/h에서 8 HP이다. 이 분쇄기에서 같은 광석을 40 mm까지 분쇄할 때, 7 t/h의 능력이라 하면 소요되는 동력이 얼마일지 계산하라.

풀이

분쇄에너지 E는 다음 식과 같이 나타낼 수 있다.

$$E = \frac{\text{동력}}{\text{단위 시간당 생산량}}$$

(a) Rittinger의 법칙으로부터 계산한다. 소요되는 동력을 P_R이라 하면

$$\frac{8}{14} = K_R\left(\frac{1}{60} - \frac{1}{160}\right), \quad \frac{P_R}{7} = K_R\left(\frac{1}{40} - \frac{1}{160}\right)$$

위의 두 식에서 K_R을 소거하면 P_R을 구할 수 있다.

$$\therefore \ P_R = 7.2 \ \text{HP}$$

(b) Kick의 법칙으로부터 계산한다. 소요되는 동력을 P_K라 하면

$$\frac{8}{14} = K_K \ln\left(\frac{160}{60}\right), \quad \frac{P_K}{7} = K_K \ln\left(\frac{160}{40}\right)$$

$$\therefore \ P_K = 5.6 \ \text{HP}$$

(c) Bond의 이론으로부터 계산한다. 소요되는 동력을 P_B라 하면

$$\frac{8}{14} = K_B\left(\frac{1}{\sqrt{60}} - \frac{1}{\sqrt{160}}\right), \quad \frac{P_B}{7} = K_B\left(\frac{1}{\sqrt{40}} - \frac{1}{\sqrt{160}}\right)$$

$$\therefore \ P_B = 6.3 \ \text{HP}$$

3.2.3 분쇄성을 나타내는 척도

분쇄원료의 분쇄성(피분쇄성)을 나타내는 척도에는 여러 가지가 있으나 대표적으로는 아래의 두 가지 지수가 있다.[21]

(1) Bond의 분쇄 에너지 지수(Work index)

일정량의 분쇄물을 얻는 데 필요한 에너지를 측정하여 산출하는 지수이며, 식(3.5)의 W_i이다. Bond의 이론에 따르면 공업적으로 분쇄에 소요되는 에너지양 W(kWh/t)는 분쇄 전후의 80 % 통과입자의 직경 F, P가 일정할 때는 분쇄 에너지 지수 W_i에 비례한다. 따라서 이 W_i는 분쇄물의 분쇄저항을 나타내는 지수로 다음 식과 같다.

$$W_i = \frac{1.1 \times 44.5}{P_1^{0.23} G_{bp}^{0.82} \left(10/\sqrt{P'} - 10/\sqrt{F}\right)} \tag{3.7}$$

21 Yoshiteru Kanda, 2001: Comminution Energy, *J. Soc. Powder Technol., Japans* **38**, pp. 355-364.

여기서 P_1(μm)은 분쇄시험에 사용하는 체의 눈금, P'(μm)은 P_1 이하인 쇄성물의 80 % 통과입자의 직경, G_{bp} (g/rev)는 볼밀 분쇄능이라 부르며, 밀 1회전당 P_1 이하인 생성물의 질량이다.

보다 간편한 식으로는 Bond가 제안한 아래의 식이 있는데, 식(3.7)과 큰 차이가 없는 것으로 알려져 있다.[22]

$$W_i = \frac{1.1 \times 16}{G_{bp}^{0.82}} \left(\frac{P_1}{100} \right)^{1/2} \tag{3.8}$$

(2) 하드그로브 분쇄성 지수(HGI: Hardgrove Grindability Index)

이것은 일정량의 분쇄 에너지를 분쇄물(석탄)에 가하여 얻어지는 쇄성물량으로 정하는 지수로, 분쇄의 용이성을 나타낸다. 1951년 ASTM(D-409규정)에서 정식 규격으로 채택하였다. 즉, 입자직경과 질량이 일정한 석탄을 특수한 볼 베어링밀(하드그로브 시험기)에 장입하여, 60 rpm의 속도로 회전 분쇄하고, 200 mesh(74 μm)의 체 위에 남은 잔류물의 중량(w, kg)으로부터 다음 식과 같이 HGI를 산출한다.(KS E ISO 5074)

$$HGI = 13 + 6.93(50 - w) \tag{3.9}$$

HGI는 W_i의 측정과 비교하면 간편하기 때문에 양자의 상관성이 제안되어 있다. 일반적으로 HGI가 작을수록 분쇄하기 어려운 것을 의미한다.

3.2.4 분쇄기

분쇄기술은 쇄성물의 입도에 따라 조분쇄(粗粉碎, 수 cm), 중분쇄(中粉碎, 수 mm~수백 μm), 미분쇄(微粉碎,,100 μm~수십 μm), 초미분쇄(超微粉碎, 수 μm~μm 이하)로 분류하고 있으나, 분쇄기의 원리는 입자의 크기와는 그다지 관계가 없고, 오히려 여러 가지 힘을 병용하여 목적으로 하는 입도와 용량을 얻는 쪽으로 개발되어 있다. 현재 도시광물에 특화된 분쇄기로는 슈레더(shredder) 등이 있는데, 나머지는 일반적으로 천연광석이나 암석, 기타 물질을 위한 파·분쇄기이지만 도시광물에도 충분히 사용할 수 있을 것이다.

한편 폐기물 처리에 이용되는 대표적인 분쇄기와 분쇄기구, 대상물을 종합하여 표 3.1에

22 Ishihara T., 1964: Results of Work Index Tests on Testing Mill, *MMIJ* **80**, pp. 924-928.

나타내었다.[23] 압축형 분쇄는 대상물을 눌러서 부수는 것으로, 대형 폐기물을 대상으로 하는 분쇄이다. 충격형 분쇄는 고속으로 회전하는 해머의 강력한 충격력으로 폐기물을 파괴하며, 유리나 대형의 목제품을 처리하는 데 이용된다.

슈레더는 전단이나 압축이 더해진 복합형 분쇄기이며, 파쇄날의 회전으로 충격 파쇄함과 동시에 전단, 충격, 압축에 의해 2차, 3차의 분쇄가 일어나는 매우 범용적인 분쇄기이다. 전단(剪斷)파쇄는 이동날과 고정날 사이에서 파쇄가 일어나며, 2축이나 3축식의 회전날 사이에서 폐기물이 전단된다. 왕복전단형 길로틴 절단기는 대형 폐기물용으로 가장 많이 사용되고 있다.[24]

저온파쇄는 파쇄가 힘든 물질의 분쇄에 이용되고 있다. 즉, 상온에서 연성이나 탄성이 있어서 분쇄하기 곤란한 금속이나 고무, 플라스틱 등을 액체질소나 LNG, 드라이아이스 등을 냉매로 사용해 저온취화하여 분쇄성을 높인다. 예를 들어 304 스테인리스강과 같이 매우 단단한 소재도 저온취화를 이용하면 효과적으로 분쇄할 수 있다. 또 저온취화 온도의 차이를 이용해 선택적으로 분쇄하여 단체분리를 할 수도 있다. 냉장고의 컴프레서나 모터 등을 -100 ℃ 정도로 냉각하면 철만 저온취화하기 때문에 충격분쇄에 의해 철과 비철금속(Cu 등)으로 분리할 수 있다.

〈표 3.1〉 폐기물 처리에 이용되는 분쇄기와 대상물

처리기구	주요 분쇄기	주 대상 폐기물	생성물 입도
압축	조 크러셔 롤 크러셔	경질의 대형 물질, 폐콘크리트 등	10 cm~100 μm
충격	해머밀 임팩트밀	유리, 기와, 대형 목제품 등	1 mm~10 μm
전단	길로틴 파쇄기 커터밀	대형 폐기물, 목재 등	10 cm~1 cm
압축전단	롤밀	광물, 복합재료 등	1 mm~10 μm
충격전단	슈레더	다양한 고형 폐기물, 자동차 차체, 대형 가전 등	10 cm~1 mm
저온파쇄	해머밀	플라스틱, 고무, 금속 등	1 mm~10 μm
기타	박리분쇄	복합재료, 케이블(전선) 등	

---

23 S. Endoh, H. Ohya, S. Koyanaka, 1999: Key Technology to Create a Recycling Oriented System-Powder Processing, Mineral Processing and Environmental Impact Assessment, J. Soc. Powder Technol., Japan **36**, pp. 772-779.

24 3.6 '스크랩 가공기' 참조.

표 3.2에는 입자크기에 따른 적용 파·분쇄기를, 표 3.3에는 주요 분쇄기의 종류를 나타내었다.

〈표 3.2〉 입자크기에 따른 적용 파·분쇄기

Comminution type	Maximum particle size(mm)	
	feed	product
Primary crushing	1,500	500
Secondary crushing	500	150
Tertiary crushing	150	50
Coarse (primary) grinding	50	5
Secondary grinding	5	0.5
Fine grinding	0.5	0.05
Ultra-fine (colloidal) grinding	0.05	<0.005

〈표 3.3〉 주요 분쇄기의 종류

대분류	소분류	처리량			분쇄영역				분쇄력				분쇄시스템			
		대용량	중용량	소용량	조분쇄	중분쇄	미분쇄	초미분쇄	충격	압축	전단	마쇄	건식	습식	연속	회분
조 크러셔(jaw crusher)		●			●				●	●			●			
자이로터리 크러셔 (gyratory crusher)		●			●				●	●			●			
콘 크러셔(cone crusher)		●			●				●	●			●			
해머 크러셔(hammer crusher)		●			●	●			●				●			
자생분쇄기		●	●			●			●				●			
볼밀	전동볼밀	●	●	●		●	●	△	●			●	●	●	●	●
	진동볼밀		●	●			●	△	●		●	●	●	●	●	●
	유성볼밀			●			●	△			●	●	●	●	●	●
	타워밀		●	●			●				●	●	●	●	●	
매체교반밀	교반조밀			●			●	●				●	●	●		●
	애뉴러밀			●			●	●			●	●		●		●
롤러밀	원심식		●				●		●	●			●		●	
	유압식	●					●			●	●	●	●		●	
고속회전밀	해머밀			●					●		●		●		●	
	케이지밀		●	●					●		●		●		●	
	축류형밀		●	●			●		●		●	●	●	●	●	
	애뉴러형밀			●			●				●	●	●		●	
	전단형밀			●			●	●		●	●	●	●		●	
제트밀(jet mill)			△	●			●	△	●			●	●		●	

일반적으로 고체를 기계적으로 잘게 부수는 것을 분쇄라고 하는데, 큰 덩어리를 잘게 부수는 조작을 파쇄 또는 조분쇄, 미분(微粉)을 만드는 조작을 분쇄라고 구별하여 사용하기도 한다. 일반적으로 큰 원료를 미분말로 만드는 경우, 특정한 분쇄기 한 대로 분쇄의 목적을 달성할 수 없다. 설사 가능하다 하더라도 매우 비경제적이기 때문에 단계적으로 분쇄를 해야만 한다. 따라서 일반적으로는 그림 3.3과 같이 1차(파쇄기), 2차(중간분쇄기), 3차(미분쇄기)로 나누어 진행하고 있다.[25]

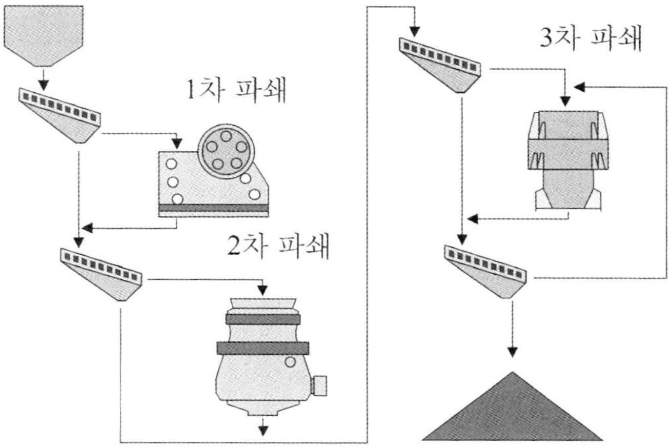

[그림 3.3] 전형적인 3단계 파쇄 공정도의 예

특히 리사이클링 원료 중에서 PCB(printed circuit board)는 유리섬유로 보강한 플라스틱 보드에 구리가 피복되어 있고 콘덴서나 저항, IC 등의 전기·전자부품이 탑재되어 있는 복합재료로, 경도나 강도가 다른 소재들의 집합체이다. 따라서 광석과 같이 비교적 균질한 원료에 비하여 분쇄를 통해 균질한 쇄성물을 얻기가 곤란하다. 그리고 형상이나 크기가 다른 PCB들을 일정한 크기로 만들려면 필수적으로 조파쇄가 필요할 것이다. 이러한 PCB의 조파쇄에는 cutting mill 등이 유효하고, 뒤이어 필요에 따라 볼밀 등으로 미분쇄하는 방법을 사용해야 할 것이다. 볼밀에서는 수 cm 정도로 조파쇄한 폐전기·전자기기를 별도의 분별 없이 처리하여 기판상의 소자나 도금층 등을 우선적으로 박리·분말화하므로 희소금속 성분이 농축된 1 mm 이하의 분말이

25 Metso Mining and Construction, 2015: Basics in Minerals Processing, Metso Corporation, www.metso.com

생성된다. 이러한 볼밀 처리에서 남은 플라스틱이나 알루미늄, Cu 함유 기판이 각각 판상으로 남기 때문에 이후의 공정에서 용이하게 선별할 수도 있다. 아래에서 몇 가지 파·분쇄기의 특징에 대해서 알아본다.

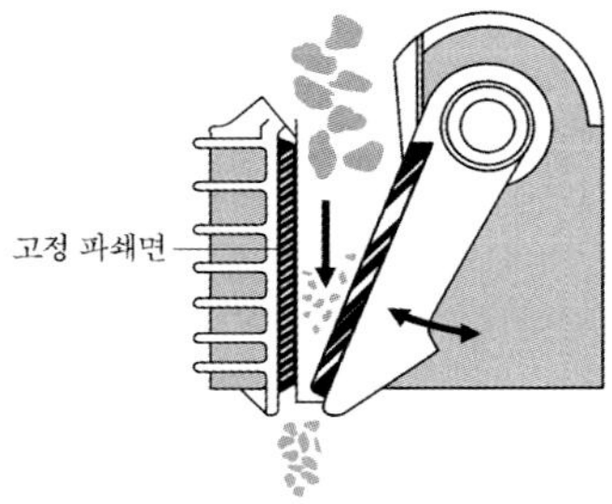

(a) Jaw crusher

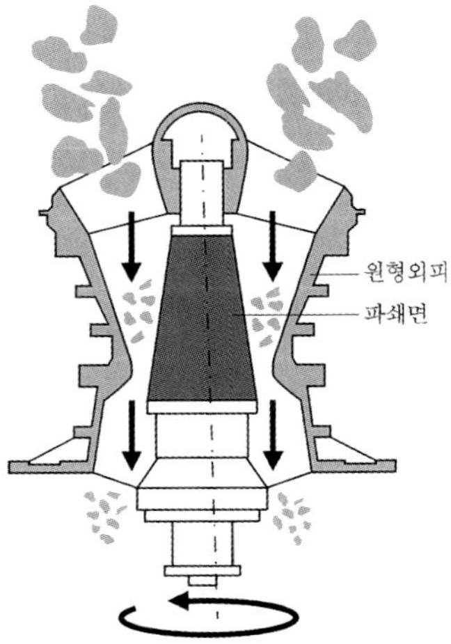

(b) Gyratory crusher

[그림 3.4] 1차 파쇄기의 모식도

(1) 파쇄기

수십 cm의 원료를 십수 cm 단위의 큰 입자로 분쇄할 때 사용하며, 발파석이나 대형의 원료를 1차적으로 파쇄하는 데 사용한다. 그림 3.4에는 주로 1차 파쇄에 사용되는 조 크러셔(jaw crusher)와 자이로터리 크러셔(선회운동 크러셔, gyratory crusher)의 모식도를 나타내었다. 그 외에 콘 크러셔(cone crusher) 등을 사용하기도 한다. 이것을 다시 좀 더 작은 입자로 파쇄할 때는 2차 크러셔를 사용한다.

조 크러셔는 한 면은 고정되어 있고, 다른 한 면은 움직이는 V자형 공간에 파쇄물을 장입하여 압축에 의해 파쇄하는 장치이다. 아래쪽의 간격이 1차 파쇄물의 크기에 상당한다. 자이로터리 크러셔는 고정되어 있는 원형 외피와 그 중간에 회전하는 파쇄면으로 구성되어 있다.

(2) 중분쇄기

1차 파쇄기에서 나온 것을 더 작게 분쇄할 때 사용한다. 투입 입자는 주먹만 한 크기이며, 분쇄된 입자는 모래알 정도 크기의 mm 단위가 보통이다. 종류로는 롤 크러셔, 임팩트 크러셔,

콘 크러셔, 해머 크러셔 등이 있으며, 그림 3.5에 모식도를 나타내었다.

롤 크러셔는 두 개의 수평한 원통형 롤로 구성되어 있다. 두 개의 롤이 서로 반대방향으로 회전하면서 그 사이에 투입된 원료가 파쇄된다. 2차 및 3차 파쇄에 많이 이용된다.

임팩트 크러셔는 압축보다는 충격을 통해 원료를 파쇄하는 장치로서, 매초 수십 m의 속도로 고속회전하는 원통에 장치된 충격판이 원료를 분쇄한다. 그림에 나타낸 바와 같이 수평으로 회전하는 원판의 가장자리에 붙어 있는 해머나 바 등이 투입된 원료를 타격하여 파쇄하는 것으로, 2차 및 3차 파쇄에 많이 이용된다. 임팩트 크러셔는 비교적 연성인 물질의 파쇄에 많이 이용된다. 콘 크러셔는 가장 일반적으로 사용하는 2차 파쇄기이다. 콘 크러셔는 그림 3.4의 자이로터리 크러셔와 유사하지만 스핀들(spindle)의 길이가 짧고, 높이에 비하여 직경이 큰 특징이 있다. 내부의 파쇄 콘은 자이로터리 크러셔와 마찬가지로 편심운동을 한다.

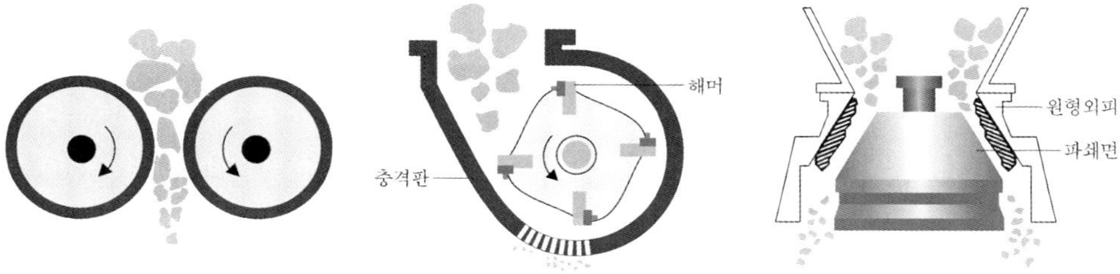

(a) Rolls crusher (b) Impact crusher (c) Cone crusher

[그림 3.5] 2차 파쇄기의 모식도

(3) 미분쇄기

1, 2차 분쇄기에서 분쇄된 것을 더 잘게 분쇄할 때 사용한다. 투입입자는 보통 밤톨만 한 크기부터 모래알만 한 크기까지이며, 분쇄된 입자의 크기는 보통 메쉬 단위(밀가루 정도 크기)이다. 종류로는 해머밀, 로드밀, 볼밀, 레이몬드밀, VETICAL ROLL밀, PIN밀, 슈퍼밀, 제트밀, 코니칼 볼밀, 진동밀 등이 있다.

그림 3.6에는 볼밀(ball mill)과 로드밀(rod mill)의 모식도를 나타내었다. 볼밀은 특수강이나 니켈판으로 내장된 원통 속에 여러 개의 강으로 만든 볼(강구)을 재료와 함께 넣어 회전시켜 강구운동에 의한 충격으로 재료를 분쇄하는 장치이다.

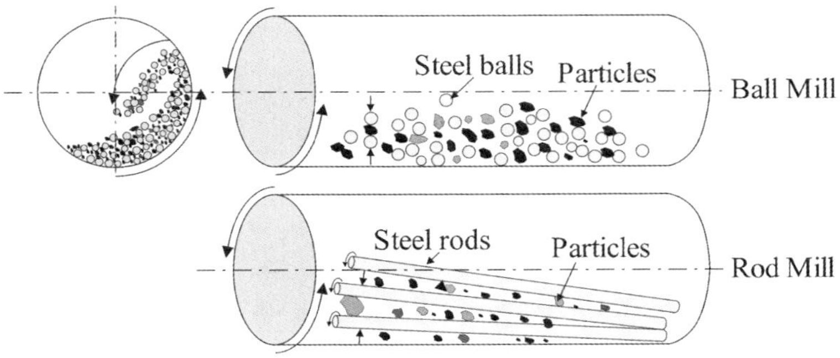

[그림 3.6] 볼밀과 로드밀의 모식도

볼은 주철·칠주물·천연석 등 원료에 따라 여러 가지가 있다. 통 길이는 지름을 초과하지 않는 것이 표준형이지만 지름의 수배 이상 긴 형태의 튜브밀, 그 중간인 컴파운드밀(compound mill) 등이 있다. 최종적인 미분을 만들 때 사용되는 것으로, 용도가 매우 다양하다. 볼밀에서 최적 회전수 N(rpm)은 다음 식으로 주어진다.

$$N = K/\sqrt{D} \qquad (D: \text{볼밀 직경, m}) \tag{3.10}$$

K값에 대하여 Naske는 23~28, Blance는 32, Fischer는 32~35라는 값을 제시하고 있다. 종합하면 $K = 32$를 많이 사용하며, 실제속도는 임계속도의 55~80 % 정도이다.

로드밀은 장치 내면의 길이보다 약간 짧은 강봉(steel rod)을 분쇄매체로 사용하는 회전식 분쇄기이다. 거친 입자부터 선택적으로 분쇄하며, 입도(粒度)가 비교적 가지런한 쇄성물을 얻을 수 있다는 특징이 있다. 단독으로도 사용하며, 볼밀에 의한 분쇄의 예비분쇄기로 사용하기도 한다.

미분쇄를 할 때 볼밀과 유사한 교반형 볼밀인 아트라이트(마모 분쇄기, attritor)를 사용하기도 한다. 아트라이트는 1992년 미국의 Szegvari에 의해 개발된 것으로, 기계적 합금화(mechanical alloying)에 사용하기도 한다. 그림 3.7에는 아트라이트의 모식도를 나타내었다. 분쇄 탱크는 수냉하고 있으며, 내부의 교반기에 교반 날개가 부착되어 있고, 교반매체로 steel ball이나 세라믹 ball 등을 사용할 수 있다. 특히 입도분포가 매우 양호하고, 건·습식이 가능하며, 분쇄나 분산속도가 볼밀의 수십 배에 달하여 초경합금 스크랩 분쇄에도 사용하고 있다.

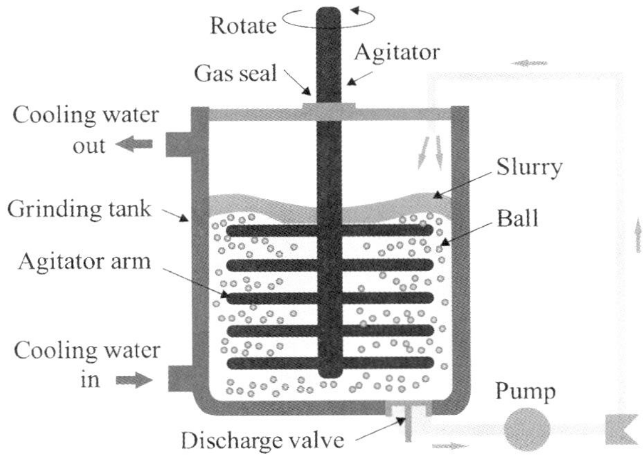

[그림 3.7] 교반형 볼밀인 attritor의 모식도

3.3 입자크기별 분류(Size control)

파·분쇄한 입자를 크기별로 나누는 것을 분립(分粒, size control or sizing)이라 한다. 즉 분립은 고체입자를 크기별로 두 가지 이상으로 분리하는 것이다. 공업적인 분립에는 체질(screening)과 분급(classification) 두 가지가 있다. 일반적으로 체질이 분급보다 간단하고 정확하여 편리하게 사용하지만, 입자크기가 작아지면 공업적인 체질이 불가능하다. 일반적으로 거친 체질은 10~20 메쉬(1 mm 정도)이며, 입자크기가 그 이하이면 분급을 하게 된다. 분급은 유압이나 공기에 의한 분리(hydraulic and air separation)로 불린다.

3.3.1 체질(screening)

체질은 파·분쇄한 원료를 체(sieve) 면 위에 장입한 다음, 원료와 체 면에 상대적 운동을 가해 체 면 위에 남는 oversize의 것과 체 구멍(screen opening, screen aperture)을 통과하여 나오는 undersize의 것으로 나누는 분립 방법이다.

체질의 목적은 다음과 같다.

① 파·분쇄의 관점에서는 다음과 같은 목적이 있다.

ⓐ 파쇄 산물의 최대 크기를 엄격하게 관리하여 능률을 올리기 위해 중간 파쇄기(2차 파쇄기)와 연결하여 폐회로(closed circuit) 파쇄를 위한 것

ⓑ 과분쇄를 줄이고 처리량을 늘리기 위하여 파쇄기의 전 단계에서 미리 작은 입자를 분리해 내기(by-passing) 위한 것

ⓒ 분쇄회로에서 분쇄기의 산물을 분립하는 일의 일부를 맡아서 분급기의 대역을 하기 위한 것

② 선별의 관점에서는 1~2 mm나 그 이상 크기의 원료를 비중선별 하는 경우, 원료를 적당한 크기의 여러 단계로 나누어 좁은 범위의 크기로 공급하여 효과적으로 선별하기 위한 것이다.

③ 후속 공정에 따라 최종 분쇄물을 크기별로 마련하여 공급하기 위한 것이다.

체질 효율 E_S는 다음 식으로 나타낸다.

$$E_S = \frac{U_p}{U_i} \times 100 \tag{3.11}$$

U_p: 실제 undersize양(%), U_i: 이상적인 undersize양(%)

여기서 이상적인 undersize양이라는 것은 실험실적으로 결정된 값을 의미한다. 그러나 현실적으로 실제 공정에서 U_p를 측정하기 곤란하기 때문에 아래의 식을 사용한다.

$$E_S = \frac{100(U_i - U')}{U_i(100 - U')} \times 100 \tag{3.12}$$

여기서 U'은 실제 공정에서 oversize의 시료용기를 채취하여 실험실적으로 구한 undersize의 양(%)을 나타낸다.

체의 처리능력을 결정하는 요소로는 ① 체의 종류와 운동방법, ② 체 면의 넓이와 경사, ③ 구멍의 크기, ④ 원료의 비중, ⑤ 입자크기의 비율, ⑥ 수분과 원료의 함유율 및 온도 등이 있다.

형상에 따른 체의 종류를 그림 3.8에 나타내었다. 입자의 크기를 결정짓는 것은 구형이므로 원형의 구멍이 있는 것이 이상적이지만 제작상 문제가 있기 때문에 대형의 것만 가능하다. 따라서 그림에 나타낸 바와 같이 평행봉형(parallel-bar type), 망형 또는 그물형(woven-wire type), 펀치판형(punched-plate type) 등이 있다. 펀치판형은 원형을 비롯한 여러 가지 모양으로 구멍을 뚫은 것인데, 최근에는 거의 사용하지 않는다고 한다. 지름이 균일한 강선을 얽어 정방형의 구멍이 나도록 만든 그물형의 체를 가장 일반적으로 사용하고 있다.

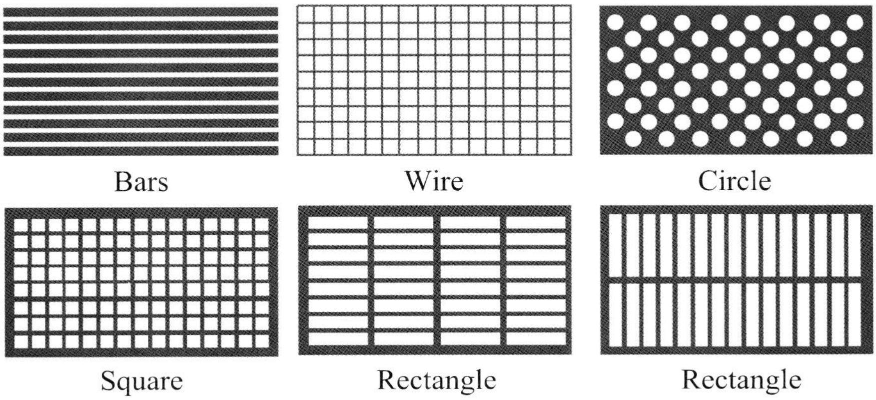

[그림 3.8] 형상에 따른 체의 종류

한편 체 구멍의 크기는, 큰 것은 inch나 mm 등의 단위를 사용하나 작은 것은 복잡하기 때문에 메쉬(mesh)를 사용한다. 메쉬는 1 inch 길이에 들어 있는 사각형의 개수를 의미한다. 메쉬와 크기의 관계를 표 3.4에 나타내었다.

〈표 3.4〉 표준체의 mesh와 크기의 관계(Tyler Standard Sieve)

mesh	micron(μm)	mesh	micron(μm)	mesh	micron(μm)
2½	8,000	14	1,180	80	180
3	6,700	16	1,000	100	150
3½	5,600	20	850	115	125
4	4,750	24	710	150	106
5	4,000	28	600	170	90
6	3,350	32	500	200	75
7	2,800	35	425	250	63
8	2,360	42	355	270	53
9	2,000	48	300	325	45
10	1,700	60	250	400	38
12	1,400	65	212	500	25

3.3.2 분급(classification)

원래 분급은 입자를 성질별로 분류하는 것이지만, 일반적으로는 액체 매체 중을 이동하는 입자의 속도에 따라 입자를 크기별로 분리하는 것을 말한다. 분급기에는 입자크기별로 나누는 것과, 입자밀도에 따라 분리하는 중력 선별기가 있는데, 기본적으로 같은 구조를 갖는 장치이다.

건식 분급기에는 입자의 낙하속도나 낙하위치의 차이를 이용하는 중력분급기와, 입자의 관성력을 이용하는 관성분급기, 사이클론과 같은 원심분리기 등이 있다. 습식 분급기에도 슬러리 중에 있는 입자의 침강속도 차이를 이용하는 중력분급기와 액체 사이클론 같은 원심분리기가 있다. 표 3.5와 3.6에는 대표적인 건식 및 습식 분급기의 특징 등을 나타내었다.

〈표 3.5〉 대표적인 건식 분급기의 분류와 특징

분류	분급 원리	특징	대표 기종
중력분급기	입자의 낙하속도, 낙하위치의 차이에 따라 분급(중력: 공기항력)	· 구조가 간단함 · 입자크기의 분포가 넓은 것의 분급 (200~2,000 μm) · 고농도 분체의 분급에는 부적절함 · 정밀분급에는 부적절함	· 수평류형 · 수직류형 · 지그재그형
관성분급기	입자의 관성력을 이용하여 분급(관성력: 공기항력)	· 구조가 간단 · 입자크기의 분포가 비교적 넓은 것의 분급(10~250 μm) · 분체농도가 높은 것도 가능하며, 대용량도 가능함 · 정밀분급에는 부적절함	· 직선형 · 곡선형 · louver형
		· 미세입자 분급 범위(0.5~50 μm) · 정밀분급도 가능함	· 엘보 제트형 · 베리어블 임팩트형
와류형 원심분리기	자유와류와 반자유와류에 의한 원심력과 공기항력의 균형으로 분급	· 비교적 구조가 간단함 · 비교적 미세분말의 분급이 가능함 (1~20 μm) · 사이클론은 고농도 분체의 분급이나 정밀분급에는 부적절함	· 사이클론 등
회전날개형 원심분리기	회전분급날개에 의한 회전류의 원심력과 공기항력 이용	· 구조가 복잡하고 중력이 작용함 · 미분영역 분급(0.5~100 μm)이 가능함 · 고농도 분체, 정밀분급 가능함	· 에어세퍼레이터 · 미크론세퍼레이터 등

〈표 3.6〉 대표적인 습식 분급기의 분류와 특징

분류	분급 원리	특징	대표 기종
중력분급기	슬러리 중에서 입자의 침강속도 차이를 이용(중력: 액체항력)	· 구조가 간단함 · 대형 기종 · 비교적 큰 입자의 분급(40~200 μm) · 정밀분급에는 부적절함(다단형으로 대응)	· 하이드로 세퍼레이터 · 스파이럴 분급기 · 볼 분급기 등
원심분리기(자유와류, 반자유와류)	자유와류나 강제와류에 의한 원심력과 유체흐름에 의한 항력의 균형에 의해 분급(원심력: 액체항력)	[자유와류] · 구조가 간단함 · 분급 범위(5~150 μm)	· 액체 사이클론
		[강제와류] · 구조가 복잡함 · 분급 범위(1~800 μm) · 주로 고-액 분리에 이용함	· 분리판형 · 원통형(슬러리 디캔더)

3.4 선별

3.4.1 선별기술의 개요

자원 리사이클링 원료는 목적금속이 복합적으로 혼재되어 있거나, 비금속물질과 혼합되어 있는 경우가 대부분이다. 따라서 이러한 원료를 파쇄하거나 분쇄한 후 종류별로 선별할 필요가 있는데, 특히 도시광물의 습식처리에서는 반드시 필요하다. 그러나 선별 대상이 되는 고체입자는 형상 등이 완전히 다른 것들로 이루어져 있기 때문에 선별은 기본적으로 불균일계의 분리조작이다. 이러한 분리기술은 원료의 분자배열을 깨트리지 않는 소프트 선별과 분자배열을 깨트리는 하드 선별로 구분하기도 한다.

고체입자에는 벌크(bulk)와 표면이라는 두 가지 특징이 있으며, 각각의 물성을 이용하는 선별법이 있다. 벌크물성에는 형상, 밀도, 전자파 반사성, 자화특성, 벌크 도전성, 방사성 등이 있고, 표면물성에는 색, 광택, 질감, 전자파 투과성, 표면 도전성, 물에 대한 젖음성(습윤성) 등이 있다. 일반적으로 벌크물성과 표면물성을 이용하는 선별기술을 비교하면 표 3.7과 같다.[26]

---

26 Shuji Owada, 2007: General Remarks of Comminution and Separation Technology, *MMIJ* 123(12), pp. 575-581.

〈표 3.7〉 벌크물성과 표면물성을 이용하는 선별기술 비교

	벌크물성 이용 기술	표면물성 이용 기술
적용입도	큼	작음
안정성	높음	낮음
가변성	낮음	높음

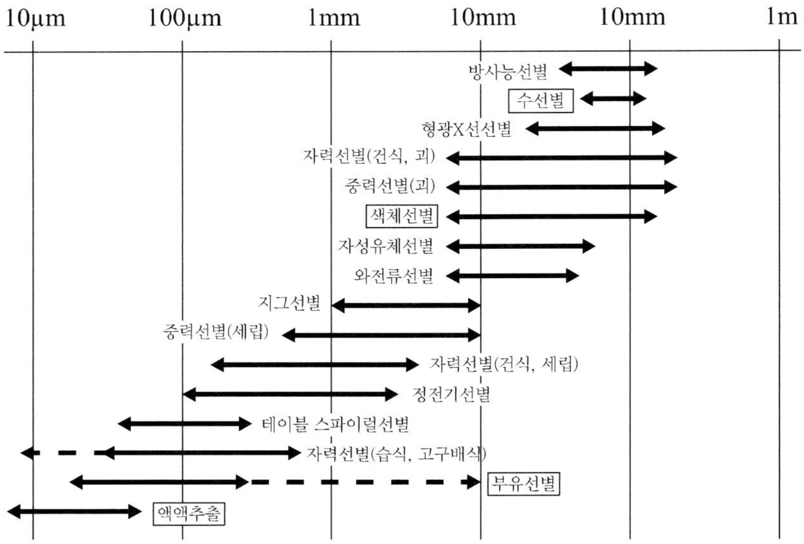

[그림 3.9] 크기에 따라 적용할 수 있는 선별기술
(□은 표면물성 이용, 나머지는 벌크물성 이용)

그림 3.9에는 각종 선별법에서 대략적인 적용 입도범위를 나타내었다. 전체 입도범위에서 적용할 수 있는 방법은 없으며, 이용하는 물성이나 장치, 대상물에 따라서 그 범위가 결정된다는 점에 주의하여야 한다. 따라서 공장을 설계할 때, 분쇄에 의해 얻어진 입도분포가 넓은 분쇄물을 그대로 선별 공정에 제공하지 않고, 분포가 좁은 분쇄물을 얻기 위한 분쇄조건을 사전에 설정하거나 분쇄물의 입도를 조정할 필요가 있다. 그림 중의 사각(□) 표시는 표면물성을 이용하는 선별법이며, 나머지는 벌크물성을 이용하는 선별법이다. 그리고 점선으로 나타낸 입도범위는 최근에 적용범위가 확대된 것을 나타낸다.

〈표 3.8〉 고체/고체 분리기술의 건식법과 습식법 비교

항목	건식	습식	비고
처리능력	○		이동속도의 차이
분리 정밀도		○	입자 분산성의 차이 매체의 분자 간 힘 차이 용기 벽에 대한 부착성의 차이
운송능력		○	매체의 점도, 밀도의 차이
부산물 처리	○		탈수, 건조의 필요성 폐수 처리의 필요성

3.4.2 건식과 습식 선별법

고체입자의 선별에는 건식법과 습식법이 있으며, 각각의 특징을 표 3.8에 나타내었다. 기본적인 처리능력은 매질 중에서 고체입자의 이동속도에 의해 결정된다. 예를 들면 Stoke 법칙이 성립하는 영역이라면 입자의 침강속도 u_p는 다음과 같다.

$$u_p = \frac{(\rho_p - \rho_f) g d_p^2}{18\mu_f} \tag{3.13}$$

여기서 ρ_p와 ρ_f는 각각 입자와 유체(매체)의 밀도, g는 중력가속도, d_p는 입자직경, μ_f는 유체의 점도를 나타낸다. 실온에서의 점도 μ_f를 비교하면, 물은 공기의 약 53배[27]이므로 기본적으로 건식법이 습식법에 비하여 침강속도가 약 53배 빨라 처리능력도 높다. 그리고 매질의 밀도 ρ_f는 공기가 1.2 kg/m^3, 물이 1,000 kg/m^{3}이므로 입자의 밀도 ρ_p가 3,000 kg/m^{3}인 경우, 입자의 침강속도는 $(\rho_p - \rho_f)$에 비례하기에 건식법이 습식법보다 약 1.5배 빠르며, 처리능력도 그만큼 더 높다.

다음은 분리 정밀도에 대하여 알아보자. 비교적 조립(수백 μm 이상)인 경우, 입자의 관성력이 크기 때문에 상호 분리할 때 매체의 영향이 상대적으로 적다. 그러나 미립자인 경우, 분리 정밀도는 매체 중에서의 분산성 등에 크게 영향을 받는다. 매체의 분자밀도나 분자 간 인력이 작은 공기 중에서는 입자 사이의 상호작용이 직접적이기 때문에 미립자끼리 응집하기 쉽다. 그러나 물의 경우 밀도나 분자 간 인력이 커서 입자 간의 상호작용이 매체에 의해 소멸되고, 매체의 상태를 소량의 시약 등으로 제어하여 비교적 쉽게 분산 상태를 만들 수 있다. 또 같은 이유로 용기 벽에 대한 부착성도 습식 쪽이 작기 때문에 분리 정밀도는 건식법보다 습식법이 높다.

---

27 물의 점도: 1.8×10^{-4} Pa·s, 공기의 점도: 1.0×10^{-3} Pa·s

운반능력은 매체의 점도나 그 제곱에 비례하므로 습식법이 높다. 또 부산물 처리의 경우, 습식법에서는 고-액 분리가 필요하므로 장치 설치면적의 확보, 에너지 소비의 증대가 있으며, 경우에 따라서는 폐수 처리 설비도 필요하다. 한편, 비교적 큰 입자를 대량으로 처리하고 싶은 경우에는 건식법이, 비교적 작은 입자를 높은 정밀도로 분리하고 싶은 경우에는 습식법이 유리하다고 알려져 있다.

3.4.3 주요 선별기술

선별방법은 목적성분을 분리·회수하기 위해 물리적 및 물리화학적 성질, 예를 들면 밀도, 경도, 자성, 도전율, 표면의 습윤성(젖음성) 등의 차이를 이용한다. 대표적인 선별기술을 분류하면 표 3.9와 같다.

〈표 3.9〉 대표적인 선별기술의 분류

<table>
<tr><th>분류 1</th><th>분류 2</th><th>적용 예</th></tr>
<tr><td colspan="3">(1) 수선별</td></tr>
<tr><td rowspan="8">(2) 중력 선별</td><td rowspan="3">건식 중력 선별</td><td>풍력 선별, 지그재그 선별</td></tr>
<tr><td>유동층 선별</td></tr>
<tr><td>사이클론 선별</td></tr>
<tr><td rowspan="3">습식 중력 선별</td><td>수력 선별</td></tr>
<tr><td>지그(jig) 선별</td></tr>
<tr><td>테이블 선별</td></tr>
<tr><td colspan="2">중액 선별</td></tr>
<tr><td colspan="2">자성유체 선별</td></tr>
<tr><td rowspan="4">(3) 자력 선별</td><td colspan="2">건식 자력 선별</td></tr>
<tr><td colspan="2">습식 자력 선별</td></tr>
<tr><td colspan="2">고자력 선별</td></tr>
<tr><td colspan="2">습식 고자력·고구배 선별</td></tr>
<tr><td rowspan="7">(4) 전기적 선별</td><td rowspan="3">와전류 선별</td><td>리니어모터 방식 선별</td></tr>
<tr><td>영구자석 방식 선별</td></tr>
<tr><td>드럼 방식 선별</td></tr>
<tr><td rowspan="4">정전기 선별</td><td>정전기 선별</td></tr>
<tr><td>코로나 방전형 선별</td></tr>
<tr><td>혼합형 선별</td></tr>
<tr><td>마찰 대전형 선별</td></tr>
<tr><td colspan="3">(5) 광학적 선별</td></tr>
<tr><td colspan="3">(6) X-선 이용 선별</td></tr>
<tr><td colspan="3">(7) 부유 선별</td></tr>
</table>

이러한 기술들은 기본적으로 천연광석의 선광 공정에 적용하여 온 것이나, 최근에는 도시광물, 즉 리사이클링 원료에 대해서도 활발하게 적용하고 있다.

(1) 수선별(hand picking)

고형물을 컨베이어 벨트에 올려서 수송하는 도중에 육안으로 관찰하여 사람의 손으로 분류하는 작업을 수선별이라 한다. 원시적인 방법이지만 리사이클링에서 유용하게 이용되고 있다. 조파쇄한 것이나 슈레더로 잘게 부순 대상물의 색상이나 외관, 광택 등의 차이를 이용한 선별법이다. 다만 사람의 손으로 들어올리기 곤란한 경우에는 적용할 수 없고, 처리능력이 낮다는 단점이 있다. 그림 3.10은 실제 리사이클링 공정에서 수선별하는 예를 보여 준다. 슈레더 등으로 파쇄한 후 작업자들이 색상이나 광택, 형상 등을 보고 대상물을 선별하여 배출하고 있다.

[그림 3.10] 일본 아오모리의 Seinan Syouji(靑南商事)에서의 수선별

(2) 중력 선별(gravity separation)

유체 중에서 중력과 같은 외력을 비중이 다른 입자에 작용시키면 비중 차이에 의해 다른 운동을 한다. 이러한 원리에 따라 선별하는 것이 중력 선별이다. 특히 유가물과 무가물 혹은 유가물들 사이에 충분한 밀도 차가 있고, 대상물의 입자크기가 거의 같은 경우에는 밀도 차이에 따른 대상물의 낙하속도 차이를 이용하여 선별할 수 있다. 금속은 유기물에 비하여 비중이 크므로 이 비중 차를 이용하여 선별한다. 그림 3.11(a)에 관성 중력 선별기(inertia gravity seperator)의 원리[28]를 나타내었다. 회전로터로 고형 폐기물을 날려서 거리에 따라 종류별로 선별하는

28 http://mytutorial.srtcube.com/waste-processing-techniques/environment-science/693-451 #7477

방법이다. 한편 물을 매체로 하여 분리하는 경우 밀도 차가 1 이상이면 중력 선별이 가능하다. 중력 선별의 적용입도는 조립의 경우 2~20 mm, 세립의 경우 200 메쉬(mesh) 정도이고, 중액 선별에서는 8~50 mm 정도이다.

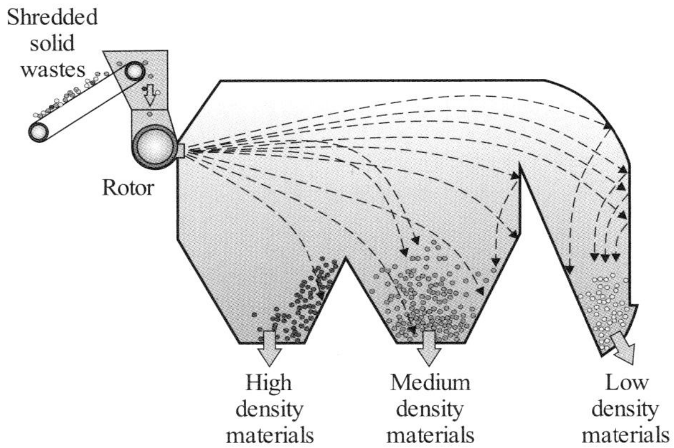

(a) 관성 중력 선별기

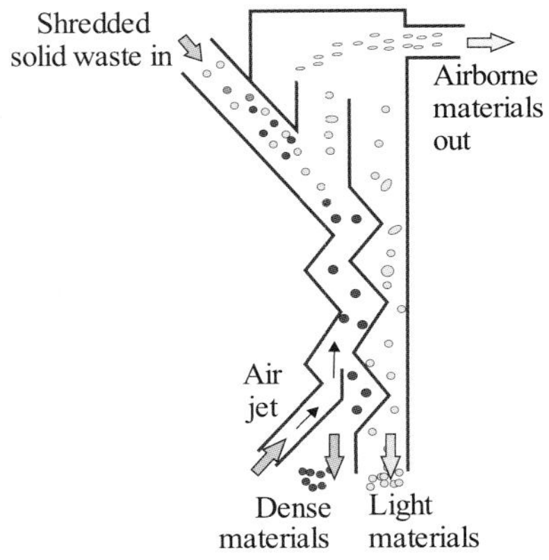

(b) 지그재그 선별기

[그림 3.11] 관성 중력 선별기와 지그재그(zigzag) 선별기의 작동 원리

풍력 선별은 측면이나 하부에서 바람을 불어 가벼운 물질을 날려 보내 선별하는 방법으로, 그림 3.11(b)에 지그재그(zigzag) 선별기를 나타내었다.[29] 물을 사용하지 않기 때문에 폐수 처리와 건조가 필요 없다는 장점이 있으나, 송풍기 이용 등에 따른 에너지 소비가 많고 선별 정밀도가 낮다는 단점이 있다.

유동층 선별은 원통형 용기 하부의 다공판으로부터 상승하는 공기류나 진동에 의해 유동화한 분립체층에 의해 선별하는 방법이다. 그리고 원심력을 이용한 사이클론 분급기 등이 있으나 분급이나 집진에 많이 사용되고 있다.

수력 선별은 풍력 선별과 마찬가지로 상승류나 측면방향의 흐름 중에서 무거운 것을 침강시키는 선별법이다. 상승수류에 의해 종류가 다른 플라스틱을 선별하는 장치, 수평방향의 흐름 중에서 침강조에 무거운 것을 침강시키는 침지 콘, 침강물을 기계적으로 분리하는 기계 분급기 등이 있다.

29 https://www.globalspec.com/reference/34921/203279/z-zeolite-zymosis

습식 지그 선별은 원료를 올려 둔 망을 통해 상하방향으로 물을 맥동시켜서 비중이 큰 것이 밑으로 가도록 층을 형성시켜 선별하는 방법으로, 중액 선별과 함께 널리 사용하는 중력 선별법이다. 그림 3.12에 습식 지그 선별기의 작동 원리를 나타내었다.[30]

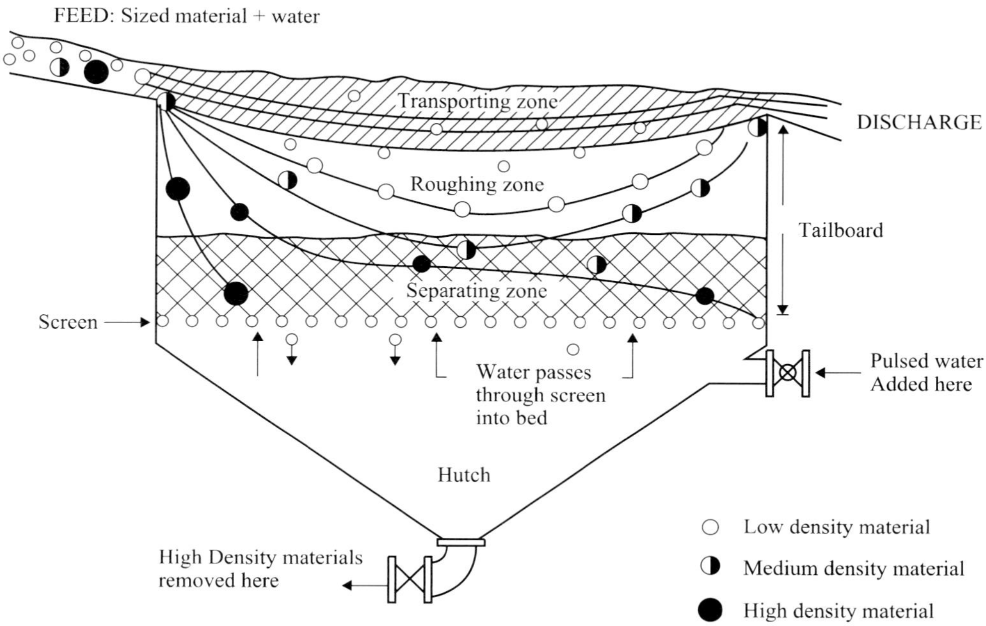

[그림 3.12] 습식 지그 선별기의 작동 원리

테이블(table) 선별은 약간 경사진 평판에 원료를 공급한 다음 길이방향으로 판을 진동시키면서 위쪽에서 세정수를 균등하게 흘려 무거운 입자는 길이방향으로 움직이고, 가벼운 입자는 경사의 아래쪽으로 흘러가게 하여 선별하는 방법으로, 고 품위의 원료를 높은 실수율로 선별할 수 있다. 그림 3.13에는 테이블 선별기의 작동 원리와 조업 모습[31]을 나타내었다. 선별 목적이나 입도 등에 따라 여러 가지 종류가 개발되어 있다.

---

30 http://perrymining.com/product/items.php?nid=35&id=104

31 http://www.miningnews.net/operations/production/

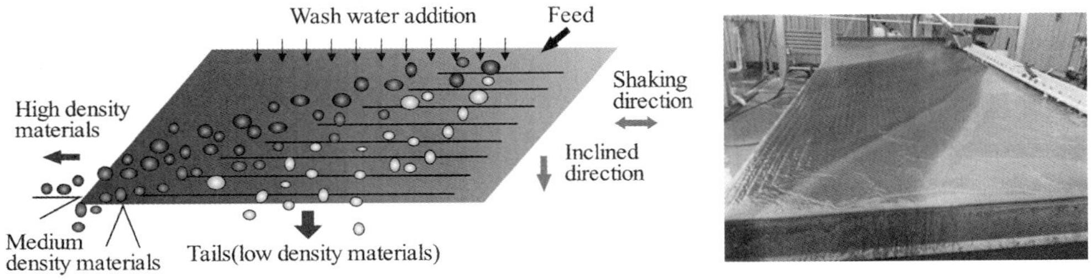

[그림 3.13] 테이블 선별기의 작동 원리와 조업 모습

중액 선별(heavy media separation)은 비중이 다른 물체를 그 중간 비중을 가지고 있는 액체 중에 넣으면 무거운 것은 가라앉고 가벼운 것은 떠오르는 현상을 이용한 선별법이다. 사용하는 중액으로는 염화칼슘 등 염류의 수용액이나 유기용매와 자철광, 방연광, 페리실리콘 등 비중이 높은 물질의 미분말(중액재라고도 함)의 수중 현탁액(모의 중액) 등이 있다. 유기용매는 고가이거나 유해성이 있어 실조업에서는 사용하지 않는다. 선별방식에는 중력에 의한 정적인 방식과 원심력에 의한 동적인 사이클론 방식이 있다. 지그 선별법보다 비용이 높으나 정밀한 선별이 가능한 것이 특징이다.

자성유체는 산화철 등 자성입자의 초미분말(0.01 μm 이하)을 물이나 기름 중에 완전히 분산시킨 것으로, 자성입자는 액체와 동일한 거동을 하여 자석에 대해 액체 전체가 흡인되는 성질을 갖는다. 이러한 자성유체를 자기구배가 있는 자계에 두고 비자성물체를 그 안에 넣으면 물체에 자기적 부양력이 작용한다. 즉 자성유체의 겉보기 비중이 커진다. 이러한 원리에 의해 선별하는 방법이 자성유체 선별이다.

(3) 자력 선별(magnetic separation)

자성물질과 비자성물질은 자성의 차이를 이용하여 자장을 가하면 분리할 수 있다. 강자성의 자철광을 비자성의 맥석으로부터 자력 선별하는 것이 용이하며, 자철광의 주요한 선광법으로 되어 있으나 최근 강력한 자성재료나 자성유체 등이 개발됨에 따라 자력 선광법의 적용범위가 현저하게 넓어지고 있다. 스크랩 처리에서도 예를 들면 음료 can의 Fe 부분과 Al 부분의 분리 등에 널리 이용되고 있다. 그림 3.14에 자력선별기의 구조를 나타내었다.[32, 33]

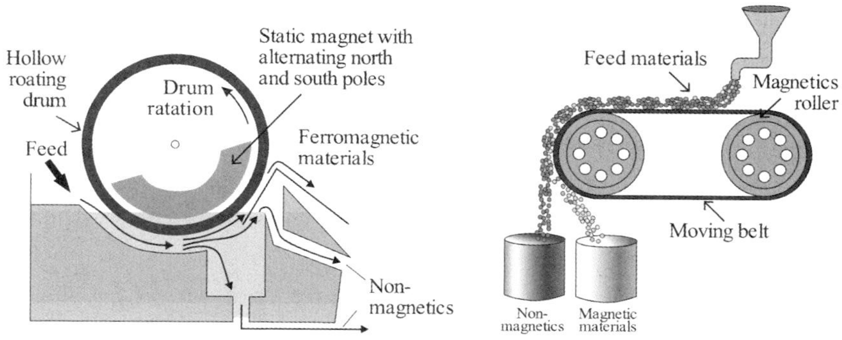

[그림 3.14] 자력 선별기의 구조

(4) 전기적 선별

전기적 선별에는 와전류 선별과 정전기 선별이 있다. 와전류 선별은 물질 자체의 특성인 전기전도성이, 정전기 선별은 표면물성으로서의 전기전도성이 선별 거동을 지배한다.

(가) 와전류 선별(渦電流 選別, eddy current separation)

도체에 변화자계를 작용시키면 전자유도에 의해 그 물질 중에 와전류가 발생하며, 작용시킨 변화자계와의 사이에 반발력이 발생한다. 이 와전류의 크기는 물질의 전기전도성에 의해 결정되므로 전기전도도($\Omega^{-1}\cdot m^{-1}$)가 다른 물질끼리의 상호분리가 가능하다. 293 K에서 Al은 3.77×10^7, Cu는 5.96×10^7(S/m)이지만, 석영이나 플라스틱은 전기전도도가 거의 제로이므로 이러한 것과 각종 금속의 분리는 물론이고 혼합금속의 상호분리도 가능하다. 또한 와전류의 반발력은 비자성 금속의 종류에 따라 결정되므로 낙하 위치도 각각 미묘하게 다르기 때문에 강력한 자석을 이용하면 동, 알루미늄, 아연 등의 비자성 금속을 종류별로 선별할 수 있다. 분리효율은 금속 스크랩의 전도도 σ에 비례하고 밀도 d에 반비례한다. 표 3.10에는 금속과 비금속의 전기저항과 전기전도도, 밀도 및 σ/d를 나타내었다. Li을 제외하면 Al의 경우 σ/d가 가장 크며, 비금속류의 경우 전기전도도가 매우 낮기 때문에 와전류 선별은 슈레더 스크랩 등으로부터 철강재, 비철금속, 비금속류(플라스틱, 유리, 고무 등)를 선별하는데 유효한 방법이다.

---

32 https://www.mineralsed.ca/learning-resources/student-resources/mining/
33 http://www.mstworkbooks.co.za/natural-sciences/gr7/gr7-mm-02.html

〈표 3.10〉 금속과 비금속의 전기저항과 전기전도도, 밀도 및 σ/d

Material	Resistivity ρ ($\Omega \cdot m$)	Conductivity σ (S/m)/10^6	Density d (g/cm^3)	σ/d
Lithium	9.28×10^{-8}	10.8	0.535	20.19
Aluminium	2.65×10^{-8}	37.7	2.7	13.96
Copper	1.68×10^{-8}	59.6	8.94	6.67
Silver	1.59×10^{-8}	63	10.5	6.00
Zinc	5.90×10^{-8}	16.9	7	2.41
Gold	2.44×10^{-8}	41	19.32	2.12
Nickel	6.99×10^{-8}	14.3	8.9	1.61
Iron	9.71×10^{-8}	10	7.87	1.27
Tin	1.09×10^{-7}	9.17	7.31	1.25
Gallium	1.40×10^{-7}	7.1	5.91	1.20
Tungsten	5.60×10^{-8}	17.9	19.3	0.93
Carbon steel	1.43×10^{-7}	6.99	7.6	0.92
Titanium	4.20×10^{-7}	2.38	4.54	0.52
Platinum	1.06×10^{-7}	9.43	21.45	0.44
Lead	2.20×10^{-7}	4.55	11.34	0.40
Grain oriented electrical steel	4.60×10^{-7}	2.17	7.65	0.28
Nichrome	1.10×10^{-6}	0.67	8.4	0.08
STS(18Cr-8Ni)	6.90×10^{-7}	1.45	8	0.18
Germanium	4.60×10^{-1}	2.17×10^{-6}	5.323	4.08×10^{-7}
Silicon	6.40×10^{2}	1.56×10^{-9}	2.33	6.70×10^{-10}
Carbon(amorphous)	5.00×10^{-4}~8.00×10^{-4}	0.00125~0.002	2.26	5.53×10^{-4}
Glass	1.00×10^{11}~1.00×10^{15}	10^{-21}~10^{-17}		
Fused quartz	7.50×10^{17}	1.30×10^{-24}		
PET	1.00×10^{21}	10^{-27}	1.38	
Teflon	1.00×10^{23}~1.00×10^{25}	10^{-31}~10^{-29}	2.20	

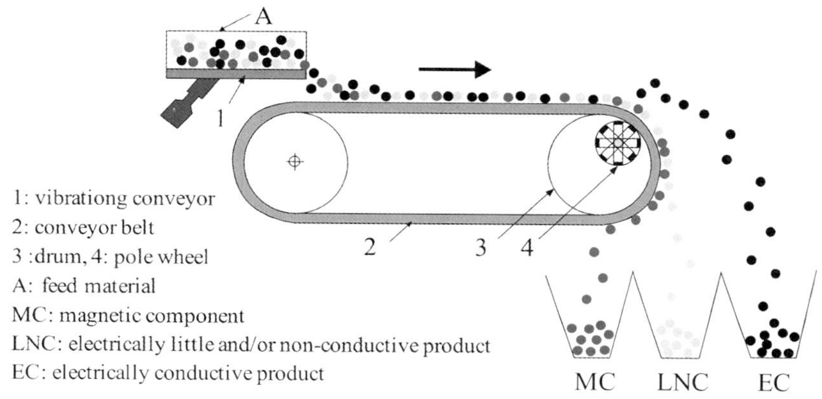

[그림 3.15] 와전류 선별기의 원리와 구조

그림 3.15에는 와전류 선별기의 원리와 구조를 나타내었다. 자석이 들어 있는 회전 드럼을 사용하는 경우 형상은 자력 선별기와 동일하다. 예로서 폐기물 중의 철은 드럼 부분에 오게 되면 자석에 흡착된 상태로 이동하고, 자석에 붙지 않는 플라스틱이나 고무 등은 중력에 의해서 수직으로 낙하한다. 그러나 동, 알루미늄, 아연 등의 비자성 금속은 낙하할 때 자석의 자계작용으로 인한 와전류가 발생하여 수평방향으로 반발력이 작용한다. 반발력을 높이기 위해 자석의 극을 교대로 배치하고 드럼을 고속으로 회전시키면 이때 발생한 반발력에 의해 동, 알루미늄, 아연 등 비자성 금속이 튕겨 나가는 것처럼 수직방향을 벗어나 낙하하므로 철, 플라스틱, 고무 등과 선별할 수 있다.

(나) 정전기 선별(electrostatic separation)

전기적인 관점에서 선별 대상물을 도체, 반도체, 절연체로 나눌 수 있다. 선별 대상인 입자를 수만 볼트의 고전장 내에서 대전시켜 전장 내에서의 정전기적 성질, 주로 방전특성의 차이를 이용하여 선별하는 방법을 정전기 선별법이라 한다.

그림 3.16에는 금속류와 수지류의 정전기 선별장치의 개요를 나타내었다.[34] 입자를 정전계 내에 두면 그 입자에 작용하는 전기적인 힘은 입자의 대전량과 전계강도의 곱으로 주어진다. 정전 선별의 기본은 이 힘의 차이를 이용하는 것이다. 실용화되어 있는 정전기 선별기는 입자의 대전 방법에 따라 정전·코로나 방전 병용식과 마찰 대전식의 두 가지로 분류된다.

---

34 平良秀春, 宮城雄二, 花城可英, 2003: 廃自動車・廃家電のシュレッダーダストのリサイクル技術開発, 沖縄県工業技術センター研究報告書 第5号.

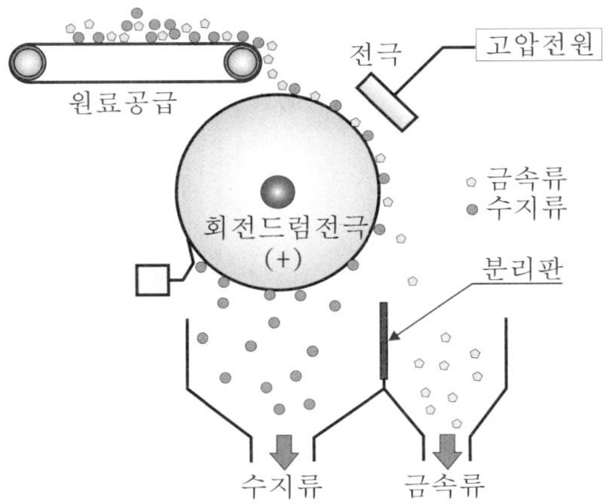

[그림 3.16] 정전기 선별장치의 개요

정전·코로나 방전 병용식에서 롤형의 선별기에는 회전하는 실린더상의 접지롤과 평형하게 봉상의 정전 전극과 침상의 코로나 전극이 설치되어 있으며, 둘 사이에는 정전장이나 코로나 방전장이 형성된다. 도체입자는 접지롤에서 정전 전극 측으로 날아가고, 불량 도체입자는 접지롤에 부착되어 회전하다가 브러시에 의해 낙하된다.

마찰 대전식은 입자의 마찰 대전을 이용하는 방식이다. 투입된 입자는 적당한 재질(분리 대상물의 중간 정도의 힘을 갖는 재질)의 마찰롤을 통과할 때 물질에 따라 다른 부호로 대전되어 아래쪽의 전계 내에서 각각 다른 부호의 전극 측으로 흡인되어 분리된다.

(5) 광학적 선별

사람의 육안으로 식별하여 수선별하는 작업을 광학적 수단에 의해 자동적으로 판단하는 방법이 광학적 선별이다. 물체로부터 가시광(visible light, 400~700 nm)의 반사광이나 투과광을 OCD 등의 이미지 센서로 검지하여 물체의 명도, 채도, 색상, 크기, 기하학적 형상 등의 차이를 식별하여 선별한다. 색채의 차이를 검지하는 color sorter는 폐자동차나 폐가전을 파쇄 처리한 리사이클링 원료에 함유되어 있는 동계 합금과 기타 금속(납, 아연 등의 회색금속)을 선별하거나 색채가 다른 광물을 선별하는 데도 이용된다.

그림 3.17에는 철 스크랩에 혼입되어 있는 Cu 스크랩을 색도인식에 의해 선별 처리하기 위하여 라인스캔 카메라와 주파수 가변 광원장치로 구성되어 있는 스크랩 자동선별 시스템의 모식도를 나타내었다.[35] 스크랩 이송속도 25 m/min에서 철 스크랩 중의 Cu 스크랩을 90 %

이상 인식하여 약 80 %의 선별효율을 얻을 수 있다.

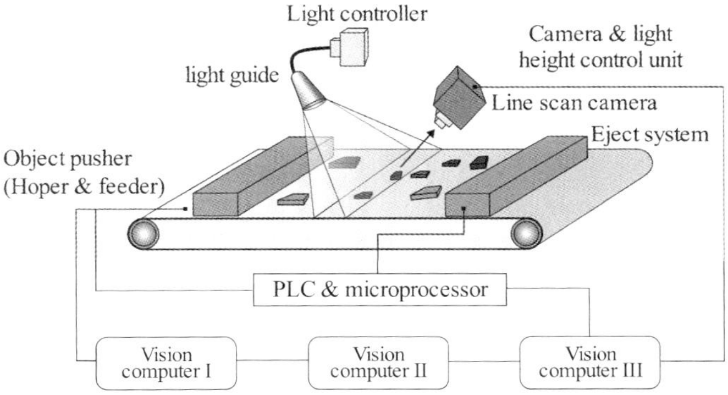

[그림 3.17] 스크랩 자동선별 시스템의 모식도

(6) 투과 X-선 및 형광 X-선 선별

X-선(0.001~80 nm)을 물체에 조사할 때의 투과율(X-ray transmittance)은 물질의 밀도에 따라 다르므로, X-선 투과율의 차이를 검지하면 물체의 두께나 내부구조 등을 분석할 수 있다. 따라서 투과 X-선 선별법은 물체 표면의 오염이나 도장의 영향을 받지 않고 물체를 선별할 수 있다. 특히 단체로 분리되어 있지 않은 물체의 검지가 가능하고, 최대 3 m/s의 벨트 스피드로 고속 처리가 가능하다는 장점이 있다. 그러나 부정형의 물체에 대해서는 별도의 처리를 할 필요가 있다.

한편 X-선을 물체에 조사할 때 발생하는 형광 X-선(X-ray fluorescence)을 분광하여 물체 표면 근방에 존재하는 원소를 정성·정량하는 것이 형광 X-선 분석이며, 그림 3.18에 모식도를 나타내었다. 투과 X-선 선별기와 비교할 때 X-선 원의 출력이 작기 때문에 장치의 동력은 작으나 측정하는 데 시간이 걸려 처리속도가 느리므로 1 m/s 정도의 벨트 스피드로 처리하고 있다. 또 표면 분석이기 때문에 선별 대상물의 오염이나 도장의 영향을 받을 수 있다.

형광 X-선 선별기는 원소분석에 기초한 식별이어서 혼합금속의 선별이 가능하다. 특히 미량으로 함유된 첨가원소의 함유량을 검지할 수 있기 때문에 동합금이나 알루미늄합금별로 선별할 수 있다는 특징이 있다.

35 C. W. Kim and Hang Goo Kim, 2008: Automated scrap-sorting research using a line-scan camera system, *J. Kor. Inst. Resources Recycling* 17(6), pp. 43-49.

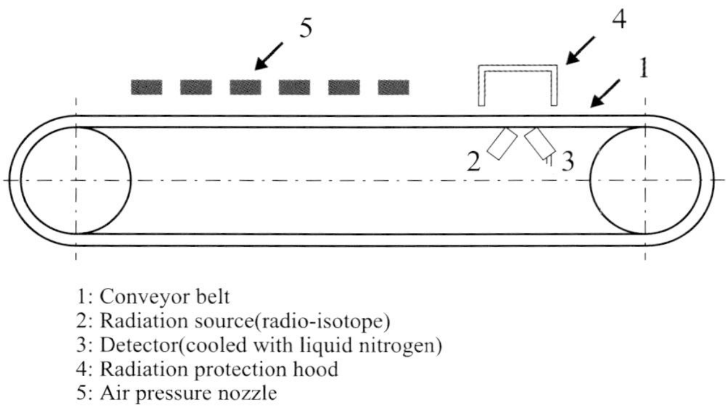

[그림 3.18] 형광 X-선을 이용한 선별기의 모식도

(7) 부유 선별(flotation separation)

부유 선별은 천연광석의 선광에서 많이 사용하는 방법으로, 자원 리사이클링에서는 거의 활용하지 않는다. 그림 3.19에는 부유 선별기의 예를 나타내었다.[36] 맥석 또는 별도의 유가물 사이에 습윤성(濕潤性, wettability) 차이가 크거나, 적당한 처리에 의해서 차이를 줄 수 있으면 특정한 성분이나 물질만을 기포에 부착시켜서 부상분리할 수 있다.

부유 선별 조작은 미분말 상태의 대상물을 현탁시킨 물인 펄프(pulp) 중에 포집제를 첨가하여 유가물이 소수성(疏水性, hydrophobic property)을 띠도록 만든 다음, 파인유와 같은 기포제를 첨가한 펄프에 공기를 취입하여 교반하고 다수의 기포를 발생시키면 유가물이 기포에 둘러싸여 액면에 부상하는데, 이때 표면의 포말(froth)을 긁어모아 부유한 유가물만을 채취하는 방법이다.

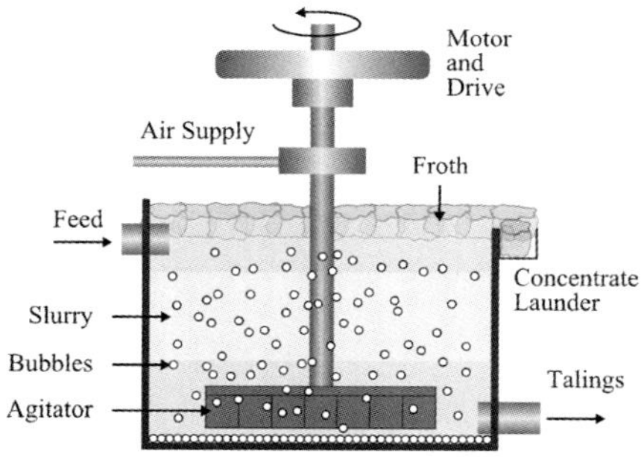

[그림 3.19] 부유 선광기의 구조와 조업 장면(우: 몽골 에르데넷 광산)

36 https://www.mineralsed.ca/learning-resources/student-resources/mining/ (좌측 그림)

3.5 성형 조립

취급하기 곤란한 미분말의 성상을 개선(유동특성 개선, 배출특성 개선, 편석 방지, 친수성이나 분산성 향상, 용해성 제어, 겉보기 밀도 개선, 작업환경 개선, 분진 폭발 방지 등)하기 위해서 조립(造粒, granulation) 조작이 중요하다. 각종 산업에서 다음과 같은 목적으로 미분말을 조립하여 조립물을 만든다.[37]

① 최종 제품의 사용 조건에 최적인 조립물의 형태를 만드는 직접적인 목적(예: 일상생활에서 볼 수 있는 과립이나 알약, 각설탕 등의 식품, 농약이나 비료 등의 입상품, 촉매, 세제 등)

② 중간 공정에서 조립물을 만들어 고체 처리를 용이하게 하는 간접적인 목적(예: 제철, 세라믹, 분말야금 등의 공업 분야에서 핸들링, 반응, 성형, 용융, 소결 등의 조작성을 개선하기 위한 과립이나 펠렛 등)

조립장치는 표 3.11과 같이 세 가지 관점에서 분류할 수 있다.

〈표 3.11〉 조립장치의 세 가지 분류

분류		특징
I	건식 조립	물이나 바인더(점결제) 없이 재료의 응집력을 높여서 조립
	습식 조립	물이나 바인더의 부착력을 이용하여 조립(회전 조립, 분무건조 조립, 압출 조립 등)
II	셀프 조립	재료에 압축 등의 외력을 가하지 않고 자연적으로 응집시켜 조립
	강제 조립	다이스, 몰드 등의 부품을 이용하여 기계적으로 조립 (압축 조립, 압출 조립, 해쇄 조립, 용융/분무 조립 등)
III	혼합 조립	전동 조립, 유동층 조립, 교반 조립 등
	강제 조립	압축 조립, 압출 조립, 해쇄 조립 등
	열 이용 조립	용융 조립, 분무 조립(건조) 등

조립은 크게 셀프 조립과 강제 조립으로 구분할 수 있다. 셀프 조립은 전동(진동이나 혼합 등), 유동층(분류층), 교반혼합 등에 의한 조립으로, 재료 자체가 원하는 응집(피복) 조립의 상태가 될 때까지 장치 내에 체류시켜야 한다. 이때 분체의 응집에 적절한 액체 바인더의 첨가가 필요하고, 고체-액체-기체의 응집·부착현상이나 화학반응에 관련된 장치의 조작설계

---

37 SEKIGUCHI Isao, 1997: Granulation Techniques for Controlling Forms of Particulate Materials, *Japanese J. Multiphase Flow* 11(4), pp. 362-369.

가 필요하다. 강제 조립은 압출, 압축, 해쇄, 분무 등에 의한 조립으로, 다이스, 몰드, 롤, 블레이드, 노즐 등을 이용하는 기계적인 요인에 따른 재료의 역학적 거동이 주체가 된다.

이하 리사이클링 공정에 적용하고 있는 몇 가지 주요한 조립법에 대하여 알아본다.

3.5.1 단광(briquetting)

단광법에서는 분말 원료에 수분과 점결제를 적당히 첨가하여 압축 성형한다. 그림 3.20과 같이 프레스에는 요(凹)면을 가진 2개의 roll을 반대방향으로 회전시키는 roll press가 많이 이용된다. 점결제로는 소석회, bentonite, 아황산 폐액, 황산염 수용액, 당밀 등 공정에 적합하면서도 얻기 쉬운 것이 이용된다. 1,000 K 가까운 고온의 분말원료를 roll press에서 단광으로 만드는 hot briquetting이라 불리는 방법도 실시하고 있다.

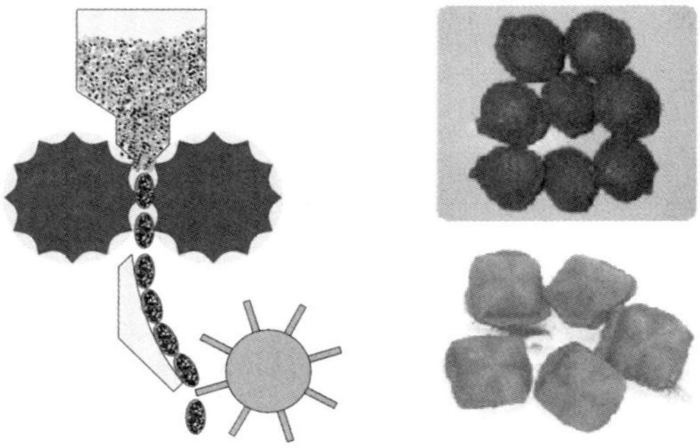

[그림 3.20] 브리켓팅기의 모식도(좌)와 실제 단광의 사진(우)

3.5.2 펠레타이징(pelletizing)

적당한 수분과 경우에 따라서는 점결제를 첨가한 미분의 원료를 펠레타이저 중에서 운동시키면 입자 사이에 있는 수분의 모세관 현상에 의해 생기는 수막의 표면장력으로 입자가 서로 부착응집하고, 진동에 의해 서서히 단단하게 성장하여 구상으로 되는데, 이것을 펠레타이징(pelletizing)이라 한다.

펠레타이저(pelletizer)에는 회전 원통형과 원판형이 있다. 전자는 회전로와 마찬가지로 약간 경사져서 회전하는 긴 원통의 한쪽 끝에 원료를 급광하면 그것들이 원통 내를 구르면서 떨어져 성장하고, 다른 한쪽 끝으로 배출된다. 이 방법은 조작이 간단하지만 펠렛이 일정하지 않아서 연약하게 되는 경향이 있다. 후자는 그림 3.21[38]에 나타낸 것처럼, 경사진 얕은 회전 원판에 장입된 원료가 원판이 회전함에 따라 낙하 운동에 의한 와상(渦狀)의 운동을 반복하면서 서서히 성장한다. 성장한 펠렛은 움직이기 쉬워서 상층으로 옮겨 가고 급광량에 상당하는 양만 원판의 가장자리에서 넘쳐서 배출된다. 이와 같이 원판형은 분급 효과가 있기 때문에 회전 원통형보다 크기가 일정한 펠렛이 얻어진다. 수분, 급광량, 원판의 각도, 회전수 등을 변화시킴으로써 펠렛의 크기를 일정 범위 내에서 선택할 수도 있다. 소성에는 DL 소결기와 같은 평형로나 견형로 혹은 회전로 등이 이용되며 모두 다 연속식이다.

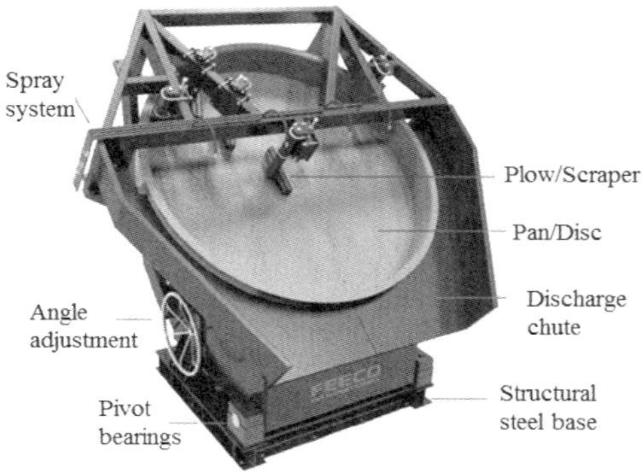

[그림 3.21] 원판형 펠레타이저와 펠렛

3.5.3 소결(sintering)

엄밀히 말하면 소결을 물리적 전처리라고 할 수는 없으나, 성형조립의 관점에서 살펴본다. 소결은 분광의 조성에 따라서 CaO, SiO_2 등 적당한 용제(flux), 분말 코크스 등의 연료와 수분을 첨가하여 잘 혼합한 다음, 화격자(fire grate)상에서 광석층에 점화하고, 통풍에 의해 연소시켜 광석을 구워서 단단하게 하는 것이다. 착화한 광석층의 상단에서부터 하단을 향하여 연소가 진행되는데, 미연소 부분은 고온의 가스로 건조 예열되고 일부 용융한 연소 완료 부분은 통풍에 의해서 냉각된다.

그림 3.22에는 소결기와 소결 진행 과정을 모식도로 나타내었다. 광석층 상면에 착화하여 연소가 시작되고, 아래쪽으로의 통풍에 의해 광석층 내에서 얇은 층상으로 서서히 아래쪽으로 연소가 진행되면서 배소와 소결이 평행하게 이루어져 간다. 만일 황화광이 있으면 산화되어서

---

38 http://feeco.com/disc-pelletizers/

산화물로 되어 용제와 결합하고 일부 용융하여 융착이 일어난다. 반응은 얇은 층상으로 진행되므로 광석층의 체적 감소는 그다지 크지 않고, 통풍에 의한 냉각으로 소결광 내부에 많은 공극이 남기 때문에 반응면적이 크고, 반응성이 좋은 괴광이 얻어진다. 온도가 너무 올라가면 용융이 과도하게 일어나 강도는 증가하지만 미세한 기공이 없어져서 반응성이 나빠진다. 장입물 중의 수분은 소결괴의 기공률, 강도에 큰 영향을 주기 때문에 최적량을 유지할 필요가 있다.

소결기에는 그리나월트 소결기(Greenawalt sintering machine)와 연속식의 DL식 소결기(Dwight-Lloyd sintering machine, traveling grate라고도 함) 등이 있다.

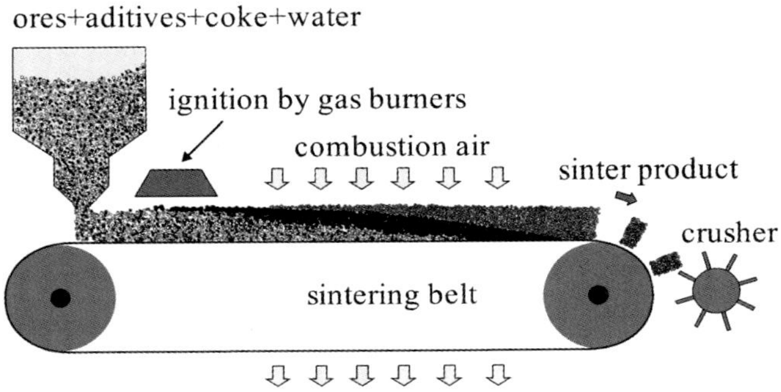

[그림 3.22] 소결기와 소결 진행 과정의 모식도

3.6 스크랩 가공기

철 스크랩은 발생한 형태 그대로 제강에서 사용되는 경우는 거의 없으며, 대부분 구입 회사의 규격에 맞게 선별되고 가공되어 납품된다. 특히 폐자동차나 대형 가전제품은 일정 수준까지 분해한 후에 슈레더(파쇄, 선별)에서 처리한다. 파쇄한 것은 다시 프레스 가공기에서 압축, 감용, 압밀화를 거쳐서 처리한다. 그 외에도 장대한 스크랩의 경우 절단 가공을 하기도 한다.

3.6.1 슈레더

1960년대 초에 개발된 것으로, 철제품 중 박판으로 제작된 자동차나 가전제품 등 비철금속이나 비금속(플라스틱, 고무 등 금속 이외의 것)을 많이 함유하고 있는 대형 폐기물을 파쇄하여 철, 비철, 분진 등을 자력, 중력 등으로 분리·회수하는 장치이다. 슈레더 장치는 고속으로 회전하는 원통형 드럼에 설치된 여러 개의 해머(날의 일종)로 재료를 잘게 파쇄하여 철, 비철금속, 비금속으로 분별한다. 비철금속은 다시 동, 알루미늄 등으로 분리하여 리사이클링하고, 비금속은 더스트로 처리한다.

폐차 처리용으로 개발되었으나 불순물이 많은 냉장고, 세탁기 등 폐가전제품이 증가하면서 철 이외에 비철금속, 비금속으로 구성되어 있는 복합 스크랩으로부터 유가물의 회수 및 대량 발생에 따른 대량 처리 필요성과 불순물의 제거에 효과적이어서 많이 보급되었다. 그러나 설치 비용 및 처리 과정에서 발생하는 더스트인 ASR[39] 처리비 상승 등의 문제로 가동률이 떨어졌다.

일반적으로 슈레더는 본체를 비롯하여 프리 슈레더(pre-shredder, 재료를 본체에 장입하기 전에 어느 정도 잘게 파쇄하는 장치), 자력 선별기, 비철금속 선별장치(비철금속을 종류별로 분별하는 장치), 더스트 분리장치, 집진장치, 그리고 이러한 것을 연결하는 컨베이어 등을 포함한 상당히 규모가 큰 장치이다.

그림 3.23에는 폐자동차 등을 슈레더 처리하는 공정과 재료별로 분류하는 공정을 나타내었다. 먼저 폐차 등을 슈레더에 장입하여 주먹만 한 크기로 파쇄한다. 주로 유기물인 이보다 작고 가벼운 입자들은 공기로 이송하여 분진으로 포집한다. 그리고 파쇄된 재료들은 자력으로 선별하고, 체질과 중력(풍력)을 이용하여 선별한다.

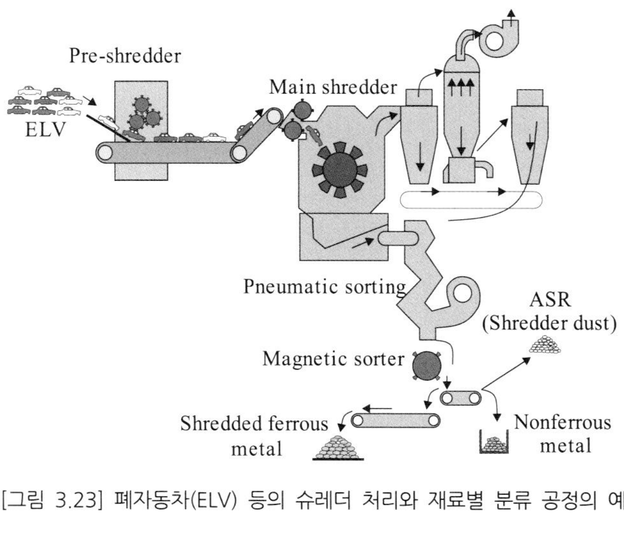

[그림 3.23] 폐자동차(ELV) 등의 슈레더 처리와 재료별 분류 공정의 예

39 ASR: Automobile Shredder Residue.

그림 3.24에는 메인 슈레더의 조업 모습과 슈레더 더스트의 사진을 나타내었다. 스크랩 가공에 따른 문제점으로는 이러한 더스트(예: ASR)나, 스크랩 가공 과정에서 발생하는 철 이외의 폐기물 중 재이용이 불가능한 폐기물을 처리하는 문제가 있다. 이러한 것은 산업폐기물로 분류되기 때문에 현재로서는 매립 외에 별다른 방법이 없어서 환경 문제는 물론이고, 그 비용이 스크랩의 원가 상승 요인으로 작용하기도 한다. 슈레더 더스트(ASR)는 플라스틱, 고무, 섬유, 목재 등의 혼합물이므로 소각하여 열회수를 하기도 하며, 제련소에서 열회수와 동시에 잔존하는 금속을 추출하기도 한다.

[그림 3.24] 메인 슈레더의 조업 모습(좌)과 슈레더 더스트(우)[40]

실제로 일본 아오모리 세이난 상사의 RER 공장에서는 슈레더 더스트를 유동로(Fluidized Bed) 타입의 가스화로에 투입하여 보조연료 없이 1,350 ℃ 이상의 고온에서 다이옥신을 완전분해하고, 발생한 열로 증기터빈을 돌려 전력을 생산하고 있다. 이 공정에서 가스화로는 무산소 분위기이기 때문에 금속상태의 분말이 회수되는데, 회수된 분말은 자력 선별로 처리한다. 또 생성된 슬래그는 콘크리트 골재, 블록재, 노반재 등의 다양한 리사이클링 자원으로 이용하고 있다.

한편 폐차나 대형 폐가전을 처리하는 대형 슈레더 외에, 휴대전화, 전화기, 팩시밀리, 프린터, 노트북PC 등 소형 가전을 파쇄하여 분리하는 소형 슈레더도 보급되어 있다. 소형 슈레더에서는 자력 선별, 수선별, CCD카메라에 의한 선별을 통해 자성체, 알루미늄, 동, PCB기판 등을 분리하고 있다.

---

40 일본 Aomori(青森)시의 Seinan Syouji(青南商事). (2015. 9.)

3.6.2 절단 가공(sharing)

절단 가공기는 프레스기 이후 다수 설치되어 현재 처리량이 가장 많은 가공기로, 파이프나 건축자재 등 어느 정도 두께가 있으면서 길이가 긴 재료를 취급하기 편하게 일정한 길이로 절단하는 가공기이다. 철 스크랩 발생량 증대, 특히 건축물 해체에 따른 노폐 스크랩 증가에 따라 설치 대수가 늘어났다. 절단 가공기는 길이가 긴 스크랩을 일정한 길이로 절단함으로써 철스크랩의 균일화에 따른 제강능력 향상에 기여하고 있다. 1957년경에는 길로틴이라 불리는 압축 절단기(press sharing machine)가 등장하여 프레스 및 절단과 같은 효과를 가지면서 부착물에 의한 2차 오염 방지 효과가 있어서 현재 대부분의 절단 가공기는 이러한 압축 절단 방식을 적용하고 있다. 조작 방법은 우선 재료를 철제 상자에 장입하여 예비 압축을 한 후 누름판을 이용해 절단하기 쉬운 형상으로 다시 압축한 다음 절단기로 일정한 크기로 절단한다.

그림 3.25는 절단 가공기의 실제 모습이다. 절단 가공을 비롯하여 철 스크랩을 처리하기 위해 기계에 투입하거나 하적할 때에는 버켓(bucket)이나 마그넷(magnet)이 설치된 크레인을 이용하는 것이 일반적이다.

한편 기계류나, 매우 큰 재료여서 크기나 두께의 한계 때문에 슈레딩이나 절단 가공이 곤란한 경우에는 수작업으로 아세틸렌가스 버너를 이용하여 절단한다. 그 후에 재료에 따라 셰어링을 하는 경우도 있다.

[그림 3.25] 압축 절단 가공기(press sharing machine)의 모습[41]

41 KS베일러, http://www.ksbaler.co.kr

3.6.3 압축(press) 가공

압축 가공은 폐캔이나 박판의 가공 스크랩(박판을 가공하는 공정에서 발생하는 스크랩)과 같이 얇고 공간이 많은 형태의 철 스크랩을 운반하거나 전기로 등에 장입하기 편리한 형태로 만들기 위해 형틀에 넣고 유압 실린더로 압축하여 상자 모양으로 만드는 가공법이다. 경우에 따라서는 자동차와 같이 대형의 재료를 프레스 가공하기도 한다. 그림 3.26에는 대형 프레스기의 사진을 나타내었다. 스크랩의 겉보기 비중이 높아져서 취급이 용이한 장점이 있으나, 불순물의 혼입이 쉽고 실수율이 나쁘며 전기로에서 용해하는 데 시간이 걸린다는 단점이 있다. 프레스기는 철 스크랩의 가공 처리기 가운데 가장 먼저 보급되었으나, 보수·유지가 매우 어렵고 상기한 단점 때문에 최근에는 그 비중이 낮아졌다.

프레스 가공기는 예전에는 뚜껑 슬라이드 방식, 횡누름 1실린더 방식이 사용되었으나, 스크랩의 제품 단중이 100 kg 정도로 작으며 압축된 것의 크기에 한계가 있어, 최근에는 상측 뚜껑 방식이 주를 이루며 실린더도 3개를 적용하여 3방향에서 압축하는 방식이 가장 널리 보급되어 있다.

[그림 3.26] 대형 프레스기(좌)와 프레스한 스크랩(우)

제4장

원료의 화학적 전처리

리사이클링 원료를 물리적 전처리인 파쇄, 분쇄, 선별, 괴상화 등을 거친 후 곧바로 금속으로 환원하는 공정을 거치기도 하지만, 필요에 따라서는 배소(roasting) 등과 같은 화학적인 처리가 필요하다. 특히 리사이클링 원료를 습식으로 처리하기 위해서는 산이나 물에 용해되기 쉬운 화합물로 바꾸는 등의 처리가 필요하다.

4.1 원료의 건조

원료를 파쇄하거나 분쇄할 때 습식으로 처리한 경우처럼 원료가 수분을 함유하고 있을 때는 건식처리 공정에 이용되는 열에너지를 절감하고 운반 등의 취급이 용이하도록 건조(drying)를 한다. 또 수분에 의한 반응성 저하를 방지하기 위해 약 150 ℃ 정도에서 건조를 한다. 특히 제조공정에서 발생하는 더스트 등은 습식으로 집진한 경우 오니상으로 발생하므로 다량으로 함유된 수분은 필터프레스(6.4.2 '여과' 참조) 등으로 제거한 후에 필요에 따라서는 건조를 하여야 한다. 또한 부착된 오염물질(기름 등)을 제거하기 위해 세척을 한 경우에도 건조가 필요하다.

건조 장치로는 로터리 킬른과 동일한 형태의 회전 건조기(rotary dryer), 유동층 건조기 등이 많이 이용된다. 만능 건조기는 존재하지 않기 때문에 원료의 특성이나 건조 목적에 적합한 건조기를 선택하여야 할 것이다. 그림 4.1에는 로터리 킬른과 유동층 건조기의 모식도를 나타내었다.

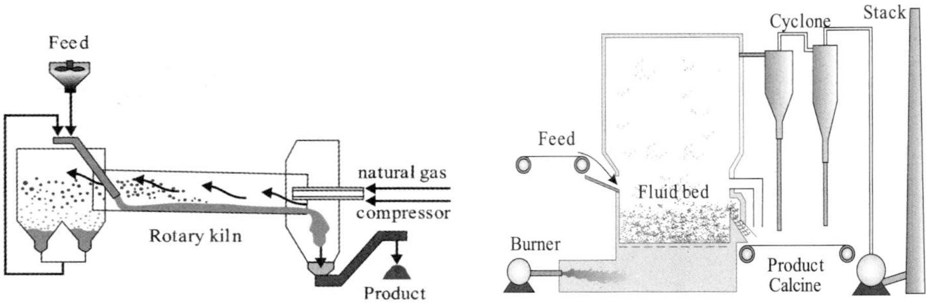

(a) Rotary kiln의 모식도　　　　(b) 유동층 건조기의 모식도

[그림 4.1] Rotary kiln과 유동층 건조기의 모식도

4.2 하소(煆燒, calcination)

하소는 단순히 부착수분을 제거하는 건조보다 높은 온도에서 수화물이나 결정수처럼 화학적으로 결합되어 있는 수분을 제거하는 조작이다. 또 수산화물이나 황산염, 탄산염 등을 가열분해하여 화학적으로 결합하고 있는 가스성분을 제거하는 조작이다. 일반적으로 부착수분은 200 ℃ 이하에서 제거되지만, 탄산염은 600~800 ℃, 황산염 등은 600~1,000 ℃에서 하소에 의해 가스성분이 제거된다.

이와 같이 하소를 하는 목적은 원료 중에 함유되어 있는 불필요한 성분을 미리 제거하여 에너지의 질과 양 양면에서 절감을 도모하고, 후속 공정에 적합한 특성을 부여함과 동시에 가스상에서 불필요한 희석을 피하여 반응을 효율 좋게 진행시키기 위한 것이다. 예로서 결정수의 탈수공정은 다음과 같은 반응에 의해 일어난다.

$$FeSO_4 \cdot 7H_2O = FeSO_4 \cdot H_2O + 6H_2O \tag{4.1}$$

$$Al_2O_3 \cdot 3H_2O \xrightarrow{225\ ℃} Al_2O_3 \cdot H_2O \xrightarrow{500\ ℃} \gamma - Al_2O_3 \xrightarrow{950 \sim 1200\ ℃} \alpha - Al_2O_3 \tag{4.2}$$

그리고 탄산염의 하소반응은 다음과 같다.

$$MeCO_3 = MeO + CO_2 \tag{4.3}$$

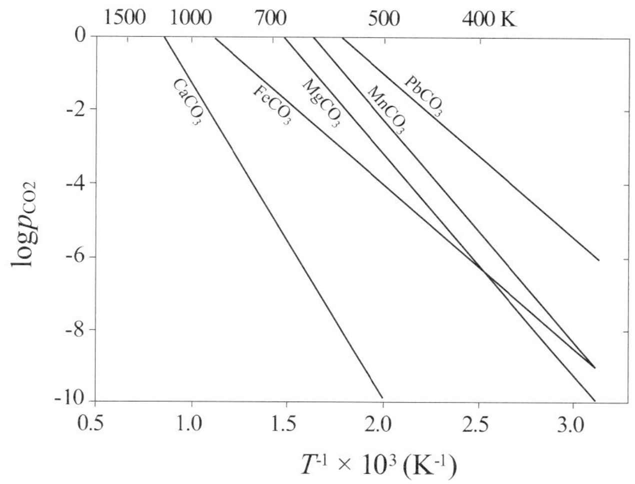

[그림 4.2] 몇 가지 탄산염의 해리압

그림 4.2에 몇 가지 탄산염의 해리에 대한 $\log p_{CO_2}$와 $1/T$의 관계를 나타내었다. 그림의 각 직선 좌하측에서는 탄산염의 해리가 진행되고, 우상측에서는 탄산염이 안정하게 존재한다.

평형론적으로는 해리압이 대기 중의 CO_2압(3×10^{-4} atm)보다 크면 해리 반응이 진행되지만 실제로는 대기압의 1/10 정도에서도 느리게 진행되고, 공업적으로 충분한 속도로 해리를 진행하기 위해서는 대기압 이상의 해리압이 필요하다. 탄산염의 분해온도는 해리되어 나온 CO_2가스의 압력이 1 atm이 되는 온도를 의미한다.

몇 가지 탄산염의 분해온도는 다음과 같다.

$ZnCO_3$	$FeCO_3$	$MnCO_3$	$PbCO_3$	$MgCO_3$	$CaCO_3$
135 ℃	158 ℃	210 ℃	300 ℃	410 ℃	910 ℃

하소반응에 사용되는 노는 건조로와 유사하며, 직접 가열식 회전로, 간접 가열식 회전로, 수직형 킬른, 유동층 하소로 등이 있다. 그림 4.3은 유동층 하소로의 모식도를 나타낸 것으로 연료(가스, 액체, 고체 등)를 직접 유동층에 주입하는 방식이다.

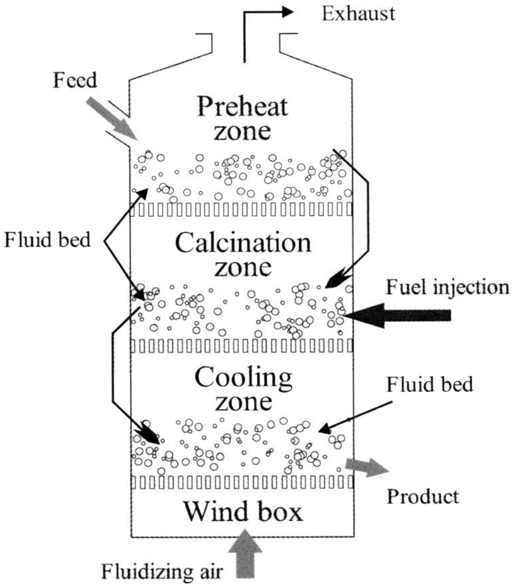

[그림 4.3] 유동층 하소로의 모식도

예제 4.1 주어진 데이터로부터 $MgCO_3$를 CO_2 분압 10^{-2} atm의 분위기 중에서 가열한 경우, 분해가 일어나는 온도를 구하라.

$$MgCO_3(s) = MgO(s) + CO_2(g), \quad \Delta G^0 = 99,970 - 173.02T \text{ (J)}$$

풀이

$$\Delta G = \Delta G^0 + RT\ln\left(\frac{a_{MgO} \cdot p_{CO2}}{a_{MgCO3}}\right)$$

$a_{MgO} = a_{MgCO3} = 1$, $p_{CO2} = 10^{-2}$ atm의 조건을 대입하면

$$\Delta G = \Delta G^0 + RT\ln p_{CO2} = 99,970 - 173.02T + 8.3144T\ln(10^{-2})$$

$$\therefore \Delta G = 99,970 - 211.31T$$

분해반응이 진행하기 위한 조건은 $\Delta G < 0$이므로

$$\therefore \Delta G = 99,970 - 211.31T < 0, \quad \therefore T > 473.1 \text{ K}$$

즉, 473.1 K(200.1 ℃) 이상으로 온도를 높이면 평형 p_{CO2}의 분압이 10^{-2} atm 이상이 되어 $MgCO_3$는 불안정해져서 분해가 일어난다.

4.3 배소(焙燒, Roasting)

배소는 원료가 후속하는 건식 또는 습식처리에 가장 적합하도록 화학적, 물리적 특성을 부여하기 위한 가열처리 조작이다. 따라서 건조나 하소와는 달리 배소에 의해서 원료의 화학조성이 바뀐다. 이 과정에서 어떤 원소는 여러 가지 화합물이나 가스상이 되어 제거되기도 한다.

배소온도는 일반적으로 원료가 용융하지 않을 정도의 온도를 선택한다. 따라서 배소반응은 반응기체와 고체원료 사이의 기-고반응인 불균일 반응이며, 노의 분위기가 큰 영향을 미친다. 배소반응의 특성(주로 노의 분위기 가스)에 따라 산화배소, 황산화배소, 염화배소, 환원배소 등이 있다. 특히 황화물을 환원에 적합한 산화물로로 바꾸는 것을 산화배소라 부르며, S를 제거하므로 탈황배소라 부르기도 한다. 한편 산화물 등을 휘발제련하기 위하여 황화물로 바꾸는 황화배소를 하기도 한다.

특히 리사이클링 원료를 습식으로 처리하기 위한 전처리로서, 수용성의 화합물로 바꾸기 위해 황산화배소, 할로겐화배소, 소다배소 등을 한다. 폐탈황촉매와 같이 유황성분이 많은 경우 산화배소하여 S를 미리 제거하기도 하고, 특정성분의 분리나 불순물 제거를 위해 적극적으로 휘발시키는 기화배소를 하기도 한다. 어떤 배소방법을 선택할 것인가는 후속 공정의 요구 특성에 의해 결정된다.

4.3.1 산화배소

산화배소(oxidizing roasting)는 황화물을 산소와 반응시켜 유황을 SO_2로서 제거하는 것이다. 황화물의 경우 S의 농도가 높기 때문에 곧바로 제련에 사용하기 어렵다. 따라서 산화배소에 의해 산화물로 바꾸는 산화배소를 하며, 반응식은 다음과 같다.

$$2/3MS + O_2 = 2/3MO + 2/3SO_2 \tag{4.4}$$

그림 4.4에는 산화배소 반응의 온도에 따른 표준 자유에너지 변화를 나타내었다. 일반적으로 그림의 아래쪽에 있는 황화물일수록 반응이 진행되기 쉽다.

비철금속은 황화물로 산출되는 경우가 많으므로 산화배소에 의해 산화물로 만들어 환원하거나 침출한다. 특히 폐탈황촉매 등과 같이 유황성분이 많은 원료의 경우에는 1차적으로 산화에 의해 S를 제거한 후에 2차배소를 하기도 한다. 황화물의 산화배소에서는 어떤 경우에도 S는 SO_2로서 제거되고, 대신에 산소가 금속과 결합한다. 그리고 이 과정에서 일부 성분은 휘발되어 제거되기도 한다.

황화물의 산화배소는 발열반응이므로 연료를 필요로 하지 않는다. 또 금속은 유황보다 산소와의 친화력이 크기 때문에 황화물 중의 유황이 산화되면서 금속도 산화된다. 또 이 과정에서 아래와 같이 휘발성 생성물이 만들어져 제거된다.

$$S \rightarrow SO_2\,(SO_3),\;\; As \rightarrow As_2O_3,\;\; Sb \rightarrow Sb_2O_3$$

일부 귀금속 황화물은 가열과정에서 순금속으로 분해되면서 유황을 방출하기도 하며, Ag_2S, HgS는 산화물보다 오히려 금속상태인 편이 안정하기 때문에 다음과 같은 형태의 반응이 진행되기 쉽다.

$$MS + O_2 = M + SO_2 \tag{4.5}$$

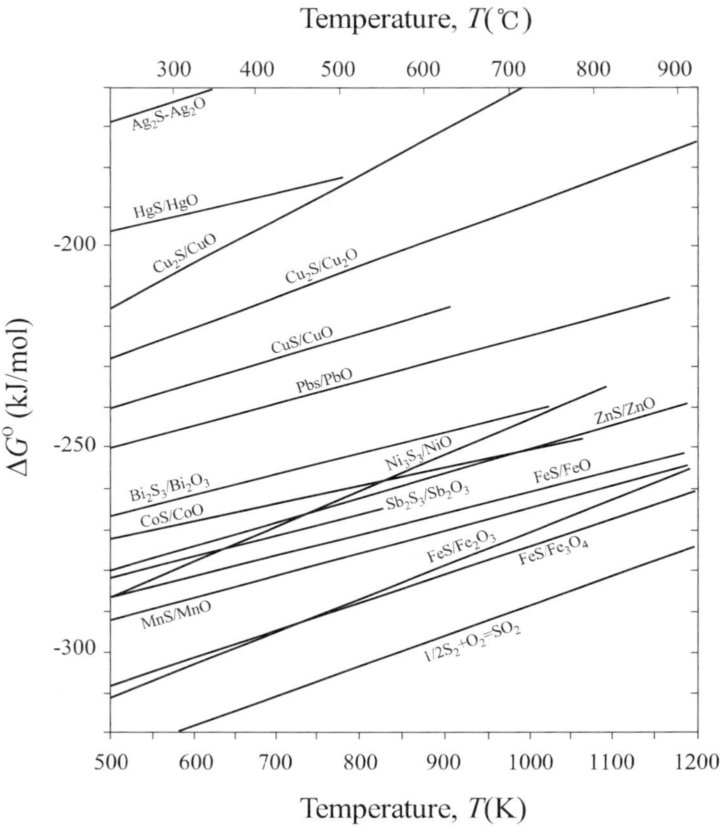

[그림 4.4] 황화물 산화의 표준 자유에너지 변화(O_2 1 mol당)
$(2/3MS + O_2 = 2/3MO + 2/3SO_2)$

특히 HgS는 약 200 ℃에서 분해되어 금속 Hg가 만들어진다.

$$HgS = Hg + 1/2S_2 \ (\text{at } 200\ ℃) \tag{4.6}$$

한편 금속 스크랩을 산화배소하여 산 침출을 하기도 한다. NdFeB계 영구자석 스크랩으로부터 Nd를 분리회수하기 위해 산화배소하여 황산 등으로 침출하고 있다.[42] 그리고 전기로 제강분진으로부터 회수한 조산화 아연 중의 휘발성 물질을 제거하여 고 품위 조산화 아연을 제조하기 위해 산화배소를 한 예도 있다. 조산화 아연을 산화배소하면 비등점이 낮은 $ZnCl_2$, $PbCl_2$, KCl, NaCl, $CdCl_2$ 등이 기화되어 제거되므로 고순도의 ZnO를 제조할 수 있다.[43]

다음은 배소 반응의 진행과정에 대해 알아본다. 황화물의 산화배소는 발열반응으로서 열의 공급이 그 속도를 결정하지는 않으며, 반응은 충분히 빠른 속도로 진행된다.

황화물의 입자가 산화하는 초기에는 화학반응의 속도 자체가 배소반응의 속도를 지배하지만, 어느 정도 반응이 진행되면 입자 표면에 산화 생성물층이 생성되며, 이 산화물층을 통한 반응기체의 확산속도가 산화반응속도를 지배하게 된다. 그러므로 반응이 입자 표면에서 중심부를 향하여 층상으로 진행한다고 가정하고 황화물 입자내부 및 부근의 기체농도를 모델적으로 나타내면 그림 4.5와 같다. 이러한 반응 모델을 미 반응핵(未反應核, un-reacted core)모델이라 한다.

따라서 배소 반응은 다음과 같은 경로를 통해 진행된다고 볼 수 있다.

① 산소가 입자 주위의 가스 경계층을 통하여 입자 표면으로 확산

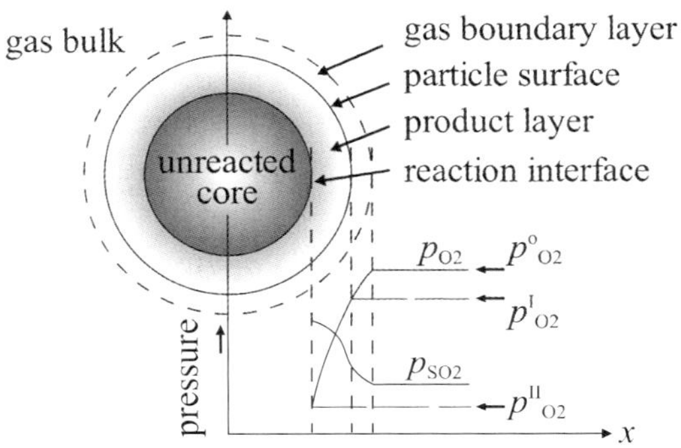

[그림 4.5] 황화물 입자의 산화배소 반응모델

42 윤성호 등, 2003: NdFeB계 영구자석 스크랩으로부터 네오디뮴의 분리회수, *자원리싸이클링* **12**(6), pp. 57-63.
43 윤치현 등, 2014: 전기로 제강분진으로부터 분리 회수한 조산화아연의 산화배소 정제에 관한 연구, *자원리싸이클링* **23**(1), pp. 58-63.

② 산소가 입자 표면의 산화물 생성물층을 통하여 반응계면으로 확산

③ 반응계면에서의 화학반응

④ 반응 생성가스(SO_2)와 산소의 역방향 확산

예제 4.2 주어진 자료로부터 680 ℃ 에서 ZnS를 산화배소할 때 $\log p_{S2} - \log p_{O2}$를 축으로 하는 potential diagram을 그리고, 각 성분의 안정존재 영역을 나타내시오.

$$2Zn(l) + O_2(g) = 2ZnO(s): \ \Delta G^0 = -706,260 + 213.96T \ (J) \quad (1)$$

$$2Zn(l) + S_2(g) = 2ZnS(s): \ \Delta G^0 = -502,920 + 183.26T \ (J) \quad (2)$$

$$\frac{3}{2}ZnO(s) + SO_3(g) = \frac{1}{2}(ZnO \cdot 2ZnSO_4)(s): \quad \Delta G^0 = -239,280 - 31.80T\log T + 274.60T \ (J) \quad (3)$$

$$ZnO \cdot 2ZnSO_4 + SO_3(g) = 3ZnSO_4(\alpha): \quad \Delta G^0 = -224,810 + 189.16T \ (J) \quad (4)$$

$$\frac{1}{3}S_2(g) + O_2(g) = \frac{2}{3}SO_3(g): \ \Delta G^0 = -304,650 + 107.86T \ (J) \quad (5)$$

풀이

953 K에서

$$\Delta G^0_{953,(1)} = -502,360 \ (J), \ \log K_{(1)} = 27.5, \ \log p_{O2} = -27.54$$

$$\Delta G^0_{953,(2)} = -328,270 \ (J), \ \log K_{(2)} = 18.0, \ \log p_{S2} = -18.0$$

식(1) − 식(2)에 의해

$$2ZnS(s) + O_2(g) = 2ZnO(s) + S_2(g): \ \Delta G^0 = -203,340 + 30.7T \ (J) \quad (6)$$

$$\Delta G^0_{953,(6)} = -174,080 \ (J), \ \log K_{(6)} = 9.5, \ \log p_{S2} - \log p_{O2} = 9.5$$

식(3)×2 + 식(5)×3에 의해

$$3ZnO(s) + S_2(g) + 3O_2(g) = ZnO \cdot 2ZnSO_4: \quad (7)$$

$$\Delta G^0_{(7)} = -1,392,510 - 63.6T\log T + 872.78T \ (J)$$

$$\Delta G^0_{953,(7)} = -741,320 \ (J), \ \log K_{(7)} = 40.6, \ \log p_{S2} + 3\log p_{O2} = -40.6$$

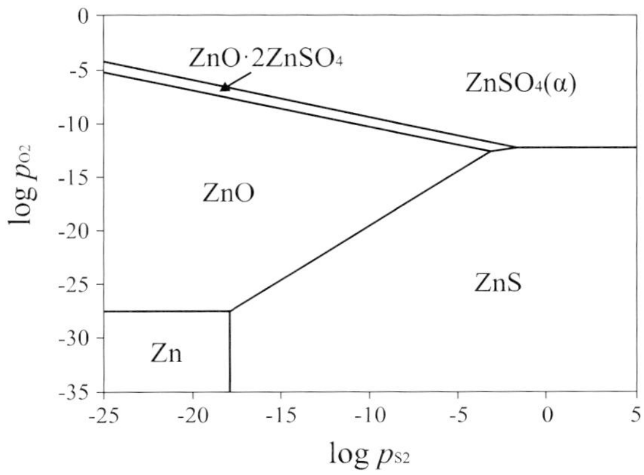

[그림 4.6] Zn－S－O계 potential diagram(953 K)

식(4)×2＋식(5)×3에 의해

$$2(ZnO \cdot 2ZnSO_4)+S_2(g)+3O_2(g)=6ZnSO_4(s): \quad (8)$$

$$\Delta G^0_{(8)}=-1{,}363{,}570+701.90T \text{ (J)}$$

$$\Delta G^0_{953,(8)}=-694{,}660 \text{ (J)},\ \log K_{(8)}=38.1,\ \log p_{S2}+3\log p_{O2}=-38.1$$

식(3)×2/3＋식(4)/3＋식(5)×3/2＋식(6)/2에 의해

$$ZnS(s)+2O_2(g)=ZnSO_4(s): \quad (9)$$

$$\Delta G^0_{(9)}=-793{,}102-21.2T\log T+423.26T \text{ (J)}$$

$$\Delta G^0_{953,(9)}=-449{,}920 \text{ (J)},\ \log K_{(9)}=24.7,\ \log p_{O2}=-12.3$$

식(9)×6－식(8)에 의해

$$6ZnS(s)+9O_2(g)=2(ZnO \cdot 2ZnSO_4)+S_2(g): \quad (10)$$

$$\Delta G^0_{(10)}=-3{,}395{,}042-127.2T\log T+1837.66T \text{ (J)}$$

$$\Delta G^0_{953,(10)}=-2{,}004{,}880 \text{ (J)},\ \log K_{(9)}=109.9,\ \log p_{S2}-9\log p_{O2}=109.9$$

이러한 관계를 그림으로 나타내면 그림 4.6과 같다.

4.3.2 황산화배소

황산화배소(sulfating roasting)는 원료의 습식처리를 위한 전처리로서, 물이나 묽은 산에 용해되기 어려운 금속 황화물, 산화물, 금속 등을 수용성의 황산염으로 바꾸는 처리방법이다. 이러한 황산화배소는 황화물을 산화배소하는 과정에서 부수적으로 일어나기도 하는 반응이다. 황산염의 생성반응은 다음과 같다.

$$MS + 3/2O_2 = MO + SO_2 \tag{4.7}$$

$$SO_2 + 1/2O_2 = SO_3 \tag{4.8}$$

$$MO + SO_3 = MSO_4 \tag{4.9}$$

한편 황산염을 만드는 것이 주목적인 황산화배소에서는 황산염의 생성에 적합한 온도, 가스 분위기 등의 조건을 부여하여야 한다. 식(4.9)의 산화물과 황산염 사이의 평형관계는 다음 식으로 나타낸다.

$$K = a_{MSO_4}/(a_{MO} \cdot p_{SO_3}) \tag{4.10}$$

이 식에서 p_{SO_3}가 황산염의 해리압이며, 황산염을 생성하기 위해서는 분위기 중의 p_{SO_3}가 해리압보다 높아야 한다. 그리고 반응조건에 따라서는 다음 식과 같이 염기성 황산염(mMO·MSO_4)이 생성되기도 한다.

$$(m+1)MO + SO_3 = mMO \cdot MSO_4 \tag{4.11}$$

염기성 황산염에는 CuO·$CuSO_4$나 ZnO·2$ZnSO_4$ 등이 있으며, 이러한 물질은 물에 용해되기 어렵기 때문에 침출을 위한 전처리인 경우에는 가능한 한 생성되지 않도록 하여야 한다. 이러한 황산화배소의 조건을 설정하기 위해서는 M-S-O 퍼텐셜도가 유용하다.(2.5.2 'M-S-O 퍼텐셜도' 참조)

한편 저 품위 동광석(Radio Hill, Karratha, Australia, Cu 6.5 wt%)을 Na_2SO_4와 혼합하여 450 ℃에서 아래 식과 같이 황산화배소하고, 황산으로 침출하여 Cu의 90 %, Fe의 약 25 %, Ni의 약 15 %가 침출되어 Cu의 부분적인 선택적 침출을 한 예도 있다.[44]

$$CuFeS_2 + 2Na_2SO_4 + 3O_2 \rightarrow CuSO_4 + FeSO_4 + 2Na_2O + 2SO_2 \tag{4.12}$$

$$NiS + Na_2SO_4 + 3/2O_2 \rightarrow NiSO_4 + Na_2O + SO_2 \tag{4.13}$$

$$FeS + Na_2SO_4 + 3/2O_2 \rightarrow FeSO_4 + Na_2O + SO_2 \tag{4.14}$$

44 김우진 등, 2016: 황산화배소법에 의한 구리성분의 선택적 침출연구, *자원리싸이클링* **25**(5), pp. 57-63.

4.3.3 할로겐화배소

각종 금속에 대해 할로겐은 O나 S 등과는 다른 친화력을 나타내며, 저융점이며 증기압이 큰 화합물을 만든다. 따라서 환원이 힘든 산화물 등을 처리할 때 자주 이용되고 있다. 금속과 산화물의 할로겐 화합물 생성반응은 다음과 같다.

$$2/y\mathrm{M} + \mathrm{X}_2 = 2/y\mathrm{MX}_y \tag{4.15}$$

$$2/y\mathrm{MO} + \mathrm{X}_2 = 2/y\mathrm{MX}_y + 1/y\mathrm{O}_2 \tag{4.16}$$

특히 Cl_2, NaCl, $CaCl_2$, $MgCl_2$ 등을 염화제로 사용하는 염화배소(chloridizing roasting)가 많이 이용되며, 온도에 따른 금속(a)과 산화물(b) 염화반응의 표준 자유에너지 변화를 그림 4.7에 나타내었다.

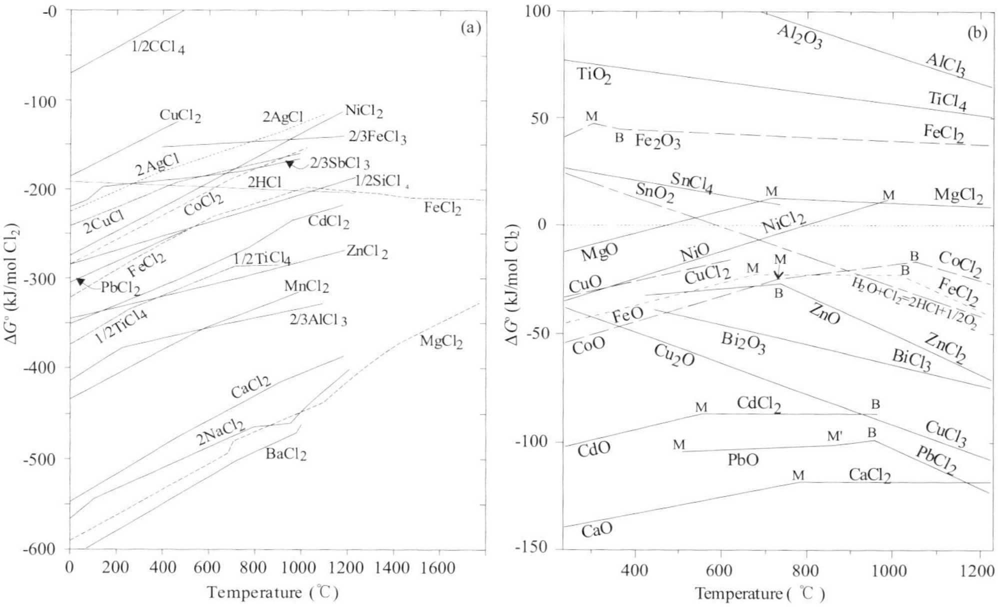

[그림 4.7] Cl_2(g) 1 몰당 금속(a)과 산화물(b) 염화의 표준 자유에너지 변화

그림 중 아래쪽에 있는 것일수록 염화되기 쉽고, 위에 위치하는 것은 염화되기 어렵다. 그림 4.7(a)로부터 대부분의 금속은 염화되기 쉬운 것을 알 수 있다. 그리고 그림 4.7(b)로부터 Al_2O_3, TiO_2, Fe_2O_3, SnO_2 등은 염화되기 어렵지만, 주요한 비철금속의 산화물은 비교적 염화되기 쉬운 것을 알 수 있다. 이러한 원리를 이용하여 철강 스크랩 중의 철강재는 표면만 산화되도록

하여, 불순물인 Cu를 아래 식과 같이 선택적으로 염화제거한 예도 있다.[45]

$$2Cu(s)+Cl_2(g)=2CuCl(l),\ \ \Delta G^0=-225,340+39.22T\ (J) \tag{4.17}$$

한편 일메나이트(ilmenite, $FeTiO_3$)는 염화되기 어렵기 때문에 탄소(C or CO)와 함께 염화시킨다. Fe가 존재하는 경우 분위기 조절에 의해 TiO_2는 염화되지 않으므로 폐PVC에서 나오는 HCl(g)에 의해 Fe만 선택적으로 염화시켜 제거한 경우도 있다.[46]

TiO_2 자체는 그림 4.7(b)에 나타낸 바와 같이 염화되기 어려우나 TiO_2 중의 O_2를 제거하기 위해 탄소와 함께 반응시키면 $TiCl_4$가 만들어지며, 이것을 재산화시켜 안료급의 고순도 TiO_2나, Mg으로 환원하여 금속 Ti를 만든다.

$$1/2TiO_2(s)+Cl_2(g)+C(s)=1/2TiCl_4(g)+CO(g) \tag{4.18}$$

$$\Delta G^0=-23,695-115.87T\ (J/mol)$$

불화배소(fluoridizing roasting)는 금속이나 산화물, 그 외의 화합물들을 불화물로 만들어, 금속열환원반응이나 습식제련으로 처리하기 위해 실시한다. 특히 희토류 금속의 경우 용융염 전해를 위해 불화물로 만들기도 한다. 그리고 생성된 불화물은 휘발성이 강하기 때문에 금속을 정제할 때나, 합금으로부터 특정 금속을 분리할 때도 사용한다. 금속의 불화반응은 F_2를, 산화물이나 염화물은 HF를 불화제로 사용하며, 반응식은 다음 식과 같다.

$$Me+F_2=MeF_2 \tag{4.19}$$

$$MeO_2+4HF=MeF_4+2H_2O \tag{4.20}$$

$$MeCl_4+4HF=MeF_4+4HCl \tag{4.21}$$

예제 4.3 $BeO(s)$를 염화하는 노의 내화물로서 SiO_2를 선택한 경우, 내화물의 침식여부를 검토하라. 또, $TiO_2(s)$ 염화의 경우에는 어떠한가?

$$SiO_2(s)+2Cl_2(g)=SiCl_4(g)+O_2(g),\ \ \Delta G_1^0=238,580-37.9T(J) \tag{1}$$

$$2BeO(s)+2Cl_2(g)=2BeCl_2(g)+O_2(g),\ \ \Delta G_2^0=456,000-207.2T\ (J) \tag{2}$$

$$TiO_2(s)+2Cl_2(g)=TiCl_4(g)+O_2(g),\ \ \Delta G_3^0=174,450-53.73T\ (J) \tag{3}$$

---

45 이소영, 손호상, 2018: 염소가스에 의한 철 스크랩 중 Cu의 선택적 제거, *자원리싸이클링* 27(5), pp. 54-60.
46 손용익, 링리에, 손호상, 2016: PVC에 의한 일메나이트 광석 중 선택염화에 의한 Fe의 제거, *자원리싸이클링* 25(3), pp. 74-81.

풀이

식(1)-식(2)에 의해 $BeCl_2$의 증기에 의한 SiO_2 침식에 대한 식이 얻어진다. 즉,

$$SiO_2(s)+2BeCl_2(g)=SiCl_4(g)+2BeO(g) \tag{4}$$

$$\Delta G_4^0=\Delta G_1^0-\Delta G_2^0=-217,420+169.3T\ (J)$$

따라서 일반적인 공업적 온도(500~1,000 ℃) 범위에서 ΔG_4^0는 음으로 된다.

한편 $TiCl_4$ 증기에 의한 SiO_2의 침식은

$$SiO_2(s)+TiCl_4(g)=SiCl_4(g)+TiO_2(g) \tag{5}$$

$$\Delta G_5^0=\Delta G_1^0-\Delta G_3^0=64,130+15.83T\ (J)$$

따라서 공업적인 온도범위에서 ΔG_5^0는 양의 값을 가지므로 TiO_2의 염화공정에서 SiO_2 내화물의 침식은 일어나지 않는다. 한편, BeO의 염화공정에서는 SiO_2를 내화물로 사용할 수 없다.

4.3.4 소다배소

산에 잘 용해되지 않는 산화물을 침출하기 위해 소다회(Na_2CO_3)를 첨가하여 수용성으로 만드는 소다배소를 한다. 특히 폐촉매 중에 함유되어 있는 V_2O_5나 MoO_3, 그리고 WO_3 등은 일반적인 산 침출로는 추출하기 어렵기 때문에 아래와 같이 소다회를 첨가하여 수용성의 화합물을 만드는 소다배소를 한다.[47]

$$V_2O_5+Na_2CO_3=2NaVO_3+CO_2 \tag{4.22}$$

$$WO_3+Na_2CO_3=Na_2WO_4+CO_2 \tag{4.23}$$

$$MoO_3+Na_2CO_3=Na_2MoO_4+CO_2 \tag{4.24}$$

이러한 소다배소 공정에서는 반응온도에 따라 아래 식과 같이 Na_2CO_3가 분해되어 생성되는 Na_2O가 SiO_2, Al_2O_3 등과 반응하여 목적금속의 침출을 방해하는 유리상의 화합물을 형성하기도 하므로 주의할 필요가 있다.

$$Na_2CO_3=Na_2O+CO_2 \tag{4.25}$$

---

47 김혜림, 이진영, 김준수, 2012: 소다배소 및 수침출법에 의한 탈질용 폐SCR 촉매로부터 바나듐과 텅스텐 침출, *자원리싸이클링* **21**(6), pp. 65-73.

$$Na_2O + SiO_2 = Na_2SiO_3 \quad (4.26)$$

4.3.5 황화배소

사용 후 핵연료에는 이산화우라늄(UO_2) 외에도 연소 중 핵분열에 의해 생성된 여러 원소들이 불순물로 함유되어 있다. 이러한 불순물 중에서 희토류 원소(RE: rare earth, La, Ce, Pr, Nd, Pm, Sm, Eu, Gd 등)들은 사용 후 핵연료 재활용을 위한 건식처리를 위해서 제거하여야 한다. 희토류원소와 같은 핵분열 생성물의 농도가 높으면 핵연료 연소 시 중성자 흡수량이 매우 높게 되어 원자로에서 핵연료의 연소 효율에 큰 영향을 미치므로 제거하여야 한다. 이러한 사용 후 핵연료의 건식처리에서는 RE만 황화반응에 의해 선택적으로 회수(제거)할 수 있다. Eu_2O_3 및 우라늄산화물의 혼합물을 450 ℃에서 CS_2와 반응시킨 경우 Eu와 우라늄 산화물 간의 반응은 일어나지 않고, Eu_2O_3만 Eu_3S_4로 선택적 황화반응이 일어난다.[48] 그리고 Nd의 경우도 아래와 같은 반응식으로 황화반응이 일어난다.[49]

$$Nd_2O_3 + 3/2CS_2 = Nd_2S_3 + 3/2CO_2 \quad (4.27)$$

이러한 선택적 황화반응을 위해서는 M-S-O 퍼텐셜도로부터 반응조건(온도, 분위기)을 검토할 필요가 있다. 특히 선택적 황화반응을 위해서는 열역학적 검토에 의해 적절한 반응온도를 선택하여야 한다.

한편 저 품위 산화 주석광은 FeS_2를 첨가하여 황화휘발배소를 하면 증기압이 큰 SnS로서 휘발·농축되므로, 이것을 산화한 후 환원하여 금속 Sn을 만들고 있다.

$$SnO + FeS = SnS + FeO \quad (4.28)$$

이러한 반응을 이용하면 리사이클링 원료 중에 함유되어 있는 주석을 황화물로 휘발시켜 제거하거나 회수할 수 있을 것이다.

4.3.6 환원배소

환원배소(reducing roasting)는 산화물 원료를 C, CO, H_2, CH_4 등의 환원제와 함께 반응시켜 산화물의 산화정도를 낮추거나(부분환원) 금속상태까지 환원하는 처리이다. 실시 예로는 저

---

48 이재원, 박근일, 이정원, 2013: 유로퓸 고용 우라늄산화물의 황화반응 특성, *자원리싸이클링* 22(3), pp. 57-64.
49 이정원 등, 2012: 우라늄 및 희토류 산화물의 황화반응에 대한 열역학적 고찰, *자원리싸이클링* 21(1), pp. 66-74.

품위 철광석으로부터 자력 선광에 의해 고 품위 철정광을 얻기 위하여 식(4.29)와 같은 부분환원을 한다.

$$3Fe_2O_3 + CO = 2Fe_3O_4 + CO_2 \tag{4.29}$$

또 As_2O_5를 휘발하기 쉬운 As_2O_3의 형태로 하여 As를 제거하기 위한 반응도 있다.

$$As_2O_5 + 2CO(g) = As_2O_3\uparrow + 2CO_2(g) \tag{4.30}$$

그리고 MnO_2를 산에 용해되기 쉬운 MnO의 형태로 만들거나, 철강생산 공정의 전로(BOF)에서 빠르게 환원용융하기 위해 MnO로 부분환원을 하기도 한다.

$$MnO_2 + CO = MnO + CO_2 \tag{4.31}$$

저 품위 니켈광의 경우 암모니아 침출이나 카보닐법의 전처리로 환원배소를 한다.

$$NiO + H_2 = Ni + H_2O \tag{4.32}$$

한편 복합 산화물인 경우, 산화물의 환원능력이 다르기 때문에 개별 산화물이나 일부분만을 선택적으로 환원배소할 수 있다. 이러한 선택적 환원배소는 원료의 선택적 침출이나, 자력선별을 위한 전처리로서도 활용된다.

4.3.7 배소로

배소로에서는 모든 장입물이 배소가스와 완벽하게 접촉할 수 있도록 하여야 한다. 이러한 배소반응을 위한 노에는 회전로(rotary kiln), 다단 배소로(multiple hearth or rack roaster), 유동 배소로(fluidized bed roaster) 등이 있다.

(1) 회전로

회전로(rotary kiln)은 약간 경사져서 회전하는 원통형의 노이며, 그림 4.1(a)에 모식도를 나타내었다. 내부는 내화물로 내장되어 있고, 한쪽 끝에서 장입물을 공급하면 연속적으로 이동한다. 회전로는 약 1.5~5 도의 각도를 가지고 0.2~2 rpm의 속도로 회전하며, 고체 장입물의 체류시간을 제어하기 위해 회전속도를 조절한다. 배출구 쪽에 버너를 설치해 가열하여 장입물과 열이 향류(counter-current)하는 방식과, 장입물과 열이 장입구에서 배출구 쪽으로 흐르는 co-current 방식도 있다.

회전로는 구조가 간단하고 교반이 잘되기 때문에 분말이나 덩어리 또는 다소의 융체가 있어도 처리가 가능하며, 비교적 열전달이 잘되기 때문에 황화철광의 산화배소는 물론, 소다배소,

습식아연제련 잔사의 환원, 제강분진 중의 아연회수, 장입물의 건조 등에 널리 사용되고 있다. 산화배소의 경우 대부분 유동 배소로로 많이 바뀌었다.

(2) 다단 배소로

그림 4.8에는 다단 배소로의 모식도를 나타내었다. 그림에서와 같이 다단 배소로(multiple hearth roaster)는 내화물로 내장된 직립 원통형의 노이며, 내부는 많은 단으로 구분되어 있다. 중심의 회전축이 0.2~5 rpm 정도로 회전하며 필요에 따라 속도를 조절한다. 회전축에는 여러 개의 교반용 arm이 부착되어 있다. 노 내가 고온이기 때문에 회전축과 교반용 arm은 공냉(air cooling)을 한다. 원료는 최상단에서 공급되고, 교반 arm에 의해 중심에서 가장자리 쪽으로 이동하고, 지그재그로 서서히 아래쪽 단으로 이동되면서 배소되어 최하단으로 배출된다.

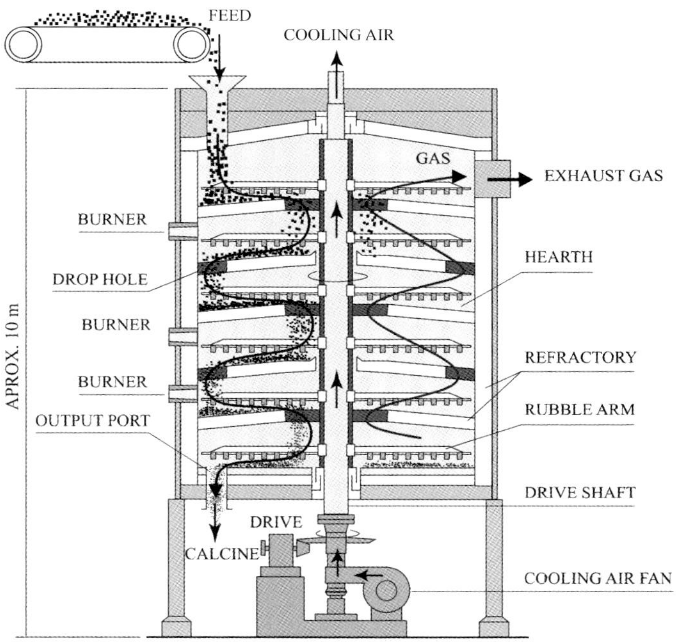

[그림 4.8] 다단 배소로의 모식도

황화광(황화철, 황동광, 아연황화광 등)의 산화배소는 대부분 유동로로 대체되었다. 그러나 MoS_2는 다단 배소로를 이용하고 있다. MoO_3는 약 700 ℃ 근처에서 승화하는 특징이 있고, 산화배소는 발열반응이기 때문에 노의 측벽에서 공기를 이용하여 공냉하면서 배소한다.[50] 다단 배소로에서 MoS_2의 산화반응은 다음과 같다.

$$2MoS_2 + 7O_2 = 2MoO_3 + 4SO_2 \quad (4.33)$$

$$MoS_2 + 6MoO_3 = 7MoO_2 + 2SO_2 \quad (4.34)$$

$$2MoO_2 + O_2 = 2MoO_3 \quad (4.35)$$

(3) 유동 배소로

바닥에 일정한 간격으로 작은 구멍을 만들어 놓은 노이며, 여기에 분체 등을 장입하고 하부에서 기체를 불어넣어 노 내에서 유동층을 형성시켜 배소하는 것이 유동 배소로(fluidized bed roaster)이다. 노 하부로 공급된 기체는 분체층을 통과하여 노의 상부로 상승하면서 분체와의 사이에 기-고 반응을 일으킨 후, 배소로 상부의 출구로 배출된다. 이러한 과정에서 분체는 흡사 액체와 같은 거동을 보이고, 격한 혼합 및 교반을 하므로 열 및 물질의 이동이 쉬워 층 내는 균일하게 유지된다.

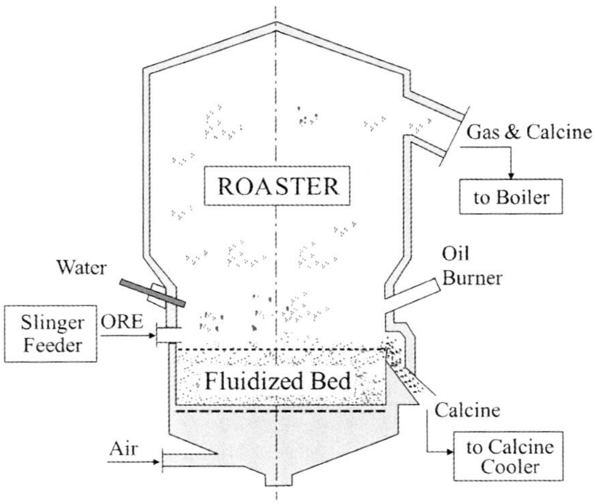

[그림 4.9] 유동 배소로의 모식도

그림 4.9에는 유동 배소로의 모식도를 나타내었다. 하부의 유동층부는 원통형, 중간부는 원추형으로서 위쪽으로 넓어지고, 상부는 유동층부보다 직경이 큰 원통형으로 되어 있다. 유동

50 손호상, 박종일, 최승덕, 2010: 고순도 몰리브덴 제조기술 현황, 재료마당 **23**(3), pp. 15-23.

층의 하부에는 원추형의 wind box가 설치되어 있고, tuyere를 통하여 공기를 유동층으로 송입하여 균일하게 유동되도록 하고 있다. 우리나라의 아연제련소(영풍 석포제련소, 고려아연 온산제련소)에서는 유동 배소로를 사용하여 아연광의 산화배소를 하고 있다. 그리고 포스코의 FINEX는 유동층 환원로를 이용하여 CO(g)로 분말상의 철광석을 환원한다.

4.4 원료의 용융

원료의 용융(熔融, melting, fusion)은 원료에 따라 리사이클링의 전처리 공정, 주공정, 최종공정이 되기도 한다. 우선, 용융이란 고체물질이 열을 흡수하여 액체로 상전이를 일으키는 물리적 과정이다.[51] 물질의 온도를 올리는 데 필요한 열량은 물질의 고유한 성질인 열용량(heat capacity)으로 부터 구할 수 있으며, 용융점에 도달하면 용융이 일어나기 위해 용융잠열(熔融潛熱, latent heat)이 필요하다.[52]

리사이클링 원료를 가열하고 용융하기 위해서는 열원이 필요하며, 원료를 용융하는 방법은 열원에 따라 크게 화석연료(석탄, 가스, 중유 등)를 사용하는 노와 전기에너지를 사용하는 노로 구분하기도 한다. 화석연료를 사용하는 노에는 큐폴라와 도가니로, 회전로, 반사로 등이 있으며, 전기 에너지를 사용하는 노에는 저항가열로, 전기아크로, 유도로, 플라즈마 아크로 등이 널리 사용되고 있다. 이와 같이 다양한 용융로 중에서 노를 선택할 때는 다음과 같은 점을 고려하여야 한다.

① 노의 초기비용과 운전 비용

② 상대적인 유지·보수 비용

③ 지역적 특성에 맞는 연료의 상대적인 비용

④ 용융속도와 관련한 용융효율

⑤ 용융하고자 하는 금속의 성분과 용융온도

51 물질의 온도는 열 및 압력에 따라서도 변화한다.

52 잠열(潛熱, latent heat): 물질의 온도를 바꾸지 않고, 그 상태(기체, 고체, 액체)를 바꾸기 위해 흡수하거나 발생하는 열.

4.4.1 큐폴라(Cupola)

큐폴라는 용선로라고도 불리며, 주철공장에서 철 스크랩이나 선철을 용해하기 위한 기본적인 노로 사용되었다. 큐폴라의 외관은 기본적으로 용광로(고로)와 유사한 원통형의 수직로이며, 그림 4.10에 모식도를 나타내었다. 외부는 강판(鋼板)으로 되어 있으며, 내부는 내화벽돌과 내화점토 등으로 라이닝이 되어 있다.

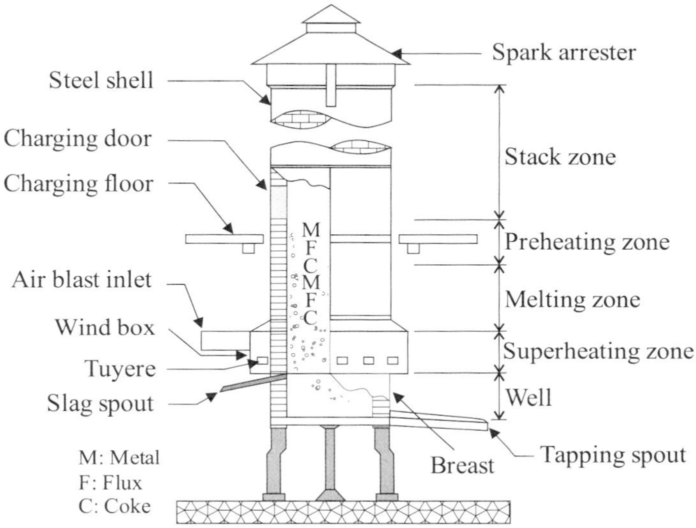

[그림 4.10] 큐폴라의 모식도

노의 크기는 시간당 출탕되는 용탕량(ton/h)으로 표시되며, 3~10 t/h의 것을 가장 많이 사용하고 있다. 큐폴라의 주원료는 철 스크랩이나 선철이며, 부원료로는 석회석을, 연료로는 코크스를 사용한다. 우선 코크스를 노의 바닥에 장입하고 착화시켜 연소하면, 코크스, 철원, 석회석을 순차적으로 장입하고 송풍구로부터 공기를 보내 코크스를 계속 연소시켜 철원을 용해한다.

큐폴라는 다른 종류의 노에 비해 구조가 단순하여 건설비가 저렴하다. 또 열효율이 좋고 작업이 간편하고 연속용해가 가능하며, 조업하는 동안 수시로 출탕할 수 있다는 장점이 있다. 그러나 연료가 직접 용탕과 접촉하므로 불순원소의 혼입이 쉬워 C나 S가 낮은 주철의 제조가 어렵고, 산화성이 강한 Cr, Mo 등의 다량장입도 어렵다는 단점도 있다.

4.4.2 도가니로

도가니로는 용해하고자 하는 금속을 장입한 도가니(내화물이나 흑연제)를 내화물로 쌓아올린 노의 내부에 두고, 외부에서 화석연료인 코크스, 가스, 중유 등을 연소시켜 노 내를 가열하여 장입물을 용해하고 정련하는 노이다. 노 내벽에 설치한 전기저항 발열체에 의해 가열하기도 한다. 그림 4.11에 도가니로의 기본적인 구조를 나타내었으며, 그림에서와 같이 고정식(固定式, a, b)과 경동식(傾動式, c)이 있다.

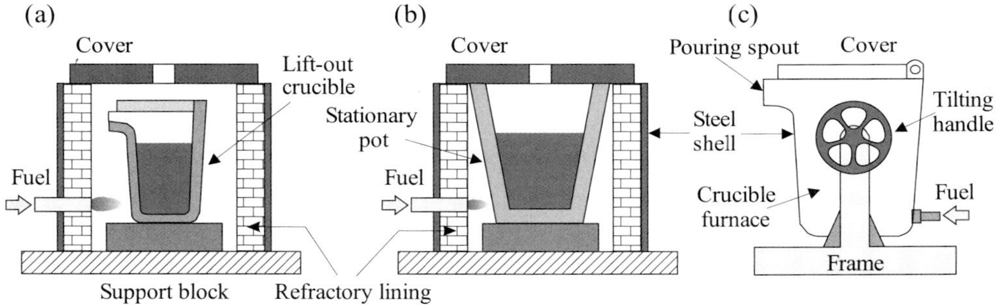

[그림 4.11] 도가니로의 종류별 모식도

구리합금이나 알루미늄합금 등과 같이 융점이 낮은 비철금속을 소량 용해할 때 많이 사용하고 있다. 큐폴라와는 달리 약한 정도의 산화정련을 할 수 있어 고급강(공구강, 스프링강 등)을 제조할 수 있으며, 특히 장입물이 연료와 직접 접촉하지 않기 때문에 비교적 청정한 용탕을 얻을 수 있어 다양한 금속의 용융에 활용하고 있다. 설비비는 적으나 노의 구조상 열효율이 낮다는 단점이 있다.

4.4.3 회전 용융로(Rotary furnace)

회전로(回轉爐)는 드럼형의 원통이 회전하면서 장입물을 가열하고 용융하는 노이며, 그림 4.12에 모식도를 나타내었다. 노가 회전하면서 노의 내장부로부터 장입물에 열전달이 유효하게 이루어져 승온이 빨라 급속용해가 가능하다. 또 노 자체가 회전하기 때문에 용탕 교반에 의한 성분의 균일화, 탈가스, 탈황 등이 촉진된다. 또 균일한 온도를 유지하고 교반이 잘되어 클링커 현상을 방지할 수 있다는 장점이 있다.

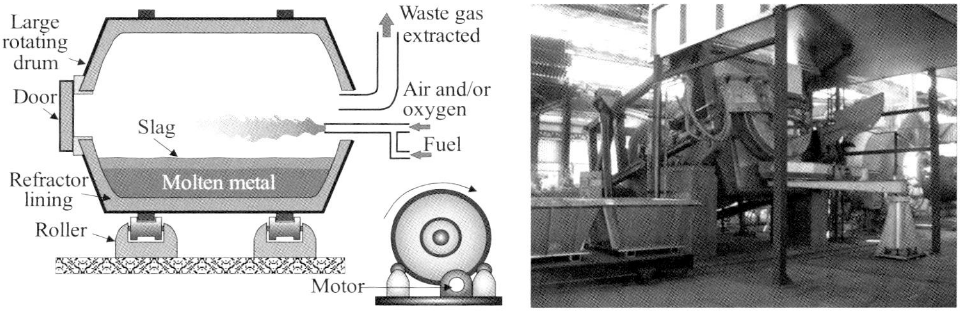

[그림 4.12] 회전로의 모식도와 사진

경동식 회전로는 알루미늄 및 아연, 동, 납, 주석 등의 비철금속을 용해하거나 비철분말을 건조할 때 사용되며, 별도의 장입장치를 이용해 장입이 용이하고, 노체를 기울일 수 있으므로 용탕이나 분말의 배출이 용이하다.

4.4.4 반사로(Reverberatory Furnace, Pool Melter)

반사로는 LPG가스 · 석탄 · 중유 등을 연료로 사용하여 노벽이나 천장에서의 반사 · 복사열(輻射熱)과 대류열을 이용해 장입물을 가열하거나 용융하는 것으로, 그림 4.13에 모식도를 나타내었다. 돔형 천장에 전기발열체(電氣發熱體)를 매달고, 열을 천장에 반사시켜 밑에 놓은 장입물을 가열하여 용융하거나, 그림에서와 같이 용해실 옆에서 연료를 태워 얻은 고온가스 또는 불꽃을 천장에 반사시켜 가열 · 용융하기도 한다.

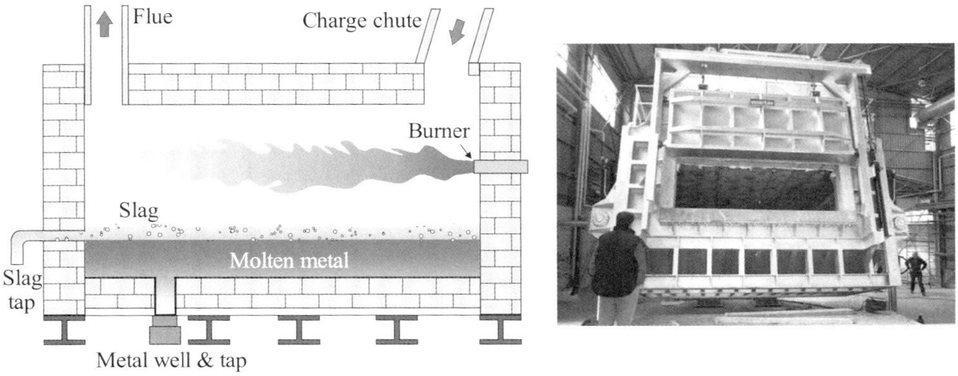

[그림 4.13] 반사로의 모식도와 사진

용량은 수 ton에서 수십 ton 범위에 걸쳐 있으며 비교적 안정된 조업이 가능하기 때문에 알루미늄 스크랩이나 연의 용융 등에 널리 사용되고 있다. 반사로의 열효율은 일반적으로 20~40 % 정도이며 입열의 약 50 % 이상이 노체 등을 통해 방출된다. 또한 반사로는 큰 장입구 등의 개구부가 있어 노를 밀폐시켜 조업하기가 어렵고 외부의 냉풍이 노 내에 흡입되기 쉽다. 종류로는 용탕의 배출 시 원활한 작업을 위하여 용해부가 고정된 고정식과 기울일 수 있는 경동식(tilting)으로 분류한다.

특히 반사로는 한 번에 대량의 용융이 가능하고(15~40 t 정도), 전기로에 비해 각종 경비가 싸며, 탄소량이 적은 주철 용탕(溶湯)을 얻을 수 있다는 장점이 있다. 최근에는 노 내 상태나 온도 등의 조절도 비교적 쉽게 되어 2중 용융로의 전로(前爐)로도 쓰이고 있다.

4.4.5 전기로

(1) 전기로의 특징

열원으로 전기를 이용하는 노를 통틀어 전기로라고 할 수 있으나, 가열하는 방식에 따라 저항 가열로, 아크로, 유도로 등 여러 종류로 나뉜다. 전기 에너지를 이용하는 공업용 전기로는 다음과 같은 특징이 있다.

① 에너지 밀도(단위면적당 단위시간에 주어지는 에너지의 양, kW/cm^2)가 매우 높은 가열을 할 수 있어 급속가열 및 용해를 할 수 있다.

② 외부 분위기에 영향을 받지 않는 순수한 가열이 가능하다.

③ 정밀한 가열 및 제어가 가능하다.

전기 에너지를 열원으로 응용하는 수단에는 다음과 같은 것이 있다.

① 니크롬선의 히터와 같이 전기저항 손실에 의한 발열을 하여 이것을 열원으로서 피가열물에 에너지를 전달하는 방법

② 아크에서 발생하는 열에너지를 피가열물에 전달하는 방법

③ 피가열물 자체가 가지고 있는 저항을 이용하여 여기에 직접 전류를 흘려 가열하는 방법

④ 전자유도 작용을 이용하는 방법, 즉 유도가열

⑤ 전자빔이 갖는 에너지에 의해 가열을 하는 방법

여기서 ③~⑤항은 열원으로서 열전도, 복사, 대류 등의 수단에 의해 가열하는 방법과 비교하여 피가열물 자체가 직접 발열하는, 즉 피가열물 자신이 열원이라는 점에서 큰 특징이 있다.

(2) 저항 가열로

저항로는 전기의 주울열 또는 저항열에 의해 피가열물을 가열하는 방식으로, 전류가 전기 도체에 흐르면 저항의 제곱에 비례하는 열량이 발생하는 것을 이용한 가열방법이다. 저항 가열의 특징은 다음과 같다.

① 연소 가열에 비해 깨끗한 열원이다.

② 상용주파수의 교류전원을 사용하므로 별도의 전원장치가 필요 없다.

③ 저항발열체에 따라 저온에서 초고온(2,800 ℃)까지 이용할 수 있다.

④ 제어기기가 전기전자방식으로 초정밀 온도제어가 가능하다.

저항 가열방식에 따라 직접 저항방식과 간접 저항방식으로 구분되고, 직접식 저항로보다는 간접 저항방식이 많이 사용되고 있다.

(3) 아크로(arc furnace)

아크로는 고온의 아크 에너지에 의해 주로 철 스크랩을 용해하는 것으로, 실 조업에서는 스크랩을 노의 윗부분으로 장입한 후 아크가열에 의해 용해한다. 철 스크랩은 용해에 의해 부피가 감소하기 때문에 추가 장입을 1~2회 반복하여 필요한 양의 강을 용해하며, 정련공정, 산화·환원공정을 거치고 용강의 성분을 조정한 후 레이들로(ladle)로 출강시킨다. 그림 4.14에는 전기로 제강에 사용되고 있는 직류 아크로의 모식도를 나타내었다.

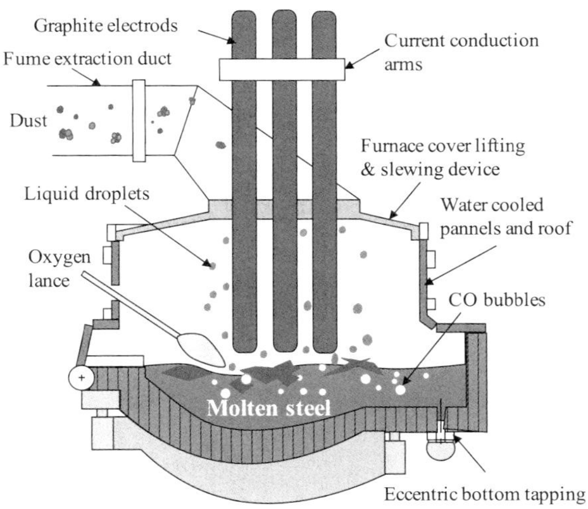

[그림 4.14] 편심 노저 출강구가 있는 직류 아크로

아크로에는 아크가열방식에 따라 저압아크를 사용하는 것과 고압아크를 사용하는 것이 있고, 가열방식에 따라 직접식 아크로와 간접식 아크로가 있다. 저압 아크를 사용하는 것도 직접식, 간접식 또는 단상식, 3상식 등으로 구별된다. 직접식 아크로는 아크전극의 한쪽이 피가열체가 되므로, 피가열물에도 직접 통전되어 저항가열이 되기도 하지만, 전극과 피가열물 사이의 아크에 의한 복사가열이 그 본질이다. 간접식 아크로는 2개의 아크용 전극 사이에 아크를 발생시키고 그 복사열을 이용하여 피가열물을 가열시키는 것이다.

아크로는 전력공급 방식에 따라 교류아크로와 직류아크로가 있다. 교류아크로는 3상 교류전원이 3개의 전극봉에 의해 아크가 만들어지고, 직류아크로는 3상 교류전원이 전력반도체인 싸이리스터에 의해 정류된 직류전원의 양(+)극이 노체이며, 전극봉이 음(-)극이 되어 아크가 만들어지지만, 기계적인 구조에는 차이가 없다.

4.4.6 유도로

(1) 유도로의 원리

피가열물에 전류를 흘리는 수단으로 자속(磁束)을 이용할 경우, 자속은 진공 중에서 자기 차폐가 없는 곳이라면 어떤 곳이라도 관통한다. 이 자속이 직류가 되는, 즉 자속변화가 없는 것에서는 유도전류가 발생하지 않지만 교류와 같은 자계(磁界) 내에 금속과 같은 양도체를 두면 전자유도에 의해 도체 내에 히스테리 손실과 소용돌이 전류손실이 생긴다. 이 소용돌이 전류손실을 이용하는 것이 유도가열이다. 이러한 유도전류(소용돌이 전류)는 도체 표면에서 코일전류와 반대 방향으로 흐르며, 도체 표면에 가까울수록 그 전류밀도가 크고 내부로 갈수록 감소한다.

유도가열은 또 다음과 같은 특징을 가지고 있다.

① 전자(電磁)유도 작용에 의해 직접 피가열물에 열을 발생시키므로 열효율이 높다.

② 가열온도는 열원과는 무관하므로 피가열물은 용기(도가니 등)가 가열온도에서 견딜 수만 있으면 이론적으로는 얼마든지 높은 온도까지 얻을 수 있다.

③ 자속이 에너지 전달수단이므로 분위기와 무관하게 가열할 수 있다.

④ 가열의 제어가 전기적으로 이루어지므로 자동제어에 적합하다.

⑤ 예열작업이 불필요하여 통전함과 동시에 작업이 가능하므로 간헐적인 조업도 효과적으로 할 수 있다.

⑥ 용해의 경우 용탕이 전자력에 의하여 자동적으로 교반된다.

⑦ 장치 중에서 최고온도는 피가열물이며, 또 전기적 가열을 하므로 어떤 종류의 가열장치보다도 작업환경이 양호하다.

(2) 도가니형 유도로

그림 4.15에 도가니형 유도로의 모식도를 나타내었다. 유도로는 용해금속의 재질 및 용해온도에 따라 용해에 적합한 내화재료로 구성되어 있는 용해실과, 그 바깥에 감겨 있는 유도코일로 구성되어 있다. 코일의 외주에는 외부로 새어나가는 자속을 방지하고 노 효율을 향상시킬 목적으로 규소강판에 의한 철심을 구비한 경우가 많다.

용해실 안으로 장입된 냉재는 가열되어 용해되고, 용탕은 전자력에 의해 자동적으로 교반된다. 이러한 자동 교반작용은 유도용해로만이 가지고 있는 특징이다. 용해로의 전원 주파수는 단순히 코일의 효율만이 아니라 투입전력 및 교반작용도 고려하여 결정한다. 용해실의 크기인 직경과 높이는 효율 및 교반력, 열손실, 작업의 난이, 내화재질의 수명 등에 큰 영향을 미치므로 설계상 이러한 점을 충분히 검토하여 도가니의 직경 및 높이 관계를 결정하고 있다.

유도 용해로의 큰 특징 중 한 가지는 강한 교반력이지만, 교반이 너무 강하면 다음과 같은 결점이 있다.

① 용탕이 드로스나 슬래그로 덮이지 않고 용탕면이 노출되어 산화되기 쉽다.

② 심한 용탕 흐름에 의해 노의 내화재 수명이 짧아져 비경제적으로 된다.

③ 슬래그의 혼입으로 합금 중 불순물이 많아진다.

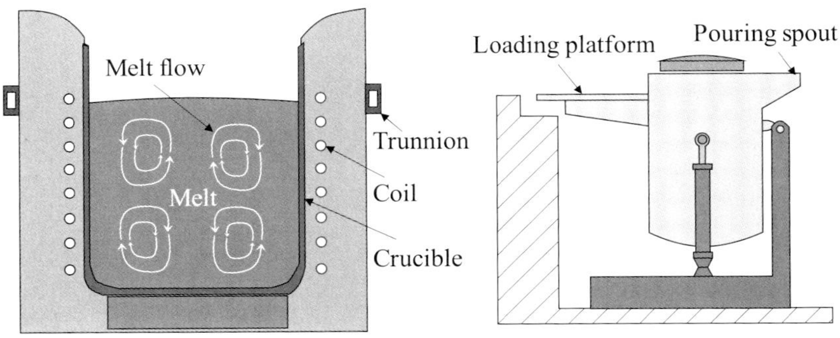

[그림 4.15] 도가니형 유도로

(3) 도랑형 유도 용해로

그림 4.16에는 수직 도랑형(channel형) 유도로의 모식도를 나타내었다. 도랑형 저주파 용해로는 도가니형의 노(저주파 혹은 고주파)에 비하여 노의 구조와 특성이 다르지만 효율 및 역률 모두 양호하고 더욱이 설비비가 저렴하다. 황동, 아연, 알루미늄 등 비교적 용해 온도가 낮은 금속재료의 용해용으로 많이 사용되는 등 넓은 범위에서 사용이 가능하다. 도랑형 유도로에는 채널의 위치와 형상에 따라 경사형이나 수직형, 수평형, 개방형, 회전형 드럼 유도로 등이 있다. 일반적인 사용전원은 상용 주파수에서 사용되며 보통 단상, 2상, 3상 전원이 인가된다.

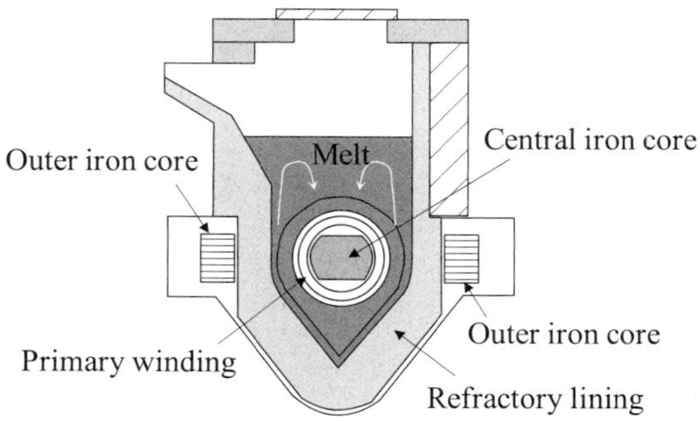

[그림 4.16] 도랑형 유도로

(4) 전력 원단위 및 내화재

유도로의 운전비는 전력비와 내화재 비용뿐으로 매우 경제적이다. 전력 원단위인 단위 용해량당 소비전력은 직접 생산비에 영향을 주며, 다음 식에 의해 결정된다.

$$\text{전력 원단위} = \frac{S}{a \cdot b \cdot c \cdot d} \qquad [\text{kWh / kg}] \tag{4.36}$$

S: 순 전력 원단위(열량). 용해온도 및 재료의 비열로부터 계산되는 이론값

a: 유도코일 효율, b: 열효율, c: 배선 효율, d: 전원 효율

이 중에서 열효율이 가장 큰 영향을 미친다. 열손실은 노상부로부터의 열손실과 도가니형 내화재를 통한 열손실이 있다. 용탕 표면에서의 손실은 복사열이 가장 크며, 노 뚜껑의 설치 여부에 따라 차이가 크다. 노벽을 통한 열손실은 내화재료의 두께, 종류에 따라서도 변하지만 첫 번째 용해와 2회, 3회 등 연속적으로 하는 용해작업에서는 노벽으로의 축열 등에 의해 열효율이 대폭 변한다.

용해로에서 내화재료는 매우 고온인 각종 용융금속을 유지하여야 한다. 따라서 수명은 용탕의 온도에 따라 다르지만, 철강 용해용 내화재료는 500~1,000시간 정도의 범위이다. 또 아연 용해용 등 비교적 저온용 내화재의 수명은 2~3년 정도이지만, 10년 정도의 수명을 갖는 것도 있다.

내화재료에는 용도에 따라 실리카 70 %, 알루미나 30 %와 같이 적당히 배합된 것을 사용한다. 유도로의 내화재는 노의 발열원리에 의해 라이닝 두께가 얇고 항상 용탕이 교반되어 기계적 충격을 받으므로 다른 용해로의 내화재에 비하여 가혹한 사용조건에 견딜 수 있어야 한다. 다른 용해로와 같이 내화도, 연화온도가 높아야 하는 것은 물론이다. 특히 유도로에서는 스탬프 시공성이 우수한 것으로 고온 강도가 크고, 열팽창 및 수축률, 열전도도, 전기전도도 등이 낮은 것이 필요하다.

4.4.7 특수 용해법

특수 용해법이란, 일반적으로 대량 생산되는 전로나 전기로(EAF), 유도 용해로 등 외의 방법으로 용해하는 것을 의미하며, 특히 품질 규격이 엄격한 제품이나 공기 중 용해에 적합하지 않은 활성금속을 대량으로 함유하는 합금류 등을 용해하는 방법이다. 특수 용해법에는 우선 원료 금속을 배합하여 모재를 용해하는 1차 용해법과, 1차 용해에서 만들어진 모재를 재용해하여 수냉 몰드 중에서 적층 응고시키는 2차 용해(혹은 재용해)법이 있으나, 여기에서는 1차 용해로에 대해서만 설명한다.

(1) 진공유도 용해로

진공유도 용해법은 1920년대부터 실시되어 왔으나, 1950년대에 이르러 제트엔진 부품에 사용되는 초 내열강이나 합금제조에 응용되어 급속하게 발전하였으며, 그 개념도는 그림 4.17과 같다.[53] 진공 용해로의 바깥에 유도전류 발생장치와 진공 배기장치를 가지고 있다. 노에는 연속적으로 용해할 수 있는 것과 batch 방식의 것이 있으며, 공업용 대형로는 원료 장입실, 주형실, 용해실을 분리하고, 밸브로 접속하여 연속적으로 용해한다. 진공 배기계는 중형로까지는 유회전 펌프, 유 확산 펌프를 사용하여 10^{-4}~10^{-5} mmHg까지, 대형로는 스팀 이젝터에

53 한국에너지공단, 요로 시스템 기술정보집(전기로).

의해서 10^{-4} mmHg까지 배기하고, 10^{-3} mmHg 정도에서 정련한다. 진공 하에서는 내화물과 용탕의 반응이 촉진되므로 내화물의 선별이 중요하다. 용해하는 금속과 슬래그에 따라 적절한 내화물을 선정하여야 한다. 용해 용량은 500 kg~25×10^{3} kg이지만, 60×10^{3} kg로도 가동되고 있다.

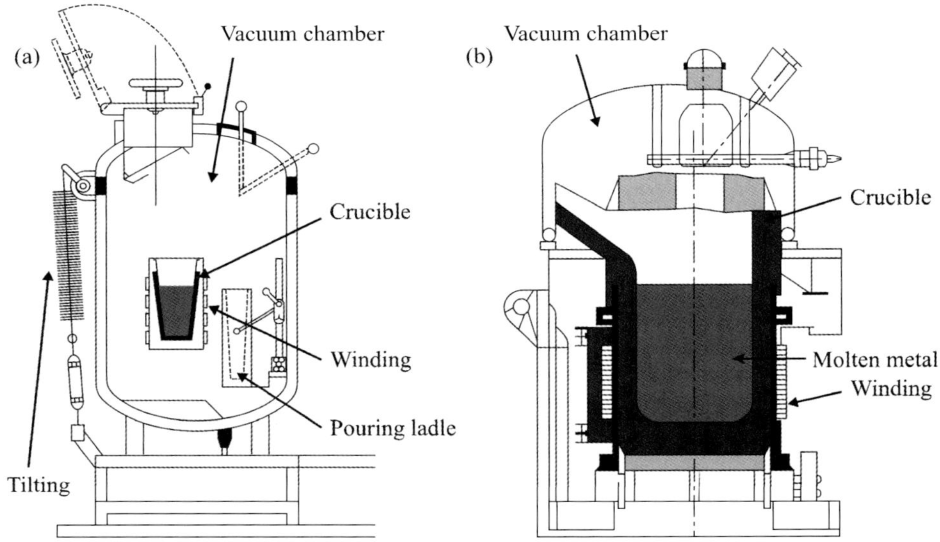

(a) 내부진공 유도로 (b) 표면진공 유도로

[그림 4.17] 진공유도 용해로의 모식도

(2) 플라즈마 아크 용해법

플라즈마는 가스분자, 전자, 양이온으로 된 고온 혼합기체로서, 순수한 플라즈마 상태는 핵융합 플라즈마와 같이 10^{6} K 이상의 초고온으로 모든 분자, 원자가 이온과 전자로 완전히 전리하여 있다. 금속 용해의 열원으로서 사용하고 있는 플라즈마는 전리도가 수 % 이하로 10^{4} K 정도의 온도 영역에 있는 불완전 플라즈마이다. 저온 플라즈마는 제강용 아크로에서도 발생하고 있으나, 그 온도는 아직 낮다. 가스를 냉각 매체로 하는 플라즈마 제트는 거의 대부분의 가스체를 이용할 수 있으므로 금속의 용해, 용접, 용단이나 고온화학반응에도 이용할 수 있다.

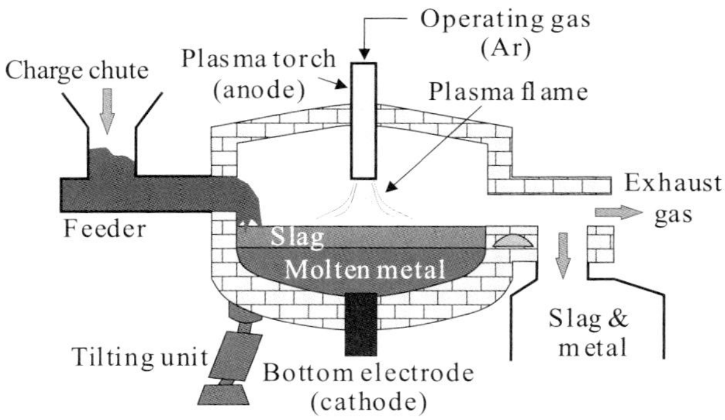

[그림 4.18] 플라즈마 아크 용해로

플라즈마 아크 1차 용해법(PAM, Plasma Arc Melting)의 원리도를 그림 4.18에 나타내었다. 제강용 아크로의 노체에 흑연전극 대신 직류 플라즈마 토치를 설치한 것이다. Ar의 플라즈마 아크를 열원으로 하고, 진공 용해로와 같은 목표로 사용하고 있다. 현재 독일에서는 10^4 kg 용량으로 스테인리스강을 제조하고 있다.

(3) 플라즈마 유도 용해로

플라즈마 유도 용해로(PIF, Plasma Induction Furnace)는 1차 용해로이며, 일본의 대동 특수강에서 개발된 방법으로 그림 4.19에 모식도를 나타내었다. 밀폐형 유도로에 플라즈마 토치를 삽입하고, 유도교반과 보온, 더욱이 플라즈마 아크에 의한 고온 정련을 할 수 있다. 직류 플라즈마 토치는 수냉 동제이며, 그 중심의 수냉 Th-W 음극과 탕면 사이에 고온의 아르곤 플라즈마 아크를 날려 보내는 이송형이다. 현재 1 차지(charge)당 2 ton의 노가 가동하고 있으며, 슬래그 처리, 탈산 등을 한다. 진공 유도 용해로보다 경제성과 작업성의 면에서 우수하다.

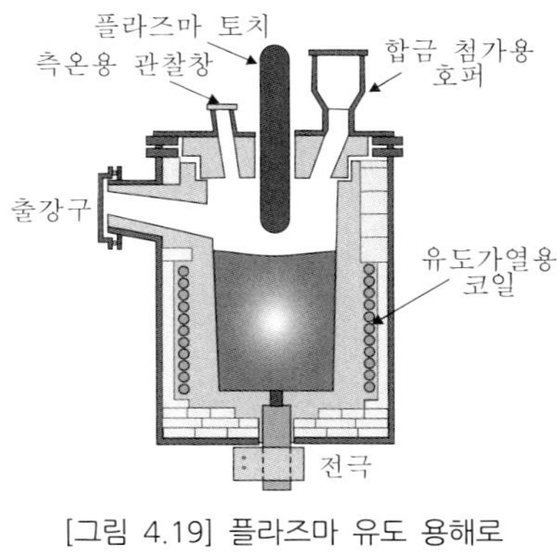

[그림 4.19] 플라즈마 유도 용해로

(4) 전자빔 용해법

전자빔 용해법(EBM, Electron Beam bombardment Melting)은 고진공 공간에 설치한 전자총으로부터 고전압 빔을 발사하고, 그 충격에 의해 고체 금속을 가열 용해하는 방법으로, 고진공 하에서 고온이 얻어지는 것이 특징이다. 원래 Nb, Ta 등의 특수금속이나 초 내열합금의 용해에 이용되었으며, 개념도를 그림 4.20에 나타내었다.

전자 빔의 발생장치는 전자총이라 불리며, 10^{-4}~10^{-5} mmHg의 진공 내에서 W이나 Ta의 음극을 가열하여 열전자를 방사시키고, 음극과 가속양극을 만드는 전계 중에서 가속되고, 양극 오리피스에서 모여 에너지 밀도를 높인다. 이 전자 빔은 전자 렌즈에 의해 모으거나 방향을 바꿀 수 있다.

전자빔 용해법의 피 용해재를 수냉 보트에 넣고 수평방향에서 장입하고 여러 개의 전자총에 의해 가열 용해한다.(그림 4.20(a) EBM(1차 용해)) 또 상부의 수직방향에서 용해 모재를 넣고, 그 선단에 전자빔을 맞추고, 수냉 동주형 중에 용해·적하하여 주조하는 적하 용융법(EBR, Electron Beam Remelting, 2차 용해)이나, 피용해재를 전자빔에 의해 수냉 동 hearth 내에서 용융가열하고, 수냉 동주형 내에서 연속주조하는 익류 용해법(EB, 그림 4.20(c) 참조) 등이 있다. 익류 용해법에는 ① 고체 스크랩이나 용탕을 포함한 각종 용해원료를 사용할 수 있고, ② 수냉 동 hearth 상에서 10^{-4}~10^{-5} mmHg 정도의 고 진공정련이 가능하며, ③ 성분조정이 가능하여 증기압이 높은 원소는 hearth 출구에서 첨가할 수 있고, ④ 슬래브를 포함한 여러 형상으로 제조할 수 있는 등의 장점이 있다.

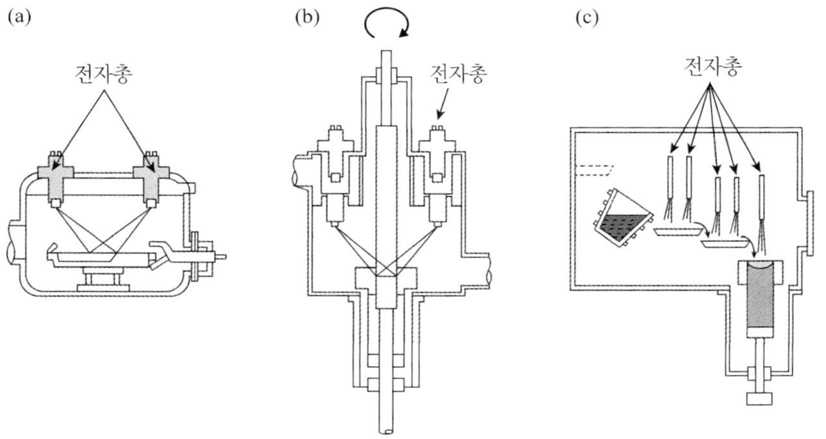

(a) EBM(보트용해) (b) EBR(적하 용해) (c) EB(익류 용해)

[그림 4.20] 전자빔 용해 개념도

제5장

건식제련

5.1 건식제련의 개요

기존의 제련기술은 천연광석으로부터 목적금속을 추출하는 조작이지만, 이러한 기술은 도시광물의 처리에도 동일하게 적용할 수 있다. 금속성분을 함유한 원료에서 목적성분을 추출하는 조작에는 고온에서 반응의 촉진과 상간의 분리를 하는 건식제련(pyro-metallurgy)과, 목적금속을 상온이나 그 부근의 온도에서 이온의 상태로 만들어 공존원소나 불필요한 물질을 분리를 한 후, 금속상태로 추출하는 습식제련(hydro-metallurgy)으로 나눌 수 있다. 건식제련과 습식제련 중 어떤 공정을 채택할 것인가는 전후 공정을 포함한 경제성과 목적금속의 화학적 반응성에 의해 결정된다. 예로서 품위나 낮거나 난용융성인 원료는 습식으로 처리하는 편이 경제적이며, 화학적으로 반응성이 강한 금속의 경우에도 건식처리에서는 금속상태를 얻기 힘들므로 습식으로 처리한다.

건식제련은 고온의 노 내에서 원료와 플럭스 등이 용융하여 서로 융합하고, 몇 가지의 상으로 나누어지는 용융제련과, 장입물의 융점이 높은 경우 고체상태에서 기체와 반응을 하거나, 목적금속이나 그 화합물이 기체상태에서 얻어지는 휘발제련 등이 있다. 그리고 건식제련에서 얻어진 조금속은 특수한 경우를 제외하고는 그 상태에서는 실용재료로 사용하지 않으며, 대부분은 정제(정련, refining)하여야 한다.

도시광물(urban ore)인 리사이클링 원료는 천연광물과 달리 금속상태인 것이 많지만, 산화물이나 황화물로 존재하는 경우도 있으며, 탈황 폐촉매와 같이 유황성분이 다량 함유된 것들도 있다. 또 황화물을 산화배소하여 산화물로 만든 것도 있다. 금속상으로 존재하는 경우에도 그 표면이 산화되어 있거나, 다른 불순물과 혼합되어 있는 경우가 많다. 이러한 경우에는 단순히 용융하는 것만으로는 원하는 금속상을 얻기 힘들다. 이와 같이 다양한 도시광물로부터 금속상을 회수하기 위해서는 원료를 플럭스와 함께 용융하고, 필요에 따라서는 적절한 환원제 등을 첨가하여 환원하여야 할 것이다. 도시광물을 금속으로 재자원화하는 방법은 천연광물의 처리방법에서 출발하는 것이 지름길일 것이다.

우선 천연광물을 금속으로 환원하는 방법은 다음과 같이 분류할 수 있다.[54]

① 탄소에 의한 열환원: Fe, Ferro-alloy, Zn, Pb, Sn, Si

② 산소에 의한 열환원: Cu

③ 수소에 의한 열환원: W, Mo, Ni

④ 활성금속에 의한 열환원: Ti, Zr, Nb, Ta, V, U, Th, 희토류(rare earth)

⑤ 전해채취(수용액 전해와 용융염 전해)

ⓐ 수용액 전해: Zn, Ni, Co, Cr, Cu

ⓑ 용융염 전해: Al, Mg, Na, V, 희토류

이러한 건식제련법에는 용융하여 처리하는 방법과, 고융점 금속과 같이 용융하기 곤란한 금속의 경우 고체상태에서 처리하는 방법, 그리고 Zn과 같이 끓는점이 낮은 금속의 경우 휘발처리하는 방법이 있다. 또는 고체 환원제, 기체 환원제, 금속 환원제 등 사용하는 환원제에 따라 나누기도 한다.

5.2 용융제련의 생성상

용융제련(smelting, 줄여서 용련이라고도 함)은 목적금속을 함유한 제련원료(도시광물, 제련부산물, 정광, 배소광, 소결광 등)를 플럭스와 함께 고온의 노 내에 장입하고 융점보다 높은 온도에서 용융, 제련하여 목적금속과 불순물을 분리하는 조작이다. 이때 목적금속은 조금속으로 만들거나, 중간 화합물(인공적인 황화물인 맷트나 조금속에 As, Sb 등이 녹아 들어간 스파이스 등)을 만들어 농축한다. 철강과 비철금속의 용융제련에서는 그림 5.1과 같은 상이 만들어진다. 철강에서는 그림 5.1(a)와 같이 용강(용철)과 슬래그만 생성되지만, 비철금속에서는 (b)와

---

54 7.2 '금속제련의 개요' 참조.

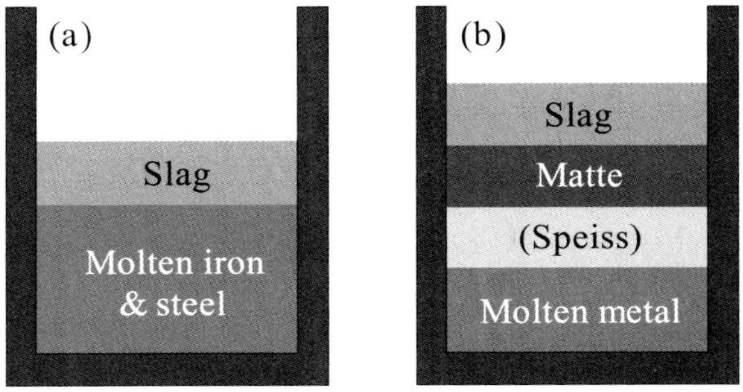

[그림 5.1] 용융제련에서 생성되는 상(a: 철강, b: 비철금속)

같이 용융금속/(스파이스)/맷트/슬래그가 생성된다.

산화물이 주체인 슬래그는 목적금속의 농도가 낮으므로 폐기하거나, 다른 산업분야(시멘트, 노반재 등)에 재이용한다. 또 유가물 회수를 위해 슬래그를 재처리하는 연구도 활발하게 진행되고 있다. 특히 동제련 슬래그의 경우 다량의 철분과 함께 SiO_2가 함유되어 있기 때문에 환원하여 페로 실리콘(Fe-Si)이나 선철을 제조하는 연구 등이 진행되고 있다.

중간 화합물인 맷트(황화물)나 스파이스(비화물 등)는 전로용련이나 기타의 방법으로 제련을 계속하여 조금속을 얻는다. 용융제련은 목적금속을 분리하여 추출하는 것이므로 이러한 각 액상 간의 원활한 분리가 필요하다. 일반적으로는 금속상의 밀도가 가장 높지만, 액상 간에 적당한 밀도 차이가 있어야 하며, 서로 다른 상의 성분 용해도가 적어야 하고, 또 각 상의 유동성도 적어야 한다. 용융제련에서는 기본적으로 고온에서 용융처리하는 경우가 많으므로, 제련과정에서 생성되는 이러한 상들의 성질에 대한 지식이 필요하다. 도시광물로부터 금속을 회수하기 위해서는 제2장에서 설명한 물리화학적인 기본지식과 생성상들의 물성을 이해하여야 그에 알맞은 효율적이고 경제적인 공정을 구성할 수 있다. 따라서 여기서는 이러한 상들의 일반적인 성질에 대해 설명한다.

5.2.1 슬래그(Slag)

슬래그는 용융제련에서 원료 중에 함유되어 있는 산화물(SiO_2, Al_2O_3 등)들이나 목적금속에 들어가지 않는 불순물 등의 산화물들이 용제로 첨가한 플럭스와 용융혼합된 균일한 융체이다. 슬래그에는 철강 슬래그, 비철금속 슬래그, 폐기물 용융 슬래그 등이 있다. 비철금속의 경우 금속성분이 많은 드로스(dross)나 스컴(scum)을 포함한다. 슬래그는 경제적인 가치는 거의 없으나 용융제련에서 필연적으로 생성되는 상이며, 제련기술상 매우 중요한 위치를 차지하고 있다. 또한 발생량이 조금속의 5~20 % 수준이므로 이를 효율적으로 처리하는 것이 중요하다.

(1) 슬래그의 조성

표 5.1에는 철강 슬래그(고로, 전로, 전기로)와 비철금속 슬래그(자용로, PS전로, MI로, 페로니켈)의 대략적인 조성을 나타내었다. 철광석에는 산화철 외에 소량의 SiO_2와 Al_2O_3가 함유되어 있다. 이것만으로는 양호한 슬래그를 만들 수 없기 때문에 생석회, 규석 등의 플럭스를 적당히 첨가하여 조성을 조정한다. 그리고 동제련에서도 fayalite($2FeO \cdot SiO_2$) 슬래그를 생성하기 위해 규사를 첨가한다.

슬래그의 주성분은 편의상 $CaO-SiO_2-Al_2O_3$ 혹은 $FeO-CaO-SiO_2$ 등의 3성분계로 간주하며, 그림 5.2와 그림 5.3에 각 3성분계 슬래그의 상태도를 나타내었다.

〈표 5.1〉 각종 제련반응의 슬래그 조성

성분 (wt%)	철강 슬래그				비철금속 슬래그				
	고로	전로	전기로		동제련				페로니켈
			산화기	환원기	자용로	PS전로	MI-SC*	MI-C*	
CaO	41.7	45.8	22.8	55.1	1.68	-	5.9	14.8	-
SiO_2	33.8	11.0	12.1	18.8	33.0	21.7	32.2	0.1	51.5
T-Fe	0.4	17.4	29.5	0.3	39.7	48.7	38.7	45.0	7.0
MgO	7.4	6.5	4.3	7.3	1.73	-	-	-	34.5
Al_2O_3	13.4	1.9	6.8	16.5	4.13	-	2.9	0.2	-
P_2O_5	0.1	1.7	0.3	0.1	-	-	-	-	-
MnO	0.3	5.3	7.9	1.0	-	-	-	-	-
S	0.8	0.06	0.2	0.4	0.71	1.13	0.6	0.1	0.01

*MI: Mitsubishi injection process, SC: Slag cleaning로, C: Converting로

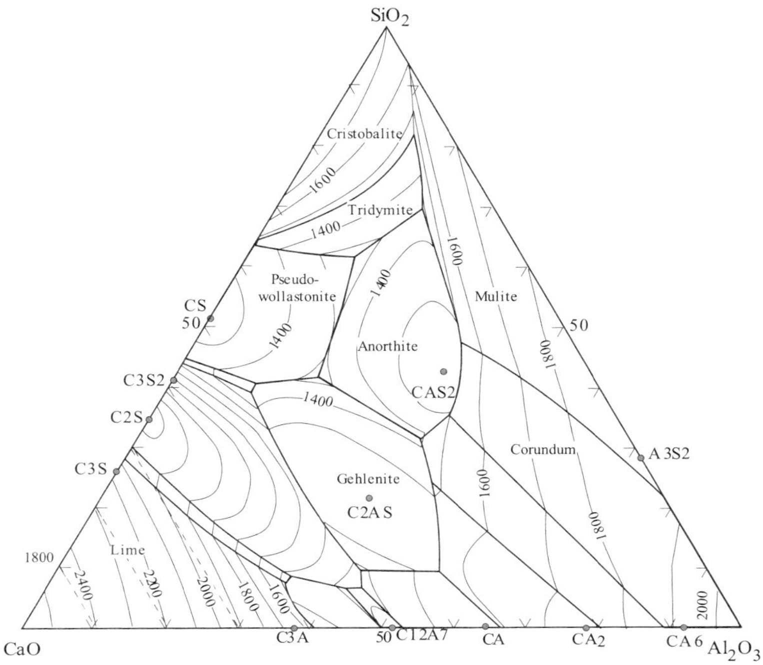

[그림 5.2] $CaO-SiO_2-Al_2O_3$ 3성분계 슬래그의 상태도

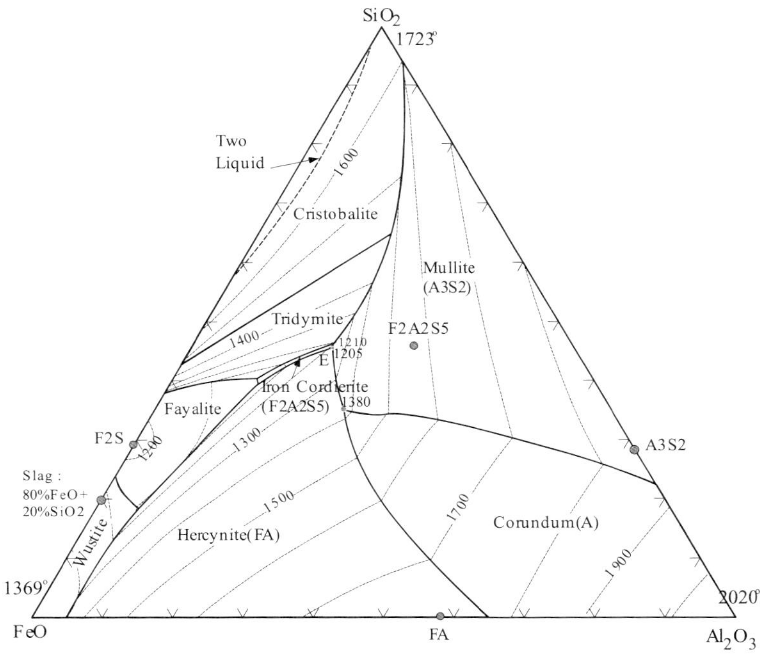

[그림 5.3] $FeO-SiO_2-Al_2O_3$ 3성분계 슬래그의 상태도

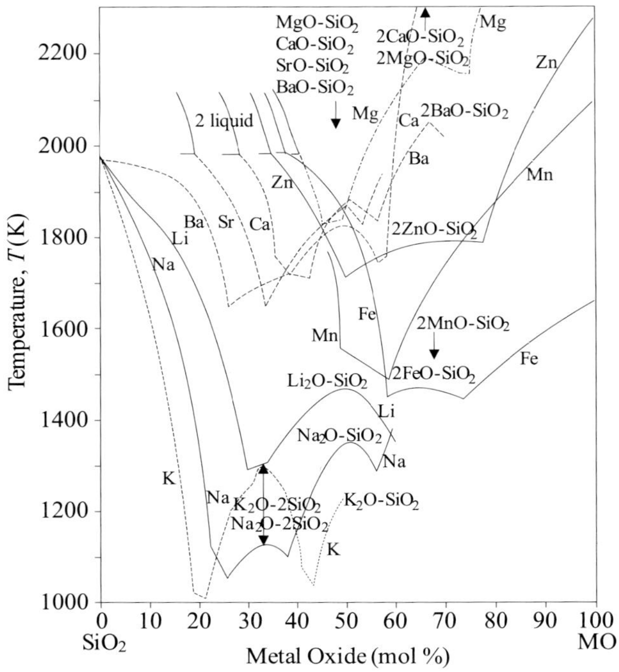

[그림 5.4] 2원 규산염계에서의 액상선

그림 5.4에는 규산염계 슬래그의 액상선을 나타내었다.[55] 그림으로부터 공정조성을 이용하면 단일 산화물에 비해 융점이 매우 낮은 슬래그가 얻어지는 것을 알 수 있다. 기타 슬래그와 각종 물성은 Slag Attlas[56]를 참고하기 바란다.

(2) 슬래그의 구조

그림 5.2, 그림 5.3에 나타낸 바와 같이 일반적인 슬래그의 주성분은 SiO_2이며, 용융상태의 슬래그는 이온 전도성을 갖고, CaO나 FeO와 같은 분자상태보다는 Ca^{2+}, Fe^{2+}, O^{2-}와 같은 이온으로 해리되어 있는 것으로 알려져 있다.

고체 SiO_2의 구조는 잘 알려져 있는 것처럼 Si의 주위에 4개의 O가 존재하는 정4면체이며, 정점의 O를 공유하여 규칙적으로 배열한 망상 구조로 그림 5.5와 같다. 용융 SiO_2에 대한

---

55 安座上竹四, 粟倉泰弘, 1999: 金屬製錬工學(Extractive Metallurgy), 日本金屬學會, p. 56.

56 D. Springorum, 1995: SLAG ATTLAS 2nd Edition, Verein Deutscher Eisenhuttenleute (VDEh), Verlag Stahleisen GmbH, Germany.

X-선 회절 실험의 결과에 의하면 용융 상태에서도 단위 구조인 SiO_4 정4면체는 안정하게 존재하지만, 그 배열은 흐트러져 있다.[57]

SiO_2는 음이온으로 존재하지만 슬래그 중의 농도에 따라 규산이온의 형태가 변한다. 그러나 실제의 조업에서는 오히려 분자상의 산화물이나 이것이 결합한 $2CaO \cdot SiO_2$, $2FeO \cdot SiO_2$와 같은 규산 화합물로 취급되며, 열역학적 계산에서도 모순이 없는 것으로 알려져 있다.

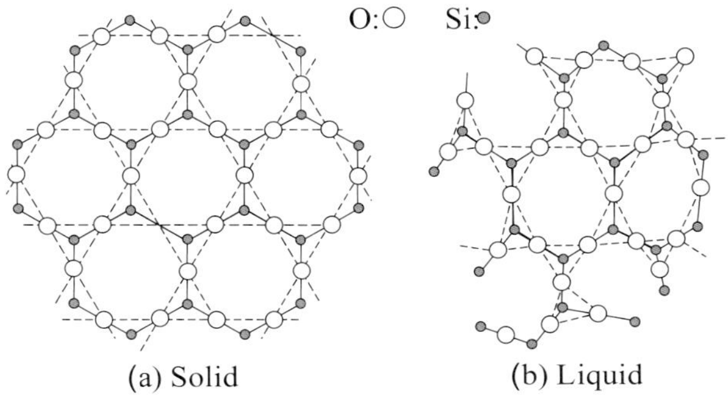

[그림 5.5] 고체와 액체 SiO_2의 구조

(3) 산성과 염기성

슬래그를 구성하는 산화물은 그 특성에 따라 아래와 같이 세 가지로 구분한다.

① 산성 산화물(acid oxide): SiO_2, P_2O_5, B_2O_3 등

② 염기성 산화물(basic oxide): Na_2O, CaO, FeO, MgO 등

③ 중성 산화물(neutral oxide): Cr_2O_3, Fe_2O_3, Al_2O_3, TiO_2 등

식(5.1)과 같이 O^{2-}이온을 공급하는 것이 염기성 산화물이며, 식(5.2)와 같이 O^{2-}를 받아들여 착이온을 생성하는 것이 산성 산화물이다.

$$\text{basic oxide,}\quad CaO = Ca^{2+} + O^{2-} \tag{5.1}$$

$$\text{acid oxide,}\quad SiO_2 + 2O^{2-} = SiO_4^{4-} \tag{5.2}$$

또 슬래그의 조성에 따라 염기성 혹은 산성 산화물로서의 성질을 나타내는 것을 중성 산화물이라 부른다. 염기성 산화물은 산성 산화물이 구성하고 있는 망상 구조의 큰 음이온에 산소이온

57 日本金屬學會, 2003: 金屬物理化學(Physical Chemistry of Metals), p. 154.

을 주어서 결합을 절단하는 작용이 있으므로(예: $Si_2O_7^{6-} + O^{2-} = 2SiO_4^{4-}$) 네트워크 모디파이어라고도 부른다. 반면 산성 산화물은 네트워크 포머라 부른다.

다성분계인 슬래그의 화학적 기능을 평가하는 척도로 염기도(basicity)나 규산도(silicate degree)가 이용된다. 철강제련에서는 슬래그 중의 염기성 성분과 산성 성분의 비인 염기도를 사용하며, 실용상 아래와 같은 간단한 표시를 많이 사용한다.

$$\text{Basicity} = \frac{(\%CaO)}{(\%SiO_2)},\ \text{or}\ \frac{(\%CaO) + (\%MgO)}{(\%SiO_2) + (\%Al_2O_3)} \tag{5.3}$$

산화물의 염기성 및 산성으로서의 강도를 고려하여 농도에 적당한 계수를 곱하는 경우도 있다. 비철제련에서는 규산도로서 다음의 표현을 사용하여 왔다.

$$\text{규산도} = \frac{SiO_2\text{중 산소원자수(질량)}}{\text{염기성 산화물 중 산소원자수(질량)}} \tag{5.4}$$

염기성 산화물을 MO라 할 때 $2MO \cdot SiO_2$이면 규산도 1, $MO \cdot SiO_2$이면 규산도 2가 된다. 비철제련에서는 일반적으로 규산도 1~2의 값이 이용되고 있다.

예제 5.1 SiO_2 45 wt%, FeO 40 wt%, CaO 9 wt%, Al_2O_3 4 wt%, MgO 2 wt%로 구성되어 있는 슬래그의 규산도를 구하라.

풀이

슬래그 100 g에 대하여 계산한다. SiO_2를 제외하고는 전부 염기성 산화물로 간주하여 계산한다.

SiO_2 중의 O: $45 \times 2 \times (16/60) = 24\ \text{g}$

염기성 슬래그 중의 산소질량

FeO: $40 \times (16/72) = 8.88\ \text{g}$,　　CaO: $9 \times (16/56) = 2.57\ \text{g}$

Al_2O_3: $4 \times 3 \times (16/102) = 1.88\ \text{g}$,　MgO: $2 \times (16/40) = 0.80\ \text{g}$

$\therefore\ 8.88 + 2.57 + 1.88 + 0.80 = 14.13\ \text{g}$

$$\therefore\ \text{Silicate degree} = \frac{24}{14.13} = 1.70$$

(4) 슬래그의 일반적인 물성

슬래그의 물성에는 도전율, 점성, 표면장력, 밀도 등이 있으며, 실제의 제련조업은 물론 용융 슬래그의 구조나 본질을 이해하기 위해 이를 반드시 숙지할 필요가 있다.

슬래그를 구성하고 있는 산화물에서 SiO_2가 함유된 $MO-SiO_2$ 2원계는 SiO_2 측에 2액상 영역이 있는 경우가 많고, 또 MO 측에는 화합물이 존재한다. $CaO-SiO_2$계에서는 매우 안정한 화합물을 생성하므로 아래 식과 같이 슬래그 중에 CaO를 첨가하여 FeO, ZnO, SnO 등의 활동도를 크게 하는 방식은 실제의 제련에서도 활용되고 있다.

$$2FeO \cdot SiO_2 + 2CaO = 2CaO \cdot SiO_2 + 2FeO \tag{5.5}$$

$$\Delta G^0_{1873K} = -156.5 \ kJ \cdot mol^{-1}$$

용융 슬래그의 유동성 등 물리적 성질은 용융제련에서 매우 중요한 성질이다. 점도가 높으면 유동성이 낮아지므로 슬래그는 가급적 점도를 낮추는 것이 바람직하다. 일반적으로 SiO_2와 같은 산성 산화물은 큰 음이온을 만들어 점도가 높아지지만, 여기에 CaO나 FeO 같은 염기성 산화물이 첨가되면 음이온의 구조를 절단하여 점도는 낮아지게 된다. Al_2O_3와 같은 양성 산화물의 경우에는 Al이 산소를 4배위하여 SiO_2와 마찬가지로 4면체 구조를 가지게 되며, 이 경우 점도가 증가한다. 점도는 고상이 석출하면 급격하게 커지므로 슬래그 조성을 조정하여 융점을 충분히 낮추고 용련온도에서 완전히 균일한 융체를 얻는 것이 중요하다. 불화물(CaF_2)을 첨가하면 점도를 효과적으로 낮출 수 있지만 환경문제 등으로 사용을 억제하고 있다.

도전율은 전기로 조업이나 일렉트로 슬래그 리멜팅[58] 등의 실제 면에서 중요한 슬래그 물성 중 하나다. 일반적인 용융 슬래그의 도전율은 대표적인 이온 도전성 물질인 알칼리 할로겐화물과 거의 같고, 온도계수가 양의 값을 가진다. 따라서 융점 근처에서 도전율의 비는 대표적인 이온 도전성 물질의 값과 유사하다. 일반적으로 FeO, CaO와 같이 염기성 산화물을 첨가한 경우에는 도전율이 증가하고, SiO_2, P_2O_5와 같은 산화물의 경우는 반대로 도전율이 저하한다. 일반적으로 도전율은 점도의 크기와 반대의 관계가 있어, 점도가 작아지면 도전율은 커진다.

용융 슬래그의 표면장력은 슬래그의 구성분자 또는 이온 상호 간의 결합력과 밀접한 관계가 있고, 용련반응에서 금속과 슬래그의 분리, 비금속 개재물의 응집, 내화물로의 슬래그 침투

---

58 ESR: electro slag remelting.

등 용융제련에 큰 영향을 미친다. 슬래그의 표면장력, 맷트나 조금속 사이의 표면장력 등은 슬래그 중으로의 맷트나 금속립의 현탁(suspension)과 관계가 있고, 밀도나 점도와 함께 슬래그로의 목적금속 손실의 측면에서 중요한 성질이다. 슬래그 중으로 목적금속이 들어가는 슬래그 로스는 직접 금속의 손실로 이어지므로 가능한 한 줄이는 것이 바람직하다.

5.2.2 맷트(Matte)

맷트는 황화물 제련에서 생성되는 상으로, 광석 중에 Fe가 다량으로 함유되어 있는 황동광($CuFeS_2$) 등을 곧바로 조금속으로 만들기 어려울 경우 Cu가 농축된 맷트를 만든다. 이러한 맷트는 FeS를 포함한 황화물이 노 중에서 녹아 합쳐져서 만들어진 인공적인 혼합 황화물로서 다음과 같은 종류가 있다.

① Cu 맷트: Cu-Fe-S계(Cu_2S-FeS)

② Cu-Ni 맷트: Ni-Cu-Fe-S계(Ni_3S_2-Cu_2S-FeS)

③ Ni 맷트: Ni-Fe-S계(Ni_3S_2- FeS)

④ Pb 맷트: PbS-Cu_2S-FeS

⑤ Sn 맷트: SnS-FeS

맷트에는 유황과의 친화력이 좋은 FeS, Cu_2S, Ni_3S_2, PbS 등과 귀금속(Au, Ag), 그 외 소량의 공존원소가 함유되어 있다.

그림 5.6에는 맷트의 공통성분인 FeS와 황화물의 2원계 액상선을 나타내었다.[59] 맷트는 금속보다 밀도가 낮으며, 융점은 약 950~1,100 ℃, 맷트 중의 S 농도는 약 20~25 % 정도이다. FeS-ZnS계를 제외하면 일반적인 슬래그보다 액상선의 온도가 낮고, 용융하기 쉬우며, 단순한 공정계가 많고, 이상용액에 가깝다. 또 맷트의 주성분인 FeS와 슬래그의 주성분인 FeO는 균일 융체를 만드는 것을 알 수 있다.

용융 맷트의 점도는 용융금속이나 용융염과 같은 정도이며, 슬래그보다 훨씬 작고, 비중은 금속보다 낮은 5 g/cm^3 정도이다. 전기전도도는 반도체와 금속의 중간 정도로 양호한 편이다. 또 FeS－Ni_3S_2계, FeS－Cu_2S계 융체와 $2FeO{\cdot}SiO_2$ 융체 간의 계면장력은 20 ~ 60 (10^{-3} N/m) 정도로 매우 작아, 맷트가 슬래그 중으로 현탁(懸濁, suspension)되기 쉽다.

---

59 安座上竹四, 粟倉泰弘, 1999: 金屬製錬工學(Extractive Metallurgy), 日本金屬學會, p. 51.

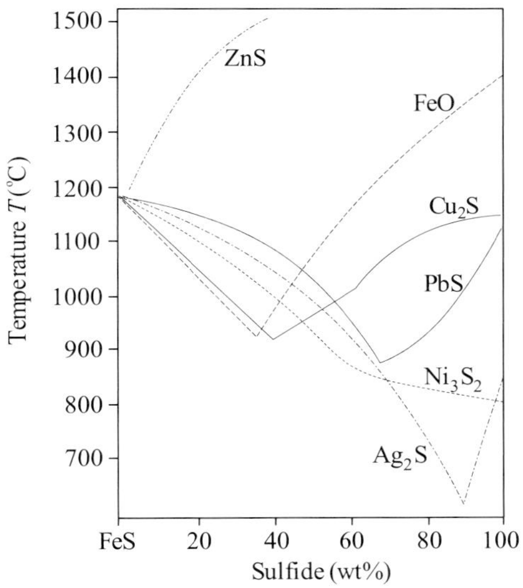

[그림 5.6] FeS-MS 2원계의 액상선

실제 공정의 용융맷트는 Au, Ag 등의 귀금속을 잘 흡수·용해하는 성질이 있어서 Au, Ag를 부산물로서 쉽게 회수할 수 있다. 따라서 귀금속을 함유하는 황화물을 리사이클링하는 경우 귀금속을 맷트상으로 농축시켜 회수할 수도 있다.

5.2.3 스파이스(Speiss)

스파이스(비피, 砒鈹)는 As, Sb가 Co, Cu, Fe, Ni 등의 중금속에 녹아들어 만들어진 인공적인 화합물 융체이다. 특히 As, Sb 농도가 높은 Ni-Co광석을 용련하거나 샤프트로에서 Pb를 용련하는 과정에서 중간 화합물인 Fe_3As_2, Fe_2As, Fe_5As, Ni_5As, NiAs 등이 만들어진다. 스파이스의 융점은 화합물마다 차이가 있으나 대략 898~1,160 ℃ 정도이다. 밀도는 약 5.8~8.3 g/cm^3 정도로, 맷트보다는 높고 금속보다는 낮다.

스파이스는 맷트보다는 금속적 성질이 강하고, 밀도도 보통 맷트와 조금속의 중간에 있으므로 Pb제련에서는 슬래그, 맷트, 스파이스, 조Pb의 4상이 생성되며 각 상의 상호분리가 힘들다. 또 스파이스는 As를 함유하고, 귀금속이나 백금족 원소는 맷트와 스파이스 양쪽으로 분배되며, 그 처리가 힘들고 비용이 높기 때문에 생성되지 않도록 하는 것이 바람직하다.

5.2.4 용융금속

용융제련에서 액체상의 조금속이 생성되지만 유동성이 양호하여 슬래그 등과 쉽게 분리할 수 있고, 임의의 형상으로 주조할 수도 있다. 또, 저융점 금속(Pb, Sn 등)은 기계적인 교반이나 펌프로 이송하는 것도 가능하다. 실제로 용선(4.5 %C 함유 선철) 예비처리에서는 기계적 교반법으로 탈황을 하기도 한다.[60] 표 5.2에 각종 용융금속의 물성값을 나타내었다. 이들 용융금속은 점도가 그리 높지 않고, 동점도(점도/밀도)가 물보다도 낮아 주조, 유체 수송 등이 용이한 특성이 있어, 수(水) 모델을 이용한 모사실험을 하기도 한다. 표면장력은 물보다도 훨씬 커서 다공질의 내화재와 접촉하여도 잘 젖지 않고, 침투하기 힘든 장점이 있기 때문에 노의 바닥에서 다공성 내화물을 통한 불활성 기체 등의 취입이 가능하다.

〈표 5.2〉 융체의 물성값

	온도(T) K	밀도(d) 10^3 kg/m^3	열전도(k) W/(m·K)	도전율(κ) 10^4 S/m	비열(C_P) kJ/(kg·K)	점도(η) 10^{-3} Pa·s	표면장력(γ) 10^{-3} N/m
Cu	1,373	7.99	166.1	495	0.495	4.4	1,283
Pb	673	10.58	16.6	101	0.144	2.32	463
Zn	773	6.59	54.1	272	0.481	3.67	798
Ag	1,273	9.31	176.5	568	0.283	3.89	923
Sb	973	6.45	21.3	87	0.258	1.30	383
Bi	573	10.03	15.5	78	0.143	1.63	376
Sn	573	6.92	31.4	204	0.242	1.66	560
물[水]	293	1	0.60	0.00	4.182	1.002	73

한편 용융금속은 많은 금속·비금속 원소를 용해하는 성질이 있어 용융제련에서 생성되는 용융금속에는 일반적으로 많은 불순물이 함유되는데 이를 조금속(粗金屬, crude metal)이라 부른다. Au, Ag 등은 정제과정에서 분리 회수할 수 있으므로 100 % 조금속에 함유되는 것이 바람직하며, 실제로 조동, 조연 등에는 Au, Ag, Se, Pd, Pt 등이 상당량 함유되어 있다. 따라서 리사이클링 공정에서 원료 중의 귀금속을 회수하기 위해 Cu 등을 포집금속으로 사용하여 포집하고, 귀금속은 Cu의 전해정제 공정에서 anode slime으로 회수하는 방법을 적용하기도 한다.

용융금속 중의 불순물에는 다음과 같은 종류가 있다.

① 다른 금속

② 비금속 또는 아금속(C, S, Te, Se 등)

---

60 KR(Kanvara Reactor)법: 임펠러를 회전하여 용선을 교반하면서 탈황하는 방법.

③ 가스(O_2, H_2, N_2, CO, H_2O, SO_2 등)

따라서 조금속은 일반적으로 다성분계(철강의 경우 Fe, C, Si, Mn, P, S 등)이지만, 목적금속과 불순물의 2성분계로 가정하여 열역학적인 검토를 하기도 하며, 이를 위해서는 활동도(activity) 등이 필요하며, 이러한 값들은 문헌에 잘 정리되어 있다.[61]

물에서는 기체가 분자상태로도 용해되지만, 용융금속에서는 2원자 분자기체인 H_2, N_2가 $H_2 \rightarrow 2\underline{H}$, $N_2 \rightarrow 2\underline{N}$과 같이 원자로 해리하여 용해되고, 고온일수록 흡수량이 증대하며, 용융온도에서는 급격하게 증가한다. Sievert의 법칙에 따라 용융금속이나 슬래그 중 2원자 분자기체의 포화 용해도는 그 기체 분압의 평방근에 비례한다.

$$S_g = K_g \sqrt{P_g} \quad (S_g\text{: 포화용해도, } P_g\text{: 압력, } K_g\text{: 비례상수}) \tag{5.6}$$

특히 Al 및 Al합금 스크랩을 용해할 때는 대기 중의 수분 등과 반응하여 산화물을 생성하고 수소는 용탕 중으로 용해되어 들어가므로 주의하여야 한다.

한편 용융제련에서 생성되는 조금속은 여러 종류의 불순물을 함유하므로 대부분의 경우 더욱더 정제를 하여 순도를 높인다. 철강은 2차정련(RH, LF 등)을 거쳐 고청정강이나 고순도강을 제조하고 있으며, 비철금속은 건식정제 공정(Parkes법, Harris법, 진공증류 정제 등)을 거치거나 Cu와 같이 전해정제를 통하여 고순도의 금속을 얻고 있다.

예제 5.2 1,600 ℃의 용철 중 질소가스의 용해도는 얼마인가? 단, $P_{N_2} = 1$ atm, K_N =0.045(wt% 기준)이다.

풀이

질소가스가 액체 중으로 용해될 때는 다음과 같이 분해되어야 한다.

$$N_2(\text{gas}) = 2\underline{N}(\text{dissolved})$$

$$\underline{N} = K_N \sqrt{P_{N_2}} \qquad \therefore\ \underline{N} = 0.045\sqrt{1} = 0.045 \quad \text{wt\%}$$

---

61 철강: The Japan Society for the Promotion of Science, The 19th Committee on Steelmaking, 1988: Steelmaking Data Source Book, Gorden and Breach Science Publishers, Tokyo.
비철금속(동): 大石敏雄, 小野勝敏, 1986: 溶銅中の微量成分の活量係数および相互作用係数, 日本金属学会会報 25(4), pp. 291-299.

5.3 탄소에 의한 산화물의 환원용융

자원 리사이클링의 원료 중에는 금속상태인 것도 있으나, 산화물이나 배소에 의해 산화물로 만든 것도 있으므로 필요에 따라 산화물을 환원(reduction)하여 금속상태로 만들어야 할 것이다. 특히 금속상태라도 표면이 산화되어 있거나 산화물이 혼합되어 있을 때는 순금속을 얻기 위하여 환원을 하여야 한다.

산화물을 환원하는 환원제로는 C(s), CO(g), H_2(g), CH_4(g), 금속, CaC_2 등이 있으며, 가장 많이 사용하는 것은 고체탄소(코크스, coke)이다.

5.3.1 탄소에 의한 환원용융의 원리

산화물의 환원용융에서는 플럭스와 환원제를 첨가한 용융상태에서 환원하여 용융 금속상과 용융 슬래그상으로 분리한다. 플럭스는 조금속과 슬래그의 원활한 분리와 불순물 제거를 위해 첨가한다. 또 환원제인 탄소는 산화물을 환원하기 위해 첨가하지만, 반응에 필요한 에너지원으로 작용하기도 한다.

탄소질 환원제(코크스, CO 등)에 의한 산화물 환원용융의 기본원리는 산소에 대한 친화력 차이를 이용하는 것으로, 부도아(Boudouard) 반응을 이해하는 것이 중요하며, 고체탄소-산소계의 평형관계는 다음과 같다.

$$\mathrm{C(s)+O_2(g)=CO_2(g)},\ \ \Delta G^0=-393{,}500-2.99T\ \mathrm{(J)} \tag{5.7}$$

계 내에 과잉의 탄소가 존재하면 다음과 같은 반응이 일어난다.

$$\mathrm{C(s)+CO_2(g)=2CO(g)},\ \ \Delta G^0=171{,}660-175.02T\ \mathrm{(J)} \tag{5.8}$$

따라서 식(5.7)+식(5.8)에 의해 탄소는 다음과 같이 연소한다.

$$\mathrm{2C(s)+O_2(g)=2CO(g)},\ \ \Delta G^0=-221{,}840-178.0T\ \mathrm{(J)} \tag{5.9}$$

즉, $O_2(g)$ 1 몰당 221.8 kJ의 열을 발생하고, 고온의 환원가스 $CO(g)$를 2 몰 생성한다. 코크스의 연소에 의해 발생하는 CO/CO_2의 비율은 식(5.8)의 평형에 의해서 결정된다. 이것을 Boudouard equilibrium이라 하며, 평형관계는 다음과 같다.

$$\mathrm{C(s)+CO_2(g)=2CO(g)},\ \ \log\left(\frac{p_{CO}^2}{p_{CO_2}}\right)=-8{,}969/T+9.14 \tag{5.10}$$

이것을 상률에 의해 고찰하면, 독립성분은 2, 상의 수도 2(가스와 C(s))이므로 자유도는 2이며, 온도와 압력이 결정되면 평형이 결정된다. 즉, 압력이 일정할 경우 CO/CO_2의 비는 온도에 의해 결정된다. 이 계는 흡열반응이므로, 고온일수록 우측으로 반응이 진행되어 $CO(g)$가 많아지는 carbon solution loss 반응이 일어난다. 반면 저온일수록 반응이 좌측으로 진행되어 CO_2가 많아지는 carbon deposition 반응이 일어난다. 또, 이 반응은 부피가 증가하는 반응이므로, 온도를 일정하게 하여 압력을 걸면 CO_2량이 많아지고, 압력을 감소시키면 CO가 많아진다.

그림 2.4의 Ellingham도에서 부도아 반응의 $CO-CO_2$선보다 위쪽에 위치하는 산화물은 CO에 의한 환원이 가능하며(기-고 또는 기-액 반응), 간접환원반응이라 한다. 그리고 고-고 또는 고-액 반응인 고체 C에 의한 환원반응은 직접환원이라 하며, 반응속도 면에서는 불리하지만, 평형론적으로는 훨씬 강력한 환원제로 작용한다.

예제 5.3 고로 풍구 앞에서 노 내로 불어넣는 공기 중의 산소는 적열된 코크스와 반응하여 아래의 반응식에 의해 소비된다. 풍구 앞 공기의 압력이 3 기압일 때, CO와 N_2의 분압을 구하라. 단 공기성분의 부피 비 $O_2 : N_2$는 21:79이다.

$$C(s) + \frac{1}{2}O_2(g) = CO(g)$$

풀이

O_2가 코크스와 반응할 때 생성되는 CO의 부피는 산소의 2배이다.

$$V_{CO} = 2 \times V_{O2} = 42, \quad V_{N2} = 79 \qquad \therefore \quad V_{tot} = 42 + 79 = 121$$

따라서 CO와 N_2의 비는 35:65이므로, p_{CO}와 p_{N2}는 다음과 같이 계산할 수 있다.

$$p_{CO} = P_{tot} \times V_{CO}/V_{tot} = 3 \times 42/121 = 1.041 \text{ atm}$$

$$p_{N2} = P_{tot} \times V_{N2}/V_{tot} = 3 \times 79/121 = 1.959 \text{ atm}$$

5.3.2 탄소에 의한 산화철의 환원용융

(1) CO에 의한 산화철의 간접환원

산화철에는 3종류가 있으며, 다음과 같이 순차적으로 환원된다.

$$Fe_2O_3(s) \rightarrow Fe_3O_4 \rightarrow FeO \rightarrow Fe \quad 833 \sim 1650 \text{ K}$$

$$Fe_2O_3(s) \rightarrow Fe_3O_4 \rightarrow Fe \quad < 833 \text{ K}$$

CO(g)에 의한 산화철의 간접환원 평형은 다음 식과 같이 나타낸다.

$$3Fe_2O_3(s)+CO(g)=2Fe_3O_4(s)+CO_2(g) \quad (5.11)$$

$$\Delta G^0/J=-19,105-69.13T$$

$$Fe_3O_4(s)+CO(g)=3FeO(s)+CO_2(g) \quad (5.12)$$

$$\Delta G^0/J=10,610-17.80T$$

$$FeO(s)+CO(g)=Fe(s)+CO_2(g),\ \Delta G^0/J=-18,150+21.29T \quad (5.13)$$

833 K 이하에서는

$$Fe_3O_4(s)+4CO(g)=3Fe(s)+4CO_2(g) \quad (5.14)$$

$$\Delta G^0/J=-43,840+46.06T$$

상기한 각 반응을 상률에 의해 고찰하면, 독립성분은 3, 상은 3(가스 1, 고상 2)이므로, 자유도는 2가 되고, 전체압력 $p_{CO}+p_{CO_2}$=1.0 atm이라 하면, CO/CO_2 비는 온도의 함수가 된다.

(2) C에 의한 산화철의 직접환원

고체탄소에 의한 산화철의 직접환원(direct reduction) 평형은 다음 식과 같다.

$$3Fe_2O_3(s)+C(s)=2Fe_3O_4(s)+CO(g) \quad (5.15)$$

$$\Delta G^0/J=152,555-244.2T$$

$$Fe_3O_4(s)+C(s)=3FeO(s)+CO(g) \quad (5.16)$$

$$\Delta G^0/J=182,270-192.8T$$

$$FeO(s)+C(s)=Fe(s)+CO(g) \quad (5.17)$$

$$\Delta G^0/J=154,610-153.7T$$

$$Fe_3O_4(s)+4C(s)=3Fe(s)+4CO(g) \quad <533\ K \quad (5.18)$$

$$\Delta G^0/J=642,800-654.02T$$

직접환원은 모든 반응이 흡열반응이므로 노 내의 열수지 관점에서 바람직하지 않다. 직접환원은 저온부에서는 거의 진행되지 않고, 고온부에서 일부 진행되지만, 고로 전체에서 보면 CO(g)에 의한 간접환원반응이 이루어지는 경우가 대부분이다.

예제 5.4 $Fe - FeO - Fe_3O_4 - CO - CO_2$계의 환원 평형도를 그려라.

$$2C(s) + O_2(g) = 2CO(g) \quad \Delta G_1^0 = -221,840 - 178.01T\,(J) \tag{1}$$

$$C(s) + O_2(g) = CO_2(g) \quad \Delta G_2^0 = -393,500 - 2.99T\,(J) \tag{2}$$

$$2FeO(s) = 2Fe(s) + O_2(g) \quad \Delta G_3^0 = 528,860 - 129.46T\,(J) \tag{3}$$

$$\frac{1}{2}Fe_3O_4(s) = \frac{3}{2}Fe(s) + O_2(g) \quad \Delta G_4^0 = 543,240 - 149.00T\,(J) \tag{4}$$

풀이

구하고자 하는 환원 평형반응은 다음과 같다.

(a) $Fe(s) + CO_2(g) = FeO(s) + CO(g)$

(b) $3Fe(s) + 4CO_2(g) = Fe_3O_4(s) + 4CO(g)$

(c) $3FeO(s) + CO_2(g) = Fe_3O_4(s) + CO(g)$

(d) $C(s) + CO_2(g) = 2CO(g)$

우선 (a) 반응의 ΔG_a^0는 다음과 같이 구한다.

$$\Delta G_a^0 = (\Delta G_1^0 - 2\Delta G_2^0 - \Delta G_3^0)/2 = 18,150 - 21.29T$$

$$\log K_a = \log\frac{p_{CO}}{p_{CO_2}} = -\frac{948}{T} + 1.112$$

(b)~(d) 반응에 대해서도 동일한 방법으로 구하여 그림 5.7에 전체압력에 따른 $p_{CO}/p_{tot} - T$의 환원 평형도를 나타내었다. 단, p_{tot}는 전체압을 나타낸다.

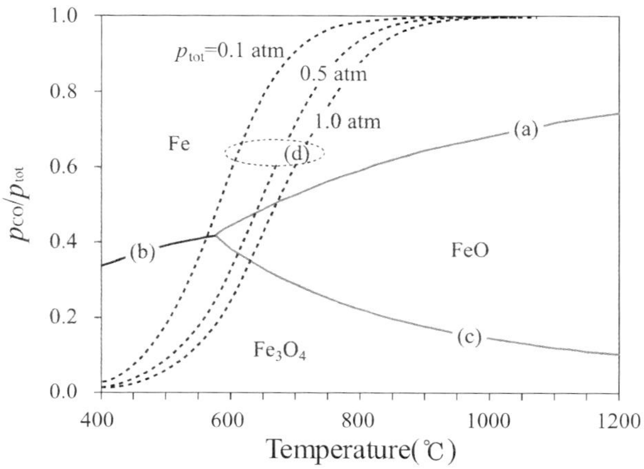

[그림 5.7] Fe-O-C계에서의 환원 평형도

5.3.3 탄소에 의한 PbO의 환원용융

Pb 소광은 물론 폐연축전지 격자부와 페이스트부(PbO_2, $PbSO_4$)는 용광로나 큐폴라 등에서 탄소질 환원제에 의한 환원반응에 의해 조연(crude Pb)으로 제조한다. PbO 의 환원은 연료와 환원제를 겸하는 코크스(C)에 의해 다음과 같이 일어난다.

$$PbO(l) + CO = Pb(l) + CO_2\,,\quad \Delta G^0 = -98{,}140 + 16.23T \ (J) \tag{5.19}$$

그리고 저융점 슬래그(1,350 K 정도)가 생성되도록 석회, 실리카 등의 플럭스를 첨가하여 $FeO-SiO_2-CaO$ 계를 주성분으로 하는 슬래그를 만든다. 특히 Pb 및 그 화합물은 휘발하기 쉬우므로 과도한 고온은 피하고, 저융점이면서 Pb 농도가 낮은 슬래그를 얻기 위해 적당량(10~15 % 전후)의 CaO 를 첨가한다.

한편, 환원용융 원료 중에 Fe가 존재하고, 목적금속과의 산소 친화력이 유사한 경우에는 Fe의 거동에도 주의하여야 한다. 연의 용융환원에서 환원강도에 따른 Pb와 Fe의 환원거동에 대하여 예제를 통해 알아본다.

예제 5.5 1,473 K에서 CO가스로 PbO를 환원하는 경우 p_{CO2}/p_{CO}에 따른 산화물로서 슬래그 중으로 손실되는 Pb의 양을 계산하라. 또 같은 조건에서 FeO 의 환원거동을 비교하여 검토하라. 단, 슬래그 중 $\gamma_{PbO}=0.3$이며, $a_{FeO}=0.4$로 가정한다.

풀이

문제에서 주어진 PbO 의 환원용련과 평형상수(1,473 K)는 다음과 같다.

$$PbO(l) + CO = Pb(l) + CO_2,\quad \Delta G^0 = -98{,}140 + 16.23T \ (J) \tag{1}$$

$$K_{1473} = \frac{(a_{Pb}\cdot p_{CO_2})}{(a_{PbO}\cdot p_{CO})} = \frac{1}{(\gamma_{PbO}\cdot x_{PbO})}\cdot\frac{p_{CO_2}}{p_{CO}} = 428 \tag{2}$$

따라서 슬래그 중의 PbO 농도는 다음과 같이 나타낼 수 있다.

$$x_{PbO} = \left(\frac{a_{Pb}}{K\cdot\gamma_{PbO}}\right)\left(\frac{p_{CO_2}}{p_{CO}}\right) \tag{3}$$

FeO의 CO에 의한 환원반응과 평형상수는 다음과 같다.

$$FeO(l) + CO = Fe(\gamma) + CO_2,\quad \Delta G^0/J = -43{,}800 + 37.48T \tag{4}$$

$$K_{1473} = \frac{a_{Fe}}{a_{FeO}}\cdot\frac{p_{CO_2}}{p_{CO}} = 0.39,\quad \therefore\ a_{Fe} = (K\cdot a_{FeO})\left(\frac{p_{CO}}{p_{CO_2}}\right)$$

금속상은 순 Pb이므로 a_{Pb}=1이다. 슬래그는 FeO-SiO_2-CaO계이며, PbO는 강한 염기성 산화물로서 규산염 슬래그 중에서의 활동도계수는 1보다 상당히 적은 γ_{PbO}=0.3 정도이다. 그리고 철규산염 슬래그 중 FeO의 활동도는 이상용액으로 가정하여 $a_{FeO} \fallingdotseq x_{FeO} = 0.4$로 가정한다. 100 g의 슬래그 구성 산화물의 전체 몰수는 1.5(MO_x형으로 생각하면 평균 분자량 67 g) 전후이므로 p_{CO_2}/p_{CO}에 따른 슬래그로의 손실량과 a_{Fe}는 아래 표와 같으며, w_{Pb}는 슬래그 중 Pb의 중량 퍼센트이다.

p_{CO_2}/p_{CO}	10	4	1.56	1	0.31	0.156
x_{PbO}		0.031		0.0078		0.0012
w_{Pb}(wt%)		9.7		2.4		0.38
a_{Fe}	0.0156	0.039	0.1	0.156	0.5	1

위의 예제를 통해 p_{CO_2}/p_{CO}가 작을수록 슬래그로의 Pb 손실이 적어 일반적으로 강환원성을 보이는 것을 알 수 있다. 그러나 $p_{CO_2}/p_{CO} < 0.156$과 같이 강환원성 분위기를 부여하면 고체 철이 별도의 상으로 석출하여 용융제련을 방해하게 된다.[62] 따라서 슬래그로의 Pb 손실을 어느 정도 감수하고 Fe의 석출을 방지할 수 있는 조건인 p_{CO_2}/p_{CO}=1에서 환원하는 것이 에너지 면에서도 유리한 방법이다.

5.3.4 산화물의 탄소 열환원

고체상태의 탄소(C)는 고온에서 강력한 환원제로 작용하므로, 이러한 탄소를 환원제로 사용하여 고융점이나 난환원성 산화물을 환원하는 것을 탄소 열환원(carbo-thermic reduction)이라 한다. 반응식은 다음과 같다.

$$MeO + C \rightarrow Me + CO \tag{5.20}$$

그러나 이 경우 고체-고체의 경계에서 반응이 진행하여 고체 내에서의 확산이 율속단계로 작용하므로 고온을 필요로 한다.

제강공정에서 사용하는 Si, Mn, Cr, Ni 등의 합금철(페로 알로이)은 안정한 산화물을 만드는 원소이지만, Fe가 공존하는 전기로 중의 고온에서 C으로 환원하여 Fe와의 합금으로 만든다.

---

62 Pb제련에서는 Pb-Fe계가 전혀 융합되지 않으므로 금속연(Pb) 중의 Fe는 항상 0이다.

Si 반도체, 태양광전지 등의 원료로 사용되는 금속급 Si 역시 전기로 중의 약 2,000 K 이상의 온도에서 C으로 환원하지만, 온도가 낮으면 SiC가 생성되며,

$$SiO_2(l) + 3C(s) = SiC(s) + 2CO(g),\ \Delta G^0 = 67{,}035 - 43.89T\ (J) \qquad (5.21)$$

온도가 높으면 C에 의해 SiO_2가 환원되지 못하고 SiO(g)를 생성한다.

$$SiO_2(l) + C(s) = SiO(g) + CO(g),\ \Delta G^0 = 159{,}600 - 77.94T\ (J) \qquad (5.22)$$

SiC가 있을 때 온도가 높으면 SiO_2, SiO와 반응하여 금속 Si이 만들어진다.

$$2SiC(s) + SiO_2(l) = 3Si(l) + 2CO(g),\ \Delta G^0 = 97{,}380 - 47.6T\ (J) \qquad (5.23)$$

$$SiC(s) + SiO(g) = 2Si(l) + CO(g),\ \Delta G^0 = 49{,}150 - 24.59T\ (J) \qquad (5.24)$$

총괄적으로는 아래와 같은 환원반응에 의해 금속 Si이 만들어진다.

$$SiO_2(l) + 2C(s) = Si(l) + 2CO(g),\ \Delta G^0 = 167{,}400 - 86.40T\ (J) \qquad (5.25)$$

한편 Fe가 존재하면 페로실리콘이 만들어지며,

$$Fe + Si = FeSi,\ \Delta G^0 = -25{,}500 - 0.64T\ (J) \qquad (5.26)$$

SiC가 있으면 다음과 같이 Fe와 반응하여 페로실리콘이 만들어진다.

$$Fe + SiC = FeSi + C,\ \Delta G^0 = 9{,}900 - 9.14T\ (J) \qquad (5.27)$$

예제 5.6 페로망가니즈(Fe-Mn)는 망가니즈광(MnO_2)을 Fe가 공존하는 전기로에서 C로 환원하여 만들고 있다. MnO_2는 노 내에서 MnO까지 열분해된 후 C에 의해 Mn으로 환원된다. 1 기압 하에서 탄소에 의한 MnO의 환원이 열역학적으로 몇 도 이상 또는 이하에서 가능한가를 계산하라.

$$2<C> + (O_2) = 2(CO);\ \Delta G^0 = -223{,}426 - 175.3T\ [J] \qquad (1)$$

$$2<Mn> + (O_2) = 2<MnO>;\ \Delta G^0 = -798{,}307 + 164.2T\ [J] \qquad (2)$$

풀이

C에 의한 MnO의 환원반응은 식(1)-식(2)에 의해

$$2<MnO> + 2<C> = 2<Mn> + 2(CO) \qquad (3)$$

$$\therefore \Delta G^0_{(3)} = \Delta G^0_{(1)} - \Delta G^0_{(2)} = 574{,}881 - 339.5T\ [J]$$

평형이 되는 온도는 $\Delta G^0_{(3)} = 0$이므로

$$\Delta G^0_{(3)} = 574,881 - 339.5T = 0 \quad \therefore T = 1693.32 \ [K]$$

따라서 1,420.3 ℃ 이상이 되면 환원반응이 일어난다.

5.4 기체 환원제에 의한 산화물의 환원

일반적인 용융온도보다 융점이 높은 고융점 금속의 경우 용융환원으로 조금속을 얻기가 곤란하다. 이 경우에는 고체 환원제나 기체 환원제를 이용하여 조금속을 고체 상태로 얻을 수 있다. 특히 H_2나 CO, CH_4, 금속증기 등을 기체 환원제로 이용하여 다음 식과 같이 산화물이나 할로겐화물을 고체 상태의 조금속으로 환원한다.

$$MeO + RO(g) \rightarrow Me + RO_2 \quad (RO: H_2, CO, CH_4 \text{ etc.}) \tag{5.28}$$

$$MeO + R(g) \rightarrow Me + RO \quad (R: \text{metal}) \tag{5.29}$$

특히 H_2는 상당히 강력한 환원제로서, 산화물 분체를 수소가스 기류 중에서 1,100 K의 온도로 가열하면서 이루어지고 있다. 수소는 산화물의 산소와 결합하여 안정한 수증기가 생성되는 깨끗한 환원매체이다. 따라서 장치의 부식 및 환경적인 문제가 적어 산화물의 환원에 유리하다. 그러나 H_2는 일반적으로 고가이므로 W, Mo과 같이 고가이고, 고융점이기 때문에 환원이 어렵거나, 안정한 탄화물을 생성하는 금속 산화물의 환원에 적용하고 있다.

Mo의 산화물에는 MoO_3, MoO_2가 있고 그 환원평형은 다음과 같다.

$$MoO_3 + H_2 = MoO_2 + H_2O, \quad \Delta G^0 = -74,775 - 28.685T \ (J/mol) \tag{5.30}$$

$$1/2MoO_2 + H_2 = 1/2Mo + H_2O, \quad \Delta G^0 = 38,580 - 27.53T \ (J/mol) \tag{5.31}$$

그림 5.8에는 MoO_3의 2단계에 걸쳐 수소환원반응이 일어나는 양상을 나타낸 것이다. 23~38 μm인 MoO_3를 473 K부터 1,273 K까지 10 K/min으로 승온하면서 배출되는 가스 중의 상대습도를 측정하여 수증기 분압으로 환산한 결과와 환원율을 나타내었다.[63] MoO_3에서 MoO_2까지는 용이하게 환원되지만, MoO_2에서 Mo를 얻기 위해서는 온도를 높여 평형상수 K의 값을 크게 하고 H_2를 과잉으로 공급하여 생성 H_2O를 제거해야 한다. H_2에 의한 WO_3의

63 손호상, 이향준, 박종일, 2011: Ar+H2 혼합가스에 의한 MoO_3의 MoO_2로의 환원거동, *자원리싸이클링* **20**(4), pp. 71-77.

환원도 MoO_3의 환원과 유사하다.

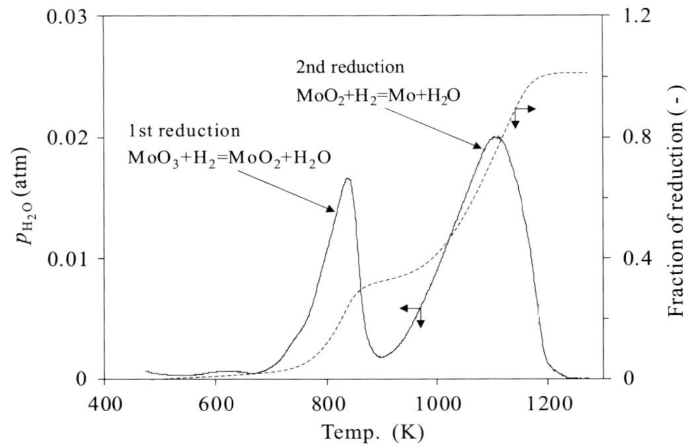

[그림 5.8] MoO_3의 수소환원에서 배가스 중 수증기 분압과 환원율의 변화 (p_{H2}=0.5 atm, Q=15 cm^3/s)

예제 5.7 아래의 자료로부터 727 ℃에서 산화 몰리브데늄과 산화 크로뮴의 수소에 의한 환원반응의 표준 자유에너지 변화를 계산하고 그 결과에 대해 설명하라.

	⟨Cr_2O_3⟩	⟨MoO_3⟩	(H_2O)
ΔG_{1000} [kJ/mol]	-859.8	-502.0	-190.4

풀이

산화몰리브네늄의 수소에 의한 환원반응은

$$< MoO_3 > + 3(H_2) = < Mo > + 3(H_2O)$$

$$\therefore \Delta G^0_{1000} = 3\Delta G^0_{1000,H2O} - \Delta G^0_{1000,MoO3}$$

$$= 3 \times (-190.4) - (-502.0) = -69.2 \text{ [kJ/mol } MoO_3]$$

따라서 산화 몰리브데늄은 수소에 의해 자발적으로 환원반응이 일어난다.

산화 크로뮴의 수소에 의한 환원반응은

$$< Cr_2O_3 > + 3(H_2) = 2 < Cr > + 3(H_2O)$$

$$\therefore \Delta G^0_{1000} = 3\Delta G^0_{1000,H2O} - \Delta G^0_{1000,Cr2O3}$$

$$= 3 \times (-190.4) - (-859.8) = 288.6 \text{ [kJ/mol } Cr_2O_3]$$

따라서 산화 크로뮴의 수소에 의한 환원반응은 불가능하다.

5.5 금속 열환원(Thermite reduction)

5.5.1 산화물의 금속 열환원

열환원에 의한 환원에는 상기한 탄소를 이용하는 방법과 금속(Al, Mg, Ca, Si 등)을 환원제로 이용하는 방법이 있다. 금속분말을 환원제로 사용하여 금속분말이 산화될 때의 반응열에 의해 고융점 금속까지 단시간에 용융하는 방법을 테르밋법(Thermite process, 금속 열환원법)이라 한다. 환원제인 금속의 종류에 따라 다음과 같은 것이 있다.

① Al: aluminothermic reduction process

② Mg: magnesiothermic reduction process

③ Si: silicothermic reduction process

④ Ca: calciothermic reduction process

⑤ Na: sodium-thermic reduction process

기본적인 환원반응식과 반응 예는 다음과 같다.

$$\mathrm{Me}_m\mathrm{O}_n + r\mathrm{R} = m\mathrm{Me} + \mathrm{R}_r\mathrm{O}_n \tag{5.32}$$

$$\mathrm{Nb:}\quad \mathrm{Nb_2O_5(s)} + (10/3)\mathrm{Al(l)} = 2\mathrm{Nb(l)} + (5/3)\mathrm{Al_2O_3(l)} \tag{5.33}$$

이러한 금속 열환원반응은 Fe-Mo, Fe-V, Fe-Nb 등의 합금철이나 금속 Cr 등의 제조에 이용된다. 예를 들면 Fe-Mo 합금철은 Al 열환원법으로 제조되며, 이때 환원제인 Al은 폐Al캔을 파쇄하여 구상화시킨 것을 사용하기도 한다. 그리고 Al만을 환원제로 사용하는 경우 발열이 과다하여 페로 실리콘(Fe-Si)을 혼합하여 사용하기도 한다. 반응은 개방식의 도가니형 노에서 이루어지고, $KClO_3$ 등의 산화제와 Al(Mg) 혼합물을 착화제로 이용한다.

예제 5.8 1 기압 하에서 알루미늄에 의한 MgO의 환원이 열역학적으로 몇 도 이상 또는 이하에서 가능한지 계산하라.

$$2\{\mathrm{Al}\} + \frac{3}{2}(\mathrm{O_2}) = \langle \mathrm{Al_2O_3} \rangle \;;\; \Delta G^0 = -1{,}679{,}876 + 321.79\,T\ [\mathrm{J}] \tag{1}$$

$$\{Mg\}+\frac{1}{2}(O_2)=<MgO>\ ;\ \Delta G^0=-731,154+205.39T\ [J] \quad (2)$$

풀이

식(1)-식(2)×3을 하면

$$2\{Al\}+3<MgO>=3\{Mg\}+<Al_2O_3>,\ \Delta G_3^0=513,586-294.38T\ [J] \quad (3)$$

따라서 $\Delta G_3^0=0$이 되는 온도를 구하면 1,745 K(1,472 ℃)가 얻어지며, 1,472 ℃이상에서는 ΔG_3^0가 0보다 작아지므로 Al으로 MgO를 환원할 수 있다.

5.5.2 할로겐화물의 금속 열환원

금속의 종류에 따라 할로겐 원소(Cl, F 등)와의 친화력이 다른 것을 이용하여 염화물이나 불화물을 환원할 수 있다. 다만 목적금속에 대해 환원제가 되는 금속의 용해도가 없어야 하며, 환원된 금속은 정제하기 어렵기 때문에 화학 프로세스에서 얻어진 각종 금속 화합물(염화물이나 불화물 등)은 고순도일 필요가 있다. 또한 환원제로 사용되는 금속의 제조에 많은 에너지가 소비된다는 문제점이 있다. 예를 들면, $TiCl_4$의 마그네슘환원에 이용되는 마그네슘은 환원생성물인 염화마그네슘을 전기 에너지를 소비하는 용융염 전해에 의해 재생하고, 타이타늄 제조공정으로 순환한다.

활성금속을 환원제로 이용하는 할로겐화물의 환원방법에는 다음의 것들이 있다.

$$\text{Ti}:\ TiCl_4(g)+2Mg(l)=Ti(s)+2MgCl_2(l) \quad (5.34)$$

$$\text{Zr}:\ ZrCl_4(g)+2Mg(l)=Zr(s)+2MgCl_2(l) \quad (5.35)$$

$$\text{Ta}:\ K_2TaF_7(s)+2Na(g)=Ta(s)+Na_2K_2F_7(l) \quad (5.36)$$

$$\text{V}:\ VCl_3(g)+(3/2)Mg(l)=V(s)+(3/2)MgCl_2(l) \quad (5.37)$$

$$\text{U}:\ UF_4(l)+2Mg(l)=U(s)+2MgF_2(l) \quad (5.38)$$

$$\text{Th}:\ ThF_4(l)+2Ca(l)=Th(s)+2CaF_2(l) \quad (5.39)$$

$$\text{희토류}:\ 2RF_3(l)+3Ca(l)=2R(l,s)+3CaF_2(l) \quad (5.40)$$

$$Sm_2O_3(s)+2MM(l)=2Sm(g)+MM_2O_3(s)\ [64] \quad (5.41)$$

---

64 MM: Ce, La, Nd 등의 염화물의 용융염 전해에 의해 석출시킨 합금(미쉬메탈).

실례로서 금속 Ti은 Na이나 Mg으로 $TiCl_4$를 환원하여 만든다. 특히 Ti은 산소와의 친화력이 크기 때문에 산화물로부터 곧바로 금속 Ti으로 환원할 수 없다. 따라서 TiO_2를 $TiCl_4$로 염화시켜 정제한 후에 Mg 등으로 환원하고, 얻어진 스펀지상 금속을 진공 중에서 아크 용융(VAR, Vacuum Arc Remelting)하여 잉곳(ingot)으로 만든다. 그림 5.9에는 Kroll법에 의한 타이타늄 제조공정도를 나타내었다.[65]

즉, Ar 분위기의 용융 Mg 위에 $TiCl_4$를 떨어뜨려 스펀지상의 Ti을 얻는다.

$$TiCl_4(g) + 2Mg(l) = Ti(s) + 2MgCl_2(l), \quad K_{1073} = 3.9 \times 10^{15} \tag{5.42}$$

Mg과 Ti은 상호 용해도가 매우 작고 혼합되기 어렵기 때문에 좋은 조건이다. Mg을 사용하는 이 환원법을 크롤법(Kroll process)이라 하고, Zr도 이 방법에 의해 얻어진다. 환원제로서 Mg 대신에 Na을 사용하는 방법은 헌터법(Hunter process)이라 부르며, 최근에는 헌터법을 개량한 Armstrong법이 제안되어 있다.[66]

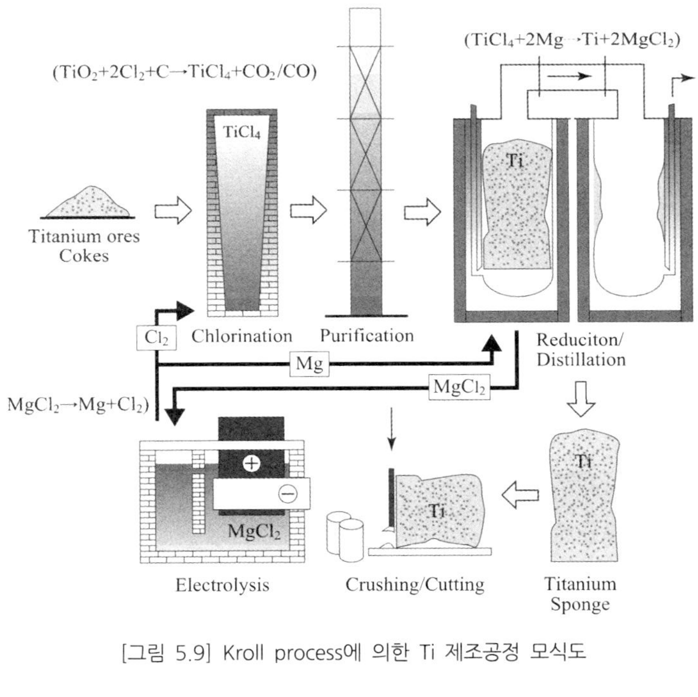

[그림 5.9] Kroll process에 의한 Ti 제조공정 모식도

65 S. Kosemura et. al., 2017: Production of Titanium Metal at Toho Titanium Co., Ltd., *J. MMIJ* **123**(12), pp. 693-697.

66 손호상, 정재영, 2016: 타이타늄 제련기술 현황, *자원리싸이클링* **25**(4), pp. 68-79.

예제 5.9 타이타늄 스크랩을 $TiCl_4$와 반응시키면 저급 염화물인 $TiCl_2$가 생성되며, 이 $TiCl_2$와 $TiCl_4$ 사이에는 다음과 같은 평형반응이 있다. $p_{TiCl4(g)} = 1$ atm의 경우 정반응이 일어나기 위한 온도를 구하라.

$$2TiCl_2(s) = Ti(s) + TiCl_4(g) : \ \Delta G^0 = 121{,}336 - 91.21T \ (J)$$

풀이

$$\Delta G = \Delta G^0 + RT\ln K = 121{,}336 - 91.21T + RT\ln\left(\frac{a_{Ti(s)} \cdot p_{TiCl4(g)}}{a^2_{TiCl_2(s)}}\right)$$

$a_{Ti(s)} = a_{TiCl2(s)} = 1$, $p_{TiCl4(g)} = 1$ atm의 경우에는 $\Delta G = \Delta G^0$

$\Delta G = 0$으로 두면 $T = 1330.3$ K(1057.3℃) 이상일 때 반응은 우측으로 진행된다.

5.6 휘발제련

5.6.1 금속 및 화합물의 증기압

금속(화합물 포함)은 고체 상태이든 액체 상태이든 일정한 온도에서 그 온도에 맞는 증기압을 나타낸다. 그림 5.10에는 금속의 포화증기압의 온도 의존성을 $\log p^0 - 1/T$ 관계로 나타내었다. 대부분은 단원자 상태의 증기분자를 형성하는데, 이러한 금속의 포화증기압은 온도에 따라 직선적으로 증가한다. 일부 금속은 증발할 때 복잡한 분자를 형성하지만, 온도가 상승하면 보다 간단한 형태로 분해된다. Hg, Cd, Zn, Mg 등과 같이 증기압이 비교적 큰 금속의 경우 증기압 차이를 이용하여 분리 혹은 정제하며, 이러한 제련법을 휘발제련(vaporization metallurgy) 또는 증류제련이라 한다.

W, Mo, Pt 등은 기화시켜 포집하기 어렵지만 증기압이 큰 금속은 기화시켜 포집하기 쉽기 때문에 고온에서의 환원반응이나 분해반응의 결과 생성된 금속증기를 응축 포집하여 목적금속을 얻는다.

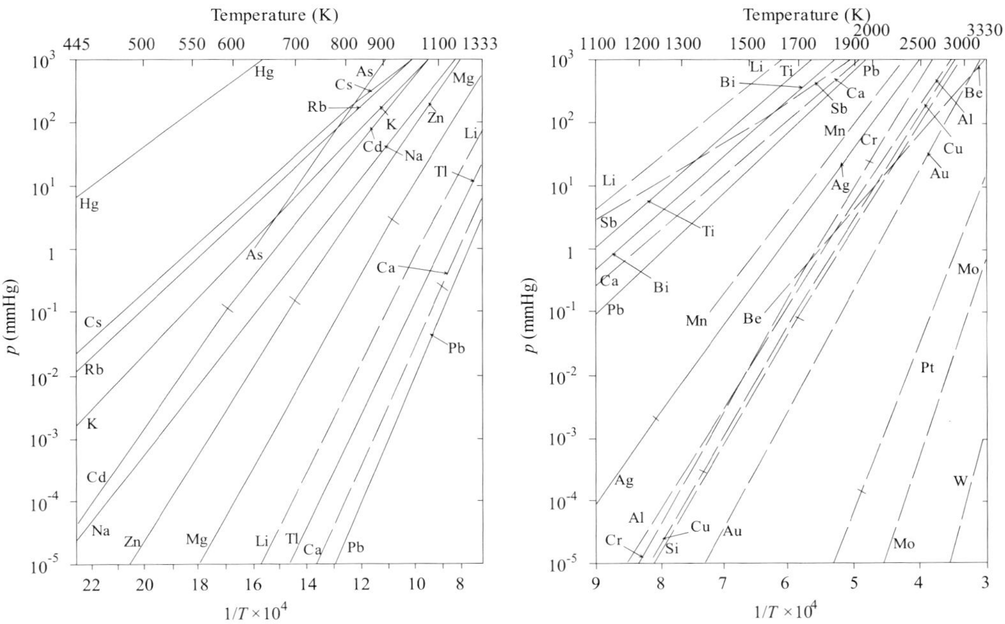

[그림 5.10] 온도에 따른 금속의 포화증기압 곡선

금속 화합물은 비교적 낮은 온도에서도 증기압이 높다. 그림 5.11, 그림 5.12에는 금속 염화물과 황화물의 온도에 따른 증기압 곡선을 나타내었다. 할로겐화물은 일반적으로 매우 휘발하기 쉬우나, 경제적인 이유에서 주로 염화물을 사용한다. 또 Zn, Cd, Hg, Sn, Pb, As, Sb 등의 황화물은 분자상태로 기화하기 쉽다. 따라서 저 품위 주석광(산화물)의 경우 황화배소하여 증기압이 큰 SnS로 휘발농축시켜 분리한다.

산화물 중에서도 Sb_2O_3, As_2O_3, SeO_2, GeO 및 SnO 등은 휘발하기 쉽다. 동제련의 전해정제 과정에서 산출되는 anode slime 중에 함유된 Se은 산화배소하여 SeO_2(끓는점 350 ℃) 상태로 회수한다. 그리고 연제련 등의 부산물을 전기로 등에서 환원하면 Sb, Bi, Pb, Au, Ag 등의 합금으로 만들어지는 경우가 있다. 이러한 합금을 산소와 반응시키면 Sb이 우선적으로 산화되고, Sb_4O_6의 증기압이 높기 때문에 휘발 제거된다.[67]

67 김세종, 손인준, 손호상, 2012: 용융 Bi-Pb-Sb계 합금의 산화에 의한 Sb과 Pb 제거, *자원리싸이클링* **21**(4), pp. 53-59.

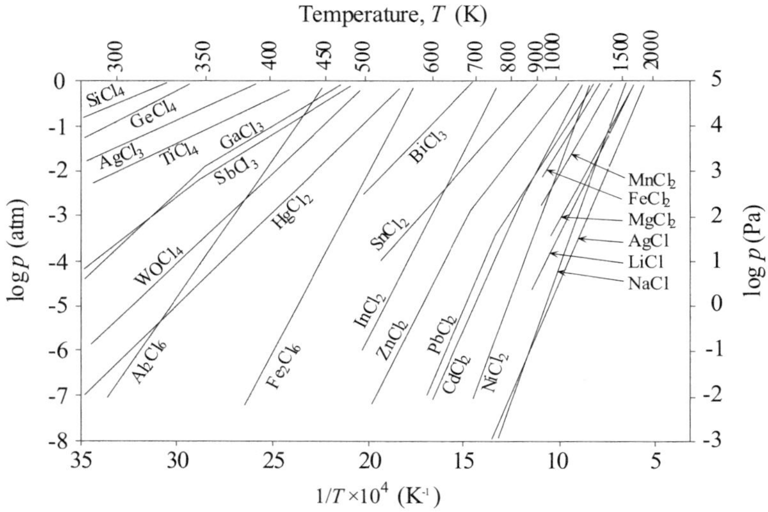

[그림 5.11] 금속 염화물의 증기압

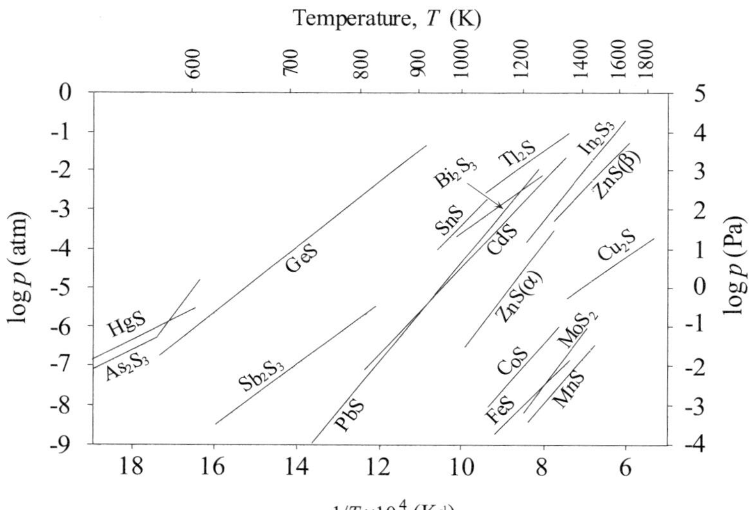

[그림 5.12] 금속 황화물의 증기압

한편 휘발제련을 위해서는 가능한 한 목적성분과 기타 성분의 증기압 차이가 커야 하며, 또한 화합물로 만들어 제거하거나 회수하고자 하는 경우에는 열역학적 검토에 의해 선택적 반응이 일어나는지, 증기압 차이가 있는지 검토할 필요가 있다. 특히 화합물 생성반응의 평형을 좌우하는 인자인 온도, 분위기, 성분의 활동도 등에 대해 검토할 필요가 있다.

5.6.2 C에 의한 ZnO의 환원휘발

아연과 같이 증기압이 큰 금속은 산화물을 탄소질 환원제(C, CO 등)로 환원하고 생성된 금속증기를 포집하는 방법을 적용한다. 특히 제강분진(EAF dust) 중의 Zn는 노의 형상에 관계없이 탄소(CO)를 환원제로 사용하여 Zn증기를 발생시키고 다시 ZnO로 산화시켜 회수하는 것이 일반적이다.[68]

ZnO는 C에 의해 환원되지만 실제는 CO에 의한 환원이 일어난다.

$$ZnO(s) + CO(g) = Zn(g) + CO_2(g) \tag{5.43}$$

$$\Delta G^0/J = 182,170 - 113.96T, \quad K = (p_{Zn} \cdot p_{CO_2})/(a_{ZnO} \cdot p_{CO})$$

이 반응의 평형가스 조성은 곧바로 구할 수 없기 때문에 가스 중의 CO_2, CO 분압 비인 p_{CO_2}/p_{CO}, 온도 T의 관계를 여러 가지 a_{ZnO}, p_{Zn}에 대해 계산하여 검토하여야 한다. 한편 반응생성물인 CO_2는 식(5.8)에 나타낸 부도아(Boudouard) 반응의 carbon solution loss 반응에 의해 CO가 생성되어 다시 환원에 소비된다.

일반적으로 Zn의 품위가 낮은 제강분진 등의 원료는 Waelz 킬른법, 퓨밍법, 샤프트 용련 등의 방법으로 Zn(g)을 휘발시킨 후 재산화하여 조산화아연으로 판매하거나, 아연제련소로 보내 금속상으로 환원하고 있다. Cd이나 Zn는 휘발 후에 역반응이 일어나기 쉬워 산화물, 황산염 등을 생성하므로 금속을 얻기 어렵다. 따라서 ISP법(Imperial Smelting Process)에서는 용융 Pb을 이용하여 Zn증기를 응축시켜 액상으로 포집하는 방법을 사용한다.

예제 5.10 ZnO가 밀폐 반응기 중에서 과잉의 고체탄소에 의해 환원될 때, 1273 K에서 평형 아연증기압과 전체 압력을 구하시오. 단, 최초의 반응기 내에 있는 공기는 무시한다.

$$ZnO(s) + CO(g) = Zn(g) + CO_2(g) \quad \Delta G^0 = 178,020 - 111.67T \text{ (J)} \tag{1}$$

$$C(s) + CO_2(g) = 2CO(g), \quad \Delta G^0 = 170,460 - 174.43T \text{ (J)} \tag{2}$$

풀이

ZnO가 C에 의해 환원되는 반응은 다음과 같이 나타낼 수 있다.

$$ZnO(s) + C(s) = Zn(g) + CO(g)$$

---

68 손호상, 2018: 제강분진의 건식 처리기술 현황, *자원리싸이클링* 27(2), pp. 68-76.

1273 K에서 식(1), 식(2)의 평형상수는 다음과 같다.

$$K_1 = \frac{p_{Zn} \cdot p_{CO2}}{a_{ZnO} \cdot p_{CO}} = 3.376 \times 10^{-2}, \qquad K_2 = \frac{p_{CO}^2}{a_C \cdot p_{CO2}} = 130.9$$

n_{ZnO}(mol)의 ZnO가 환원되었다고 하고, 기상 중의 Zn, CO, CO_2의 몰 수를 각각 n_{Zn}, n_{CO}, n_{CO2}라 할 때, 밀폐계에서 초기 반응기 중에 있었던 공기를 무시하므로 O의 수지를 고려하면,

$$n_{ZnO} = n_{CO} + 2n_{CO2} \qquad \therefore \ p_{Zn} = p_{CO} + 2p_{CO2}$$

전체압력은 다음과 같이 나타낼 수 있다.

$$P_T = p_{Zn} + p_{CO} + p_{CO2}$$

$a_C = 1$, $a_{ZnO} = 1$이라 하면

$$K_1 = \frac{p_{Zn} \cdot p_{CO2}}{p_{CO}} = 3.376 \times 10^{-2}, \quad K_2 = \frac{p_{CO}^2}{p_{CO2}} = 130.9$$

따라서 위의 식들로부터 다음과 같이 나타낼 수 있다.

$$K_1 = \frac{(p_{CO} + 2p_{CO2}) \cdot p_{CO2}}{p_{CO}} = \frac{(p_{CO} + 2p_{CO}^2/K_2) \cdot (p_{CO}^2/K_2)}{p_{CO}}$$

p_{CO}에 대하여 정리하면 다음과 같다.

$$2p_{CO}^3 + K_2 \cdot p_{CO}^2 - K_1 K_2^2 = 0$$

따라서 K_1과 K_2를 위의 식에 대입하면 $p_{CO} = 2.069$ atm이 구해진다. 이 값을 K_2에 대입하면 $p_{CO2} = 3.27 \times 10^{-2}$ atm, 각각의 값을 K_1에 대입하면 $p_{Zn} = 2.1344$ atm이 구해진다.

$$P_T = p_{Zn} + p_{CO} + p_{CO2} = 4.236 \text{ atm}$$

5.6.3 Mg의 휘발제련

그림 5.10에 나타낸 바와 같이 Mg도 Zn와 유사한 증기압을 나타낸다. 따라서 아래와 같은 반응식에 의한 휘발제련으로 제조하고 있다.

$$MgO + C = Mg(g) + CO \tag{5.44}$$

다만 이러한 반응을 위해서는 매우 높은 온도(1,783 ℃)가 필요하며, 외부 공기가 유입되지 않는 밀폐된 반응기 중에서 MgO+C의 브리켓을 반응시킨다. 진공에서 처리하게 되면 MgO의 환원온도가 저하한다.

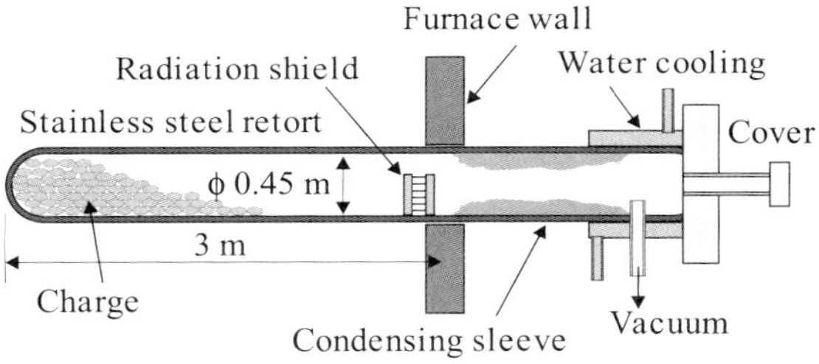

[그림 5.13] Mg 진공 환원 retort(좌)와 응축된 Mg 결정(우)

최근의 Mg 제련은 MgO를 Si으로 환원하는 방법을 사용한다.

$$2MgO(s) + Si(s) = 2Mg(g) + SiO_2(s), \quad K_{1373} = 1.8 \times 10^{-9} \tag{5.45}$$

열역학적으로 K의 값이 작아 환원반응이 일어나기 힘들지만, 진공으로 처리하면 생성가스는 Mg증기뿐이며, 연속적으로 계외로 배출되기 때문에 이러한 반응이 가능하다. Pidgeon법으로 불리는 실제 공정은 그림 5.13과 같은 특수강제의 반응기를 이용하여 돌로마이트(dolomite; $MgCO_3 \cdot CaCO_3$)를 하소한 후 페로실리콘으로 환원하고 있다.

$$2(MgO \cdot CaO) + Si(xFe) = 2Mg(g) + 2CaO \cdot SiO_2 + xFe \tag{5.46}$$

특히 Mg이나 Mg합금을 리사이클링하는 경우에는 불순물과의 증기압 차이를 이용하는 진공증류에 의해 고순도 Mg을 회수하고 있다.[69]

예제 5.11 페로실리콘 중 Si의 활동도가 0.5일 때, 1,400 K에서 식(5.46)의 반응을 진행시킨 경우 Mg의 증기압을 구하라. 단 1,400 K에서 $\Delta G^0_{1400} = 101,600$ J이다.

풀이

식(5.46)으로부터 평형상수는 다음과 같다.($a_{Si} = 0.5$)

$$K = \frac{a^2_{CaO \cdot SiO2} \cdot p^2_{Mg}}{a^2_{MgO \cdot CaO} \cdot a_{Si}} = \frac{p^2_{Mg}}{a_{Si}} = 1.62 \times 10^{-4} \quad (\Delta G^0_{1400} = 101,600 \text{ J})$$

$$p^2_{Mg} = 8.09 \times 10^{-5}, \qquad \therefore\ p_{Mg} = 8.996 \times 10^{-3} \text{ atm}$$

---

69 위창현, 홍성훈, 유병돈, 2010: 감압 하에서 마그네슘합금(AM50) 스크랩 용탕의 증발거동에 관한 연구, *대한금속재료학회지* 48(3), pp. 241-247.

따라서 실제의 Mg 제련에서는 반응용기 내부를 10^{-6} atm 이하의 진공으로 하고, 생성된 Mg증기를 응축시켜 계 외로 배출함으로써 반응을 양호하게 진행시키고 있다. MgO를 이용하면 $MgO \cdot SiO_2$가 생성되어 MgO의 절반 정도밖에 환원할 수 없으나, 돌로마이트를 이용하여 $CaO \cdot SiO_2$를 생성시키면 환원이 양호하게 진행된다.

5.7 황화물의 용융제련

자원 리사이클링 원료 중 황화물은 그리 많지 않은 편이다. 설사 황화물 상태로 배출되어도 전처리 공정에서 산화배소하여 산화물을 만들어 환원하는 것이 유리할 수도 있다. 그러나 원료에 따라서는 1차적으로 복합 황화물을 만들어 목적금속을 농축하거나 분리회수하는 경우도 있다. 이러한 경우 황화물 용련이 필요하다.

5.7.1 황화물 용융제련의 원리

황화물의 용융제련은 기본적으로는 산소에 의한 열환원반응을 이용하는 것이다. 동제련의 경우 황동광을 용제(flux)와 함께 노 내에 장입하고 산소에 의한 열환원 용융제련을 하여, 목적금속인 Cu를 맷트로 농축한다. Fe가 함유되어 있는 경우에는 산화되어 FeO가 생성되면 첨가한 플럭스와 나머지 불순물이 슬래그를 형성하여 분리된다. 뒤이어 맷트는 전로에서 산화용련하여 Fe분을 슬래그로서 제거하고, 남은 Cu_2S를 다시 산화시켜 목적금속을 얻는다.

$$\text{Cu}: \text{CuFeS}_2 \rightarrow \text{자용로} \rightarrow \text{FeS}-\text{Cu}_2\text{S(l)} \rightarrow \text{PS전로} \rightarrow \text{조Cu} \quad (5.47)$$

황화물의 용융제련은 그림 2.6에 나타낸 M-S-O 퍼텐셜도로 설명할 수 있다. M-S-O 퍼텐셜도를 통해 각 온도에서 금속(M), 산화물(MO), 황화물(MS)과 황산염 등의 안정영역을 알 수 있으며, 이를 활용하여 필요한 반응조건을 설정할 수 있다.

예제 5.12 1,300 K에서 아래 반응식의 평형 산소분압, 유황분압과 $\log p_{S_2}$-$\log p_{O_2}$의 관계를 구하라.

$$2\text{Pb(l)} + \text{O}_2\text{(g)} = 2\text{PbO (l)}, \quad \Delta G^0/\text{J} = -368,880 + 139.58\,T \quad (1)$$

$$2\text{Pb(l)} + \text{S}_2\text{(g)} = 2\text{PbS(l)}, \quad \Delta G^0/\text{J} = -324,220 + 174.76\,T \quad (2)$$

풀이

우선 식(1)에서 Pb, PbO의 활동도를 각각 1로 두면

$$\Delta G^0/J = RT\ln p_{O2} = 19.15\,T\log p_{O2},\ \log p_{O2} = -(19{,}260/T) + 7.29$$

1,300 K에서 평형 산소분압은 다음과 같다.

$$\log p_{O2} = -7.53,\quad \therefore\ p_{O2} = 2.97\times10^{-8}\ \text{atm}$$

식(2)로부터 Pb, PbS의 활동도를 각각 1로 두면

$$\Delta G^0 = RT\ln p_{S2} = 19.15\,T\log p_{S2} = -324{,}220 + 174.76\,T$$

$$\log p_{S2} = -3.89\ \text{at}\ 1300\ \text{K}\qquad \therefore\ p_{S2} = 1.29\times10^{-4}\ \text{atm at}\ 1300\ \text{K}$$

식(1)-식(2)를 하면

$$2PbS(s) + O_2(g) = 2PbO(l) + S_2(g),\quad \Delta G^0/J = -44{,}660 - 35.18\,T \tag{3}$$

$$K = \frac{a_{PbO}^2 \cdot p_{S2}}{a_{PbS}^2 \cdot p_{O2}} = \exp\left(-\frac{\Delta G^0}{RT}\right)$$

Pb, PbS의 활동도를 각각 1로 두면 1,300 K에서는

$$K = \frac{p_{S2}}{p_{O2}} = \exp\left(-\frac{\Delta G^0}{RT}\right) = 4288$$

$$\therefore\ \log p_{S2} - \log p_{O2} = 3.63$$

이 결과를 그림으로 나타내면 그림 2.6과 같으며, Pb, PbO, PbS 응축상의 안정영역을 구분할 수 있다.

5.7.2 황화물 용융제련의 예

그림 2.6과 같이 황화물의 용련은, 황화물을 산화물로 만든 후 다시 환원하는 방법과 산화에 의해 곧바로 금속을 얻는 방법, 목적금속보다 유황과의 친화력이 큰 원소를 이용하여 치환환원으로 직접 금속을 얻는 방법으로 구분할 수 있다.

(1) 산화-환원으로 금속을 얻는 방법: $MS + 3/2O_2 = MO + SO_2$

황화물 중의 S를 제거하기 위해 공기 중의 O_2를 이용하여 우선 황화물을 산화물로 변화시킨 후 환원시키는 방법이며, Fe, Zn, Ni 등에 해당한다.

(2) 직접산화에 의해 금속을 얻는 방법: $MS + O_2 \rightarrow M + SO_2$

황화물을 공기로 산화시켜 산화물을 거치지 않고 직접 금속을 얻는 방법이다. $Cu_2S \rightarrow Cu$의 전환이 대표적인 예이며 반응식은 아래와 같다.

$$Cu_2S(l) + O_2(g) = 2Cu(l) + SO_2(g) \tag{5.48}$$

그리고 Pb의 황화물도 직접 용련법의 가능성이 있고, 예전부터 고 품위 연 황화물에 대하여 상호반응을 이용하는 배소반응법(roast-reaction process) 혹은 상취법(ore-hearth process)이라 불리는 방법을 적용하여 왔다.

$$2PbS(s) + 3O_2(g) = 2PbO(s) + 2SO_2(g) \tag{5.49}$$

$$PbO(s) + SO_3(g) = 2PbSO_4(s) \tag{5.50}$$

이와 같이 하여 생긴 PbO, $PbSO_4$는 1,200 K 전후에서 PbS와 반응하여 조연을 만든다.

$$PbS(s) + 2PbO(s) = 3Pb(l) + SO_2(g) \tag{5.51}$$

$$PbS(s) + PbSO_4(s) = 2Pb(l) + 2SO_2(g) \tag{5.52}$$

단, 이 방법은 70 % Pb 이상의 고 품위 황화물에 대하여 적용할 수 있다.

(3) 치환환원으로 금속을 얻는 방법: $MS + X \rightarrow M + XS$

PbS를 철스크랩과 반응시켜 치환반응에 의해 조연을 얻을 수 있다.

$$PbS(l) + Fe(s) = Pb(l) + FeS(l), \quad \Delta G^0/J = 18,190 - 35.45T \tag{5.53}$$

이 환원법은 철 환원법(iron-reduction process) 혹은 침전법(precipitation process)으로도 불린다. 그림 2.6의 M-S-O계 유황-산소 퍼텐셜도에서 보면 Fe가 산소는 물론 유황과의 친화력도 Pb보다 큰 것을 알 수 있다. 이러한 원리를 이용하여 전기로에서 1,450 K 정도로 유지하면서 PbS 외에 Pb를 함유한 더스트 등도 함께 용융환원한다.

Pb 외에 Sb이나 Bi의 황화물도 Fe 스크랩으로 치환환원하고 있다.

$$\begin{aligned} &Sb_2S_3(l) + 3Fe(s) = 2Sb(l) + 3FeS(l), \\ &\quad \Delta G^0 = -37,782 - 136.19T \ (J) \end{aligned} \tag{5.54}$$

$$\begin{aligned} &Bi_2S_3(l) + 3Fe(s) = 2Bi(l) + 3FeS(l), \\ &\quad \Delta G^0 = 104,056 - 335.14T \ (J) \end{aligned} \tag{5.55}$$

예제 5.13 800 g의 Sb_2S_3를 300 g의 Fe와 반응시켜 식(5.54)에 의해 250 g의 Sb을 얻었다.

이 과정에서 (a) 과잉으로 존재하는 반응물질의 비율, (b) Fe의 FeS로의 전환율, (c) Sb의 실수율을 구하라. 단, Sb, S, Fe의 원자량은 각각 121.75, 32.06, 55.85 g/mol이다.

풀이

$$Sb_2S_3(l) + 3Fe(s) = 2Sb(l) + 3FeS(l)$$

Sb_2S_3 800 g: $800/(121.75 \times 2 + 32.06 \times 3) = 2.355$ mol

Fe 300 g: $300/55.85 = 5.372$ mol, Sb 250 g: $250/121.75 = 2.053$ mol

이므로, 위의 반응식에서 Fe는 $2.355 \times 3 \times 55.85 = 394.58$ g이 필요하다.

(a) Sb_2S_3의 3배의 Fe가 필요하므로 Sb_2S_3가 과잉으로 존재한다. Fe 5.372 mol은 Sb_2S_3 1.791 mol과 반응하므로 과잉으로 존재하는 Sb_2S_3는 다음과 같다.

$$Excess = \frac{2.355 - 1.791}{2.355} \times 100 = 23.95\ \%$$

(b) 반응한 Fe의 몰 수: $2.053 \times 3/2 = 3.080$ mol

$$Conversion = \frac{\text{moles of FeS}}{\text{moles of Fe supplied}} = \frac{3.080}{5.372} \times 100 = 57.34\ \%$$

(c) $$\text{Yield} = \frac{\text{Sb produced}}{\text{Sb supplied}} \times 100 = \frac{250}{2.355 \times 2 \times 121.75} \times 100 = 43.60\ \%$$

5.8 비철금속의 건식정제

용융제련에서 얻어진 조금속은 일부를 제외하고는 그 상태에서 실용재료로 사용하지 못하며, 대부분은 정제(정련이라고도 함)하여 사용한다. 그러나 정련이라고 해서 순금속을 제조하기 위한 것만은 아니다. 귀금속이 미량이라도 함유되어 있을 경우 이를 회수하는 것과, 철강과 같이 특정한 화학조성으로 조정하는 것까지 포함한다. 정제법은 크게 건식정제와 전해정제로 분류하며, 여기서는 건식정제에 대해서만 설명한다.

대부분의 리사이클링 원료에는 목적금속 외에도 여러 가지 불순물이 혼합되어 있다. 파쇄와 선별 과정에서 이러한 불순물을 최대한 제거하여도 필연적으로 혼입되게 된다. 따라서 정제공정에서 이러한 불순물을 제거하여야 한다.

한편 비철금속의 건식정제(fire refining)는 목적금속과 불순물의 물리적, 화학적 또는 물리화학적성질의 차이를 이용하여 목적금속을 고순도의 금속으로 만드는 것이다. 구체적으로는 목적금속과는 별개로 액상, 고상, 기상 등 새로운 상을 만들어 그 안에 불순물을 농축하거나, 혹은 목적금속을 전부 새로운 상으로 옮겨 불순물과 분리한다. 따라서 이러한 새로운 상을 만들기 위해 온도, 압력을 변화시키거나 혹은 별도의 첨가제를 첨가하는 등의 방법을 적용하고 있다. 실제로 이용되고 있는 건식정제법은 제거되는 불순물의 상태(기체, 액체, 고체)에 따라 몇 가지로 분류할 수 있는데, 그 방법은 다음과 같다.

(1) 불순물이 고체로서 제거되는 예

① Pb 중의 Cu를 온도를 내려서 고체 Cu로 석출시켜 제거하거나, S를 첨가하여 Cu_2S로 석출시켜 제거

② Sn 중의 Fe, Zn 중의 Pb와 Fe를 용리(liquation)에 의해 제거

③ Pb 중에 Zn을 첨가하여 Ag와 Au를 금속간 화합물로 만들어 제거(회수)

④ Ge 중의 불순물을 zone refining으로 석출시켜 제거

(2) 불순물이 액체(slag)로서 제거되는 예

① 산화성 슬래그에 의한 Si의 제거, 환원성 슬래그에 의한 S의 제거

② 용강 중의 산소를 Al, Si 등의 탈산제를 투입하여 산화물 슬래그로 제거

(3) 불순물이 기체로 제거되는 예

① Pb의 진공용해 중 증발에 의한 Zn의 제거

② 용강이나 용융 Al 중에 불활성가스를 취입(flashing)하여 수소를 제거

③ 용융 Cu에 산화제를 첨가하여 S 제거, 환원제 첨가에 의한 산소 제거

④ Pb 중에 염소(Cl_2)를 불어넣어 Sn을 휘발성의 염화물로 제거

5.8.1 일반적인 불순물의 고상제거

용융금속에 별도의 처리제를 첨가하지 않고 단순히 목적금속과 불순물의 융점 차이를 이용하는 방법(용리법, liquation)과 불순물과 화합물을 만들 수 있는 처리제를 첨가하여 정련하는 방법이 있다.

처리제를 첨가하지 않는 경우, 균일한 용융금속의 응고가 시작될 때 용융금속과는 다른 조성의 고체가 석출되는 현상을 이용한다. 어떠한 고체가 석출되는가는 목적금속과 불순물의 2원계 평형상태도로부터 파악할 수 있다. 일반적으로 용리법을 적용할 수 있는 경우는 다음과 같다.

① 불순물과 목적금속의 2원계 상태도에서 공정점(eutectic point)이 최대한 목적금속에 가까운 조성일 것.

② 불순물의 융점이 목적금속보다 훨씬 높고, 액상선은 급경사일 것.

③ 불순물이 목적금속에 고용되기 힘들 것.

이러한 경우에는 별도의 첨가물이 없어도 고체로서 불순물을 제거할 수 있다. 몇 가지 예를 다음 표에 나타내었다.

목적금속	불순물	목적금속	불순물
Ag	Si	Sn	Fe, Si
Al	Be, Fe	Pb	As, Ag, Bi, Cr, Cu, Ge, Zn
Bi	Cu, Ti		

실제의 조금속은 다원계로 이루어져 있지만, 정련공정을 이해하는 데는 2원계로도 충분한 경우가 많다. 다만 공정반응을 나타내는 2원계에서는 공정조성의 합금을 응고시켜도 같은 조성의 고체가 석출되므로 용리법을 적용할 수 없다. 조성이 공정에서 벗어나는 아공정 합금, 과공정 합금의 융액에는 용리법을 적용할 수 있다.

한편 과공정 합금의 경우는 용리에 의해 목적금속을 순금속으로 회수하는 것이 이론상 불가능하고, 공정조성이 불순물 제거의 한계이다. 그러나 공정조성이 극단적으로 목적금속 측에 가까운 경우에는 용리법을 적용할 수 있다. 예를 들어 Pb-Cu계의 경우, 0.06 % 이상의 Cu를 불순물로서 함유하는 용융 Pb의 온도를 서서히 내려 599 K의 공정 온도 직상에서 유지하면 Pb 융체 중의 Cu를 0.06 % 가까이까지 저하시킬 수 있고, Cu는 dross로서 분리된다. 이 방법은 조연 중의 Cu를 제거하는 방법으로서 실제 공정에서 적용하고 있다. 또 편정반응, 포정반응을 나타내는 계에 대해서도 용리법을 적용할 수 있으며, 제거원리는 공정조성의 경우와 동일하다.

예제 5.14 0.1 wt%의 Fe를 함유하고 있는 Sn 50 kg을 용융하여 공정온도 근처까지 냉각하고, 석출하는 불순물(앙금)을 skimming하여 철을 제거한다. Fe-Sn 2원계 상태도(그림 5.14)에서 공정점은 0.003 wt% Fe의 조성이며, 공정온도는 232 ℃이다. Fe 측의 액상선은 공정점에서 급경사가 져 있다. 공정점에서 석출하는 화합물은 19 wt%Fe를 함유하고 있다. 고체가 된 불순물인 앙금을 스키밍할 때 같은 양의 액체도 같이 제거되는 경우

(a) 앙금과 얻어진 금속의 중량 및 화학조성을 구하라.

(b) 건져낸 앙금 중으로 손실되는 Sn의 양을 구하라.

풀이

(a) 앙금을 건져낼 때 같은 양의 액체도 제거된다. 따라서 앙금과 액체 중 50 %에는 19 wt%Fe, 나머지 50 %에는 0.003 wt%Fe가 있으므로

$$(\text{wt\%Fe}) = \frac{19 + 0.003}{2} \cong 9.5$$

앙금의 양을 x kg이라 하면 물질수지는 다음과 같다.

$$\frac{0.1}{100} \times 50 = \frac{9.5x}{100} + \frac{(50 - x)}{100} \times 0.003$$

$$\therefore\ x = 0.51\ \text{kg}\ (9.5\ \text{wt\%}\ \text{Fe를 함유})$$

따라서 앙금의 중량은 0.51 kg이고 Fe를 9.5 wt% 함유하며, 0.003 wt% Fe를 함유하는 Sn은 49.49 kg이 얻어진다.

(b) Sn의 손실량은 다음과 같다.

$$0.51 \times \frac{(100 - 9.5)}{100} \times \frac{100}{50} = 0.92\ \%$$

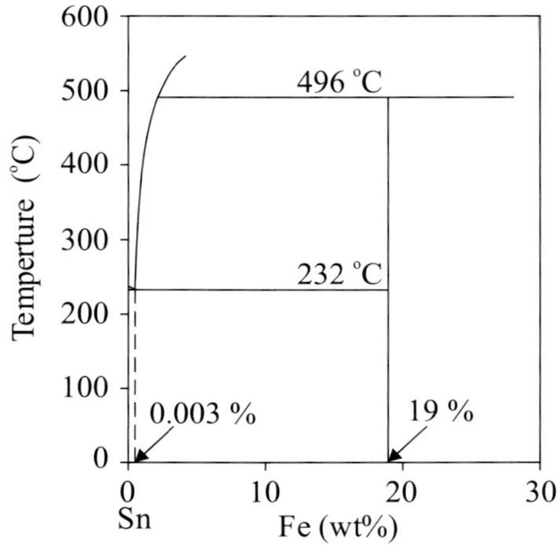

[그림 5.14] Fe-Sn계 2원계 상태도

Sn의 건식정련에서는 crude Sn이 철 이외에도 동, 비소 등의 불순물을 함유하므로 Sn의 일부와 함께 hard head로 노 내에 남아 Sn이 유출된다.

5.8.2 Zone refining

그림 5.15와 같이 고용체(solid solution) 범위가 넓은 합금은 용리에 의한 정련법을 적용하기 곤란하다. 특히 온도범위가 좁고 액상선(liquidus)과 고상선(solidus)이 수평에 가까운 경사를 가질수록 정련이 곤란하다. 그러나 그림과 같이 용리를 반복하면 순금속과 공정합금으로 분리할 수 있다. 이와 같이 조금속을 부분적으로 용융하는 정련법을 zone refining법이라 한다. 이 원리를 이용하여 Pfann[70]은 봉상 시료용기의 한쪽 끝을 고주파 가열로 용융시키고, 천천히 가열 코일을 이동시켜서 조금속을 정제하였다.

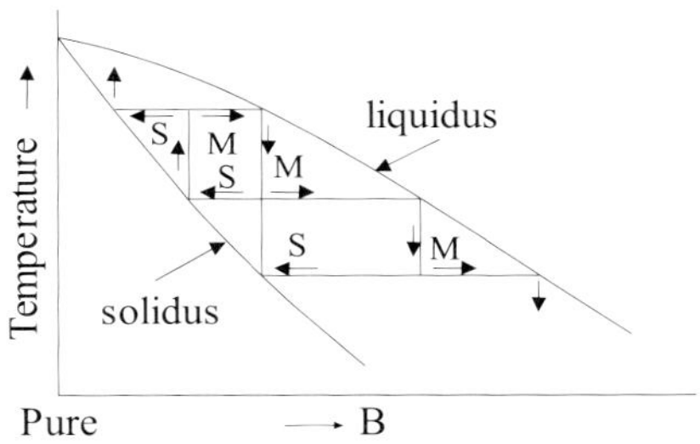

[그림 5.15] 공정합금의 단계적 용리

Zone refining에서는 봉상 시료용기의 일부분만 용융시키고, 용융된 부분을 시료의 한쪽 끝에서 다른 쪽 끝으로 천천히 이동시키는 조작을 여러 번 반복하여 불순물을 한쪽 끝으로 농축시킨다. 불순물이 농축된 부분을 잘라 내고 zone melting을 반복하면 초 고순도의 금속이 얻어진다. 이러한 zone refining법은 단결정의 제조, 성분의 미량 조정, 조성의 균일화 처리에도 이용하고 있다. 반도체 재료로 이용되는 초 고순도의 Ge이나 Si은 이 정제법이 개발되면서 처음으로 만들어지게 되었다.

한편 금속급 Si(MG-Si)를 야금학적으로 정제하는 방법 중에서 일방향 응고 중 불순물의 분배계수 차이를 이용하는 방법도 알려져 있다. 그림 5.16에는 응고속도(하향 응고)에 따른

---

70 William Gardner Pfann(October 27, 1917-October 22, 1982).

Si 주편의 1/4 단면 사진을 나타내었다. 시편의 하강 속도(응고속도)가 0.883 mm/min인 경우 주편상부의 2/3 지점까지 불순물이 존재하지만, 0.076 mm/min인 경우에는 최상단 부분에만 불순물이 모여 있는 것을 알 수 있다. 따라서 이러한 방법을 이용하면 폐Si을 일정수준까지는 고순도화할 수 있을 것이다.

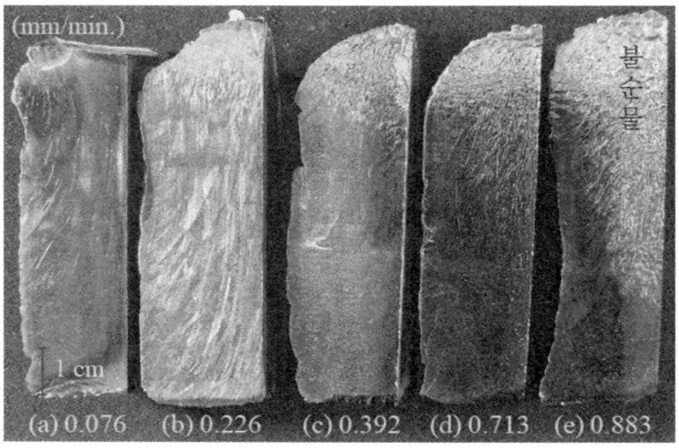

[그림 5.16] 금속급 Si의 일방향 응고 조직

5.8.3 첨가제에 의한 불순물의 고상제거

앞에서 설명한 바와 같이 용리에 의해서 불순물을 완전히 제거할 수 없는 경우가 있다. 이러한 경우에는 목적금속과 불순물 이외의 첨가제(금속)를 첨가하여 목적금속 중의 불순물과 화합물을 만들어 고상으로 제거시키는 정제법을 적용하며, 다음의 3가지 원리에 기초하고 있다. 즉

① 목적금속과 혼합되기 어려운 금속 첨가제를 첨가하고, 그 안에 불순물을 용해시켜 제거하는 방법

② 목적금속과 불순물 중 어느 한쪽과는 잘 용해되지만, 다른 쪽과는 혼합되기 어려운 금속 첨가제를 첨가하여 목적금속으로의 불순물 용해도를 감소시키는 방법

③ 불순물과 고융점 금속간 화합물을 만드는 금속 첨가제를 첨가하여 분리제거하는 방법

(1) Parkes법-Pb 중 Ag 제거(회수)

용융 Pb 내에 Zn을 첨가하여 Pb 중의 Ag를 Zn상으로 분배시켜 제거하고 회수하는 방법을 Parkes법이라 한다.[71] 이 방법은 목적금속과의 상호 용해도가 없으며, 밀도차이가 있는 별도의 금속을 첨가하여 불순물을 첨가한 금속 중으로 많이 분배시켜 목적금속 중의 불순물을 제거하

는 것으로, Ag의 2상간 분배율 차이를 이용한 정제법이다.

용광로 등에서 얻어진 조연 중에는 미량의 Au, Ag와 약 0.2~0.8 wt%의 Cu 등이 불순물로 함유되어 있다. 이러한 용융 조연 중에 아연(Zn)을 첨가하면 Au, Ag, Cu를 함유하는 Zn 크러스트(crusts)가 생성되어 부상한다. 특히 Pb-Zn합금은 700 ℃ 이상에서 2액상으로 분리되며, Pb 중의 Ag는 Zn 중으로 용해되어 들어간다.(Zn 중 Ag의 용해도는 Pb의 3,000배 정도인 것으로 알려져 있다.) 320 ℃ 정도까지 온도를 낮추면 Ag를 함유한 Zn가 고상으로 석출되어 탈은을 할 수 있다. Ag-Zn 합금을 재가열하여 Zn을 휘발시키면 고순도의 Ag를 회수할 수 있다. Au가 Pb 중에 함유되어 있는 경우에도 동일한 방법으로 회수할 수 있다. 한편 Parkes법으로 탈은할 때 Zn의 소모를 줄이기 위해 S를 첨가하여 조연 중의 Cu를 Cu_2S로 미리 제거해 두는 것이 필요하다.(5.8.5 '황화에 의한 불순물의 제거' 참조) 실제 조업에서는 Zn을 첨가하고 온도를 내리면서 함은 드로스를 만들어 제거하는 조작을 900 K 정도부터 반복한다. 드로스 중의 Ag는 최초에는 20 % 정도이지만 Ag량이 적어지면 수 % 정도로 된다. 이 방법에 의해 조연 중의 Cu, Ag는 수 ppm 이하까지 낮출 수 있다.

이러한 방법은 리사이클링 원료 중에 함유되어 있는 미량의 귀금속을 회수하는 데 활용할 수 있으나, 첨가금속의 선택에 주의하여야 한다.

Zn 대신, 마찬가지로 Pb와 2액 분리를 하는 Al을 첨가하여 Al-Ag 융체로 만들어 Ag를 분리하는 것도 가능하다. 또, Fe-Pb 계도 마찬가지로 2액 분리형인 것을 이용하여 용융 Fe 중의 Cu를 Pb상 중에 추출 분리하여 탈동하는 방법도 제안되어 있다.

Parkes법은 아니지만 유사한 원리로, 불순물을 함유하는 목적금속 융체에 별도의 금속 첨가제를 첨가하면, 불순물이 첨가된 금속 융체에 잘 녹아 목적금속 중의 불순물 용해도를 감소시키는 성질을 이용하기도 한다. 특히 Sn 제련에서 얻어지는 hard head(Sn-Fe합금)에 규석, 코크스를 첨가하여 전기로에서 강환원을 하면 SiO_2가 환원되어 하드헤드 중의 Fe와 페로실리콘 융체를 만들고, 조Sn이 얻어진다. 이것을 실리콘 취련이라 한다.

(2) Kroll-Betterton법

조연 중에 소량 함유되어 있는 Bi(0.2~0.3 wt%)의 경우 금속 Ca을 2 wt%Ca-Pb 합금의

---

71 Alexander Parkes(29 December 1813–29 June 1890).

형태로 첨가하면 고융점의 금속간 화합물인 Bi_2Ca_3(융점 1,201 K)가 만들어지며, 연 용탕을 냉각할 때 이를 표면으로 부상시켜 제거하는 방법을 이용한다. 이 방법은 첨가제와 불순물의 화학적 결합력이 강할 때, 고융점의 금속간 화합물을 생성시키는 원리를 이용한 정제법이다. 또 Mg 단독보다는 Ca과 함께 첨가하면 고융점의 Bi_2CaMg_2(융점 1,333 K)를 생성하여 용해도를 감소시켜, Ca만 첨가하는 경우보다 탈 Bi에 보다 효과적이다.

Parkes법도 조연 중에 Zn을 첨가하여 Pb상 중의 Ag를 Zn상으로 옮기고, Zn 중의 Ag 농도가 높아지면 Zn crusts라 불리는 고융점의 Ag_2Zn_5 화합물 고용체(ε상)의 형태로 Ag를 Pb상으로부터 분리하는 것으로 상기한 방법과 동일한 원리를 이용한 정제법이다.

한편 Si 중의 B은 태양전지나 반도체의 특성에 악영향을 미치는 원소이지만 야금학적인 방법으로는 제거하기 어렵다. 그러나 용융 Si 중에 Ti을 첨가하면 고융점의 TiB_2(3,225 ℃)가 생성되므로 제거할 수 있을 것이다.

이와는 달리 저융점 화합물을 생성시켜 정제하는 경우도 있다. 그림 5.17에는 용융 Si 중에 Ca을 첨가하여 결정립계에 Si보다 저융점인 Ca-Si계 합금상을 석출시키고 여기에 $FeSi_2$상을 편석시킨 결과를 나타내었다.[72] 용융 Si 중에 Ca을 첨가하게 되면 상태도로부터 Ca_2Si, CaSi, $CaSi_2$ 등의 합금상을 석출하게 된다. 그리고 이러한 Ca-Si계 합금상은 융점(1,100~1,324 ℃)이 실리콘보다 낮기 때문에 응고 과정에서 결정립계에 편석되며, 산에 쉽게 용해되는 원리를 이용한 것이다.

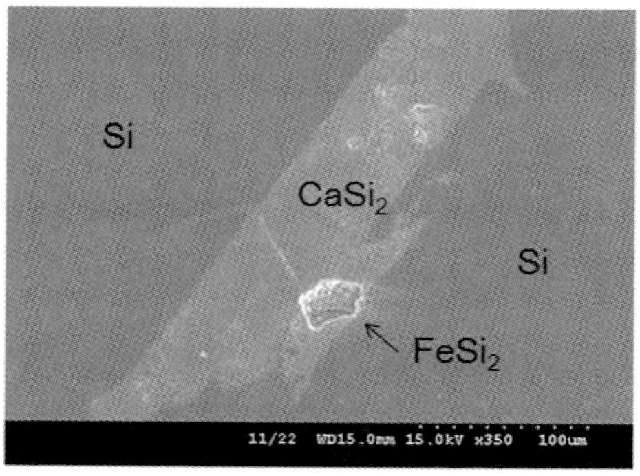

[그림 5.17] 용융 Si 중 Ca 첨가에 의한 $CaSi_2$ 생성

72 사공성대, 손호상, 2011: 칼슘 첨가-용융 금속급 실리콘의 왕수 침출에 의한 철과 인의 제거, *자원리싸이클링* **20**(5), pp. 34-39.

(3) 목적금속에 용해되는 첨가제에 의한 불순물 제거

Parkes법과는 반대로 첨가제 금속이 목적금속 융체와 잘 융합하여 합금융체를 만들고, 이 합금융체 중의 불순물 용해도가 감소하는 것을 이용하는 경우도 있다. 다만 순수한 목적금속이 아닌 첨가된 금속과의 합금이 얻어지므로 상호 간의 분리가 용이한 경우에만 적용할 수 있다. 예를 들면 Si을 함유하는 Al 융체에 Zn을 첨가하면 Si이 적은 Al-Zn 융체가 얻어지고, 진공증류법에 의해 Zn를 제거함으로써 순도 높은 Al을 얻을 수 있다. 또 Al 중의 Fe를 제거하기 위해 Mg을 첨가하여 Fe를 전혀 함유하지 않는 Al-Mg 융체를 만들면 진공증류에 의해 Mg을 제거할 수 있다. 이러한 방법들은 Al이나 Al합금 스크랩의 정련에 많이 이용되고 있다.

5.8.4 산화에 의한 불순물의 제거

목적금속과 불순물의 O, S, Cl 등과의 친화력 차이를 이용하여 정제할 수 있다. 예를 들면 어떤 불순물을 함유한 목적금속 융체에 O_2를 취입하여 불순물을 산화물로 만들어 목적금속 융체의 표면에 부유시키거나 슬래그상으로 보내어 제거하는 것이 가능하다. 또 불순물이 Cl과 친화력인 강한 경우에는 염소를 첨가하여 염화물로 만들어 휘발제거할 수 있다. 우선 산화에 의한 불순물 제거의 몇 가지 예에 대해서 알아본다.

(1) Bi-Pb 합금 중 Pb의 산화제거

산화에 의한 불순물 제거 방법 가운데 우선 Bi 중 Pb의 산화제거에 대해 알아본다. Bi와 Pb의 활동도를 a_{Bi}, a_{Pb}라 하면 Bi와 Pb의 산화반응은 다음 식과 같다.[73]

$$\frac{4}{3}Bi(l) + O_2(g) \rightarrow \frac{2}{3}Bi_2O_3(s,l) \tag{5.56}$$

$$\Delta G^0 = -390,740 + 193.99T \ (J/mol), \ (545 \sim 1098 \ K)$$

$$\Delta G^0 = -314,130 + 123.10T \ (J/mol), \ (1098 \sim 1835 \ K)$$

$$2Pb(l) + O_2(g) \rightarrow 2PbO(s,l) \tag{5.57}$$

$$\Delta G^0 = -439,340 + 200.40T \ (J/mol), \ (601 \sim 1159 \ K)$$

73 김세종, 김응진, 손호상, 2012: 용융 $PbO-SiO_2$계 슬래그와 Bi 사이의 Bi와 Pb의 분배거동, *자원리싸이클링* **21**(5), pp. 65-71.

상기한 반응은 p_{O_2}가 동일한 조건에서 일어나므로 다음과 같이 나타낼 수 있다.

$$2Bi(l) + 3PbO(l) \rightarrow Bi_2O_3(l) + 3Pb(l) \tag{5.58}$$

만일 Bi가 목적금속으로 농도가 100 %에 가깝고, Pb가 소량 함유되어 있는 불순물이라 하면 식(5.58)의 평형관계는 다음과 같이 된다.

$$K = \frac{(a_{Bi2O3}) \cdot [a_{Pb}]^3}{[a_{Bi}]^2 \cdot (a_{PbO})^3} = \frac{(\gamma_{Bi2O3} \cdot x_{Bi2O3}) \cdot [x_{Pb} \cdot \gamma_{Pb}]^3}{[\gamma_{Bi} \cdot x_{Bi}]^2 \cdot (\gamma_{PbO} \cdot x_{PbO})^3} \tag{5.59}$$

여기서 ( )는 슬래그상, [ ]는 금속상 중의 성분을 나타낸다. Pb의 몰 분율인 x_{Pb}에 대하여 식(5.59)를 정리하면 식(5.60)과 같다.

$$[x_{Pb}] = K^{1/3} \cdot \frac{[\gamma_{Bi} \cdot x_{Bi}]^{2/3} \cdot (\gamma_{PbO} \cdot x_{PbO})}{(\gamma_{Bi2O3} \cdot x_{Bi2O3})^{1/3} \cdot [\gamma_{Pb}]} \tag{5.60}$$

K는 온도만의 함수이므로, Bi 중의 Pb를 최소로 하기 위해서는 K값이 작아야 하는데, 800 ℃에서 8.98×10^{-4}으로 매우 낮은 값을 나타내어 유리한 조건이다. 그러나 온도가 상승할수록 K값이 증가하므로 액상 슬래그를 생성할 수 있는 최저온도를 택하는 것이 유리하다. Bi 중의 Pb를 충분히 제거하기 위해서는, 즉 a_{Pb}나 x_{Pb}를 작게 하기 위해서는 다음과 같은 조건을 만족하는 것이 유리하다.

① K가 작을 것.

② γ_{Pb}가 클 것, 즉 용융 Bi 중에서의 Pb의 활동도계수가 클 것.

③ a_{Bi2O3}가 크고, 극한으로서 Bi_2O_3가 순 산화물로서 석출하는 상태에 있으면 a_{Bi2O3}=1에서 가장 유리.

④ a_{PbO}가 작을 것. 이를 위해서는 γ_{PbO}, x_{PbO}가 작을 필요가 있다. 산화물상(슬래그) 중에 PbO와 화합물을 만드는 물질을 첨가하면 γ_{PbO}가 작아지고, 또 슬래그상을 제거하고 새로 만드는 것을 반복하면 x_{PbO}가 작아져 유리하다.

그림 5.18에는 이러한 원리를 이용하여 Bi-Pb 합금 중 Pb를 산화제거하고 Bi를 회수하기 위해 PbO-SiO_2 슬래그를 이용한 평형실험 결과를 나타내었다. 초기 슬래그 중의 (SiO_2) 농도가 20 wt%까지 증가함에 따라 금속상 중의 Pb 농도가 급격히 감소하였으며, Bi의 농도는 현저하게 증가하였다. 그리고 초기 슬래그 중의 (SiO_2)농도가 30 wt%인 경우 금속상 중의 Pb 농도는 1.6 wt%로 매우 낮은 수준을 나타내어 Bi를 정제할 수 있다는 것을 알 수 있다.

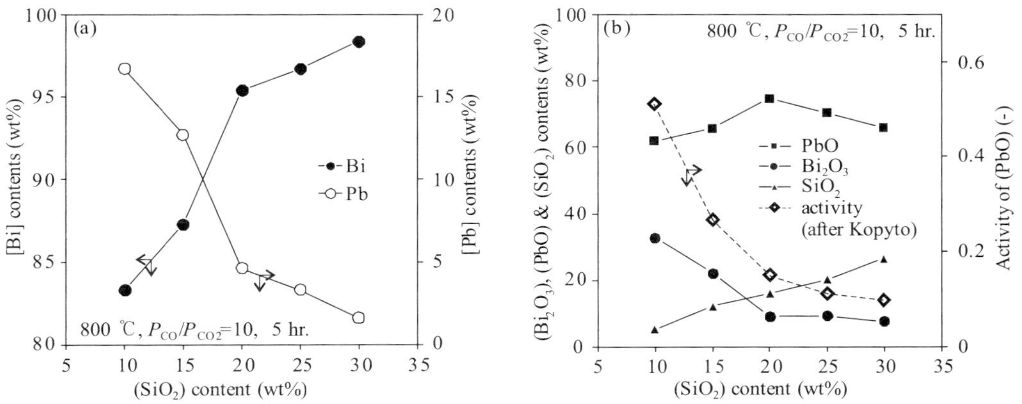

[그림 5.18] 슬래그 내 SiO_2 농도에 따른 금속상 중 Bi와 Pb의 농도 변화(a)와 슬래그 Bi_2O_3, PbO, SiO_2 농도 및 a_{PbO} 변화(b)

이러한 결과는 식(5.60)에서 설명한 바와 같이 슬래그 중의 a_{PbO}를 낮추어 금속상 중의 Pb를 제거하는 예이다. 실제로 (SiO_2) 농도가 10 wt%에서는 a_{PbO}=0.51이지만, 30 wt%인 경우는 그림 5.18(b)와 같이 a_{PbO}=0.1 정도로 대폭적으로 감소한다.

(2) 회취법(灰吹法, cupellation process)[74]

회취법은 Au, Ag 등이 함유되어 있는 연합금을 산화시켜 Pb를 litharge slag(PbO를 주체로 하는 슬래그)로 제거하고 Au, Ag를 회수하는 고전적인 방법으로, 대표적인 산화정제이다. 특히 조동, 조연의 전해정제 시에 얻어지는 anode slime(Au, Ag 함유)을 용융하여 귀연(lead bullion)을 만든다. 귀연 중의 Pb는 산화되기 쉽고, Au, Ag는 산화되기 어렵기 때문에 Pb를 산화제거하여 Au, Ag를 회수한다.

또 Parkes법에서 만들어진 Zn crusts(70 %Pb, 1 %Cu, 0.1 %Sb, 5 %Ag, 0.03 %Au)를 가열하여 Zn을 증류분리하면 귀금속이 많은 Pb(귀연)가 얻어지므로, 이것을 산화하여 Au, Ag를 회수한다.

이러한 회취법은 조선시대(1503년)에 납이 포함된 은광석으로부터 은을 채취하는 단천연은법(端川鍊銀法)으로 기록에 남아 있다.

---

74 회취법(灰吹法, cupellation)은 광석이나 합금을 고온에서 용해하여 금이나 은과 같은 귀금속을 분리해 내는 정제 방법이다. 광석 속에 존재하는 납, 구리, 아연, 비소, 안티모니나 비스무트 등의 비한(base) 금속을 이용한다.

예제 5.15 1,373 K에서 Cu 중의 Ni을 산화시켜 산화물로서 제거하고 싶다. Ni의 제거한계를 구하라. 단, Cu 중 Ni의 무한 희박에서 액체표준의 활동도계수는 2이며, 이때 Cu의 활동도는 Raoult의 법칙을 따르는 것으로 한다. 또, NiO와 Cu_2O는 1,373 K에서 모두 고체이고 서로 고용하지 않으며, 용동 중에 용해되어 있는 산소는 무시한다.(Ni의 융점은 1,728 K, 용융열은 17.66 kJ/mol)

$$Ni(s) + 1/2O_2 = NiO(s), \quad \Delta G^0 = -235,300 + 86.11T \ (J) \tag{1}$$

$$2Cu(l) + 1/2O_2 = Cu_2O(s), \quad \Delta G^0 = -208,200 + 101.67T \ (J) \tag{2}$$

풀이

식(1)은 Ni(s)에 관한 것이며, γ_{Ni}는 액체 표준이므로 Ni의 용융에 관한 자유에너지가 필요하다. 고체와 액체의 비열차이를 무시하면 Ni의 용융자유에너지는

$$Ni(s) = Ni(l) \quad ; \Delta G_m^0 = \Delta H_m^0 - T\Delta S_m^0$$

$$\Delta S_m^0 = 17,660/1728 = 10.22, \quad \therefore \ \Delta G_m^0 = 17,660 - 10.22T \tag{3}$$

식(1)-식(2)-식(3)에 의해

$$Ni(l) + Cu_2O = NiO(s) + 2Cu(l), \quad \Delta G^0 = -44,760 - 5.34T \ (J)$$

$$K_{1373} = \frac{a_{NiO} \cdot a_{Cu}^2}{a_{Cu2O} \cdot a_{Ni}} = 95.91$$

$a_{NiO} = a_{Cu2O} = 1$이며, Cu는 순수에 가깝기 때문에 $a_{Cu} = 1$로 둘 수 있다.

$$\therefore \ x_{Ni} = \frac{1}{\gamma_{Ni} \cdot K_{1373}} = \frac{1}{2 \times 95.91} = 5.21 \times 10^{-3}$$

5.8.5 황화에 의한 불순물의 제거

목적금속과 불순물의 S에 대한 친화력의 차이를 이용하는 것이 황화정제이다. 대표적인 예로는 조연 중의 Cu를 제거하기 위한 황화정제가 있다. 그림 2.6에 나타낸 M-S-O계 유황-산소 퍼텐셜도로부터 Cu가 Pb보다 S 친화력이 큰 것을 알 수 있다. 따라서 조동 중에 유황이나 PbS를 첨가하여 아래와 같은 반응으로 Cu를 제거할 수 있으며, Parkes법의 전단계로 활용하기도 한다.

$$2Cu(s) + PbS(s) = Pb(l) + Cu_2S(s), \quad \Delta G^0/J = 30,910 - 56.88T \tag{5.61}$$

$$\mathrm{Mg(l)+Cl_2(g)=MgCl_2(l)},\quad \Delta G^0=-599{,}670+114.21T\ (\mathrm{J}) \tag{1}$$

$$\mathrm{H_2(g)+Cl_2(g)=2HCl(g)},\quad \Delta G^0=-188{,}270-12.10T\ (\mathrm{J}) \tag{2}$$

풀이

식(1)-식(2)를 한다.

$$\mathrm{Mg(l)+2HCl(g)=MgCl_2(l)+H_2(g)},\quad \Delta G_3^0=-411{,}400+126.31T\ (\mathrm{J}) \tag{3}$$

800 ℃에서 $\Delta G_3^0=-275{,}869\mathrm{J}$ 이므로

$$K_3=\frac{a_{\mathrm{MgCl2}}}{a_{\mathrm{Mg}}}\cdot\frac{p_{\mathrm{H2}}}{p_{\mathrm{HCl}}^2}=\exp\left(-\frac{\Delta G_3^0}{RT}\right)=2.69\times10^{13}$$

생성된 $MgCl_2(l)$의 활동도는 1이므로 $p_{\mathrm{H2}}=1$ atm, $p_{\mathrm{HCl}}=10^{-5}$ atm를 대입하면

$$a_{\mathrm{Mg}}=\frac{a_{\mathrm{MgCl2}}}{K_3}\cdot\frac{p_{\mathrm{H2}}}{p_{\mathrm{HCl}}^2}=\frac{1}{2.69\times10^{13}}\frac{1}{(1\times10^{-5})^2}=3.72\times10^{-4}$$

따라서 Mg-Al용액 중의 Mg은 $MgCl_2$를 생성시켜서 선택적으로 제거할 수 있다.

5.8.7. Harris법

Harris법은 800~900 K의 용융조연에 알칼리 혼합염(NaOH, $NaNO_3$ 및 NaCl)을 첨가하여 조연 중의 As, Sn, Sb 등을 산화하고, Na_3AsO_4, Na_2SnO_3, $NaSbO_3$ 등을 생성시켜 분리 제거하는 방법이다. 특히 이 방법은 O와의 친화력 차이만으로는 불순물을 충분히 제거할 수 없는 경우에 적용하며, 알칼리 혹은 알칼리토류 금속과 보다 안정한 복합 산화물을 생성시켜 불순물을 제거하는 정제법이다. 예를 들어 조연 중의 As를 제거하는 반응은 다음 식과 같다.

$$\mathrm{3Na(l)+As(s)+2O_2=Na_3AsO_4} \tag{5.63}$$

$$\Delta G_{800\mathrm{K}}^0=-1226.62\ \mathrm{kJ},\quad \Delta G_{900\mathrm{K}}^0=-1187.38\ \mathrm{kJ}$$

$$K=\frac{a_{\mathrm{Na_3AsO_4}}}{a_{\mathrm{Na}}^3\cdot a_{\mathrm{As}}\cdot p_{\mathrm{O_2}}^2}=1.24\times10^{80}\ (800\ \mathrm{K}),\ 8.25\times10^{68}\ (900\mathrm{K})$$

여기서 Na_3AsO_4와 다른 산화물의 반응을 무시하고 $a_{\mathrm{Na_3AsO_4}}=1$로 두면

$$a_{\mathrm{Na}}^3\cdot a_{\mathrm{As}}\cdot p_{\mathrm{O_2}}^2=3.1\times10^{-81}\ (800\ \mathrm{K}),\ 7.0\times10^{-70}\ (900\ \mathrm{K}) \tag{5.64}$$

단, a_{As}는 순액체 As를 표준상태로 간주한 결과이다. 이러한 값은 복합 산화물인 Na_3AsO_4가 열역학적으로 매우 안정함을 나타내고 있다. 이 관계식을 통해 산소분압이 높을수록 Pb 중의

Na와 As가 보다 낮은 농도까지 제거할 수 있음을 알 수 있다.[77] 그리고 Pb 중의 Na와 As의 무한 희박 활동도계수는 다음과 같다.

$$\gamma^0_{Na(l)} = 0.00318\,(700\ \mathrm{K}),\ \gamma^0_{As(l)} \fallingdotseq 1$$

5.8.8 증류에 의한 정제

고체 또는 액체의 증기압은 그 물질 특유의 성질이며, 온도의 상승과 함께 증가한다. 그림 5.10~그림 5.12에 나타낸 바와 같이 금속이나 그 화합물의 $\log p^0 - 1/T$는 선형관계를 가지고 있고, 조금속과 불순물의 증기압 차이가 큰 경우에는 목적금속이나 불순물을 증류에 의해 회수하거나 제거할 수 있다. 그리고 각각의 증기압이 큰 경우에는 대기압에서 증류할 수 있으며, 증기압이 상대적으로 작은 경우에는 진공증류를 하여야 한다.

증류에 의한 정제 한계는 열역학적으로 검토할 수 있다. A-B 2원계에서 불순물인 B의 증기압은 다음과 같이 나타낼 수 있다.

$$p_B = a_B \cdot p^0_B$$

따라서 불순물인 B의 증기압을 검토하기 위해서는 순수상태의 증기압인 p^0_B와 조금속 중의 활동도인 a_B, 그리고 활동도계수가 필요하다. 이러한 자료를 바탕으로 조금속 중에 소량으로 함유되어 있는 B의 제거한계를 구할 수 있다.

증류에 의한 정련법은 Pb 중의 Zn 제거, Zn 중의 Pb, Cd의 분리나 Mg의 감압 증류 등에 응용되고 있다. 특히 Kroll법에 의해 만들어지는 타이타늄 스펀지 중에는 미반응한 Mg과 반응생성물인 $MgCl_2$가 혼입되어 있으나, 진공증류에 의해서 제거하고 순수한 타이타늄 스펀지를 얻는다.

(1) 연과 아연의 분리

Parkes법으로 탈은한 Pb에는 약 0.7 % 정도의 Zn이 함유되어 있다. 아연은 상대적으로 증기압이 높기 때문에 쉽게 제거될 수 있으나, Pb 중에 소량(<1 wt%)으로 함유되어 있는 Zn의 증기압은 10^{-3} atm 수준이어서 대기압 하에서는 증류 제거할 수 없고, 진공증류에 의해서

77 Toshio Oishi, 1996: Processes for Recovering Lead, Materia Japan **35**(12), pp. 1303-1306.

제거하고 있다.

한편 건식법으로 얻어진 Zn 중에 소량으로 함유되어 있는 Pb의 경우 순금속 상태에서도 증기압이 낮기 때문에(1,180 K에서 $p^0_{Pb} = 4.66 \times 10^{-4}$ atm) 증류에 의해 Pb를 제거하는 것은 불가능하다. 따라서 이 경우에는 Zn를 증류하여 회수하는 방법을 적용하고 있다. 이러한 각각의 증류 정제법에 대해서 예제를 통하여 알아본다.

(2) 분별증류

건식제련으로 얻어진 Zn 중에는 Pb, Cd 등이 불순물로 함유되어 있다. 그림 5.10에 나타낸 바와 같이 증기압은 Cd > Zn > Pb의 순이다. Cd, Zn, Pb의 끓는점도 각각 765 ℃, 907 ℃, 1,740 ℃의 순이다. 따라서 조아연을 가열하면 증기압이 큰 Cd이 우선 증류되고, 뒤이어 Zn이 증류되며, Pb는 남게 된다. 이러한 방법을 분별증류(fractional distillation)라 한다.

예제 5.18 증류제련에서 얻어지는 Zn에는 용리 정제 후에도 1.2 wt% 정도의 Pb를 함유한다. 1,180 K(Zn의 비등점)에서 이 합금상 중 Pb의 증기압을 계산하고, 그 결과에 대하여 고찰하라. 단, Zn 중 Pb의 무한 희박 활동도계수 $\gamma_{Pb} = 16$, Pb의 증기압은 다음과 같으며, Zn와 Pb의 원자량은 각각 65.4, 207.2 g/mol이다.

$$\log p^0_{Pb} = -10130\,T^{-1} - 0.985\log T + 11.16 \ \ (\text{mmHg})$$

풀이

1,180 K(Zn의 비등점)에서 이 합금 중 Zn의 증기압은 대략 다음과 같다.

$$p_{Zn} = a_{Zn} \cdot p^0_{Zn} = 1 \times 1 = 1\,\text{atm}$$

1,180 K에서 Pb의 증기압은 다음과 같다.

$$\log p^0_{Pb} = -\frac{10130}{1180} - 0.985\log 1180 + 11.16 = -0.451, \quad \therefore\ p_{Pb} = 0.354\ \ \text{mmHg}$$

$$\therefore\ p^0_{Pb} = 4.66 \times 10^{-4}\ \text{atm}$$

$$x_{Pb} = \frac{n_{Pb}}{n_{Pb} + n_{Zn}} = \frac{1.2/207.2}{1.2/207.2 + 98.8/65.4} = 0.00382$$

$$p_{Pb} = a_{Pb} \cdot p^0_{Pb} = \gamma_{Pb} \cdot x_{Pb} \cdot p^0_{Pb}$$

$$\therefore\ p_{Pb} = 16 \times 0.00382 \times 4.66 \times 10^{-4} = 2.85 \times 10^{-5}\,\text{atm}$$

계산 결과 p_{Zn}과 p_{Pb} 사이에는 큰 차이가 있기 때문에 Zn가 우선적으로 증발하고 Pb는 융체에 남는다. 이것이 상압 하에서 Zn 증류정제의 기본이다.

예제 5.19 873 K에서 용융 Pb 중에 0.6 wt% 함유되어 있는 Zn를 제거하고자 한다. 이때의 Pb와 Zn의 증기압을 계산하고 그 결과에 대하여 고찰하라. 단, $\gamma_{Zn} = 8.9$이다.

$$\log p^0_{Pb} = -10130\,T^{-1} - 0.985\log T + 11.16 \ \text{(mmHg)}$$

$$\log p^0_{Zn} = -6620\,T^{-1} - 1.255\log T + 12.34 \ \text{(mmHg)}$$

풀이

Pb의 증기압은 다음과 같다.

$$\log p^0_{Pb} = -\frac{10130}{873} - 0.985\log 873 + 11.16 = -3.341$$

$$\therefore\ p^0_{Pb} = 4.56\times10^{-4}\ \text{mmHg},\quad p^0_{Pb} = 6.0\times10^{-7}\ \text{atm}$$

$$p_{Pb} = a_{Pb}\cdot p^0_{Pb} = 1\times6.0\times10^{-7} = 6\times10^{-7}\,\text{atm}$$

Zn의 증기압은 다음과 같다.

$$x_{Zn} = \frac{n_{Zn}}{n_{Pb}+n_{Zn}} = \frac{0.6/65.4}{99.4/207.2+0.6/65.4} = 0.019$$

$$\log p^0_{Zn} = -\frac{6620}{873} - 1.255\log 873 + 12.34 = 1.066,\quad \therefore p^0_{Zn} = 11.641\ \text{(mmHg)}$$

$$\therefore\ p^0_{Zn} = 0.0153\ \text{atm}$$

$$p_{Zn} = a_{Zn}\cdot p^0_{Zn} = \gamma_{Zn}\cdot x_{Zn}\cdot p^0_{Zn} = 8.9\times0.019\times0.0153 = 2.6\times10^{-3}\,\text{atm}$$

$p_{Zn} \gg p_{Pb}$이므로 Zn의 우선 휘발제거가 가능하지만, 상압에서는 휘발물질의 분압이 0.1 atm 이상이어야 유효한 휘발을 기대할 수 있으므로 진공에서 실시한다. 7 Pa 정도의 진공 하에서 처리하면 Zn을 0.6 %에서 0.06 %까지 저하시킬 수 있다.

5.8.9 열해리를 이용한 정제

금속화합물의 열해리를 이용하여 정제할 수도 있다. 반응온도에 따라 화합물을 생성하기도 하고, 반대로 해리되기도 하는 현상을 이용하는 것으로 Mond법 등이 있다.

(1) Mond법에 의한 니켈정제[78]

Cu 등의 불순물이 함유되어 있는 조니켈을 다음 식과 같이 저온에서 CO가스와 반응시키면 불순물은 남고 Ni만 Ni carbonyl을 생성한다.

$$Ni(s) + 4CO(g) \underset{> 180\ ℃}{\overset{50 \sim 60\ ℃}{\rightleftarrows}} Ni(CO)_4(g)$$

이 반응은 온도에 따라 반응의 진행방향이 좌우로 변화한다. $Ni(CO)_4$의 끓는점은 42.5 ℃이므로 가스상으로 생성되며, 다시 180 ℃로 가열하면 분해되어 금속 Ni이 얻어지며, CO는 리사이클한다.

이와 유사한 반응으로 요오드로 Ti을 정제하는 다음과 같은 반응이 있다.

$$TiI_2(g) \rightleftarrows Ti(s) + 2I_2(g) \tag{5.65}$$

그리고 저급 할로겐화물의 불균등화 반응(disproportionation)에 의한 Al의 정제법도 있다. 이것은 조Al합금과 $AlCl_3$를 고온에서 반응시켜 Al만 AlCl로 증발시키고, 다시 500~600 ℃로 냉각하여 순Al을 얻는 것으로 반응식은 다음과 같다.

$$2Al(s, l) + AlCl_3(g) \underset{< 800\ ℃}{\overset{> 900\ ℃}{\rightleftarrows}} 3AlCl(g) \tag{5.66}$$

예제 5.20 Mond법 니켈은 다음의 반응을 이용하여 제조한다.

$$Ni(s) + 4CO(g) = Ni(CO)_4(g), \quad \Delta G^0 = -159,580 + 414.9T\ (J)$$

우선 약 340 K에서 CO가스를 조 Ni과 반응시키고 우측으로 반응을 진행시켜 $Ni(CO)_4$를 얻는다. $Ni(CO)_4$를 정제한 후 약 470 K에서 Ni(s)와 CO로 분해하고, CO는 재활용한다. 전체 압력이 1 atm일 때 340 K와 470 K에서 p_{CO}와 $p_{Ni(CO)4}$를 구하고, 그 결과에 대하여 고찰하라.

풀이

우선 340 K에서는 다음과 같다.

$$\Delta G^0_{340} = -18,514\ (J), \quad K_{340} = \frac{p_{Ni(CO)4}}{a_{Ni} \cdot p^4_{CO}} = \frac{p_{Ni(CO)4}}{p^4_{CO}} = 699$$

$$p_{CO} + p_{Ni(CO)4} = 1$$

---

78 독일의 화학자 Ludwig Mond(1839-1909)가 1890년에 발명한 Ni 정제법.

$$\therefore\ p_{CO} = 0.1848\ \text{atm},\quad p_{Ni(CO)4} = 0.8152\ \text{atm}$$

470 K에서는 다음과 같다.

$$\Delta G^0_{470} = 35,423\ (\text{J}),\quad K_{470} = \frac{p_{Ni(CO)4}}{a_{Ni} \cdot p^4_{CO}} = \frac{p_{Ni(CO)4}}{p^4_{CO}} = 1.156 \times 10^{-4}$$

$$p_{CO} + p_{Ni(CO)4} = 1$$

$$\therefore\ p_{CO} = 0.99988\ \text{atm},\quad p_{Ni(CO)4} = 1.1555 \times 10^{-4}\ \text{atm}$$

340 K에서는 위의 반응식에서 $Ni(CO)_4$ 생성의 방향에 있으며, 470 K에서는 $Ni(CO)_4$가 100 % 분해한다는 것을 알 수 있다.

(2) Si의 정제

Mond법과 유사한 반응으로, 반도체용 실리콘을 제조할 때 금속 Si분말을 약 540 K의 HCl가스와 반응시켜 3염화 실레인을 만들고, 다시 역반응에 의해 약 1,400 K에서 H_2로 환원하여 고순도의 Si을 얻는 방법이 실용화되어 있다. 반응식은 다음과 같다.

$$Si(s) + 3HCl(g) = SiHCl_3(g) + H_2(g) \tag{5.67}$$

실리콘의 제조에는 이 외에 SiH_4(silane)의 열분해에 의한 방법을 이용하기도 한다.

예제 5.21 Si(s)와 HCl(g)로부터 $SiHCl_3$(g)를 생성하는 식(5.67) 반응의 540 K에서의 표준생성자유에너지 $\Delta G^0_{540} = -147,290$ J이다. 전체 압력 1 atm에서 1 mol의 HCl과 반응시켜 생성하는 $SiHCl_3$(g)의 몰 수를 구하라. 또 평형 후의 p_{HCl}, p_{SiCl3}, p_{H2}를 구하라. 단, 상기한 것 이외의 화학종은 고려하지 않는다.

풀이

이 반응은 부피가 감소하는 반응으로 1/3 몰의 $SiHCl_3$(g)가 생성된다.

$$K = \frac{p_{SiHCl3} \cdot p_{H2}}{p^3_{HCl}} = \exp\left(-\frac{\Delta G^0_{540}}{RT}\right) = 1.77 \times 10^{14}$$

식(5.67)로부터 $p_{SiCl3} = p_{H2}$이며, 전체 압력이 1 atm이므로 각각은 약 0.5 atm이 된다. 따라서 이 값을 위의 식에 대입하면 잔류하는 HCl(g)의 분압은 다음과 같다.

$$p_{HCl} = \left(\frac{p_{SiHCl3} \cdot p_{H2}}{K}\right)^{1/3} = \left(\frac{0.25}{1.77 \times 10^{14}}\right)^{1/3} = 1.122 \times 10^{-5}\ \text{atm}$$

따라서 HCl(g)의 전부가 반응하고 잔류하는 것은 제로에 가깝다.

5.9 철강재의 정련

5.9.1 용선의 산화정련

용광로(고로)에서 코크스를 환원제로 사용하여 산화철을 환원하므로, 용선(molten pig iron) 중에는 약 4.5 wt%의 C과 광석 중에 함유되어 있던 P, Si, Mn, S 등이 환원되어 들어간다. 따라서 이 상태로는 철강재료로 사용할 수 없기 때문에 전로(BOF, Basic Oxygen Furnace)에서 산화정련을 한다.

산화정련에 의한 각 불순물의 제거 방법은 다음과 같다.

① 가스상으로의 제거

$[C]+[O]\rightarrow CO(g)$

② 슬래그상으로의 제거

$[Si]+2[O]\rightarrow(SiO_2)$, $[Mn]+[O]\rightarrow(MnO)$

$2[P]+5[O]\rightarrow(P_2O_5)$, $Fe(l,\text{약 }3\%)+[O]\rightarrow(FeO)$

$[S]+(CaO)=(CaS)+[O]\}$

슬래그상으로 제거되는 경우에는 조재제로 첨가하는 CaO와 반응하여 슬래그를 생성한다. 이때 생성되는 슬래그량은 용강 톤당 약 50 kg이다.

5.9.2 용강의 탈산

제강과정은 용철 중의 탄소를 산화제거하여 목표 탄소농도의 강을 취련하는 과정이다. 용철 중의 [C]와 [O]의 사이에는 $[wt\%C]\cdot[wt\%O]=m'$(일정)의 관계가 있으며, [wt%C]를 낮추면 [wt%O]가 높아진다. 산소를 제거하지 않고 응고하면 기포의 발생, 산화물계 개재물의 생성 등에 의해 강재의 성질을 현저하게 해친다. 따라서 용강 중 [O]를 제거할 필요가 있으며, 이 과정을 탈산(deoxidation)이라 한다. 탈산법에는 다음과 같이 확산탈산과 화학탈산(강제탈산)의 두 가지 방법이 있다.

(1) 확산탈산

슬래그-메탈 사이에는 산소에 대하여 다음의 반응이 있다.

$$(Fe_tO) \Leftrightarrow [O] + Fe(l) \qquad \log K = \log\left(\frac{a_O}{a_{Fe_tO}}\right) = -\frac{6150}{T} + 2.604 \tag{5.68}$$

여기서 a_O 의 농도는 중량%를 사용하고 헨리의 법칙을 기준으로 한다. a_{Fe_tO} 는 몰 분율을 사용하고, 슬래그와 평형하는 용융 순철의 활동도는 1이므로 1,873 K에서는 다음 식과 같이 된다.

$$[a_O] = 0.21(a_{Fe_tO}) \tag{5.69}$$

따라서 슬래그 중 a_{Fe_tO}를 낮추면 금속상 중의 $[a_O]$를 낮출 수 있다. 이것을 확산탈산이라 하며, 전기로 제강법의 환원기 등에서 적용하고 있다.

(2) 화학탈산(강제탈산)

용철 중에 철보다 산소에 대한 친화력이 높은 원소를 첨가하고 용철 중에서 탈산 생성물의 용해도가 없을 때 다음 식과 같이 용철 중의 산소가 제거된다. 이것을 화학 탈산(chemical deoxidation)이라 한다.

$$x[M] + y[O] = (M_xO_y) \qquad K = \frac{a_{M_xO_y}}{a_M^x \cdot a_O^y} \tag{5.70}$$

여기서 $a_{M_xO_y}$는 몰 분율 표시로 라울의 활동도 기준을 잡는다. a_M^x, a_O^y는 중량% 표시로 헨리의 기준을 따르며, 다음과 같다.

$$a_O = [wt\%O] \cdot f_O, \quad f_O = f_O^O \cdot f_O^M \tag{5.71}$$

$$a_M = [wt\%M] \cdot f_M, \quad f_M = f_M^M \cdot f_M^O \tag{5.72}$$

여기서 순수 산화물($a_{M_xO_y}$=1)이 석출하고, 용철 중의 [M]과 [O]의 농도가 낮은 범위($a_O \fallingdotseq [wt\%O]$, $a_M \fallingdotseq [wt\%M]$)에서는 다음과 같이 나타낼 수 있다.

$$[\%M]^x \cdot [\%O]^y = K'(\text{일정}) \tag{5.73}$$

여기서 K'을 탈산곱(deoxidation product)이라 한다. 따라서 [M]과 [O]는 쌍곡선적 관계로 변화한다. 주요한 탈산제의 대소 관계를 그림 5.19에 나타내었다.

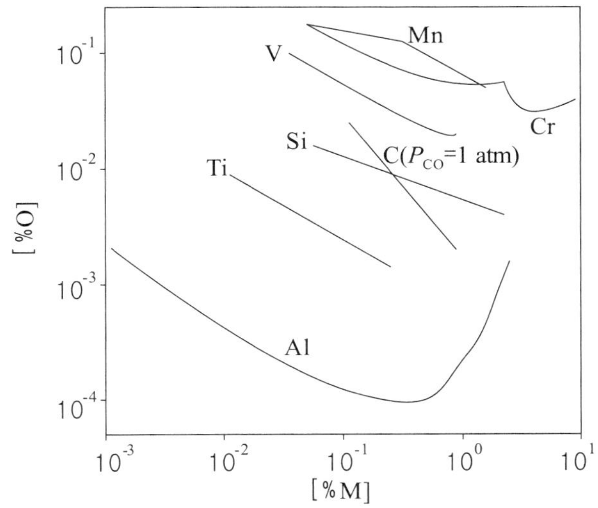

[그림 5.19] 용철의 탈산평형(1,873 K)

예제 5.22 (a) Si 탈산에 의해 생성되는 SiO_2가 순물질이라 가정하고, 강 중 %Si와 %O의 용해도 곱인 $[\%Si]\cdot[\%O]^2$을 구하라.

(b) 1,600 ℃에서 1 톤의 강 중 산소를 0.1 %에서 0.01 %까지 감소시키는 데 필요한 페로실리콘 Fe-Si(50 %Si 농도) 양을 구하라. 단,

$$SiO_2(s) = Si(l) + O_2(g), \quad \Delta G^0 = 896,631 - 196.65T \text{ [J]} \tag{1}$$

$$Si(l) = \underline{Si}, \quad \Delta G^0 = -121,336 - 1.255T \text{ [J]} \tag{2}$$

$$O_2(g) = 2\underline{O}, \quad \Delta G^0 = -233,718 - 4.77T \text{ [J]} \tag{3}$$

풀이

(a) 반응은 $SiO_2(s) = \underline{Si} + 2\underline{O}(g)$이므로, 이 반응의 ΔG^0는 식(1)~식(3)으로부터

$$\Delta G^0 = \Delta G_1^0 + \Delta G_2^0 + \Delta G_3^0 = 541,557 - 202.675T \tag{4}$$

$$K = \frac{a_{Si}\cdot a_O^2}{a_{SiO_2}} = \frac{a_{Si}\cdot a_O^2}{1} \simeq [\%Si][\%O]^2 \tag{5}$$

$$\log K = -\frac{\Delta G^0}{19.147T} = -\frac{28,284}{T} + 10.59 \tag{6}$$

따라서 용해도 곱은 다음 식과 같이 나타낸다.

$$\log([\%Si][\%O]^2) = -\frac{28284}{T} + 10.59 \quad (7)$$

계산값과 실측값의 비교를 다음에 나타낸다.

온도(℃)	1,550	1,600	1,650
계산값	1.19×10^{-5}	3.08×10^{-5}	7.62×10^{-5}
실측값	1.1×10^{-5}	3.2×10^{-5}	7.0×10^{-5}

(b) (a)로부터 1,600 ℃에서의 용해도 곱을 다음 식으로 나타낼 수 있다.

$$[\%Si][\%O]^2 = 3.08\times10^{-5}$$

우선, 0.1-0.01=0.09 %의 산소에 상당하는 Si은 반응식

$$SiO_2(l) = \underline{Si} + 2\underline{O}(g)$$

에 의해 다음 값으로 된다. 이것은 산소와 반응하여 SiO_2가 되는 Si에 상당한다.

$$\%Si = 0.09\times\frac{M_{Si}}{M_{O2}} = 0.09\times\frac{28}{32} = 0.08\ \%$$

또한, 0.01 %O에 상당하는 용강 중의 %Si는 다음과 같다.

$$[\%Si][0.01]^2 = 3.08\times10^{-5} \qquad \therefore [\%Si] = 0.308\ \%$$

따라서 $0.08 + 0.308 = 0.316[\%]$에 상당하는 Si, 즉 3.16 kg의 Si이 필요하다. Fe-Si로 바꾸면 6.32 kg을 강 중에 투입하여야 한다.

5.9.3 용강의 2차정련

2차정련 기술은 전로에서 출강한 용강을 주조하기 전에 수소 등의 가스 성분을 제거하여 고급강을 제조하려는 목적으로 도입되었다. 현재는 전로의 기능이 주로 탈탄반응에만 국한됨에 따라 2차정련 설비에는 온도조절 기능, 최종정련 기능 및 성분조정 기능 등이 부가되었으며, 2차정련은 고순도강 제조를 위한 표준공정이 되었다. 2차정련 중에서도 가장 중요한 기능은 탈황, 탈가스(탈탄, 탈질소, 탈수소 등), 개재물의 제거 및 극저 탄소강 생산 시의 최종 탈탄 등이다.

탈질소 및 탈수소는 용강을 진공조 중에서 감압 처리함으로써 이루어진다. 탈산소는 규소나 알루미늄을 용강에 첨가하여 SiO_2나 Al_2O_3계의 비금속 개재물을 형성시킨 후 용강의 교반처리

를 통해 응집 비대화시켜 슬래그 중으로 흡수 제거한다. 또 탄소는 진공 중에서 용강에 순산소가스를 취입하여 일산화탄소를 형성시켜 제거한다.

대표적인 2차정련 설비로서 RH(Ruhrstahl-Hausen) 진공 탈가스 장치, LF(Ladle Furnace) 등이 있으며, 그림 5.20에는 주요한 2차정련 설비를 나타내었다. RH는 레이들 내의 용강 중에 침지한 2개의 관(snorkel) 중 한쪽(흡상관)에 아르곤가스를 취입하고, air lift pump 작용으로 관 내 용강을 진공조로 상승시킨다. 용강은 조 내에서 진공에 노출된 후, 다른 한 개의 관(배출관)을 통해 레이들로 돌아온다. RH는 이 환류속도가 커서 대량의 용강을 신속하게 처리하는 데 적합하다. 진공조 내에 순산소가스를 취입하여 탈탄 또는 승온하거나, 플럭스를 첨가하여 탈황, 탈산을 가속하는 등 정련 기능도 확대되고 있다. 한편 LF는 강력한 가열기능을 이용해 다량의 합금 첨가와 정밀한 온도조절을 할 수 있고, 환원성 플럭스를 사용하여 고온처리에 의한 탈황 및 탈산 생성물의 제거효과가 뛰어나므로 합금강의 2차정련에 많이 사용된다.

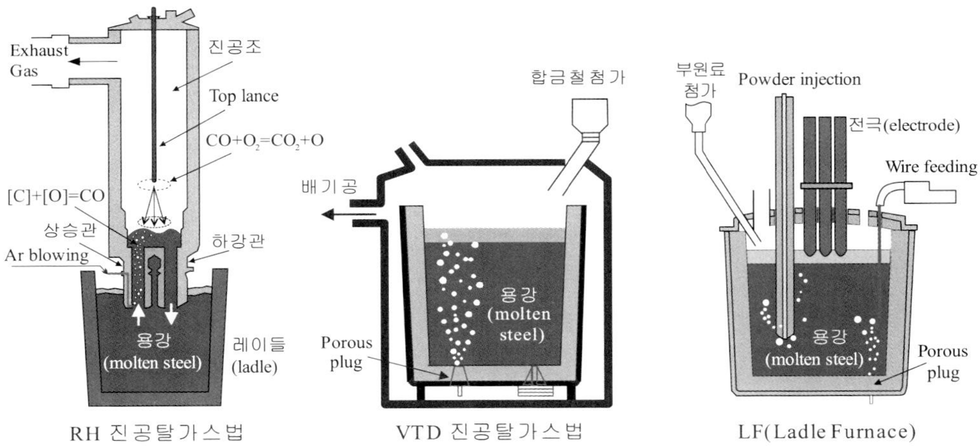

[그림 5.20] 주요한 2차정련 설비

5.9.4 스테인리스강의 정련

스테인리스강(STS)은 Fe-Cr-Ni-C계 용융 조합금(crude alloy)을 원료로 Cr의 산화손실이 가능한 한 적은 조건에서 충분히 저탄소까지 탈탄하여 정련한다. 특히 STS는 스크랩을 용해하고, 성분조정을 거쳐 제조하는 경우가 많다. [Cr]-[C]-[O]계의 평형관계는 [%Cr]=3~30의 범위에서는 다음과 같이 계산할 수 있다.

$$Cr_2O_3(s) = 2[Cr] + 3[O], \quad \log K = \log\left(\frac{a_{Cr}^2 \cdot a_O^3}{a_{Cr2O3}}\right) = -\frac{36,200}{T} + 16.1 \quad (5.74)$$

$$[C] + [O] = CO(g), \quad \log K = \log\left(\frac{p_{CO}}{a_C \cdot a_O}\right) = -\frac{1,160}{T} + 2.003 \quad (5.75)$$

상기한 두 식의 조합에 의해 용철 중 [Cr]과 [C]의 관계는 다음 식과 같이 된다.

$$Cr_2O_3(s) + 3[C] = 2[Cr] + 3CO(g) \quad (5.76)$$

$$\log K = \log\left(\frac{a_{Cr}^2 \cdot p_{CO}^3}{a_{Cr2O3} \cdot a_C^3}\right) = -\frac{32,720}{T} + 22.11 \quad [\%Cr] > 7 \quad (5.77)$$

위의 식들에서 Cr_2O_3는 순수한 고체로 가정하여 $a_{Cr2O3} = 1$로 둔다. 그리고 식(5.77)로부터, 그림 5.21(a)에는 $p_{CO} = 1$ atm의 조건에서 온도에 따른 a_{Cr}과 a_C의 관계를, 그림 5.21(b)에는 1,700 ℃의 조건에서 p_{CO}에 따른 a_{Cr}과 a_C의 관계를 나타내었다.

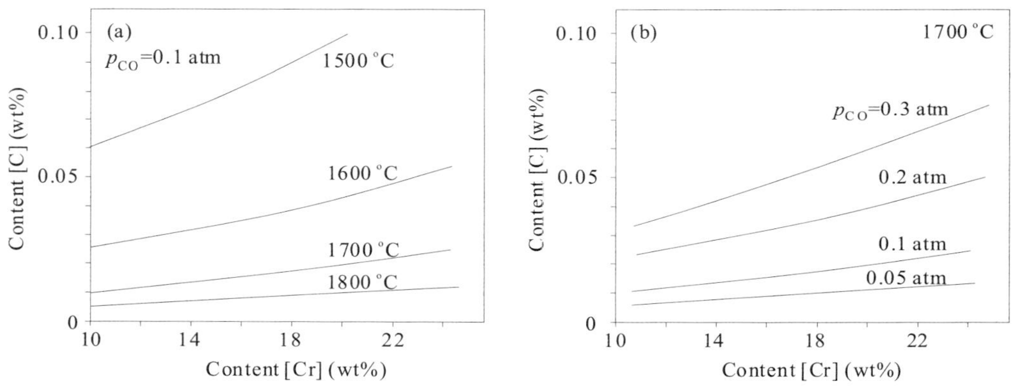

[그림 5.21] 스테인리스강 취련에서 크롬과 탄소의 관계

이 그림으로부터 Cr 손실을 적게 하면서 충분히 탈탄하기 위해서는

① 고온에서 용해할 것

② p_{CO}를 저하시킬 것

등의 조건이 필요함을 알 수 있다. 따라서 노 내의 p_{CO}를 제어할 수 있는 레이들 정련법인 AOD, VOD를 이용하여 정련한다.

이러한 레이들 정련법에 장입되는 조 용융 Fe-Cr-Ni-C원료는 전로나 전기로에서 용해한다. 전로를 사용하는 경우는 용선을 주원료로 하여 이것을 용선 예비처리(탈Si, S, P) 후에 전로로 가져가고, Cr원으로는 Cr광석과 고탄소 페로크롬, Ni원으로는 Ni광석과 Ni합금을 투입하여 조 정련 후에 레이들 정련으로 옮긴다. 전기로를 사용하는 공장에서는 스테인리스강 스크랩, 고품질의 탄소강 스크랩을 주원료로 하고, Cr원으로는 Cr광석과 Cr합금, Ni원으로는 Ni광석, Ni합금, 고Ni 스크랩 등을 배합하여 용해, 조 정련 후에 레이들 정련을 한다.

주로 스테인리스강의 정련에 이용되는 2차정련 설비에는 AOD(Argon Oxygen Decarburization)로와 VOD(Vacuum Oxygen Decarburization)로가 있다. 스테인리스강은 기본 성분으로서 다량의 크롬을 함유한다. 크롬은 강력한 산화물 형성 원소이기 때문에 통상의 정련방법은 적용하기 곤란하다. 크롬 공존 하에서 탄소의 우선 탈탄을 진행시키기 위해서는 정련 분위기 중의 일산화탄소 분압을 낮추는 것이 유효하다.

그림 5.22에는 스테인리스강의 정련에 사용하는 AOD로와 VOD로의 원리도를 나타내었다. AOD법은 Ar 희석에 의해 P_{CO} 분압을 낮추어 탈탄하는 스테인리스강 정련법이다. AOD법의 반응용기는 전로형이며, O_2, Ar가스를 취입하는 풍구는 노 바닥 가까이의 측벽에 설치되어 있다. 풍구는 2중구조로 외관은 풍구 냉각용으로서 Ar가스만 흘리고, 내관에는 O_2+Ar의 혼합가스를 흘린다.

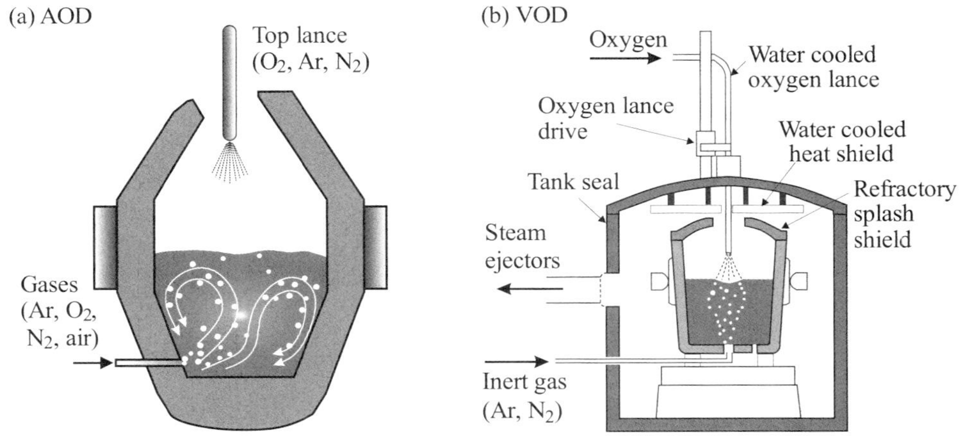

[그림 5.22] AOD로와 VOD로의 원리도

VOD법은 감압탈탄에 의한 스테인리스강 정련법이다. LVD법(레이들 탈가스법)과 유사하지만, 진공조의 위 뚜껑에 승강 가능한 O_2 취정랜스를 설치하여 산화탈탄한다. 레이들 바닥부의 포러스 플러그로부터 Ar을 취입하여 용강을 교반한다.

VOD법과 비교한 AOD법의 특징은 다음과 같다.

① 다량의 가스취입이 가능하여 고탄소 영역에서의 탈탄이 쉽고, 생산성이 높다.

② 열효율이 높고 다량의 냉각제(스크랩)를 사용할 수 있다.

③ 탈탄기에 Cr의 산화는 VOD법보다 많으며, 환원제 사용량이 많다.

④ 극저황강을 취련할 수 있다.

⑤ 출강 시에 노벽에 부착한 스크랩의 용해에 의한 탄소량 상승, 대기 중의 N_2 흡수 등으로 극저탄소, 극저질소강의 취련은 어렵다.

예제 5.23 18 wt%Cr, 8 wt%Ni, 1 wt%Mn, 1 wt%Si, 1 wt%Al을 함유하는 강을 1,600 ℃, $p_{N_2} = 0.2$ atm에서 용해하였을 때 평형 시의 질소농도를 구하라. 단, 다음 반응의 평형상수는 $K_P = 0.045$(1,600 ℃)이며, 다음의 데이터를 이용하라.

$$\frac{1}{2}N_2(g) \rightarrow \underline{N}$$

$$e_N^{(N)} = 0,\quad e_N^{(Cr)} = -0.045,\quad e_N^{(Ni)} = 0.010,\quad e_N^{(Mn)} = -0.020,$$

$$e_N^{(Si)} = 0.047,\quad e_N^{(Al)} = 0.003$$

풀이

주어진 강의 f_N은

$$\log f_N = e_N^N[wt\%N] + e_N^{(Cr)}[wt\%Cr] + e_N^{(Ni)}[wt\%Ni] + e_N^{(Mn)}[wt\%Mn] + e_N^{(Si)}[wt\%Si] + e_N^{(Al)}[wt\%Al]$$

$$= -0.045 \times 18 + 0.010 \times 8 - 0.02 \times 1 + 0.047 \times 1 + 0.003 \times 1 = -0.700$$

$$\log K_p = \log\left(\frac{f_N[wt\%N]}{p_{N_2}^{1/2}}\right) = \log f_N + \log[wt\%N] - \frac{1}{2}\log p_{N_2} = \log(0.045)$$

이므로 $p_{N_2} = 0.2$라면

$$\log[wt\%N] = \log(0.045) - \log f_N + \frac{1}{2}\log p_{N_2}$$

$$= \log(0.045 + 0.700 + \frac{1}{2}\log(0.2) = \log(0.101)$$

$$\therefore\ [wt\%N] = 0.101$$

제6장

습식제련

6.1 습식제련의 개요

습식제련(hydrometallurgy)은 고체원료 중의 목적금속을 적당한 수용액 중에 녹여서 얻어진 수용액이나 액체원료(도금 폐액 등)에 적당한 처리를 한 후, 화학적 혹은 전기 화학적인 방법으로 목적금속 이온을 금속으로 환원하여 채취하거나, 목적금속의 순수한 화합물로 만들어 채취하는 상온 근처에서의 처리법이다. 이러한 습식제련은 분석화학에 기초를 둔 프로세스로서 건식법에 비하여 정밀한 분리가 가능하고 소규모 조업에 적합한 것으로 알려져 있다. 따라서 오래전부터 금, 은, 동 등의 제조에 응용되어 왔으며, 최근에는 다양한 도시광물로부터 유가금속을 회수하는 공정에 효과적으로 적용하고 있다. 특히 이온 교환수지, 용매추출 등의 새로운 분리기술의 도입에 의해 양산금속은 물론이고 귀금속이나 희토류를 포함한 희소금속의 분리 회수에도 적극적으로 적용하고 있다.

습식처리는 기본적으로 원료를 적당한 수용액 등에 용해시키는 침출에서 출발하므로, 고체원료인 경우 전처리로 파쇄와 분쇄, 선별 등이 필요하다. 그리고 용액에는 원료 중의 다양한 성분이 용해되어 있기 때문에 이러한 원소를 제거하고, 목적금속별로 분리하는 것이 필요하다. 따라서 본 장에서는 원료의 침출, 정제, 분리와 전해제련을 포함한 회수 등에 관해 설명한다.

6.2 습식제련의 기초

6.2.1 수용액에서의 용해평형

도시광물 중에 있는 대부분의 비철금속은 단체 금속으로 존재하거나 산화물로 존재한다.

황화물로 존재하는 경우에는 산화배소에 의해 산화물로 만들거나, 황산화배소에 의해 수용성으로 만들어 처리하는 경우가 많다. 우선 이러한 도시광물 중의 금속성분을 수용액인 이온으로 용출시키는 반응의 평형에 대해 알아본다.

습식제련에서 산화물(MO) 중의 목적금속을 수용액으로 용해(침출)시키는 반응은 산화-환원반응으로 다음과 같다.

$$MO + 2H^{+} = M^{2+} + H_2O \tag{6.1}$$

이 반응의 ΔG^0는 각 화학종의 표준 화학 퍼텐셜 $\mu^0(\Delta G^0)$ 값을 이용하여 구한다.

$$\Delta G^0 = (\mu^0_{H_2O} + \mu^0_{M^{2+}}) - (\mu^0_{MO} + 2\mu^0_{H^+}) = -RT\ln K \tag{6.2}$$

식(6.1)의 평형상수 K는 다음과 같다.

$$K = a_{M^{2+}}/a^2_{H^+} \tag{6.3}$$

여기서 $a_{M^{2+}}$와 a_{H^+}는 각각 수용액 중의 M^{2+}와 H^+의 활동도이며, 이온 활동도의 기준상태는 무한 희박기준이다. 농도에는 질량 몰농도인 $mol/(kg \cdot H_2O)$를 사용한다. 식(6.1)과 같이 산화물을 용해시킬 때는 산소를 처리하기 위한 수소이온이 필요하다. 수소이온 농도는 용액의 산성, 알칼리성의 정도를 나타내는 수치로 $pH = -\log a_{H^+}$이므로 식(6.3)의 양변에 대수를 취하면 $\log a_{M^{2+}}$와 pH 사이에 다음의 직선관계가 성립한다.

$$\log a_{M^{2+}} = \log K - 2\,pH, \quad pH = 0.5\log K - 0.5\log a_{M^{2+}} \tag{6.4}$$

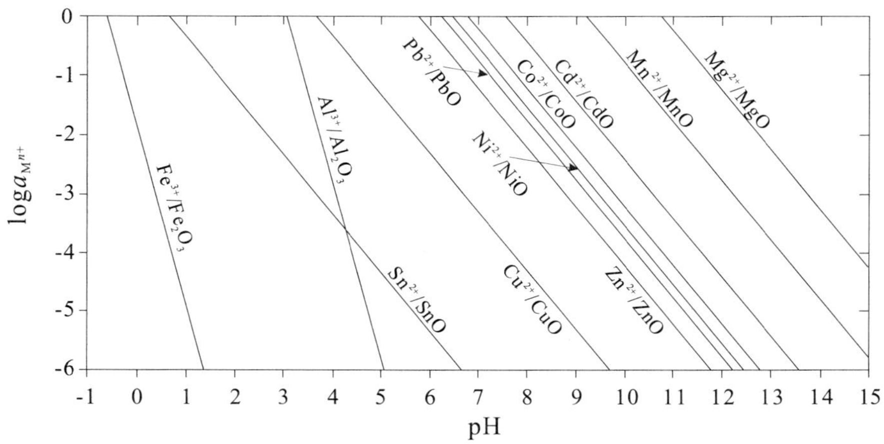

[그림 6.1] 수용액에서 각종 금속 산화물의 용해평형(298 K)

식(6.4)로부터 주요한 금속 산화물의 용해평형에 관한 $\log a_{M^{2+}}$-pH 관계를 그림 6.1에 나타내었으며, 이온 활동도-pH도라 부른다. 그림 6.1로부터 산화물의 침출조건을 결정하거나, 목적 산화물의 선택침출의 가능성을 판단할 수 있다.

예제 6.1 표준상태(298 K, 1 bar의 SATP)에서 아래 반응의 자유에너지 변화를 구하라. 그리고 이 반응에서 Fe^{3+}이온의 평형 활동도를 구하라. 단, 이때 SO_4^{2-}의 활동도는 0.8이라 가정한다.

$$2Fe^{3+} + 3SO_4^{2} = Fe_2(SO_4)_3$$

	Fe^{3+}	SO_4^{2-}	$Fe_2(SO_4)_3$
ΔG^0_{298} (J/mol)	-4,600	-744,630	-2,249,555

풀이

표준상태에서 모든 물질의 활동도는 1이다.

$$\Delta G = \Delta G^0 + RT\ln\left(\frac{a_{Fe_2(SO_4)_3}}{a^2_{Fe^{3+}} \cdot a^3_{SO_4^{2-}}}\right)$$

$$\Delta G^0 = (-2,249,555) - (-4,600\times 2 - 744,630\times 3) = -6,465 \text{ J/mol}$$

$$\therefore \ \Delta G = -6,465 + RT\ln\left(\frac{1}{1^2 \cdot 1^3}\right) = -6,465 \text{ J/mol}$$

$$\Delta G^0 = -RT\ln\left(\frac{a_{Fe_2(SO_4)_3}}{a^2_{Fe^{3+}} \cdot a^3_{SO_4^{2-}}}\right) = -RT\ln\left(\frac{1}{a^2_{Fe^{3+}} \cdot (0.8)^3}\right) = -6,465 \text{ J/mol}$$

$$K = \exp\left(-\frac{\Delta G^0}{RT}\right) = \left(\frac{a_{Fe_2(SO_4)_3}}{a^2_{Fe^{3+}} \cdot a^3_{SO_4^{2-}}}\right) = \left(\frac{1}{a^2_{Fe^{3+}} \cdot (0.8)^3}\right) = 13.591$$

$$\therefore \ a_{Fe^{3+}} = \sqrt{\frac{1}{13.591\times 0.512}} = 0.379$$

예제 6.2 25 ℃에서 아연 산화물의 침출에 관한 이온 활동도-pH관계를 구하라.

$$ZnO + 2H^+ = Zn^{2+} + H_2O$$

	ZnO	Zn^{2+}	H_2O
$\mu^0_{i,298}$ (J/mol)	−318,320	−147,030	−237,178

풀이

$$\Delta G^0 = (\mu^0_{Zn^{2+}} + \mu^0_{H_2O}) - (\mu^0_{ZnO} + \mu^0_{H^+})$$

$$= (-147{,}030 - 237{,}178) - (-318{,}320 + 0) = -65{,}888 \text{ J}$$

$$K = \frac{a_{Zn^{2+}} \cdot a_{H_2O}}{a_{ZnO} \cdot a^2_{H^+}} = \exp\left(-\frac{\Delta G^0}{RT}\right) = 3.544 \times 10^{11}$$

여기서 a_{ZnO}와 a_{H_2O}는 1로 둘 수 있으므로

$$\log(a_{Zn^{2+}}) = \log K + 2\log(a_{H^+}) = \log K - 2\text{pH}$$

$$\therefore \ \text{pH} = 5.775 - 0.5\log a_{Zn^{2+}}$$

6.2.2 가수분해반응의 평형관계

가수분해(加水分解, hydrolysis)란 반응물이 물과 반응하여 분해생성물이 얻어지는 반응이다. 가수분해반응은 용매인 물이 $H_2O = H^+ + OH^-$ 반응에 의해 해리되어 일어난다. 일반적으로 산이나 알칼리용액에서 침출할 때 용액은 서서히 중성화되고 동시에 가수분해 현상에 의해 가역적인 침전반응이 일어난다. 즉, 용액 중의 특정 이온이 물과 반응하여 새로운 화합물인 수산화물을 생성하는 것이다.

따라서 용액 중의 특정 이온을 수산화물로서 침전·제거(회수)할 수 있는 가수분해반응은 산-염기반응이며, 평형관계는 다음과 같다.

$$M^{2+} + 2H_2O = M(OH)_2 + 2H^+, \quad K = (a_{H^+})^2/a_{M^{2+}} \tag{6.5}$$

식(6.5)에서 생성되는 금속 수산화물의 활동도는 1이며, 평형상수 K의 양변에 상용대수를 취하면 다음 식이 얻어진다.

$$\log a_{M^{2+}} = -\log K - 2\text{pH}, \quad \therefore \ \text{pH} = -0.5\log K - 0.5\log a_{M^{2+}} \tag{6.6}$$

식(6.6)으로부터 온도와 압력이 일정할 때, 금속이온과 수산화물이 평형하는 pH는 금속이온의 활동도에 의존하는 것을 알 수 있다.

그림 6.2에 298 K에서 각종 수산화물에 대한 식(6.6)의 관계를 나타내었다. 이 그림으로부터 금속이온을 수산화물 침전으로 제거하거나 회수하기 위해 필요한 pH와, 수용액의 pH를 설정할 때 금속이온의 제거한계를 알 수 있다.

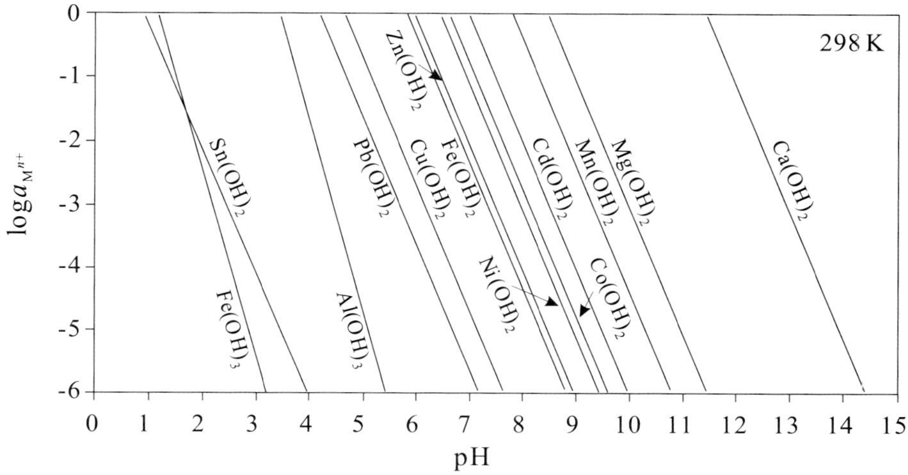

[그림 6.2] 각종 금속이온의 가수분해 평형(298 K)

특히 도시광물(리사이클링 원료) 중의 비철금속에는 철이 공존하는 경우가 많으며, 침출공정에서 철 이온까지 용해된 경우, Fe^{3+}이온은 비교적 낮은 pH에서 침전하기 때문에 pH를 조절하여 $Fe(OH)_3$로 제거할 수 있다. Fe^{2+}이온으로 존재하는 경우에는 Fe^{3+}이온으로 산화시켜 침출액으로부터 Fe를 선택적으로 제거할 수 있다.

예제 6.3 25 ℃에서 아래와 같은 Mn^{2+}이온의 가수분해 반응에 따른 이온 활동도-pH 관계를 구하고, 그림으로 나타내어라.

$$Mn^{2+} + 2H_2O = Mn(OH)_2 + 2H^+$$

	$Mn(OH)_2$	Mn^{2+}	H_2O
$\mu^0_{i,298}$ (J/mol)	−615,000	−228,000	−237,178

풀이

$$\Delta G^0 = (\mu^0_{Mn(OH)_2} + 2\mu^0_{H^+}) - (\mu^0_{Mn^{2+}} + 2\mu^0_{H_2O}) = 87,356 \text{ J}$$

$$K = \exp\left(-\frac{\Delta G^0}{RT}\right) = 4.868 \times 10^{-16}, \quad \log(a_{Mn^{2+}}) = -\log K - 2\text{pH}$$

$$\therefore \ \text{pH} = 7.656 - 0.5\log a_{Mn^{2+}}$$

이 결과를 그림 6.2에 나타내었다.

6.2.3 황화물의 용해평형

리사이클링 원료 중에서 황화물을 직접 침출하는 예는 드물지만, 용액 중의 특정 이온을 황화물로 제거(회수)하는 반응에 이용할 수 있다. $H_2S(g)$의 압력이 1 atm인 경우 황화물의 황화수소 발생형 용해(침출)반응은 다음과 같다.

$$MS + 2H^{+} = M^{2+} + H_2S(g), \quad \log a_{M^{2+}} = \log K - 2pH \tag{6.7}$$

산화물의 용해평형과 동일한 방법으로 298 K에서 각종 황화물에 대해 식(6.7)의 평형관계를 계산하여 그림 6.3에 나타내었다. 이 그림을 통해 산성 수용액을 이용하여 황화수소 발생형 침출반응이 가능한 황화물은 ZnS보다 오른쪽에 위치하며, CuS는 산성용액으로 용해하는 것이 불가능함을 알 수 있다.[79]

침출용액에 H_2S가스나 기타의 환원제를 첨가하여 금속이온을 황화물 침전으로 제거, 회수할 수 있다. 그리고 그림 6.3으로부터 일정한 pH에서 금속이온의 제거한계도 예측할 수 있다. 예를 들어 폐리튬이온전지를 황산으로 용해한 경우 용액 중에 Co, Ni, Mn이온이 동시에 존재한다. 이러한 경우 pH를 조정하여 Co와 Ni은 황화물로 회수하고, Mn만 용액 중에 남길 수 있을 것이다.

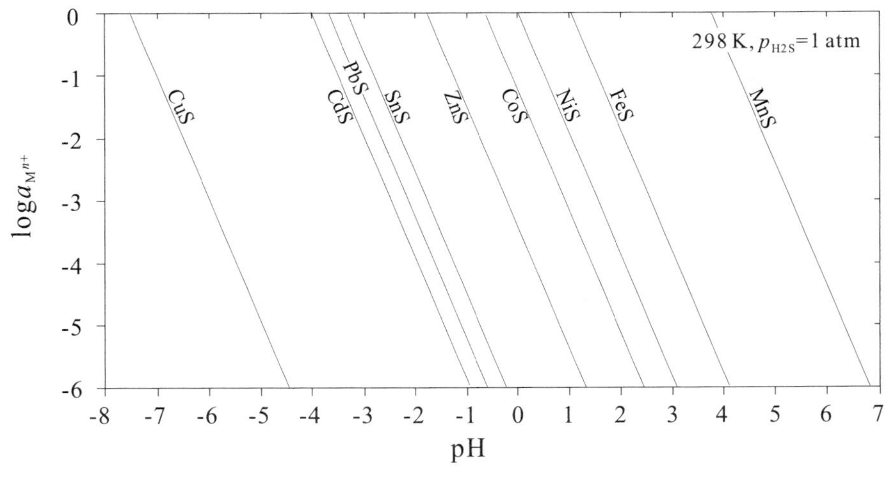

[그림 6.3] 각종 황화물의 황화수소 발생형 용해평형(298 K, p_{H2S}=1 atm)

---

79 PbS는 황산용액에서는 H_2S를 발생시켜 용해한다. 이것은 용출한 Pb^{2+}가 곧바로 $PbSO_4$로서 침전하고 침출액 중의 Pb^{2+}의 활동도가 매우 낮은 값으로 되기 때문이다.

예제 6.4 CuS, CdS, ZnS, FeS로 구성되어 있는 복합 황화물을 H_2SO_4용액에서 선택적으로 황산염을 만들어, 각각을 분리회수하려고 한다. 반응을 $MS + H_2SO_4 = MSO_4 + H_2S$로 두고, 평형론적으로 진행한다고 생각할 경우, 황산농도를 얼마로 하면 좋을지 계산하라. 단, 용해도적 S는 아래 표와 같다. 또, 용해한 H_2S는 약 0.1 mol/L로 Henry의 법칙을 따르며, $H_2S(aq) = 2H^+ + S^{2-}$의 반응에서 평형상수 K는 10^{-20}이다.

MS	CuS	CdS	ZnS	FeS
$S = a_{M^{2+}} \cdot a_{S^{2-}}$	10^{-36}	10^{-27}	10^{-24}	10^{-18}

풀이

$$H_2S = 2H^+ + S^{2-}, \quad K = 10^{-20} \tag{1}$$

로부터 S^{2-}의 농도를 구한다.

$$K = \frac{a_{H^+}^2 \cdot a_{S^{2-}}}{a_{H_2S}} = \frac{a_{H^+}^2 \cdot a_{S^{2-}}}{0.1} = 10^{-20} \tag{2}$$

$$\therefore \ a_{S^{2-}} = 10^{-21}/a_{H^+}^2 \tag{3}$$

$S = a_{M^{2+}} \cdot a_{S^{2-}}$에 식(3)을 대입하면

$$a_{M^{2+}} = (S \cdot a_{H^+}^2)/10^{-21} \tag{4}$$

양변에 대수를 취한다.(여기서 $pH = -\log a_{H^+}$)

$$\log a_{M^{2+}} = \log S + 21 - 2pH \tag{5}$$

따라서 식(5)에 각 조건을 대입하면 다음과 같이 된다.

CuS: $\log a_{Cu^{2+}} = -15 - 2pH$, CdS: $\log a_{Cd^{2+}} = -6 - 2pH$

ZnS: $\log a_{Zn^{2+}} = -3 - 2pH$, FeS: $\log a_{Fe^{2+}} = 3 - 2pH$

그림 6.3으로부터 산성용액에 의해 H_2S를 발생시키면서 침출 가능한 황화광물은 ZnS보다 우측에 있는 것으로, CuS는 H_2S를 발생시켜서 산성용액으로 용해하는 것은 불가능하다. 따라서 목적으로 하는 황화물의 분리회수가 가능하도록 황산의 농도를 조절하는 것이 바람직하다.

6.2.4 전위-pH도

산화물이나 황화물을 산성 수용액에 용해시키는 반응이나, 금속이온을 수산화물이나 황화물로 침전시키는 반응 등은 이온 활동도-pH도에 의해 잘 이해할 수 있다. 한편 수용액 중 금속산화물이나 금속의 용해반응과 같이 산화반응과 환원반응이 동시에 일어나는 경우, 이를 열역학적 관점에서 검토하기 위해서는 M(금속)-H_2O(물)의 E-pH도가 유용하다. 즉 전자의 주고받음을 포함한 반응을 고려하여야 할 경우 수용액 중의 평형은 수소이온 농도(pH)나 OH^-에 의해 크게 좌우되므로, 평형 상태에서 각 상의 관계를 수소이온 농도인 pH와 전위 E의 관계로 표시하는 것이 편리하다.

이러한 관계를 전위-pH도(potential-pH diagram)라 부르며 1945년 Pourbaix에 의해 처음으로 발표되었다.[80] 전위-pH도는 종축에 산화-환원반응을 지배하는 전위(E)를, 횡축에 산-염기반응을 지배하는 pH를 잡아 각 화학종의 안정영역을 나타낸 그림이다. 즉, 산화-환원반응과 산-염기반응의 주요 제어인자인 전자와 양성자(proton)의 화학퍼텐셜을 양 축에 취한 일종의 상태도이며, 해당 수용액계에서 일어날 수 있는 산-염기반응이나 산화-환원반응을 예측하는데 유용하다.

금속-수용액계에서 일어날 수 있는 모든 균일계 혹은 불균일계 반응의 단극전위, 평형상수 등을 pH의 함수로 계산하여 그림으로 표시할 수 있다. 우선 수용액 중에서 금속이나 금속이온이 관계하는 반응은 다음의 네 가지 형태로 구분할 수 있다.[81]

① 금속과 전자의 주고받음이 있으면서, 용액 중의 H^+이온도 관여하는 반응

② 금속과 전자의 주고받음은 있으나, 용액 중의 H^+이온은 관여하지 않는 반응

③ 금속과 전자의 주고받음은 없으나, 용액 중의 H^+이온은 관여하는 반응

④ 금속의 전자의 주고받음도 없으며, 용액 중의 H^+이온도 관여하지 않는 반응

여기서 ①, ②는 산화환원반응이며, ③은 산-염기 반응이다. ①~③ 반응의 평형관계는 평형전위나 평형상수를 pH의 함수로 계산하여 전위-pH 평면에 나타낼 수 있다. 따라서 반응에 관여하는 물질의 열역학적 안정영역을 전위-pH도로부터 알 수 있다.

①형 반응: 전위와 pH가 관여($m \neq 0$, $n \neq 0$)

---

80 M. Pourbaix, 1945: Thermodynamics of Dilute Aqueous Solutions, Edward Arnold & Co.
81 日本金属学会, 2003: 材料電子化学, 日本金属学会, 丸善, p. 91.

$$xOx + mH^+ + ne^- = yRe + zH_2O \text{ (산화-환원반응)} \tag{6.8}$$

자유에너지 변화 ΔG는

$$\Delta G = \Delta G^0 + RT\sum \ln a \tag{6.9}$$

$$\sum \ln a = 2.303\log\left(\frac{a_{Re}^y}{a_{Ox}^x \cdot a_{H^+}^m}\right) = 2.303 \times (y\log a_{Re} - x\log a_{Ox} + m\text{pH})$$

한편 전위 E는 다음과 같이 나타낼 수 있다.

$$E = -\frac{\Delta G}{nF} = E^0 - \frac{RT}{nF}\sum \ln a, \quad E^0 = -\frac{\Delta G^0}{nF} = \frac{RT}{nF}\ln K \tag{6.10}$$

25 ℃에서 $R = 8.314$ [J/(mol·K)], $F = 96500$ [J/Vg−eq or coulomb]이므로

$$E = E^0 + \frac{0.0591}{n}(x\log a_{Ox} - y\log a_{Re} - m\text{pH}) \tag{6.11}$$

$$= \frac{0.0591}{n}(\log K + x\log a_{Ox} - y\log a_{Re} - m\text{pH})$$

E^0나 $\log K$를 알면 이 식을 이용해 Ox, Re의 활동도 관계를 E와 pH를 양 축으로 하여 그림으로 표시할 수 있으며, 그 결과는 그림 6.4(a)와 같다.

②형 반응: 전위에는 관계하지만 pH와는 무관($m = 0$, $n \neq 0$)

$$xOx + ne = yRe \text{ (산화-환원반응)} \tag{6.12}$$

이 반응의 전극전위(평형전위)는 다음과 같다.

$$E = \frac{0.0591}{n}(\log K + x\log a_{Ox} - y\log a_{Re}) \tag{6.13}$$

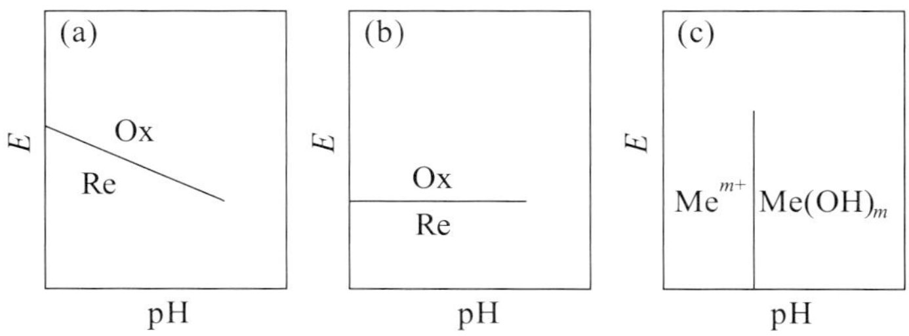

[그림 6.4] 단극전위와 pH의 관계

그림으로 나타내면 그림 6.4(b)와 같다.

③형 반응: 전위와는 무관, pH와 관계 있음($m \neq 0,\ n = 0$)

$$pA + mH^{+} = qB + zH_2O \text{ (산-염기반응)} \tag{6.14}$$

여기서 A는 염기(H^{+}를 받는 물질, base)이며, B는 산(H^{+}를 내보내는 물질, acid)을 나타낸다. 이 반응의 평형상수와 pH는 다음과 같다.

$$K = \frac{a_B^q \cdot a_{H2O}^z}{a_A^p \cdot a_{H^-}^m}, \quad pH = \frac{1}{m}(\log K + p\log a_A - q\log a_B) \tag{6.15}$$

여기서 A가 수산화물인 $Me(OH)_m$이고 B가 금속이온인 Me^{m+}라면 이 반응의 평형관계가 성립하는 pH는 금속이온 B의 활동도 a_B에 의존한다. 다음 식과 같으며, 그림으로 나타내면 그림 6.4(c)와 같다.

$$pH = \frac{1}{m}(\log K - q\log a_B)$$

④형 반응: 전위와도 pH와도 관계가 없는 반응

이러한 반응의 평형관계는 전위-pH도에는 나타낼 수 없다. 그러나 평형관계는 평형상수로부터 결정된다.

따라서 상기한 ①~③의 조건을 합치면 목적으로 하는 평형관계를 그림으로 나타낼 수 있다. 이 경우 용액 중 각 상의 활동도는, 순수고체는 1로 둘 수 있으며, 다량으로 용해되어 있는 이온의 활동도는 1이나 0.1 정도, 미량으로 용해된 물질이나 불용성이온 등은 10^{-5}이나 10^{-6}으로 한다.

예제 6.5 25 ℃에서 Zn-H_2O계의 $E-pH$ 관계를 계산하여 나타내고, H_2O의 분해에 관한 그림도 같이 표시하라.(부록 5 '수용액계에서의 열역학 Data' 참조)

$$Zn^{2+} + 2e^{-} = Zn \tag{1}$$

$$Zn^{2+} + 2H_2O = Zn(OH)_2 + 2H^{+} \tag{2}$$

$$Zn(OH)_2 + 2H^{+} + 2e^{-} = Zn + 2H_2O \tag{3}$$

$$2H^{+} + \frac{1}{2}O_2 + 2e^{-} = H_2O \tag{4}$$

$$2H^{+} + 2e = H_2 \tag{5}$$

풀이

(1) $Zn^{2+} + 2e^- = Zn$

$$\Delta G^0 = \Delta G^0_{Zn} - \Delta G^0_{Zn^{2+}} = 0 - (-147.03) = 147.03 \text{ kJ}$$

$$\log K = -\frac{147{,}030}{2.303 \times 8.314 \times 298} = -25.768$$

$$E = \frac{0.0591}{n}(\log K + \log a_{Zn^{2+}}) = -0.7614 + 0.0296 \log a_{Zn^{2+}} \text{ (V)}$$

$$\therefore\ E = -0.7614 \text{ (V)} \quad \text{at} \quad a_{Zn^{2+}} = 1$$

(2) $Zn^{2+} + 2H_2O = Zn(OH)_2 + 2H^+$

$$\Delta G^0 = (\Delta G^0_{Zn(OH)_2} + 2\Delta G^0_{H^+}) - (\Delta G^0_{Zn^{2+}} + 2\Delta G^0_{H_2O}) = 67.81 \text{ (kJ)}$$

$$\log K = \log\left(\frac{a^2_{H^+}}{a_{Zn^{2+}}}\right) = -\frac{67{,}810}{2.303 \times 8.314 \times 298} = -11.884$$

$$\therefore\ pH = -0.5 \log K - 0.5 \log a_{Zn^{2+}} = 5.942 - 0.5 \log a_{Zn^{2+}}$$

$$pH = 5.942 \quad \text{at} \quad a_{Zn^{2+}} = 1$$

(3) $Zn(OH)_2 + 2H^+ + 2e^- = Zn + 2H_2O$

$$\Delta G^0 = (\Delta G^0_{Zn} + 2\Delta G^0_{H_2O}) - (\Delta G^0_{Zn(OH)_2} + 2\Delta G^0_{H^+}) = 79.22 \text{ (kJ)}$$

$$\log K = \log\left(\frac{a_{Zn} \cdot a^2_{H_2O}}{a_{Zn(OH)_2} \cdot a^2_{H^+}}\right) = -\frac{79{,}220}{2.303 \times 8.314 \times 298} = -13.884$$

$$E = \frac{0.0591}{n}(\log K - m\text{pH}) = -0.410 - 0.0591\text{pH} \text{ (V)}$$

(1)~(3)으로부터 그림 6.5와 같은 $Zn - H_2O$ 계의 전위-pH도를 그릴 수 있다. 그리고 물이 O_2와 H_2로 분해하는 반응은 다음 식으로 나타낸다.

(a) $2H_2O = O_2 + 4H^+ + 4e$ (산소 전극반응)

$$E = 1.228 - 0.0591\text{pH} + 0.0148 \log p_{O_2}$$

$$E = 1.228 - 0.0591\text{pH} \text{ (V)} \quad \text{at} \quad p_{O_2} = 1 \text{ atm}$$

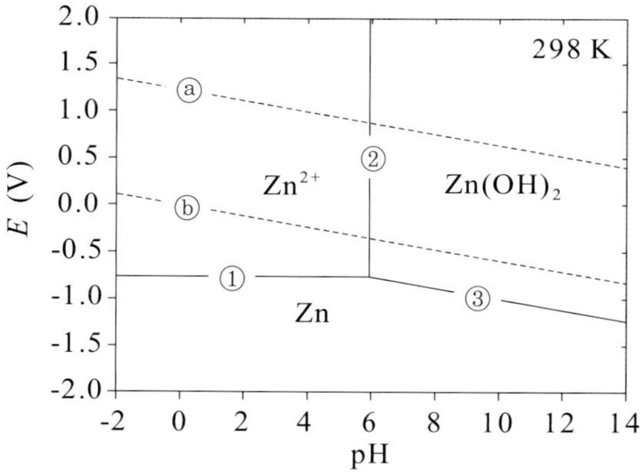

[그림 6.5] Zn-H_2O계의 E-pH도(각 물질의 활동도가 1일 때)

(b) $2H^+ + 2e = H_2 : \quad E = -0.0591pH - 0.0295\log p_{H_2}$

$$E = -0.0591pH \ (V) \quad at \quad p_{H_2} = 1 \ atm$$

Zn극과 Zn^{2+}의 평형은 용액 중의 Zn^{2+}의 농도가 결정되면 그림 6.5의 ①과 같은 수평선으로 나타낸다. 용액이 알칼리성으로 되면 Zn^{2+}는 백색인 $Zn(OH)_2$의 침전물이 되고, Zn^{2+}와 $Zn(OH)_2$의 평형은 식(2)와 같으며, 그림 6.5의 ②와 같은 수직선이 된다. 그림의 ③선은 Zn이 $Zn(OH)_2$로 되는 평형선을 나타낸다. Zn은 비교적 pH가 낮을 때는 $Zn \rightarrow Zn^{2+}$의 변화가 일어나고, pH가 상승함에 따라 $Zn \rightarrow Zn(OH)_2$의 변화가 일어나는 것을 알 수 있다.

한편 그림 6.5의 점선 ⓐ보다 위쪽 영역은 $p_{O2} > 1$ atm이므로 물이 분해되어 산소가 발생한다. 그리고 점선 ⓑ보다 아래쪽 영역은 $p_{H2} > 1$ atm이므로 물이 분해되어 수소가 발생한다. 점선 ⓐ와 ⓑ 사이는 물이 분해되지 않고 안정한 영역이다. 수용액으로부터 금속을 전해채취하는 경우 금속의 안정영역이 ⓑ선보다 위쪽에 있어야 한다. 그러나 그림에서와 같이 아연의 경우 ⓑ선보다 아래쪽에 금속의 안정영역이 존재하지만 수소 과전압이 크기 때문에 전해채취가 가능하다. 그렇지 않은 경우에는 수용액에서의 전해채취 등이 불가능하므로 비수용매나 용융염 전해 등을 하여야 한다.

예제 6.6 아래 데이터로부터 200 ℃에서 Ni-H_2O계 $E-pH$도를 나타내어라.

$$Ni^{2+} + 2e^- = Ni : \quad \Delta G^0_{473} = 42.47 \ (kJ) \qquad (1)$$

$$Ni^{2+} + H_2O = NiO + 2H^+ : \quad \Delta G^0_{473} = 57.27 \text{ (kJ)} \tag{2}$$

$$NiO + 2H^+ + 2e^- = Ni + H_2O : \quad \Delta G^0_{473} = -14.80 \text{ (kJ)} \tag{3}$$

풀이

우선 식(1)로부터

$$E_1 = E^0 - \frac{RT}{nF}\ln\left(\frac{a_{Ni}}{a_{Ni^{2+}}}\right) = -\frac{42,470}{2\times 96485} + \frac{8.314\times 473}{2\times 96,485}\times 2.303\log a_{Ni^{2+}}$$

$$= -0.220 + 0.047\log a_{Ni^{2+}} \text{ (V)}$$

$$\therefore\ E_1 = -0.220 \text{ (V)} \quad \text{at} \quad a_{Ni^{2+}} = 1$$

식(2)로부터

$$\log K_2 = -\frac{57,270}{2.303\times 8.314\times 473} = \log\left(\frac{a_{NiO}\cdot a^2_{H^+}}{a_{Ni^{2+}}}\right) = -6.324$$

$$\therefore\ 2pH = 6.324 - \log a_{Ni^{2+}} \quad \therefore\ pH = 3.162 \text{ (V)} \quad \text{at} \quad a_{Ni^{2+}} = 1$$

식(3)으로부터

$$E_3 = \frac{14,800}{2\times 96485} - \frac{8.314\times 473}{2\times 96,485}\times 2.303\log\left(\frac{a_{Ni}\cdot a^2_{H_2O}}{a_{NiO}\cdot a^2_{H^+}}\right)$$

$$= 0.077 - 0.094pH \text{ (V)}$$

이 결과를 그림 6.6에 나타내었다.

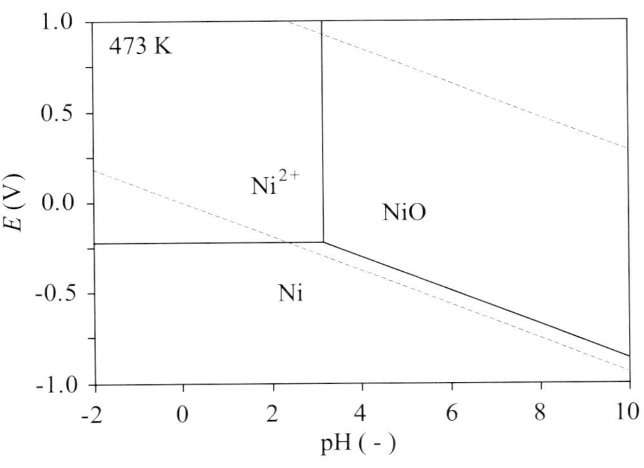

[그림 6.6] 200 ℃에서 Ni-H_2O계 $E-pH$도

6.2.5 침출반응의 속도

수용액에서 금속산화물이나 금속의 침출반응은 고체와 수용액의 계면에서 진행하므로 기-고 반응과 같이 불균일 반응이 되며, 침출과정은 다음과 같다.

① 고체입자 표면으로 반응물질의 이동

② 고체입자 표면에서의 화학 반응

③ 고체입자 표면에서 반응 생성물이 용액 본체로 이동

이러한 용해 반응 중 가장 느린 과정에 의해 전체의 속도가 율속되며, 고체입자 표면에서 반응물질과 반응 생성물의 농도 변화를 모식적으로 나타내면 그림 6.7과 같다.

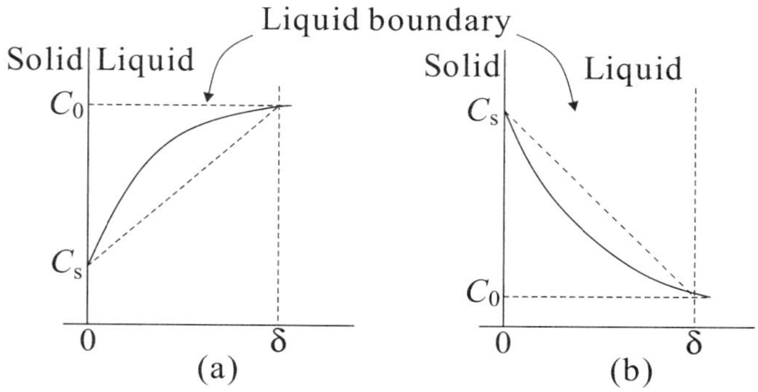

[그림 6.7] 확산에 의한 고-액 간의 물질이동 모델
(a: 고체표면으로 반응물질 확산, b: 고체표면으로부터 생성물질 확산)

침출과 같은 고-액 반응에서도 배소반응의 기-고 반응에서와 같이 고체표면에 경계층이 존재하며, 이것을 액경계층(liquid boundary layer)이라 부른다. 반응물질이나 반응 생성물은 이 경계층을 통하여 확산된다. 침출반응이 액경계층을 통한 확산에 의해 율속될 경우 Fick의 제1법칙으로부터 다음 식이 성립한다.

$$\frac{dn}{dt} = D \cdot A \frac{(C_o - C_s)}{\delta} \tag{6.16}$$

여기서 D는 확산계수, A는 입자의 표면적, C_0와 C_s는 각각 그림 6.7에 나타낸 것처럼 용액 본체와 입자표면에서의 반응물질 농도, δ는 액경계층 두께이다.

표 6.1에 몇 가지 확산계수 D를 나타내었다. 확산계수는 온도와 함께 약간 증가한다. 액경계층 두께 δ는 교반의 정도에 의존하여 최대 0.05 cm, 충분히 교반하면 0.001 cm 정도로 얇아진다.

〈표 6.1〉 수용액 중의 확산계수

물질	HCl	NaCl	Na_2SO_4	$CaCl_2$	$ZnSO_4$	H_2	O_2	Na^+	K^+	H^+
$D\times 10^{-5}[cm^2/s]$	3.34	1.61	1.23	1.34	0.85	5.2	1.41	1.98	1.35	3

수용액 중에서의 용해반응인 화학반응의 속도는 매우 빠르므로, 반응물질의 확산이 율속단계가 되는 경우가 많다. 따라서 위의 식(6.16)으로부터 고체의 용해도를 높이기 위해서는 다음과 같은 방법이 유효하다.

① D를 크게 하기 위해 온도를 상승시킨다.

② A를 크게 하기 위해 원료를 미분쇄시킨다.

③ 농도차를 크게 하기 위해 시약농도를 높이고, 대량의 액을 사용하여 생성물의 액중 농도를 낮춘다.

④ 액경계층 두께를 작게 하기 위해 충분한 교반을 한다.

고체입자를 구형이라 가정하면 입자의 무게 W, 표면적 A는 용해반응의 진행에 의해 감소하고, 입자의 반경을 r, 밀도를 ρ라 하면 다음과 같다.

$$W=\frac{4}{3}\pi r^3\rho, \quad r=\left(\frac{3W}{4\pi\rho}\right)^{1/3}, \quad A=4\pi r^2=4\pi\left(\frac{3W}{4\pi\rho}\right)^{2/3} \tag{6.17}$$

반응시간 t에서의 반경 r은, 구형입자의 반응률 x와 초기반경 r_0, 초기무게 W_0로부터 다음 식과 같이 구할 수 있다.

$$x=\frac{W_0-W}{W_0}=1-\frac{W}{W_0}=1-\frac{r^3}{r_0^3} \tag{6.18}$$

$$\therefore r = r_0(1-x)^{1/3} \tag{6.19}$$

6.2.6 침출반응의 활성화 에너지

침출반응의 활성화 에너지는 반응속도상수의 온도 의존성으로부터 구할 수 있다. 그러나 속도상수는 반응의 율속과정에 따라 달라진다. 고체입자의 침출반응은 계면에서의 화학반응, 입자 주위에서의 물질이동, 반응 생성물층을 통한 반응물질의 확산, 그리고 이들의 복합적인 작용에 의해 율속되는 것으로 생각할 수 있다. 침출반응 중 반응 생성물층이 생성되는 것으로 가정하여 응축핵 모델(shrinking core model)을 적용하면, 각 율속과정에 따른 반응속도식은 다음과 같이 나타낼 수 있다.[82]

$$\text{화학반응 율속: } 1-(1-x)^{1/3}=k_r t \tag{6.20}$$

$$\text{생성물층을 통한 반응물질의 확산: } 1-3(1-x)^{2/3}+2(1-x)=k_d t \tag{6.21}$$

$$\text{입자 주위 액경계층에서의 물질이동: } 1-(1-x)^{2/3}=k_f t \tag{6.22}$$

$$\text{혼합율속: } 1-2(1-x)^{1/3}+(1-x)^{2/3}=k_m t \tag{6.23}$$

여기서 x는 반응률(-), t는 반응시간(s), 그리고 k_r, k_d, k_f, k_m은 각각 화학반응 율속, 확산 율속, 물질이동 율속, 혼합율속의 겉보기 속도상수(s^{-1})를 나타낸다. 여기서 반응 생성물층이 없는 경우에는 식(6.21)의 율속은 무시할 수 있다.

따라서 반응시간에 따라 각 속도식의 좌변을 도해하여, 직선관계가 양호하게 성립하는 것이 율속단계가 되며, 직선의 기울기는 각 율속단계의 속도상수 k_i다. 반응온도에 따른 속도상수의 대수값 $\ln k_i$와 온도의 역수$(1/T)$의 관계는 다음과 같다.

$$\ln k_i = -\frac{E}{R}\cdot\frac{1}{T} \quad \text{or} \quad \log k_i = -\frac{E}{19.147}\cdot\frac{1}{T} \tag{6.24}$$

여기서 E가 활성화 에너지(J/mol)이므로, $\ln k_i$-$(1/T)$의 관계를 그래프로 나타내고, 그 직선의 기울기로부터 E를 구할 수 있다.[83]

6.3 원료의 침출

리사이클링의 대상이 되는 도시광물 중의 금속은 폐촉매, 2차 전지 등과 같이 금속 산화물 등으로 존재하거나, 소형모터나 PCB, 자석 등과 같이 단체금속으로 존재하는 경우가 많다. 습식처리에 의한 자원 리사이클링에서는 수집한 원료를 목적에 따라 전처리를 한 후, 습식처리

---

82 박수지, 손인준, 손호상, 2015: 황산용액에 의한 전기로 제강분진으로부터 Zn의 침출, *대한금속·재료학회지* 53(11), pp. 793-800.

83 2.8.3 '반응속도에 미치는 온도의 영향' 참조.

의 가장 기본이 되는 공정으로 목적금속을 용액 중에 용해시킨다. 이와 같이 고상원료 중에 포함되어 있는 목적금속을 용액 중에 이온으로 용해시키고 불용성이나 난용성의 불순물을 잔사(殘渣, residue)로 남기는 조작을 침출(浸出, leaching)이라 한다. 침출 후에는 고-액 분리 공정을 거치며, 이때 분리된 여액 중에는 목적금속 외의 원소도 용해되어 있기 때문에 정액공정에서 목적금속 이온만 추출하여 금속이나 화합물로 회수한다.

침출법에는 조작압력에 따라 상압침출과 가압침출이 있으며, 사용하는 용매에 따라서 산 침출(acid leaching), 알칼리 침출(alkaline leaching), 수 침출(water leaching)이 있다. 그리고 침출 대상물에 따라 금속 침출, 산화물 침출, 황화물 침출 등으로 나누고 있다. 어떠한 침출법을 선택할 것인가는 처리원료 중의 목적성분 및 수반물질의 화학적성질이나 양, 환경문제 등의 인자를 고려하여 결정한다.

한편 산성 수용액 중에서 금속의 용해속도는 빠르지만 부동태 현상을 제외하면 그다지 선택성이 없다. 그러나 알칼리성 수용액 중에서의 용해는 선택성이 있다. 예로서 주석 도금강판 중의 주석은 알칼리 수용액 중에서 선택적 용해로 회수한다.

여기서는 침출 대상(금속, 산화물, 황화물)에 따른 침출반응에 대해 알아본다.

6.3.1 금속의 침출

금속 침출의 대상이 되는 것으로 PCB 등의 전기전자부품 중에 함유되어 있는 유가금속(Au, Ag, Pt, Cu 등)과 제련공정 부산물이나 산화물을 환원한 것들이 있다. 특히 금·은의 경우 청화법(cyanidation process)이 잘 알려져 있고, 침출용매로 시안화물(cyanide, KCN, NaCN 등)을 사용하며, 대체 용매로는 티오요소(thiourea, $CS(NH_2)_2$)가 있다. 청화법에서는 공기(산소)나 기타의 산화제를 이용하여 귀한(noble) 금속인 금·은을 pH=9~11의 시안이온을 함유하는 수용액 중으로 용해시킨다. 예를 들어 NaCN을 이용한 금의 용해반응은 다음과 같으며, 은에 대해서는 식(6.25)의 Au를 그대로 Ag로 치환하면 된다.[84]

$$2Au + 4NaCN + 1/2O_2 + 2H_2O = 2NaAu(CN)_2 + 2NaOH + H_2O \qquad (6.25)$$

그리고 Cu, Ni, Co 등은 산화제와 함께 $NH_3 + CO_2$, $(NH_4)_2SO_4$, H_2SO_4를 용매로 사용하여 침출할 수 있다. Cu의 암모니아에 의한 침출반응은 다음과 같다.

---

84 청화법에 대해서는 8.2 '귀금속의 리사이클링'을 참조.

$$Cu + 4NH_3 + 1/2O_2 + H_2O = Cu(NH_3)_4^{2+} + 2OH^- \tag{6.26}$$

이 반응식은 OH^-이온의 생성반응으로, 반응을 장시간 지속시키기 위해서는 pH가 증가하는 것을 억제하여야 한다. 그림 6.8에는 $[Cu] = 0.5\ kmol \cdot m^{-3}$, $[NH_3] + [NH_4^+] = 7\ kmol \cdot m^{-3}$의 조건에서 만든 $Cu - NH_3 - H_2O$의 $E-$pH도를 나타내었다.[85] 그림으로부터 식(6.26)에서 만들어진 $Cu(NH_3)_4^{2+}$는 그 자체가 다음 식에 의해 동을 용해하는 산화제가 될 수 있다.

$$Cu + Cu(NH_3)_4^{2+} = 2Cu(NH_3)_2^+ \tag{6.27}$$

이 반응에서 만들어진 $Cu(NH_3)_2^+$는 용존산소에 의해 다음 식으로 산화되므로, 동의 용해반응은 자기 촉매적으로 진행된다.

$$2Cu(NH_3)_2^+ + 4NH_3 + 1/2O_2 + 2H^+ = 2Cu(NH_3)_4^{2+} + H_2O \tag{6.28}$$

한편 암모니아는 높은 휘발성이 있기 때문에 암모니아를 함유하는 수용액에 공기나 산소를 취입하는 것은 쉽지 않다. 특히 모터 중의 Cu를 침출하기 위해서는 장시간이 필요하므로, Majima 등은 상기 반응에 의해 생성되는 $Cu(NH_3)_4^{2+}$를 산화제로 사용하였다.

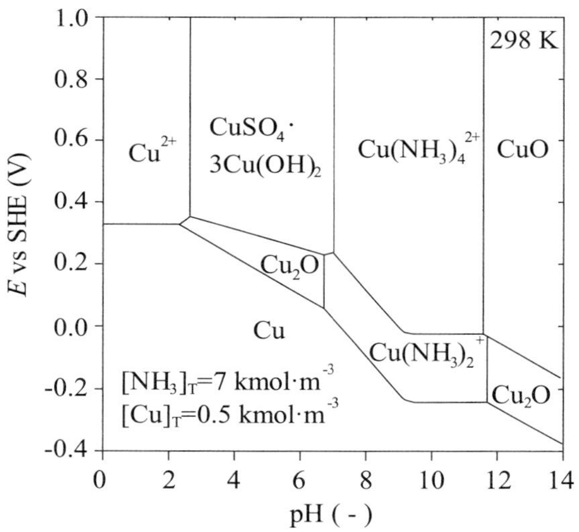

[그림 6.8] $Cu-NH_3-H_2O$의 $E-$pH도

85 Hiroshi MAJIMA et al., 1993: Dissolution of Copper with Aqueous Cupric Ammine Solution —Studies on the selective recovery of copper and iron from motor scrap (1st Report)—, Shigen-to-Sozai **109**(3), pp. 191-194.

6.3.2 산화물의 침출

도시광물 중에는 2차 전지와 같이 산화물로 존재하는 경우도 있으며, Nd계 자석과 같이 금속상태인 경우에도 선택적 침출을 위해 산화배소하여 산화물로 만들어 침출하는 경우가 있다. 금속의 경우 시안화물을 사용하더라도 산화제를 필요로 한다. 산화물은 이미 금속이 산화상태에 있지만 종류에 따라 산화제나 환원제가 필요한 경우가 있다.

(1) 산화제가 필요 없는 경우

$Al(OH)_3$, CuO, SnO_2, ZnO, 회중석인 $CaWO_4$ 등은 산화제가 필요 없는 경우로 반응식은 다음과 같다.

$$ZnO + H_2SO_4 = ZnSO_4 + H_2O \tag{6.29}$$

$$CuO + H_2SO_4 = CuSO_4 + H_2O \tag{6.30}$$

$$CaWO_4 + 2HCl = CaCl_2 + H_2WO_4 \tag{6.31}$$

보크사이트(bauxite) 중 Al_2O_3의 침출은 아래와 같이 알칼리 침출을 이용한다.

$$Al_2O_3 + 2NaOH = 2NaAlO_2 + H_2O \tag{6.32}$$

한편 저급 산화물인 적동광(Cu_2O)의 황산침출에서는 산화제가 필요 없으나, 불균일 반응에 의해 용해되면서 금속 Cu도 생성된다.

$$Cu_2O + H_2SO_4 = CuSO_4 + Cu + H_2O \tag{6.33}$$

(2) 산화제가 필요한 경우

저급산화물인 U_3O_8, $UO_2 \cdot nUO_3$ 등의 산 침출이나 알칼리 침출에서는 UO_2의 용해도가 낮기 때문에 침출이 곤란하므로, 공기, Fe^{3+} 이온, MnO_2, $KMnO_4$ 등의 산화제를 이용하여 아래 식과 같이 침출한다.

$$Cu_2O + H_2SO_4 + Fe_2(SO_4)_3 = 2CuSO_4 + 2FeSO_4 + H_2O \tag{6.34}$$

$$U_3O_8 + O_2 + 3H_2SO_4 = 3UO_2SO_4 + 3H_2O \tag{6.35}$$

한편 수용액계에서 사용되는 산화제로는 공기, 염소가스, 오존, 염화제2철, 이산화망간, 과산화수소, 질산 등이 있다. 공기는 값싼 산화제이지만 수용액 중으로의 산소 용해도가 낮기 때문에(25 ℃, 8 ppm) 공기를 산화제로 사용하면 용해반응은 용존산소의 물질이동 율속으로 되어 용해속도가 매우 느린 단점이 있다. 염소가스의 경우 용해도가 산소의 약 100배로 높기 때문에 니켈 맷트나 니켈 황화물의 침출에 이용되고 있다. 가스상이 아닌 시약을 산화제로 사용하면 수용액 중에 산화제의 농도를 높게 유지할 수 있다.

(3) 환원제가 필요한 경우

고급 산화물인 MnO_2나 Zn페라이트 등은 SO_2가스나 Fe^{2+}이온 등의 환원제를 이용하여 침출한다.

$$MnO_2 + 2FeSO_4 + 2H_2SO_4 = MnSO_4 + Fe_2(SO_4)_3 + 2H_2O \tag{6.36}$$

$$ZnO \cdot Fe_2O_3 + SO_2 + 2H_2SO_4 = ZnSO_4 + 2FeSO_4 + 2H_2O \tag{6.37}$$

이상의 것을 전위-pH도로부터 검토하면, 산화제나 환원제가 필요 없는 산화물은 산성 혹은 알칼리성 영역에서 동일한 산화상태에 있는 금속이온의 안정영역이 넓은 경우에 해당한다. 한편 산화제나 환원제를 필요로 하는 산화물은 산화상태에 있는 금속이온의 안정영역이 좁게 제한되어 있기 때문이다. 따라서 산화나 환원에 의해 금속이온의 안정영역을 넓히는 침출 조건을 설정하는 것이 필요하다.

6.3.3 황화물의 침출

비철금속의 원료에서 차지하는 황화광의 비율이 매우 크기 때문에 황화광의 침출반응은 중요하지만 일반적으로 침출속도가 느려서 공업적 규모로 황화광을 침출하는 경우는 드물다. 특히 리사이클링에서는 특수한 경우를 제외하면 황화물을 직접 침출하는 경우는 드물며, 오히려 산화배소에 의해 산화물로 만들어 침출한다. 황화물의 침출도 산화제가 필요 없는 경우와 필요로 하는 경우로 구분할 수 있다. 또한 묽은 산으로 침출하는 경우와 알칼리용액으로 침출하는 경우가 있으며, 아래에 몇 가지 예를 나타내었다.

$$ZnS + H_2SO_4 = ZnSO_4 + H_2S \tag{6.38}$$

$$ZnS + 2O_2 = ZnSO_4 \tag{6.39}$$

$$ZnS + 4NaOH = Na_2ZnO_2 + Na_2S + H_2O \tag{6.40}$$

$$PbS + 4NaOH = Na_2PbO_2 + Na_2S + 2H_2O \quad (6.41)$$

6.3.4 바이오 침출

도시광물에는 다양한 희소금속원소들이 미량으로 함유되어 있다. 따라서 이들을 효율적으로 추출하여 산업원료로 공급할 수 있는 환경친화/에너지저감형 공정의 개발이 요구되며 많은 국가들이 경쟁적으로 기술개발에 나서고 있다. 이와 같은 관점에서 최근 들어 지속가능한 자원 순환활용을 위해 미생물을 이용하는 연구가 활발히 진행되고 있다.

예를 들어 동제련소에서 발생하는 전로 슬래그나 폐 슬래그 중에 함유되어 있는 미량의 Cu, Ni, Co 등을 추출하기 위해 균류나 세균을 이용하는 미생물 침출에 대한 연구가 수행된 바 있다. 금속 침출에 이용되는 균류로 잘 알려져 있는, Aspergillus niger에 의한 슬래그에서 금속의 침출률은 구리 47%, 니켈 50 %, 그리고 코발트 23 % 이었으며 배양 여과액(culture filtrate)에의 침출률은 구리 46.5 %, 니켈 28 %로 배양액을 이용할 때보다 낮은 효율을 보였다. A. niger의 대사 활동은 균류에 의해 미생물이 침출되는 동안 착화합물의 형성에 의해 금속을 용해하는 구연산(citric acid), 호박산(succinic acid) 그리고 글루콘산(gluconic acid) 등과 같은 카르복시산(carboxylic acid)을 분비하여 금속을 침출한다.[86]

아직 실험실적 규모의 연구개발만 진행되고 있으며, 상용화된 기술이 보고되지는 않았으나, 향후 도시광물 처리에 활용될 것으로 기대된다.

6.3.5 침출방법

침출방법에는 현장침출(underground leaching, in-situ leaching), 야적침출(heap leaching), 침투침출(percolation leaching, vat leaching), 교반침출(agitation leaching), 고압침출(autoclave leaching) 등이 있다. 어떠한 침출법을 선택할 것인가는 원료와 용해능력에 따라 결정된다.

(1) 현장침출

일반적으로 광석의 품위가 낮아 채굴하면 경제성이 없는 광석일 경우에 적용하는 방법이다.

---

86 이재천 등, 2011: 도시광산 금속자원의 순환활용을 위한 바이오 습식제련, 한국지구시스템공학회지 **48**(3), pp. 383-395.

광상 자체에 폭약 등으로 내부 균열을 만들어 상부에서 묽은 황산 등의 용매를 주입하여 침출한다. 품위가 낮은 동, 우라늄, 금광 등에 많이 적용한다.

(2) 야적침출

저 품위의 광석을 대상으로 하며, 평평한 장소에 6~9 m 정도의 높이로 야적한 후 용매를 산포하여 침출한다. 저 품위 원료의 리사이클링에도 적용할 수 있을 것이다.

(3) 침투침출

비교적 원료의 품위가 높거나 고가의 금속을 침출할 때 사용하는 방법으로 배트(vat)침출이라고도 한다. 원료 중으로 용매가 쉽게 침투할 수 있도록 조립의 원료를 사용하여야 한다. 일반적으로 장방형의 콘크리트로 만든 배트에 Pb 라이닝 등을 하고, 바닥에는 침출액을 회수할 수 있는 홀(구멍)이 있으며, 그 위에 여과판을 둔다.

(4) 교반침출

원료의 품위가 높을 때 적용하는 것으로 침출조를 이용하며, 높은 침출률을 얻기 위해서는 고/액비가 낮을수록 유리하다. 그리고 원료의 입도, 반응온도, 압력, 원료와 용매의 접촉 등이 침출률에 큰 영향을 미친다. 교반침출은 연속식, 회분식 모두 가능하다. 교반방법에는 기계식, 압축공기를 이용하는 것 등이 있다. 일반적으로 자원 리사이클링에서 많이 적용하는 방법이다.

(5) 가압침출

고온·고압이 되면 화학반응이 촉진된다. Zn나 Cu의 페라이트(ferrite)는 일반적인 조건의 황산에는 잘 용해되지 않지만, 온도를 160 ℃ 정도까지 올리면 쉽게 용해된다. 이러한 가압침출은 오토클레이브(autoclave)를 이용한다. 특히 청화법으로 금을 침출하는 경우 산화제로 산소가 필요하며, 산소의 압력을 높임에 따라 금의 침출속도가 증가한다. 황화물을 침출하는 경우에도 산화제 역할을 하는 산소를 가압하여 침출속도를 높일 수 있다. 특히 황화물의 가압침출은 침출조의 내부가 여러 개로 분할되어 있으며, 원료와 용매는 순류(concurrent)하도록 되어 있다.

6.4 고-액 분리

일반적으로 산성 수용액 중에서는 원료 중의 목적금속을 선택적으로 용해시키는 것이 거의 불가능하지만, 용매에 용해되지 않은 물질은 고상으로 남게 된다. 또 침전 석출을 한 경우에도 용액 중에 고형분이 존재한다. 특히 PCB 등을 분쇄, 선별하여 침출한 경우, 산성용액 등에 용해되지 않은 플라스틱류 등이 미용해 잔사로 남으며, 입자의 크기에 따라서는 용액 중에 현탁되어 있기도 한다. 이러한 경우에는 필수적으로 고-액 분리(solid-liquid separation)를 하고 있다. 기본적인 고-액 분리 방법에는 침강법(sedimentation), 여과법(filtration), 원심분리법(centrifugation) 등이 있다.

6.4.1 농축과 침강분리

용액(물) 중에 고형분말이 분산, 현탁되어 있는 것을 슬러리(slurry)라 하는데, 다량의 수분을 함유하고 있으며 농도도 일정하지 않다. 이 상태에서는 여과나 탈수를 하여도 충분한 효과를 얻을 수 없을 뿐만 아니라 비경제적이다. 따라서 여과나 탈수의 전처리로 가능한 한 물을 제거하여야 한다. 이러한 작업을 농축이라 한다. 슬러리는 농축기나 농축조에서 처리되고 있다.

농축의 원리는 고형분말이 현탁되어 있는 슬러리를 중력장에 일정 시간 방치하면 고체입자가 침강하여 상징액(上澄液)과 침전물로 분리되는 침강분리이다. 이것은 유체 중 입자의 운동에 관한 아래 식의 Stokes의 법칙으로 설명할 수 있다.

$$u_t = \frac{g\,(\rho_p - \rho_f\,)d_p^2}{18\,\mu} \tag{6.42}$$

여기서 u_t는 종단속도(m/s), d_p는 입자직경(m), ρ_p는 입자의 밀도(kg/m^3), ρ_f는 유체의 밀도(kg/m^3), μ는 유체의 점도(Pa·s), g는 중력가속도(m/s^2)이다. 이 식으로부터 종단속도 u_t를 구하면 고체입자가 침강하는 데 소요되는 시간을 계산할 수 있다.

이 식을 통해 입자가 크고 밀도가 높을수록 침강속도가 빠른 것을 알 수 있다. 따라서 침강속도를 높이기 위해 응집제를 첨가하여 겉보기 입자직경을 크게 하거나, 침강거리를 짧게 하기도 한다. 중력장이 아닌 원심력장을 이용하는 방법도 있다. 그리고 입자크기가 다르거나, 입자크기는 유사하여도 밀도가 다른 경우에는 그 차이에 의해 상호 간에 분리할 수 있음을 알 수 있다.

이러한 입자 상호 간의 분리를 분급(classification)이라 한다.

침강분리에는 일반적으로 농축기(thickener)를 많이 사용하고 있으며, 대표적인 것으로 그림 6.9와 같은 Dorr 침강기가 있다. 중심축 구동형의 갈퀴(rake)가 있는 침강기의 경우 직경이 약 20~24 m이다. 농축기에 슬러리를 연속적으로 공급하고, 경사진 바닥에 침강된 침전물은 레이크에 의해 중심으로 모여 간헐적 또는 연속적으로 배출되며, 약 35~60 %의 수분을 함유하고 있다. 상징액은 위로 넘쳐서 론더(launder)에 모여 회수된다.

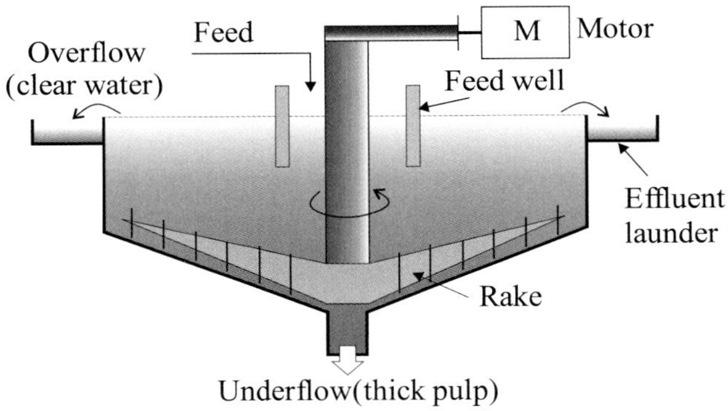

[그림 6.9] 전형적인 Dorr 침강기의 기본 구조

예제 6.7 산 침출 후 직경이 100 ㎛인 미용해 입자가 1.5 m 깊이의 침강조 용액표면에서 바닥까지 침강하는 데 걸리는 시간을 구하라. 단, 용액의 밀도는 1,200 kg/m^3, 미용해 입자의 밀도는 3,500 kg/m^{3}이며, 용강의 점도는 0.01 Pa·s이다.

풀이

Stokes의 법칙인 식(6.42)로부터 종단속도를 구하면 다음과 같다.

$$u_t = \frac{g(\rho_p - \rho_f)d_p^2}{18\mu} = \frac{9.8 \times (3500-1200) \times (1 \times 10^{-4})^2}{18 \times 0.01} = 0.00125 \ [\mathrm{m/s}]$$

$$\therefore \ time = \frac{L}{u_t} = \frac{1.5}{0.00125} = 1200 \ \sec = 20 \ \min$$

따라서 정지한 용액 중에서 직경이 100 μm인 미용해 입자가 침강조 바닥에 침강하는 데 소요되는 시간은 20분이다.

6.4.2 여과(filtration)

여과는 미세한 구멍이 있는 여과재(filtration medium)에 고형물이 있는 용액을 통과시켜 여과재의 표면이나 내부에 고체입자를 남기는 조작이다. 이때 여과재의 표면이나 내부에 잔류하는 고형물을 필터 케이크(cake)라 하며, 여과에 의해 얻어진 청징액(淸澄液)을 여액(filtrate)이라 한다. 상기한 농축기에서 일부의 수분이 제거된 침전물 중에도 약 35~60 %의 수분이 함유되어 있으므로, 이것을 더욱 탈수하여 90 % 이상의 고형물을 함유하는 케이크와 여액으로 분리하는 과정이다. 목적에 따라 케이크가 필요한 경우와 여액이 필요한 경우, 양자 모두 필요한 경우가 있다.

자연적인 중력을 이용하여 여과하는 경우 여과속도가 느리기 때문에 감압(진공)여과나 가압여과를 하며, 원심력을 이용하는 여과도 있다. 일반적으로는 연속 감압식의 올리버 여과기(Oliver filter)와 회분 가압식의 필터 프레스(filter press)를 이용한다.

그림 6.10에는 올리버 여과기(Rotary vacuum-drum filter)의 모식도를 나타내었다. 그림에서와 같이 회전통의 내부를 감압하며, 회전통의 외부 표면은 여과재로 감싸져 있다. 따라서 케이크는 회전통 외부의 여과재 표면에 축적된다. 또한 그림과 같이 회전통이 구획되어 있어서 '탈수-세정-탈수-케이크 박리'가 연속적으로 이루어지도록 되어 있다.

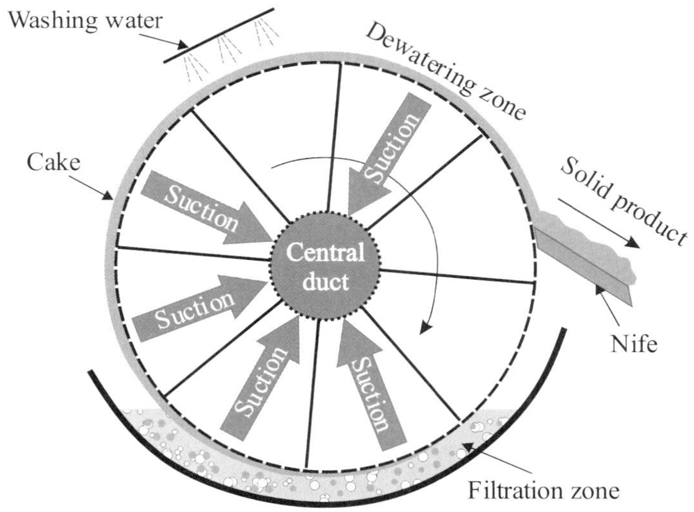

[그림 6.10] 올리버 여과기(Olive filter)의 모식도

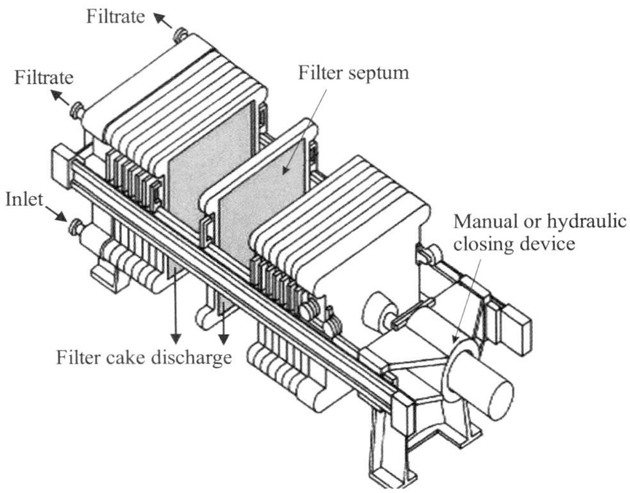

[그림 6.11] 필터 프레스 구조의 모식도

그림 6.11에는 가압식 필터 프레스의 구조를 모식적으로 나타내었다. 슬러리가 필터 챔버 안으로 공급되면 여액이 배출된다. 이어서 공기를 불어넣어 챔버를 압축하면 각 챔버의 멤브레인이 작동하여 케이크가 치밀하게 압축된다. 마지막으로 압축공기를 챔버에 공급하여 케이크를 탈수하고 건조하여 배출한다. 이러한 필터 프레스는 탈수성이 나쁜 침전물이나 고형분이 적은 경우에 많이 적용하고 있으며, 특히 Au, Ag의 청화액이나 아연 전해액의 청징 등에 널리 이용되고 있다.

이 외에도 롤 프레스 여과 탈수기와 원심분리 여과기 등이 있다.

6.5 정액(淨液, solution purification)

스크랩 등의 도시광물을 파쇄·분쇄, 침출, 고액 분리하는 등의 과정을 거쳐 나온 여액에 함유된 유가금속 이온은 금속이나 화합물 상태로 회수하게 된다. 침출공정에서 목적으로 하는 유가금속만을 완전히 선택적으로 용해시키는 것은 불가능에 가깝다. 따라서 용액 중에 원하지 않는 금속이온이 공존하거나, 목적금속 이온의 농도가 낮아서 회수공정에 적합하지 않은 경우가 발생한다. 습식처리 공정에서 이러한 불순물 이온을 제거하는 조작을 정액(淨液, solution purification)이라 한다.

예를 들어 최종적으로 전해에 의해 금속을 채취하려고 할 경우, 용액 중에 목적금속보다 산화환원 전위가 높은 귀한(noble) 이온이 있으면 전기화학적으로 환원되기 쉬워 목적금속과 함께 석출되기 때문에 미리 제거하여야 한다. 특히 Zn이나 Mn과 같이 산화전위가 낮은 비한(base) 금속의 경우는 제거하여야 할 불순물이 많아서 정액공정에 세심한 주의가 필요하다. 그리고 목적금속보다 산화전위가 낮은 금속이라도 전해채취 등의 효율에 악영향을 미치므로 미리 제거하여야 한다. 만약 용액 중 목적금속 이온의 농도가 낮아 회수공정에 적합하지 않은 경우에는 농축하여야 한다.

일반적으로 이러한 불순물은 침전에 의해 분리하는 경우가 많다. 이러한 침전 제거법을 원리 면에서 분류하면 다음과 같다.

① 중화에 의한 수산화물의 생성(가수분해)

② 산화·환원에 의한 금속, 화합물의 생성

③ 특수한 침전제 첨가에 의한 화합물의 생성

④ 이온교환이나 용매추출과 같은 특수 분리법

한편, 이러한 방법은 목적금속 이온의 종류, 불순물 원소의 종류에 따라 몇 단계에 걸쳐 고순도의 용액으로 정제한다. 예를 들어 아연 침출액의 경우 중화를 통해 용액 중의 Fe^{3+}을 우선적으로 제거한 후, 아연분말을 첨가하여 Cu를 제거(회수)하고, 이어서 침전제를 첨가하여 Co를 제거한다. 이와 같이 불순물의 종류에 따라 상기한 방법들을 적절한 순서에 따라 적용하여야 한다.

6.5.1 중화(가수분해)

금속염의 수용액은 산성에서는 안정하지만 염기성으로 갈수록 불안정하여 수산화물로 침전한다. 이러한 원리를 이용하여 용액의 pH를 적절하게 조절하면, 불순물이나 목적금속을 가수분해함으로써 수산화물의 침전을 만들어 제거하거나 회수할 수 있다. 가수분해는 정액공정에서 가장 많이 사용되고 있는 방법이다. 상온에서 각종 금속이온의 가수분해 반응의 평형은 그림 6.2에 나타내었으며, Fe^{3+}, Pb^{2+}, Cu^{2+}, Fe^{2+}, Zn^{2+}, Ni^{2+}, Co^{2+}, Cd^{2+}의 순으로 수산화물을 생성하는 pH가 높아진다. 비철금속의 습식처리에서 항상 문제가 되는 것은 철이지만, Fe^{3+}이온은 비교적 낮은 pH에서 수산화물인 $Fe(OH)_3$ 침전을 생성하기 때문에 비교적 쉽게 제거할 수 있다. 그러나 가수분해에 pH 7 이상이 필요한 Fe^{2+}이온이 존재하는 경우에는 MnO_2나 $KMnO_4$와 같은 산화제를 이용하여 아래 반응식과 같이 Fe^{3+}이온으로 산화한 후에 가수분해하여 침전제거를 하고 있다.

$$2Fe^{2+} + MnO_2 + 4H^+ = 2Fe^{3+} + Mn^{2+} + 2H_2O \tag{6.43}$$

$$5Fe^{2+} + MnO_4^- + 8H^+ = 5Fe^{3+} + Mn^{2+} + 4H_2O \tag{6.44}$$

한편 이러한 가수분해반응은 폐수에 함유된 중금속의 제거에도 이용된다. 그리고 중화를 통해 생성된 침전물이 콜로이드성 입자가 되면 수중에서 안정한 상태로 분산되므로 여과에 의한 분리가 곤란한 경우가 있다. 이러한 경우에는 입자를 조대화시키기 위한 응집제가 필요하다. Lee 등은 Cu와 Zn가 100 ppm 정도 함유된 황산에칭 폐액을 NaOH로 중화시켜 pH를 8~12 정도로 조절하고, 응집제로 alum($Al_2(SO_4)_3$)을 용액에 첨가하여 중금속을 99 % 이상 제거하였다.[87]

예제 6.8 298 K에서 Zn 수용액 중에 용해되어 있는 Fe^{3+}이온을 가수분해하여 제거하고자 한다. 주어진 자료로부터 이온 활동도-pH의 관계를 계산하여 나타내고, 제거방법을 설명하라.($a_{Fe^{3+}}$가 1 및 10^{-6} 일 때의 pH값을 계산하라.)

i	Zn^{2+}	$Zn(OH)_2$	H_2O	Fe^{3+}	$Fe(OH)_3$
$\mu^0_{i,298}$(kJ)	-147.03	-553.58	-237.178	-4.6	-696.6

풀이

우선 $a_{Fe^{3+}}$의 값을 계산한다.

$$Fe^{3+} + 3H_2O = Fe(OH)_3 + 3H^+$$

$$\Delta G^0_{298} = (\mu^0_{Fe(OH)_3} + 3\mu^0_{H^+}) - (\mu^0_{Fe^{3+}} + 3\mu^0_{H_2O}) = 19{,}534\ \text{J} = -RT\ln K$$

$$\log K = -3.424, \qquad \log a_{Fe^{3+}} = -\log K - 3\text{pH}$$

$$a_{Fe^{3+}} = 1: \qquad \therefore\ \text{pH} = 3.424/3 = 1.141$$

$$a_{Fe^{3+}} = 10^{-6}: \ \therefore\ \text{pH} = (6 + 3.424)/3 = 3.141$$

다음은 $a_{Zn^{2+}}$의 값을 계산한다.

87 이만승, 안재우, 이창해, 2007: 황동전구 Base 제조과정에서 발생한 구리와 아연 함유 황산폐수의 중화법에 의한 제거, *자원리싸이클링* **16**(6), pp. 39-45.

$$Zn^{2+} + 2H_2O = Zn(OH)_2 + 2H^+$$

$$\Delta G^0_{298} = (\mu^0_{Zn(OH)_2} + 2\mu^0_{H^+}) - (\mu^0_{Zn^{2+}} + 2\mu^0_{H_2O}) = 67,806 \text{ J} = -RT\ln K$$

$$\log K = -11.89, \quad \log a_{Zn^{2+}} = -\log K - 2pH$$

$$a_{Zn^{2+}} = 1; \qquad \therefore \ pH = 11.89/2 = 5.945$$

이러한 관계는 그림 6.2에 나타내었으며, 그림으로부터 $a_{Fe^{3+}} = 10^{-6}$ 이하가 되는 pH=3.141 이상, $Zn(OH)_2$가 석출하지 않는 pH=5.945 이하이어야 한다.

6.5.2 공침(co-precipitation)

가수분해 등에 의해 금속이온의 침전이 생성될 때 액 중에 있는 다른 물질이 함께 침전되는 현상을 공침(共沈, co-precipitation)이라 한다. 분석화학에서는 바람직하지 못한 현상이지만, 정액공정에서는 유해한 불순물을 동시에 제거할 수 있기 때문에 매우 유용한 현상이다. 일반적으로 수용액 중의 침전물은 표면전하를 가지기 때문에 다른 이온의 흡착현상에 의해 공침이 일어나는 것으로 생각하고 있다. 예를 들어 Zn, Co, Mn 등의 침출액을 중화하여 Fe^{3+}를 $Fe(OH)_3$로 침전제거할 때, 전해채취에 악영향을 미치는 As, Sb, Ge 등은 아래 식과 같이 $Fe(OH)_3$에 흡착되어 공침됨으로써 완전히 제거된다. 이 Fe^{3+}는 불순물의 10배 이상을 필요로 하므로 용액 중에 철이 적은 경우 첨가하기도 한다.

$$4Fe(OH)_3 + H_3AsO_3 = Fe_4O_5(OH)_5As + 5H_2O \tag{6.45}$$

6.5.3 산화에 의한 불순물의 침전제거

산화에 의한 불순물의 침전제거는 거의 대부분이 앞에서 설명한 가수분해 반응과의 조합에 따른 것으로, $Fe^{2+} \rightarrow Fe^{3+} \rightarrow Fe(OH)_3$가 널리 이용되고 있다. 특히 아연의 전해채취를 위한 정액공정에서 Zn^{2+}는 pH 6.4 이상에서 $Zn(OH)_2$로 되므로, Zn^{2+}가 안정된 pH 영역에서는 대부분의 2가 금속이온은 수산화물로서 침전 제거시키는 것이 불가능하다. 따라서 Fe와 같이 몇 가지의 이온가를 갖는 원소(예: Ni, Co)는 일반적으로 이온가가 높을수록 낮은 pH에서 수산화물이나 산화물로 침전하기 쉬우므로 산화에 의해 침전시키는 경우가 있다.

예로서 폐 리튬 2차 전지의 침출액과 같이 Ni^{2+}와 Co^{2+}가 공존하는 경우, 염소산소다

($NaClO$), 오존(O_3), 염소(Cl_2) 등의 산화제를 이용하여 산화시켜서 아래 식과 같이 $Co(OH)_3$로 침전 분리하는 방법을 공업적으로 적용하고 있다.

$$2Co^{2+} + O_3 + 5H_2O = 2Co(OH)_3 + O_2 + 4H^+ \tag{6.46}$$

$$\begin{aligned} &2Co^{2+} + Cl_2 + 3NiCO_3 + 3H_2O \\ &\quad = 2Co(OH)_3 + 3Ni^{2+} + 2Cl^- + 3CO_2 \end{aligned} \tag{6.47}$$

코발트의 산화에 비하여 $Ni^{2+} \rightarrow Ni^{3+}$의 산화반응이 힘들기 때문에 $Co(OH)_3$의 우선 침전 제거가 가능하다. 이 현상을 수용액 중의 Ni, Co의 분리에 이용하기도 한다.

6.5.4 환원에 의한 불순물의 침전제거

용액 중의 목적금속과 수산화물의 용해도에 차이가 없는 금속원소는 가수분해로 분리하기 어렵다. 이 경우 이온화 경향의 차이를 이용하는 치환환원법을 가수분해 다음으로 많이 이용한다. 즉, 비한(base) 금속을 투입하여 귀한(noble) 금속이온을 금속으로 치환환원하는 것으로, 치환 침전 혹은 시멘테이션(cementation)이라 부른다. 비한 금속으로는 아연, 철, Ni 등의 분말을 사용하고 있다. 치환에 사용되는 금속은 후속 공정에 영향을 미치지 않거나 회수 가능한 것을 선택한다. 같은 동 이온의 제거가 목적이라도 아연 채취의 전처리에서는 아연분말을, 코발트 채취에서는 Co분말을, 광산폐수 처리에서는 철 스크랩을 사용하고 있다. 또 특수한 환원제에 의해 금속이온을 환원 석출시키는 경우도 있다.

예로서 아연 침출액의 정액에서 중화로는 제거 불가능한 Cu^{2+}, Ni^{2+}, Co^{2+}, Cd^{2+} 등의 이온은 금속아연분말을 첨가하면 다음 식에 의해 치환환원되어 아연은 용액 중으로 들어가고, 귀한 불순물은 석출되어 분리된다.

$$M^{2+} + Zn = M + Zn^{2+}, \qquad K = a_{Zn^{2+}}/a_{M^{2+}} \tag{6.48}$$

위의 식에서 $a_{Zn^{2+}} = 0.1$ 로 두고 각 금속이온의 제거한계를 구하면 표 6.2와 같고, 평형론적으로는 완전히 제거할 수 있음을 알 수 있다. 그러나 속도론적으로 여러 가지 문제가 있어서 실질적인 제거한계는 좀 더 높은 값이 된다.

〈표 6.2〉 각종 이온의 아연분말에 의한 평형 제거한계

ion	$[Cu^{2+}]$	$[Ni^{2+}]$	$[Co^{2+}]$	$[Cd^{2+}]$
제거한계농도	6.9×10^{-39}	1.6×10^{-19}	9.1×10^{-18}	6.8×10^{-14}

예제 6.9 25 ℃에서 아래 반응식으로부터 Cu 이온이 함유된 용액에 Fe를 첨가하여 Cu를 치환환원하는 반응이 자발적으로 일어나는지 검토하라.

$$Cu = Cu^{2+} + 2e, \quad E^0_{Cu} = -0.3441 \ \ V \tag{1}$$

$$Fe = Fe^{2+} + 2e, \quad E^0_{Fe} = 0.441 \ \ V \tag{2}$$

풀이

식(2)-식(1)을 하면 다음과 같다.

$$Cu^{2+} + Fe = Cu + Fe^{2+}, \quad \Delta E^0 = 0.7851 \ \ V$$

$$\Delta G^0_{298} = -zF\Delta E^0 = -2 \times 96500 \times 0.7851 = -151{,}524 \ \ J/mol$$

$\Delta G^0_{298} < 0$이므로 상기한 반응은 자발적으로 일어난다.

6.5.5 침전제에 의한 화합물의 생성

중화, 산화, 환원 등의 일반적인 방법으로는 침전이 잘 되지 않는 금속이온이라도 특수한 첨가제를 첨가하면 쉽게 침전제거되는 경우가 있다. 금속이온을 황화물로 침전시키거나, Pb^{2+} 이온을 황산연으로서 침전시키는 방법 등이다.

또 특수한 유기시약을 첨가하여 용해도가 매우 작은 침전을 만들어 제거하는 경우도 있다. 일반적으로 실시하고 있는 제거방법의 예를 표 6.3에 나타내었다.

〈표 6.3〉 침전제에 의한 불순물 제거방법

침출액	불순물	제거방법
Zn침출액	Co	α-니트로소 β-나프톨($C_{10}H_5OHNO$)을 첨가하여 적색침전인 $[C_{10}H_6O(NO)]_3Co$를 만들어 제거
Cd침출액	As	10배의 $CuSO_4$를 첨가하여 비산동($5CuO \cdot 2As_2O_5$)으로 침전시킴
	Tl	$Na_2Cr_2O_7$을 첨가하여 $TlCrO_4$(크롬산제1탈륨)으로 침전시킴
Cu침출액	Cl^-	침전동을 첨가하고 교반시켜 CuCl로 침전시킴
Mn침출액	Fe, Pb, Zn, Cu, Mo	황화칼슘(CaS_x, $x = 2 \sim 5$)을 첨가하여, MnS와 H_2S를 생성시키고, H_2S에 의해 불순물을 황화물로 침전시킴
Co침출액	Cu	음극에 전해석출시켜 제거하거나, Na_2CO_3를 첨가하여 $CuCO_3 \cdot Cu(OH)_2$로 침전시킴
	기타	H_2S를 가압하여 포화시켜 황화물로 제거
Cr침출액	Al, Mg, Fe	감압냉각하여 불순물을 명반으로 침전시켜 제거. 이때 Cr은 명반을 형성하지 않는 녹색 착화합물이 됨

6.6 용매추출

용매추출(溶媒抽出, solvent extraction)은 액-액 추출(liquid-liquid extraction)이라고도 하며, 서로 섞이지 않는 2액상(유기상과 수상) 사이의 물질분배를 이용한 분리기술이다. 습식제련에서 침출액의 정액이나 농축을 목적으로 많이 사용하고 있다. 분리대상은 유기화합물, 금속이온, 무기산, 기타 무기화합물 등 다양하다.

1940년대에 우라늄의 정제에 이용한 것이 용매추출법의 공업적 이용의 시작이라고 할 수 있다. 현재는 일반금속과 희토류 등 희소금속의 제련에 이용하고 있다. 특히 용매추출법은 습식제련를 이용한 자원 리사이클링 프로세스의 중요한 단위조작으로 주목받고 있다. 표 6.4에는 용매추출법을 자원 리사이클링에 적용한 예를 나타내었다.[88]

〈표 6.4〉 자원 리사이클링 공정에서 용매추출법을 적용한 예

프로세스	원료	회수물	침출법	추출제	회수법
Calsinter(미국)	플라이애쉬	Al	황산화배소-황산침출	Al외: Primint JMT[*1]	추출액에서 정석-소성하여 Al_2O_3로 채취
International Nickel(캐나다)	anod slime	Al	왕수침출	dibutyl carbitol	옥살산으로 환원채취
Kawasaki Steel (일본)	산세폐액	Fe, HNO_3+HF	질산+불산에 의한 산세	Fe: D2EHPA HNO_3+HF:TBP	Fe: 정석박리-열분해하여 α-Fe_2O_3로 채취 HNO_3+HF: 산세액으로 재사용
MECER (스웨덴)	프린트기판 에칭액	Cu	NH_4Cl용액에 의한 에칭	LIX54[*2]	전해채취
Metallurgie Hoboken (벨기에)	Ni-Co합금스크랩	Ni, Co	HCl+Cl_2에 의한 침출	3급아민	Ni: 전해채취, 수소환원, 열분해 Co: 수소환원, 열분해
三井金屬鑛業 (일본)	Sm-Co희토류자석	Co, Sm, Pr, Nd	불명	산성인산에스테르	불명
Valberg (스웨덴)	레욘공장폐액	Zn	레욘공장폐액	D2EPHA	$ZnSO_4$(역추출후액)로 재사용
Zincex (스페인)	파이라이트소광	Zn	염하배소-침출	2급아민 D2EPHA	전해채취

*1) Rohm & Hass사제 1급아민 추출제 상품명, *2) Henkel사제 β-diketone추출제 상품명

88 田中幹也, 1997: 溶媒抽出, *資源と素材(Shigen-to-Sozai)* **113**(12), pp. 940-944.

6.6.1 용매추출의 기본 프로세스

그림 6.12에는 용매추출법의 기본 프로세스를 나타내었으며, 기본적으로는 추출-세정-역추출로 구성되어 있다.

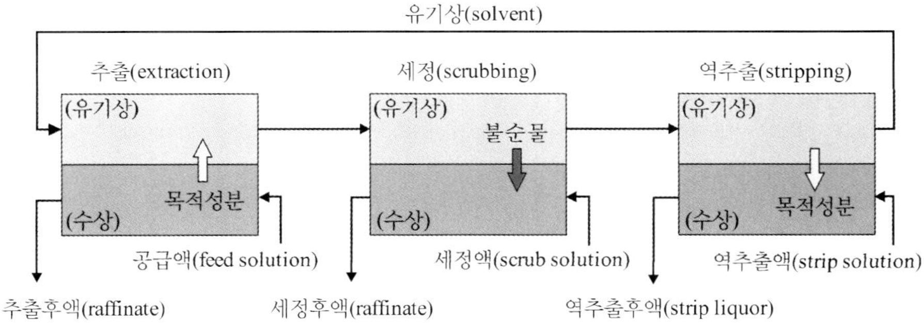

[그림 6.12] 용매추출의 기본 공정도

(1) 추출(extraction)공정

목적성분을 함유하는 공급액과 유기상을 접촉시켜 목적성분을 유기상으로 옮긴다. 유기상은 추출제를 희석제(케로신 등의 유기용제)에 용해시킨 것이며, 제3상의 생성(유기상이 2상으로 분리하는 것)이나 에멀젼(emulsion)의 생성을 억제하고, 유기상의 추출능력을 조절하기 위해 개질제(고급 알코올이나 고급 페놀 등)를 첨가하기도 한다. 공업적으로 이용되는 추출제는 대부분의 경우 분자 내에 장쇄[89] 알킬기[90]를 가지고 있으며, 분자 전체로 보면 소수성이다. 따라서 수상에는 거의 용해하지 않지만 유기용매에는 용해한다.

(2) 세정(洗浄, scrubbing)공정

추출공정에서 생성한 유기상을 세정액과 접촉시켜서 유기상 중의 불순물을 수상으로 옮긴다. 세정액은 추출제의 종류, 불순물의 종류에 따라 다르다.

(3) 역추출(逆抽出, stripping, back-extraction)공정

세정공정을 거친 유기상을 역추출액과 접촉시켜서 목적성분을 다시 수상으로 되돌린다. 추출

89 장쇄(長鎖, heavy chain): 선상의 구성체를 구성하는 기본단위가 아주 많이 연결된 것.
90 알킬기(alkyl group): 지방족포화 탄화수소RH에서 수소원자 한 개를 제외하고 남은 탄화수소기 전체를 나타냄.

반응은 가역적이므로, 목적성분의 추출이 일어나기 어려운 조성의 수용액을 역추출액으로 선택한다. 금속을 전해채취하는 경우에는 전해미액을 역추출액으로 사용한다. 역추출 후의 유기상은 다시 추출공정으로 되돌린다.

6.6.2 용매추출법의 특징

용매추출법은 다음과 같은 장점을 가지고 있다.

① 선택성이 뛰어나고, 분리 및 고순도화가 가능

② 추출 능력이 크고, 성분의 농축이 가능

③ 중금속의 회수율이 높고, 공해방지에 유리

④ 비교적 저온이므로 설비 재질의 선정이 용이하고, 에너지 비용이 저렴

⑤ 액-액 반응이므로 계장화(計裝化)가 가능

⑥ 원료나 액조성에 따라 폐쇄화가 가능

이러한 장점에 반하여 다음과 같은 문제점을 가지고 있다.

① 화기(火氣)에 대하여 엄중한 대책이 필요

② 추출 후의 수상에는 추출제와 희석제 등의 유기물이 함유되어 있어 그대로는 방류할 수 없음

③ 추출제가 고가

④ 사용조건에 따라 추출제가 열화하여 추출능력의 저하가 발생

6.6.3 용매와 추출제

용매추출의 유기상은 기본적으로는 목적성분을 추출하는 추출제와 희석제로 구성되어 있다. 필요에 따라서는 개질제를 첨가한다.

(1) 용매 추출제

용매 추출제는 물에 용해되지 않아야 하며, 목적성분에 대한 선택성, 불연성, 무해성, 취급의 용이성 등이 필요하다. 이런 조건을 만족하는 추출제로는 수용액과 혼합하기 힘든 알킬기를 함유하는 화합물이 이용되지만, 이러한 유기물은 점성이 크므로 케로신(kerosine), 톨루엔 등의 희석제(diluent)로 희석한다. 공업적으로 사용하는 용매 추출제를 표 6.5에 나타내었다.

<표 6.5> 공업적으로 사용되는 용매추출제

분류		명칭	구조식	추출금속
산성 추출제	킬레이트계	β-hydroxyoxime	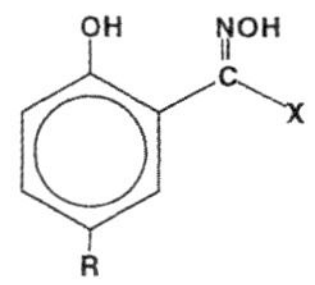	Cu, Ni
	비킬레이트계	carboxylic acid	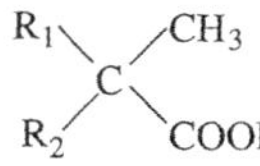	Rare earth Cu, Ni
		D2EHPA (die-2-ethylhexyl phosphoric acid)	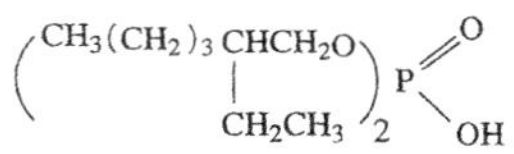	Zn, Ni, Co, Be, V, U Rare earth
염기성 추출제		trioctyl amine	R_3N	U, V, W Co, Mo
		trioctylammonium chloride	$(R_3N^+CH_3)Cl^-$	Mo, W, V, U
중성 추출제		TBB (tri-n-butyl phosphate)	$(BuO)_3P=O$	U, Fe HNO_3, HF Zr, Hf
		MIBK (methyl isobutyl ketone)	$Bu-C(=O)-CH_3$	Nb, Zr, Hf
		DBC(dibutyl carbitol)	$(BuO-C_2H_4)_2O$	Au

추출제는 편의상 산성, 중성, 염기성 추출제로 분류할 수 있다. 산성인 킬레이트(chelate)계[91] 추출제에 의한 추출에서는 금속이온과 추출제가 안정된 킬레이트착체를 형성하며, 이때 금속이온 M^{n+}의 추출평형은 다음과 같다.

$$M^{n+} + n\overline{HR} = \overline{MR_n} + nH^+ \tag{6.49}$$

여기서 HR은 추출제 분자를, 위의 선은 유기상 중의 화학종을 나타낸다.

비킬레이트계 산성 추출제는 양이온을 단순한 이온교환으로 추출하며, M^{n+}의 추출평형은 다음과 같다.

$$M^{n+} + (m/2)\overline{(HR)_2} = \overline{MR_n(HR)_{m-n}} + nH^+ \tag{6.50}$$

91 킬레이트(chelate): 배위좌 내의 두 개 이상의 원자가 중심의 금속원자나 이온으로 배위하여 만들어진 화합물. EDTA 등의 킬레이트화제는 미량의 금속 정량이나 제거에 이용.

따라서 산성 추출제에 의한 추출정도는 수상 중의 수소이온 농도에 의존한다. 즉, 수상의 pH가 높을수록 추출이 잘 일어난다. 일반적으로 역추출은 추출할 때보다 낮은 pH의 수상(전해미액 등)을 사용한다.

염기성 추출제로는 제1~3급 아민과 제4급 암모늄염이 알려져 있다. 예를 들어 제3급 아민 R_3N에 의한 금속이온의 추출은 다음과 같이 나타낸다.

$$\overline{R_3N} + H^+ + X^- = \overline{R_3NH^+X^-} \tag{6.51}$$

$$m\overline{R_3NH^+X^-} + MX_l^{m-} = m\overline{(R_3NH^+)_m MX_l^{m-}} + mX^- \tag{6.52}$$

염기성 추출제는 음이온 교환제로도 불리며, 추출의 정도는 수상 중의 음이온 농도에 의존한다. 역추출은 물이나 저농도의 무기산을 이용한다.

중성 추출제로는 탄소-산소가 결합되어 있는 것과, 인-산소가 결합되어 있는 것이 있다. 중성 추출제 S에 의한 금속이온의 추출은 다음과 같이 나타낸다.

$$M^{n+} + nX^- + m\overline{S} = \overline{MX_nS_m} \tag{6.53}$$

여기서 X^-는 NO_3^-나 Cl^-인 것이 많다. 중성 추출제에 의한 추출의 정도는 중성종인 MX_n 생성의 난이에 의존하므로 수상 중의 음이온 농도에 의존한다. 또 $HFeCl_4$와 같은 중성종을 생성하는 경우에는 수소이온 농도에도 의존한다. 중성 추출제는 다른 추출제와 조합하여 사용하면 시너지효과를 발휘한다.

(2) 희석제(용매)

희석제는 유기상의 점도, 비중 등의 물리적성질을 개선하고, 추출제를 적절한 농도로 조절하기 위해 사용한다. 일반적으로 희석제는 방향족, 지방족, 지환식의 탄화수소나 이들의 혼합물을 사용한다. 희석제의 종류나 조성비에 따라 금속이온의 추출평형이나 추출속도에 큰 영향을 미치는 것으로 알려져 있다. 이러한 희석제에 필요한 성질은 다음과 같다.

① 수용성이 낮을 것

② 액적동반에 의한 손실이 적을 것(유기상과 수상의 계면장력 관계)

③ 인화점이 높을 것(장치의 최고 운전온도보다도 25 ℃ 정도 높을 것)

④ 분산성이 좋을 것(세틀러 면적과 관련하여 중요한 것)

⑤ 용해력이 높을 것

⑥ 독성이 없을 것

6.6.4 용매추출 평형의 해석

용매추출의 평형에 관한 정보는 용매추출을 보다 유효하게 이용하기 위해 중요한 정보이다. 용매추출의 평형을 해석하는 방법에는 몇 가지가 있으나 여기서는 가장 많이 이용하는 슬로프 해석법(slope analysis)에 대해 상기한 비킬레이트계 산성 추출제에 의한 금속이온 M^{n+} 추출을 예로 들어 설명한다.

$$M^{n+} + (m/2)\overline{(HR)_2} = \overline{MR_n(HR)_{m-n}} + nH^+ \tag{6.54}$$

이 반응의 겉보기 추출평형상수 K는 다음과 같다.

$$K = \frac{[\overline{MR_n(HR)_{m-n}}] \cdot [H^+]^n}{[M^{n+}] \cdot [\overline{(HR)_2}]^{m/2}} \tag{6.55}$$

여기서 $[H^+]$는 H^+의 몰농도(kmol/m^3)를 나타낸다. 또 각 화학종의 활동도계수는 일정한 것으로 가정한다.

분배비(distribution ratio) D는 다음과 같이 정의한다.

$$D = \frac{\text{유기상 중 목적성분의 몰농도}}{\text{수상 중 목적성분의 몰농도}} \tag{6.56}$$

따라서 식(6.54)에 나타낸 추출반응의 분배비는 다음과 같다.

$$D = \frac{[\overline{MR_n(HR)_{m-n}}]}{[M^{n+}]} \tag{6.57}$$

식(6.55)와 식(6.57)로부터 다음 식이 얻어진다.

$$\log D = \log K + n\mathrm{pH} + \frac{m}{2}\log\left([\overline{(HR)_2}]/(\mathrm{kmol \cdot m^{-3}})\right) \tag{6.58}$$

추출제의 농도가 일정할 때, $\log D$를 pH로 편미분하면 n이 된다. 즉, 추출제의 초기농도가 일정할 때 pH를 변화시키는 실험을 하고, 그 결과를 종축에 $\log D$, 횡축에 pH를 두고 그래프를 그리면 직선관계가 성립한다. 이 직선의 기울기가 n과 같다. 다만 추출반응에서 $[\overline{(HR)_2}]$가 일정하도록 금속농도에 비해 과잉인 조건을 유지해야 한다.

수상의 pH가 $pH_{1/2}$(추출 백분율이 50 %가 되는 pH, 반추출 pH라 부르기도 함)과 같을 때는 $\log D = 0$이 된다. 따라서 다음 식이 얻어진다.

$$pH_{1/2} = -\frac{1}{n}\log K - \frac{m}{2n}\log\left([\overline{(HR)_2}]/(kmol \cdot m^{-3})\right) \tag{6.59}$$

여러 가지 초기추출제 농도에서 $pH_{1/2}$을 측정하고 $\log\left([\overline{(HR)_2}]/(kmol \cdot m^{-3})\right)$에 대해 플롯하면 선형관계가 성립하며, 이 직선의 기울기는 $-m/(2n)$과 같다. n값은 이미 알고 있으므로 m의 값을 구할 수 있고, 종축과의 절편으로부터 K의 값을 구할 수 있다.

예제 6.10 구리의 농도가 3 g/L인 구리 침출액을 등유에 희석시킨 LIX84로 용매추출한다. 추출반응 후 유기상과 수상에서 구리의 농도가 각각 10과 1 g/L이다. 용매추출 시 유기상과 수상의 부피는 각각 1 L와 5 L이다. 다음을 계산하라.

(a) 분배계수, (b) 추출 백분율, (c) 99.5 %의 추출백분율을 얻기 위해 필요한 추출단수

풀이

(a) 분배계수

$$D = \frac{\text{유기상 중 목적성분의 몰농도}}{\text{수상 중의 목적성분의 몰농도}} = \frac{10\ g/L}{1\ g/L} = 10$$

(b) 추출 백분율은 다음과 같이 나타낸다.

$$Ex\% = \frac{\text{추출 후 유기상 중 목적성분의 질량}}{\text{추출 전 수상 중의 목적성분의 질량}} \times 100$$

$$Ex\% = \frac{C_{org} \times V_{org}}{C_{ini} \times V_{aq}} = \frac{10\ g/L \times 1\ L}{3\ g/L \times 5\ L} \times 100 = 67.7\ \%$$

(c) 추출단수

추출 백분율 정의식으로부터 n단 추출 후 $Ex\%$가 99.5 %인 경우 수상에서 구리이온의 질량은 다음과 같다.(초기 수상 중 구리질량은 $3(g/L) \times 5(L) = 15\ g$)

$$99.5 = \left(\frac{w_i - w_n}{w_i}\right) \times 100 = \left(\frac{15 - w_n}{15}\right) \times 100 = \left(1 - \frac{w_n}{15}\right) \times 100$$

$$\therefore\ w_n = 15 \times \left(1 - \frac{99.5}{100}\right) = 0.075\ g$$

n단 추출 후의 수상 중 질량(0.075 g)을 다음 식에 대입하여 단수 n을 구한다.

$$w_n = w_i \left(\frac{1}{1 + D \frac{V_{org}}{V_{aq}}} \right)^n \qquad \therefore \ \ln\left(\frac{w_n}{w_i}\right) = n \ln\left(\frac{1}{1 + D \frac{V_{org}}{V_{aq}}} \right)$$

$$n = \frac{\ln\left(\frac{0.075}{15}\right)}{\ln\left(\frac{1}{1 + 10 \times \frac{1}{5}}\right)} = 4.82 \cong 5$$

즉, 5단의 추출 시 상기한 추출조건에서 구리의 99.5 %를 유기상으로 추출할 수 있다.

6.6.5 용매추출 장치

실험실에서 용매추출·분리할 때는 분액 깔때기에 혼합물이 함유된 수용액과 유기용매를 넣고 일정시간 동안 교반한 후 방치하면 비중 분리가 일어나며, 콕(cock)을 열어 비중이 큰 액상을 분리한다.

공업적으로 이용되는 추출장치로는 믹서 세틀러, 로터리 디스크 컬럼, 펄스 컬럼(pulse-column), 원심추출기 등이 있다.

믹스 세틀러(mixer-settler)는 수상과 유기상의 혼합기와 정치 분리기로 구성되어 있으며, 그림 6.13과 같다. 혼합기에서는 수상과 유기상을 임펠러, 펌프, 제트 등으로 교반하여 혼합한다. 정치 분리기에서는 2상을 분리한다. 믹스 세틀러는 2상의 접촉이 충분하여 이론 단수에 가까운 거동을 하므로 스케일 업이 용이하다. 그림 6.14에는 펄스칼럼의 모식도를 나타내었다.

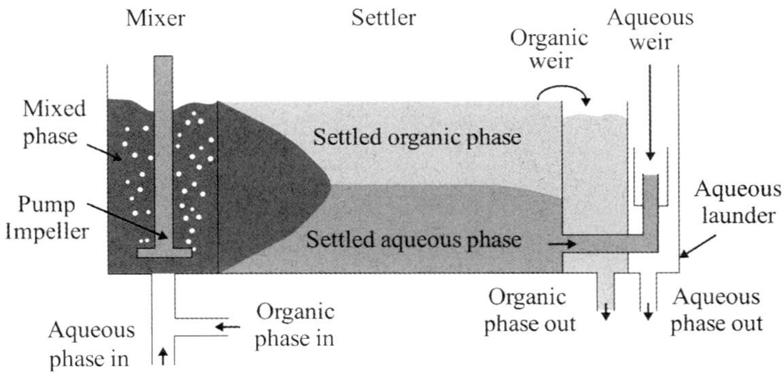

[그림 6.13] 믹서 세틀러(mixer-settler)의 모식도

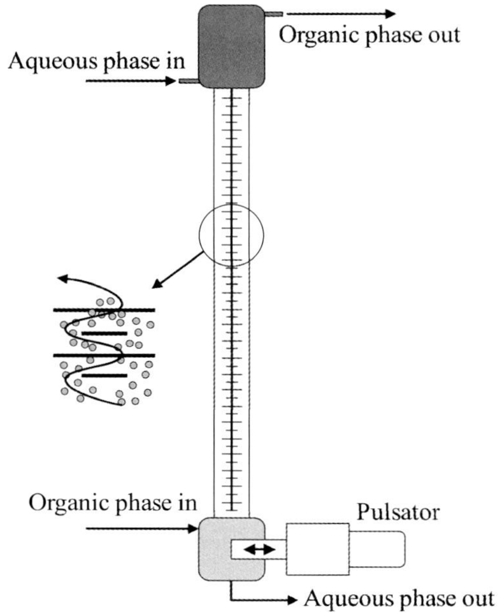

[그림 6.14] Bateman의 펄스칼럼(pulsed column)의 모식도

6.7 이온교환법

이온교환법(ion exchange)은 액상-고상 사이의 이상평형을 이용하지만, 용액 중의 화학종, 특히 이온 종을 효율 좋게 분리하는 방법으로 널리 이용되고 있다. 특히 다량의 물질을 경제적이면서 효율적으로 처리하는 데 적합한 방법이다.

6.7.1 이온교환 수지

이온교환 수지란 용액 중의 이온을 교환하는 능력을 가진 합성수지(합성유기화합물)이다. 이러한 이온교환 수지는 일반적으로 직경 0.5 mm 정도의 구형 입자이다. 그림 6.15에 높은 Au 흡착능력을 가진 음이온교환 수지의 실물 사진을 나타내었다.[92]

이온교환 수지를 기능 면에서 분류하면 양이온을 교환하는 양이온교환 수지(Cation exchange

92 http://www.y-s-techno.com/korea/product/d_320_k.html

resin)와 음이온을 교환하는 음이온교환 수지(Anion exchange resin)로 나눌 수 있다. 그리고 이온교환기의 산성, 염기성의 강도에 따라 강산성 양이온교환 수지, 약산성 양이온교환 수지, 강염기성 음이온교환 수지, 약염기성 음이온교환 수지로 세분할 수 있다. 제조방법에 따라서 겔(gel)형 수지와 다공형 수지로 구분한다.

① 양이온교환 수지: 강산성($-SO_3H$), 약산성($-COOH$)

② 음이온교환 수지: 강염기성(R_3N-), 약염기성(R_2N-, $RNH-$)

[그림 6.15] 음이온교환 수지(㈜와이에스테크노 홈페이지)

이온교환 수지는 상대이온을 교환하는 능력을 어느 정도 가지고 있는가가 실용상 중요하며, 이온교환 수지 중에 함유되어 있는 고정이온의 수에 따라 결정된다. 일반적으로는 단위부피당 고정이온의 당량수(meq/mL수지)로 나타내며, 이것을 이온교환 수지의 교환용량(exchange capacity)이라 부른다. 보통의 이온교환 수지는 1~4 meq/mL수지의 교환용량을 갖고 있으며, 이것은 1 L의 이온교환 수지로 100 ppm 정도의 NaCl를 함유하는 일반 수도수를 처리하여 탈염수(순수)를 얻는 경우, 수지가 전부 반응하면 약 500 L~2,000 L을 물을 처리할 수 있는 정도이다.

6.7.2 이온교환 평형

양이온교환 수지 중의 대이온(couple ion)은 외부용액 중의 양이온과 이온교환한다. 예를 들면 H^+형 강산성 양이온교환 수지(RH)를 양이온 M^+를 함유하는 용액에 담그면, 수지 중의 H^+ 일부가 M^+와 교환된다. 이 경우 다음과 같이 용액과 양이온교환 수지 사이에 이온교환 평형이 성립한다.

$$(R-H)+M^{+}=H^{+}+(R-M) \tag{6.60}$$

여기서 R은 이온교환 수지를 나타낸다. 식(6.60)의 이온교환 반응에 대한 평형상수 $K_{M/H}$(선택계수, selectivity coefficient)는 식(6.61)과 같이 나타낸다.

$$K_{M/H}=\frac{[H^{+}][M^{+}]_R}{[H^{+}]_R[M^{+}]} \tag{6.61}$$

또 분배계수(distribution coefficient)를 사용하여 수지를 평가하기도 한다.

$$D_M=\frac{[M^{+}]_R}{[M^{+}]},\quad D_H=\frac{[H^{+}]_R}{[H^{+}]} \tag{6.62}$$

한편 외부 용액 중의 이온농도는 일반적으로 용량 몰농도(mol/L)를 사용하지만, 이온교환 수지의 경우에는 여러 가지 농도 표현이 가능하며, 이온교환 수지 1 g당 흡착이온의 밀리몰수(mmol/g)를 가장 많이 사용하고 있다. 식(6.61)에 나타낸 수지 중의 이온농도 $[H^{+}]_R$과 $[M^{+}]_R$은 이온교환 수지의 실제부피 1 L당 흡착이온 몰수(mol/L)나, 수지 내부용액 부피 1 L당 흡착이온 몰수(mol/L)를 사용한다.

선택계수 $K_{M/H}>1$이면 M^{+}가 H^{+}보다도 이온교환 수지상에 많이 존재할 가능성이 높다는 것을 나타내고, $K_{M/H}<1$이면 그 반대이다. 실험적으로 얻어진 강산성 양이온교환 수지에 대한 음이온의 흡착성 순서는 대략 다음과 같다.

① 1가 이온: Ag > K > Na > H > Li

② 2가 이온: Ba > Sr > Ca > Ni, Cd, Cu, Co, Zn > Mg

③ 3가 이온: La > Ce > Pr > Nd > ··· > Sc > Al

마찬가지로 음이온교환 수지 중의 대이온은 외부용액 중의 음이온과 이온교환 한다. 예를 들면 수산화물 이온형의 음이온교환 수지를 X^{-}를 함유하는 용액에 담그면 아래와 같은 이온교환 반응이 일어난다.

$$(R-OH)+X^{-}=OH^{-}+(R-X)$$

1가 음이온의 강염기성 음이온교환 수지에 대한 흡착성 순서는 다음과 같다.

$$SCN^{-}>ClO_4^{-}>NO_3^{-}>Br^{-}>Cl^{-}>CH_3COO^{-}>OH^{-},F^{-}$$

6.7.3 이온교환 수지의 적용 예

공업용의 금도금용액은 시안계와 비시안계가 있으며, 시안계는(pH 3~6, $KAu(CN)_4$, 유기산 포함) 알칼리성(pH 9~13, $KAu(CN)_4$, K_2CO_3, K_2PO_4 등 포함)과 중성(pH 6.5~7.5, $KAu(CN)_4$, K_2HPO_4, KH_2PO_4)으로 나누어진다. 비시안계에는 아황산용액이 있다. 금도금을 실시한 후 수세폐액 중에는 다량의 금이 포함되어 있으며, 이 폐액 중의 금을 강염기성 음이온교환 수지로 흡착한 후 이온교환수지를 소각하여 금을 회수한다.[93]

강염기성 이온교환수지는 용액 중의 금속이온은 흡착하지 않고 위와 같이 금이 착이온을 형성하였을 때 음이온교환 수지에 흡착되며, Au, Ag, Pt, Pd 등은 선택성에 따라 흡착하여 각각의 흡착대를 이루며 각각의 필요금속을 선택적으로 회수할 수 있다.

Ni^{2+}와 Co^{2+}는 양이온교환 수지에 대한 흡착력의 차이가 적다. 따라서 양이온교환 수지를 충진한 칼럼에서는 용액 중의 이러한 이온을 분리하기 어렵다. 그러나 염산용액 중에서 염화물 착음이온을 형성하는 능력의 차이를 이용하면 Ni^{2+}와 Co^{2+}를 음이온교환 수지를 충진한 칼럼으로 분리할 수 있다. Fe^{3+}, Ni^{2+}, Co^{2+}의 염화물 착음이온의 안정도는 Fe^{3+}, Co^{2+}, Ni^{2+}의 순서로 감소한다. Co^{2+}는 9 mol/L의 염산용액 중에서 염화물 착음이온의 형태로 음이온교환 수지에 흡착되지만, 4 mol/L보다 묽은 염산용액 중에서는 음이온교환 수지에 흡착되지 않는다. Ni^{2+}는 9 mol/L의 염산용액 중에서도 음이온교환 수지에 흡착되지 않는다. Fe^{3+}는 염산농도가 1 mol/L 이하에서도 염화물 착음이온의 형태로 음이온교환 수지에 흡착된다.

6.8 금속 및 화합물의 회수

침출용액을 정액한 용액으로부터 습식법에 의해 얻어지는 최종물질에는 금속이나 산화물, 수산화물, 그 외 여러 종류의 염류 등이 있다. 이러한 금속이나 화합물을 회수하는 방법은 화학적 채취법과 전해 채취법으로 나눌 수 있다. 화학적 채취법에는 가스환원법, 침전법 등이 있으며, 전해채취에 대해서는 다음 절에서 설명한다.

---

93 이온텍주식회사 기술자료: '이온교환수지를 이용한 금회수', www.iontec.co.kr

6.8.1 금속이온의 가스환원법

금속이온이 함유된 수용액 중에 H_2나 SO_2, CO 등의 가스를 불어넣어 금속이온(Ni, Co, Cu, Ag 등)이나 난용성의 저급 산화물(V, U, Mo, W 등)을 환원석출하거나 침전시키는 방법이다. 금속염 수용액의 가스환원은 반응속도가 느리므로 고온(373~473 K), 고압(가스 압력 5,000 kPa 이하) 하의 압력용기(autoclave)를 이용하고 있다. CO가스에 의한 환원은 다른 가스에 비하여 반응속도가 느리고, SO_2가스는 환원은 양호하지만 액화되기 쉬워 고압이 얻어지지 않으므로 적용하기가 쉽지 않다. 일반적으로는 반응속도 등의 면에서 H_2가스를 가장 많이 사용하고 있으며, 수소가스에 의한 금속이온의 환원반응은 다음과 같다.

$$M^{z+} + \frac{z}{2}H_2 = M + zH^+ \tag{6.63}$$

상기한 반응식에서 환원이 진행되기 위해서는 목적금속의 전위가 수소보다 귀(noble)하여야 한다. 따라서 이 반응의 가능성은 수용액에서의 환원전위를 검토하여야 한다. 이 반응식의 반쪽 전지반응은 다음과 같다.

$$M^{z+} + ze = M \tag{6.64}$$

$$zH^+ + ze = \frac{n}{2}H_2 \tag{6.65}$$

Nernst식에 따라 반쪽 전지반응의 전위를 나타내면 다음과 같다.[94]

$$E_{Mn+/M} = E^0_{Mz+/M} + \frac{RT}{nF}\ln(a_{Mz+}) \tag{6.66}$$

$$E_{H^+/H} = E^0_{H^+/H} - \frac{RT}{zF}\ln\left(\frac{p_{H2}^{z/2}}{a^z_{H^+}}\right) = -\frac{2.303RT}{F}\cdot pH - \frac{2.303RT}{2\times F}\log p_{H2} \tag{6.67}$$

따라서 반쪽 전지반응의 전위는 금속이온의 활동도와 pH, 수소분압에 의존한다.

예제 6.11 25 ℃에서 0.1 mol의 $NiSO_4$를 함유하는 용액을 1 atm의 수소가스로 Ni이온을 환원하여 용액 중의 $NiSO_4$ 농도를 0.01 mol까지 낮추고자 한다. 이때 Ni이온의 환원이 가능한 pH를 구하라. 단 용액 중 Ni이온의 활동도계수는 $f_{Ni^{2+}} = 0.18$이며, Ni의 평형전위는 0.25 V이다.

$Ni = Ni^{2+} + 2e$, $H_2 = 2H^+ + 2e$

94 2.7.2 '평형전위와 Nernst의 식' 참조.

풀이

$$E_{Ni}=E^0_{Ni}-\frac{0.0591}{z}\log(a_{Ni^{2+}})=0.25-\frac{0.0591}{2}\log(0.18\times0.01)=0.331\ \ \mathrm{V}$$

$$E_H=0.0591\times\mathrm{pH}+0.0296\times\log p_{H2}=0.0591\times\mathrm{pH}$$

$$\therefore\ \ \mathrm{pH}=0.331/0.0591=5.60$$

Ni 산화반응의 전지전위보다 수소산화의 전지전위가 커야 하므로, 용액의 pH를 5.60 이상으로 유지하여야 Ni이온의 농도를 0.01 mol까지 낮출 수 있다. 이와 같이 수소환원은 pH가 높을수록 유리하지만, 알칼리성용액에서는 수화물의 형성에 주의하여야 한다.

6.8.2 침전에 의한 금속이온의 회수

용액 중의 금속이온을 불용성 화합물의 형태로 침전시켜 회수하는 것은 분석화학에서 많이 사용하는 방법으로, 앞에서 설명한 수산화물 침전이나 치환환원 등이 있다.

치환환원 침전은 앞에서도 설명한 시멘테이션(cementation)법이며, 청화법으로 용해한 Au, Ag이온을 아연분말 등으로 침전시키는 것으로, 반응식은 다음과 같다.

$$2NaAu(CN)_2+Zn=Na_2Zn(CN)_4+2Au \tag{6.68}$$

묽은 황산동용액 중의 Cu^{2+}이온을 철 스크랩 등으로 환원침전시키는 반응도 널리 이용되고 있으며, 반응식은 다음과 같다.

$$Cu^{2+}+Fe=Cu+Fe^{2+},\quad K=2\times10^{26} \tag{6.69}$$

Cu의 시멘테이션은 폐수처리 등 Cu 농도가 낮은 침출액으로부터 동을 회수하는 방법으로 예전부터 사용되고 있다. 치환제로서는 철 스크랩이나 폐 알루미늄 캔 등을 이용한다.

예제 6.12 25 ℃에서 묽은 황산용액 중의 Cu 이온을 Fe로 환원한 후의 용액 중에 0.6 g/L의 Fe가 함유되어 있다. 이때 배출액 중의 평형 Cu 농도를 구하라. 단, 용액 중 Fe^{2+}의 활동도계수는 0.2로 가정한다.($M_{Fe}=55.85$, $M_{Cu}=63.54$)

풀이

$$E_{Fe}=E^0_{Fe}-\frac{0.0591}{2}\log(a_{Fe^{2+}})=0.441-\frac{0.0591}{2}\log\left(0.2\frac{0.6}{55.85}\right)=0.520\ \ \mathrm{V}$$

$$E_{Cu}=E^0_{Cu}-\frac{0.0591}{2}\log(a_{Cu^{2+}})=-0.344-\frac{0.0591}{2}\log(a_{Cu^{2+}})$$

평형상태에서는 $E_{Fe} = E_{Cu}$이며, 묽은 Cu용액이므로 $a_{Cu^{2+}} \cong [Cu^{2+}]$이므로

$$\log(a_{Cu^{2+}}) = (E^0_{Cu} - E_{Fe})\frac{2}{0.0591} = -29.24$$

$$\therefore\ [Cu^{2+}] = 5.75 \times 10^{-30}\ \text{mol/L} = 3.65 \times 10^{-28}\ \text{g/L}$$

실제 폐액 중에는 0.06 g-Cu/L 정도의 Cu가 함유되어 있다.

6.9 금속의 전해채취

목적금속 이온을 함유하는 전해질 수용액 중에 2개의 전극(cathode와 anode)을 침지하고 외부의 직류전원으로부터 전압을 인가하여 cathode상에 금속을 환원 석출시켜 금속을 회수하는 방법을 전해채취라 한다. 이때 anode에서는 필수적으로 산화반응이 진행하지만, 이것은 전원에서 나온 전류가 전해조를 통과하여 다시 전원으로 돌아가기 위한 것이다. 이 금속 회수법은 건식제련에서의 조금속과 같은 중간단계를 거치지 않으므로 한 번만에 고순도의 금속을 얻을 수 있다. 다만 앞에서 설명한 바와 같이 전해에 악영향을 미치는 불순물들은 정액공정에서 미리 제거하여야 한다. 그리고 전해 후 재생되는 산(acid)은 침출공정이나 용매추출 공정의 역추출제 등으로 순환하여 이용하고 있다. 아연의 습식제련에서는 최종적으로 전해채취에 의해 금속 아연을 얻고 있지만, 최근에는 동을 비롯한 Cd, Mn, Cr 등 많은 비철금속에 대해서도 적용하고 있다.

6.9.1 전해채취의 기초

(1) 패러데이 법칙(Faraday's Law, 1833년)

전해질용액의 전기분해에서 제조된 물질의 양은 전해반응 장치(용액)를 통과한 전기량과 물질의 원자량에 비례하고, 생산속도는 단위 시간당의 통과 전기량인 전류의 크기에 비례한다. 즉 전극을 통과하는 전기량 1 F(Faraday) = 96,500 C = 26.8 Ah마다 1 g 당량(몰질량을 이온 전하수로 나눈 값)의 물질 변화가 일어난다. 전해에 의한 이론적인 금속 석출량은 다음 식과 같다.

$$\text{금속석출량(kg)} = \frac{\text{몰질량(kg/mol)/이온가}}{26.8(\text{A}\cdot\text{h})} \times \text{전류(A)} \times \text{시간(h)} \quad (6.70)$$
$$= \frac{M}{zF}\cdot I \cdot t$$

여기서 $M/(zF)$는 물질의 전기화학 당량이라 부르는 값으로 물질 고유의 상수이다. 표 6.6에 금속환원반응에 있어서의 전기화학 당량(mg/c) 및 그 역수의 이론 전기량 Q_0를 공업단위로서 사용되고 있는 kW·h를 고려하여 kA·h/t를 사용하여 나타내었다.[95]

〈표 6.6〉 금속의 전기화학 당량

금속	물질량 (g/mol)	이론 전기량 (kA·h/t)	반응 전자수 (eq/mol)	전해욕		주반응식
				종류*	성분·조건**	
Ag	107.88	248	1	aq	$AgNO_3+Cu(NO_3)_2$	$Ag=Ag$
Al	26.98	2,980	3	f	$AlF_3 \cdot 3NaF$, 100℃	$2Al_2O_3+3C=4Al+3CO_2$
Au	197.0	408	3	aq	$HAuCl_4+HCl$	$Au=Au$
Bi	209.0	385	3	aq	$BiCl_3+HCl$	$Bi=Bi$
Ca	40.08	1,338	2	f	$CaCl_2$, 800℃	$CaCl_2=Ca+Cl_2$
Co	58.94	910	2	aq	$CoSO_4+H_2SO_4$	$2CoSO_4+2H_2O$ $=2Co+2H_2SO_4+O_2$
Cr	52.01	1,546	3	aq	$Cr_2(SO_4)_3 \cdot (NH_4)_2SO_4$	$2Cr_2(SO_4)_3+6H_2O$ $=2Cr+6H_2SO_4+2CrO_3$
Cu	63.54	844	2	aq	$CuSO_4+H_2SO_4$	$Cu=Cu$
Fe	55.85	960	2	aq	$(NH_4)_2SO_4 \cdot FeSO_4$	$Fe=Fe$
Ga	69.72	1,153	3	aq	$Ga(OH)_3+NaOH$	$4Ga(OH)_3=$ $4Ga+3O_2+6H_2O$
In	114.82	700	3	aq	$InCl_3+NaCl$	$2InCl_3=2In+3Cl_2$
Li	6.94	3,862	1	f	$LiCl+KCl$, 450℃	$2LiCl=2Li+Cl_2$
Mg	24.32	2,204	2	f	$MgCl_2+CaCl_2+NaCl$	$MgCl_2=Mg+Cl_2$
Mn	54.94	976	2	aq	$MnSO_4+(NH_4)_2SO_4$	$2MnSO_4+2H_2O=2Mn$ $+2H_2SO_4+O_2$
Na	22.99	1,166	1	f	$NaCl+CaCl_2$, 570℃	$2NaCl=2Na+Cl_2$
Ni	58.71	913	2	aq	$NiSO_4+H_3BO_4+NaCl$	$Ni_2S_3=2Ni+3S$
Pb	207.21	259	2	aq	$PbSiS_6+H_2SiF_6$	$Pb=Pb$
Sn	118.70	452	2	aq	$NaOH+Na_2SnO_3$	$Sn=Sn$
Zn	65.38	820	2	aq	$ZnSO_4+H_2SO_4$	$2ZnSO_4+2H_2O$ $=2Zn+2H_2SO_4+O_2$

* aq: 수용액, f: 용융염, ** 격막전해

95 安座上竹四, 栗倉泰弘, 1999: 金屬製錬工學(Extractive Metallurgy), 日本金屬學會, p. 132.

예제 6.13 전해채취로 아연 1 ton을 생산하기 위한 전기량과 전력량을 구하라. 단, 조 전압은 3 V이며, 전류효율은 90 %이다.

풀이

$$w_{\mathrm{Zn}} = \frac{M}{zF} \cdot I \cdot t, \quad \therefore \ I \cdot t = w_{\mathrm{Zn}} \cdot \frac{zF}{M_{\mathrm{Zn}}}$$

전기량은 다음과 같다.

$$I \cdot t = 1{,}000{,}000 \times \frac{2 \times 26.80}{65.38} = 819{,}823 \ (\mathrm{A} \cdot \mathrm{hr})$$

전해에 필요한 전력량은 다음과 같이 계산한다.

$$I \cdot t \cdot E = 819{,}823 \times 3(\mathrm{V}) = 2{,}459{,}469 \ \mathrm{Wh}$$

전류효율이 90 % 이므로 실제 필요한 전력량은 다음과 같다.

$$I \cdot t \cdot E = \frac{2{,}459{,}469}{0.9} = 2{,}732{,}743 \ \mathrm{Wh}$$

(2) 분해전압

전해에 의해 금속을 얻기 위해서는 전극에 충분한 전압을 가해야 한다. 전류를 통과시켜 전극반응이 일어나는 데 필요한 최소의 전압을 분해전압(dissociation voltage) 또는 전해조 전압(cell voltage)이라 한다. 전원의 단자 간 전압 V_t 는 시스템의 각 부분에 전류를 흘리기 위한 전압으로서 다음과 같다.

$$V_t = (E_A - E_C) + IR_S + IR_L \tag{6.71}$$

여기서 E_A와 E_C는 각각 전류가 흐르고 있는 상태에서 anode 및 cathode의 전극전위이며, 그 차이 $(E_A - E_C)$는 산화반응과 환원반응을 구동하기 위해 필요한 전압이다. 또 IR_S와 IR_L은 각각 전해욕 및 리드선에 전류를 흘리기 위해 필요한 전압이다.

(3) 이론 분해전압

Anode와 cathode의 평형전위를 $(E_A)_{eq}$, $(E_C)_{eq}$라 하면 $E_A - (E_A)_{eq}$는 anode에서 산화반응을 진행시키기 위한 구동력이며, anode 과전압 η_A라 부른다.

$$E_A - (E_A)_{eq} = \eta_A \tag{6.72}$$

Cathode에서는 cathode 과전압 η_C가 (+) 값을 가지도록 정의하면 다음 식이 얻어진다.

$$(E_C)_{eq} - E_C = \eta_C \tag{6.73}$$

식(6.72) 및 식(6.73)을 식(6.71)에 대입하면 다음 식이 얻어진다.

$$V_t = (E_A)_{eq} - (E_C)_{eq} + \eta_A + \eta_C + IR_S + IR_L \tag{6.74}$$

식(6.74)에서 $(\eta_A + \eta_C + IR_S + IR_L)$ 항은 유한한 크기의 전해전류를 흘릴 때 필요한 전압이며, $(E_A)_{eq} - (E_C)_{eq}$ 항은 전기분해를 할 때의 필요 최소한의 단자 간 전압으로 이론 분해전압 V_r이라 한다.

예를 들면 $ZnCl_2$ 수용액으로부터 Zn의 전해채취에서는 anode에서 Cl_2가 발생하고 cathode에서는 Zn이 석출한다. 이 전해를 연속적으로 진행시키기 위해서는 어떤 일정한 크기 이상의 전압을 줄 필요가 있다. 이 전압이 식(6.74)의 $(E_A)_{eq} - (E_C)_{eq}$에 상당하는 이론 분해전압이다. 이것은 양 극의 석출물과 전해액에 의해서 $Zn|ZnCl_2$, $Cl_2|Pt$의 전지가 구성되기 때문이다. 따라서 전해를 진행하기 위해서는 적어도 이 전지의 기전력과 같은 크기의 역방향의 전해전압을 인가할 필요가 있다. 이 이론 분해전압은 anode 및 cathode의 평형전위를 Nernst의 식으로 평가하여 계산할 수 있다.

Cu^{2+}이온이 황산동으로서 용해하고 있다면 수용액 중에서 SO_4^{2-}이온의 상대가 Cu^{2+}이온에서 H^+이온으로 변한 것이 되므로 전체적인 물질수지는 다음과 같이 된다.

$$CuSO_4 + H_2O \rightarrow Cu + H_2SO_4 + \frac{1}{2}O_2 \tag{6.75}$$

Cu의 전해채취에서 pH 및 $a_{Cu^{2+}}$의 정확한 값은 알 수 없으나 이론 분해전압의 개략적인 값으로서 표준전극전위의 차 0.89 V를 이용하면 된다.

실제로는 Pb anode 상에서의 산소 발생에 따른 산소 과전압을 필요로 하기 때문에 이것을 더한 것이 소위 분해전압 E_z가 된다.

$$E_z = E_r + E_{ir} \tag{6.76}$$

이 E_{ir}은 가스 발생을 위한 최소분극(과전압)이다.

예제 6.14 Pb anode를 사용하여 황산산성 황산동 수용액을 전해액으로 하여 Cu를 전해채취할 때 이론적인 분해전압을 계산하라. 단, 각 전극의 반응은 다음과 같다.

$$\text{anode} \quad : H_2O \rightarrow \frac{1}{2}O_2 + 2H^+ + 2e \qquad E^0 = 1.23\ V \tag{1}$$

$$\text{cathode} : Cu^{2+} + 2e \rightarrow Cu \qquad E^0 = 0.34\ V \tag{2}$$

풀이

전해조 내에서 일어나는 전체 반응은 다음과 같이 된다.

$$Cu^{2+} + H_2O \rightarrow Cu + \frac{1}{2}O_2 + 2H^+ \tag{3}$$

식(3)의 이론 분해전압 값은 각 전극전위 값의 차이와 같다.

$$E_R = E_{eq}(A) - E_{eq}(C) = 1.23 - 0.34 = 0.89 \text{ V}$$

6.9.2 금속의 전해채취

전해채취는 용액 중의 금속이온을 전기분해에 의해 환원하여 금속상을 얻는 것이다. 천연광물은 물론이고 도시광물을 적당한 용매에 침출한 후, 전해를 방해하는 불순물을 정액 공정에서 제거하고, 전기분해를 하면 cathode 상에 금속상이 석출된다. 전해에 의해 용매는 재생되어 다시 침출공정 등에 사용된다. 표 6.7에는 대표적인 전해채취의 예를 나타내었다.[96] 당연한 것이지만 전해채취를 위해서는 전극(anode, cathode), 전해액, 전해조 등이 필요하므로 이러한 것에 대해 알아본다.

〈표 6.7〉 전해채취 조건의 예

금속	전해액 주성분	전해액조성(g/L)	온도(℃)	전류밀도(A/m^2)
Cd	$CdSO_4$+H_2SO_4	Cd 50~60 H_2SO_4 100~120	35	70~150
Cu	$CuSO_4$+H_2SO_4	Cu 25~35 Free H_2SO_4	30~45	100~130
Cr	$(NH_4)_2SO_4Cr_2(SO_4)_3$+ H_2SO_4	Cr 40, NH_3 90 pH 2.5~2.65	45	700
Ga	Ga+NaOH	-	45~50	2,000
Mn	$MnSO_4$+H_2SO_4 + $(NH_4)_2SO_4$	Mn 25~35 $(NH_4)_2SO_4$ 100~150 pH 7.0~7.5	60~65	350~500
Ni	$NiCl_2$+HCl+NaCl (DSA, 격막 사용)	Ni, 70~90, pH 1.5	-	230~250
Zn	$ZnSO_4$+H_2SO_4	Zn 50~60 H_2SO_4 150~160	40~50	500~600

96 梅津良昭, 1997: 電解プロセス, 資源と素材(Shigen-to-Sozai) **113**(12), pp. 945-947.

(1) 전극

(가) 양극(anode)

전해채취에서 anode는 산화반응이 일어나는 곳으로, 산성용액의 경우 산소가 발생하며, 염화물용액에서는 염소가스가 발생한다. 이러한 anode는 도전체 작용을 하는 것으로, 전해액에 침식되지 않고 산소 과전압이 적으며 튼튼한 것이 바람직하다. 황산산성의 전해액에는 Pb나 Pb 합금을 사용한다. 이것은 Pb 양극표면이 난용성의 $PbSO_4$로 피복되어 통전하면 anode의 산화에 의해 $PbSO_4$보다 도전성이 좋고 또한 $PbSO_4$보다 한층 더 난용성인 PbO_2 ($PbSO_4 + 2H_2O \rightarrow PbO_2 + SO_4^{2-} + 2e$)가 생성되어 불용성 양극으로 작용하기 때문이다. 불용성 합금양극으로는 목적금속에 따라 다음과 같은 합금을 사용하고 있으며, 산소발생 반응이 주된 anode 반응이다.

① Cu 전해채취: Pb-Sb(4~12 %)

② Zn, Cd 전해채취: Pb-Ag(0.5~1 %)

③ Cr 전해채취: Pb-Sn(3~10 %)

④ Mn 전해채취: Pb-Sn(30~50 %)-Co(0.3~0.4 %)

염산이나 질산산성의 전해액과 같이 Cl^- 이온이나 NO_3^- 이온이 많이 함유되어 있는 경우에는 RuO_2 피복의 Ti판(DSA: dimensional stable anode)이나 특수한 합금(Chilex: Cu-Si합금, Cosil: Co-Si합금)을 사용하기도 한다. 이 경우에는 염소발생 반응이 주된 anode 반응이 된다.

(나) 음극(cathode)

Cathode에서의 전극반응 자체는 Cu의 전해정제와 같이 목적금속의 석출, 수소발생 반응, 공존하는 불순물 금속이온의 석출 등이 동시에 일어난다. 일반적으로는 목적금속과 동일한 순금속을 사용하기도 하지만, 현재는 조업의 편의성 등에 의해 대부분 다른 금속을 사용하며 전해석출 후 박리하여 회수하고 있다.

① Zn, Cd: Al판

② Cu, Cr, Mo, Co: 스테인리스강판

(2) 전해액

목적금속의 가용성 염의 수용액을 전해액으로 하지만, 금속이온의 가수분해 방지, 염기성 염의 생성방지 및 욕의 전기전도도를 증대시키기 위해 무기산을 첨가한다. 대부분의 경우 안정하고 값이 싼 황산산성의 전해욕을 사용한다. 이 경우 anode에서 발생하는 가스는 무해한 O_2이지만, 염산산성 염화물욕을 사용하는 경우에는 anode에서 발생하는 Cl_2가스의 제거에 주의하여야 한다.

한편, 전해욕에는 목적금속의 염 및 유리산 외에 소량의 유기물 또는 무기물을 첨가하여 cathode 상의 금속 석출상태를 개선한다.

6.10 금속의 전해정제

전해정제(electrorefining)는 건식제련이나 정련에서 얻어진 조금속을 전기분해하여 순도가 높은 금속으로 제조하는 것이며, 표 6.8에 전해정제의 예를 나타내었다. 전해채취와는 달리 조금속을 anode로 사용한다. 전해정제의 전체 반응식은 목적금속이 anode로부터 cathode로의 이동하는 것으로, 이론 분해전압이 작기 때문에 전해채취에 비하여 소비전력이 작다. 전기동은 Cu의 조금속을 전해정제 한 것이다. 이러한 전해정제 공정에서 조금속 중에 함유되어 있는 Au, Ag 등을 anode slime으로 회수할 수 있으므로, Cu 등을 포집금속으로 사용하여 귀금속을 함유한 조금속을 만들고, 전해정제를 통해 회수하고 있다.

〈표 6.8〉 전해정제 조건의 예

금속	전해액 주성분	전해액조성(g/L)	온도(℃)	전류밀도(A/m^2)
Ag	$AgNO_3+HNO_3$ (Moebius법)	Ag 50 free HNO_3 5~10	35~40	250
Au	$HAuCl_4+HCl$ (Wohlwill법)	Au 50~80 free HCl 30~60	60~70	200~400
Bi	$BiCl_3+HCl$	Bi 3~4 free HCl 100	50~60	2,000
Cu	$CuSO_4+H_2SO_4$	Cu 40~50 H_2SO_4 180~200	40~60	220~250
In	$InCl_3+NaCl$	In 40~50 NaCl 100	25~30	100
Ni	$NiSO_4+NaCl$	Ni 70, Na 40	60	200
Pb	$PbSiF_6+H_2SiF_6$ (Betts법)	Pb 80~120 free H_2SiF_6 70~100	30~40	80~150
Sn	$Sn+H_2SO_4+H_2SiF_6$	Sn 30, H_2SO_4 60 free H_2SiF_6 50~60	30	40~80

(1) Anode

전해정제에 사용되는 anode는 건식제련에 의해서 제조된 조금속이므로 전해정제가 가능하도록 순도가 높아져 있지만, 리사이클링에서는 상기한 바와 같이 귀금속 회수를 목적으로 조금속을 만드는 경우도 있다. 전해정제에서는 다음 식과 같이 anode로부터 목적금속이 이온의 형태로 전해욕으로 산화 용출된다.

$$Cu \rightarrow Cu^{2+} + 2e^- \quad \text{(동의 용해)} \tag{6.77}$$

$$H_2O \rightarrow \frac{1}{2}O_2 + 2H^+ + 2e^- \quad \text{(산성용액에서 산소발생)} \tag{6.78}$$

$$2Cl^- \rightarrow Cl_2 + 2e^- \quad \text{(염화물용액에서 염소발생)} \tag{6.79}$$

그러나 목적금속보다 귀한 불순물은 용출하지 않고 anode 면에 그대로 남고, 서로 연결이 끊어져 미세한 분말이 되어 anode slime으로 전해조의 바닥에 침전한다. 한편 목적금속보다 비한 불순물은 전해욕 중에 용출하지만 cathode 상에 석출하지 않는 전해조건을 설정하기 때문에 전해욕 중에 잔류하므로 전해 도중에 제거한다.

(2) Cathode

Cathode에서는 전해욕 중 cation의 감소나 anion의 증가와 같은 양의 전자를 전극에서 빼앗는 환원반응(cathode 반응)이 일어나며, 반응식은 다음과 같다.

$$Cu^{2+} + 2e^- \rightarrow Cu \quad \text{(동의 석출)} \tag{6.80}$$

$$AuCl_4 + 3e^- \rightarrow Au + 4Cl^- \quad \text{(금의 석출)} \tag{6.81}$$

$$2H^+ + 2e^- \rightarrow H_2 \quad \text{(산성용액에서 수소발생)} \tag{6.82}$$

전해정제에서 cathode는 제품 금속으로서 일정기준 이상의 순도를 가질 필요가 있다. 예전에는 정제금속과 동일한 고순도의 금속판을 cathode로 사용하기도 하였으나, 동의 경우 현재는 스테인리스강판을 사용하고 있다.

(3) 전해욕

전해정제의 전해욕은 다음과 같은 성질이 요구된다.

① 목적금속의 용해도가 클 것.

② 전기전도도가 클 것. 이를 위하여 가능한 한 유리산 농도를 높게 한 산성용액이나 고알칼리용액을 사용한다.

③ Anion이 화학적으로 안정할 것.

④ Slime의 anode 표면으로의 밀착성이 적고 분산 부유가 일어나지 않을 것.

⑤ Cathode 상에 평활한 전해석출이 얻어질 것.

이러한 목적을 만족시키기 위해 각각의 금속에 따라 다른 전해욕을 선택하고 있다. Cu의 전해정제에서는 황산 산성 황산동 수용액을 이용한다.

전해채취와 마찬가지로 cathode 상의 금속 석출상태를 개선할 목적으로 전해욕에 유기물이나 무기물을 첨가한다. Cu의 전해정제에서는 슬라임 형성을 용이하게 하기 위해 식염이나 염산을 첨가하기도 한다. 아교, 젤라틴, 펄프 폐액 등과 같이 보호 콜로이드를 형성하는 첨가제와 치오요소(thiourea), 알로인(aloin)과 같은 관능기를 갖는 유기물 등을 함께 사용하여 치밀하고 균일한 표면을 갖는 석출금속을 얻고 있다.

예제 6.15 동의 전해정제에서 10 F의 전기량을 전해조에 흘려 224 g의 전기동을 석출하였다. 전류효율을 계산하라.

풀이

$$w_{\mathrm{Cu}} = \frac{M_{\mathrm{Cu}}}{zF} \cdot I \cdot t \quad \therefore \ I \cdot t = w_{\mathrm{Cu}} \cdot \frac{zF}{M_{\mathrm{Cu}}}$$

$$I \cdot t = 224 \times \frac{2 \times 96500}{63.54} = 680,390 \ \mathrm{C}, \ \therefore \ \frac{680,390}{96500} = 7.05 \ \mathrm{F}$$

10 F의 전기량을 흘렸으므로 전류효율은 다음과 같다.

$$\eta = \frac{7.05}{10} \times 100 = 70.5 \ \%$$

예제 6.16 Crude Cu를 전해정제하여 음극에서 453 g이 석출되었다. 이때 필요한 전기량(A-hr)을 계산하라.

풀이

식(6.70)으로부터 석출량을 w_{Cu}라 하면 다음과 같이 나타낼 수 있다.

$$w_{Cu} = \frac{M}{zF} \cdot I \cdot t, \quad \therefore \; I \cdot t = w_{Cu} \cdot \frac{zF}{M}$$

$$I \cdot t = w_{Cu} \cdot \frac{zF}{M_{Cu}} = 453 \times \frac{2 \times 26.80}{63.54} = 382 \; (\mathrm{A \cdot hr})$$

또는

$$I \cdot t = w_{Cu} \cdot \frac{zF}{M_{Cu}} = 453 \times \frac{2 \times 96500}{63.54 \times 3600} = 382 \; (\mathrm{A \cdot hr})$$

6.11 용융염 전해

산소와의 친화력이 높은 활성금속들은 건식제련법으로 용융제련을 하면 불순물과 반응하여 고순도의 금속을 얻기 힘든 경우가 많다. 또 수소보다 현저하게 비하고, 수소 과전압이 작은 경우에는 수용액 전해법을 적용할 수 없다. 이러한 금속들의 경우 금속염을 만들어 정제한 후, 수용액 전해법과 같은 원리로 전기분해하여 금속을 채취하거나 정제하며, 이러한 방법을 용융염 전해라 한다.

대표적으로 용융염 전해를 하는 금속은 Al, Mg, Be, Ce, Li, Na, K, Ca 등이 있으며, 각종 희토류(La, Ce, MM, Nd-Fe, La, Ce, MM, Pr-Fe, Nd-Fe, Di-Fe, Dy-Fe, Al-Y)도 용융염 전해에 의해 제조하고 있다.[97]

특히 Al은 용융염 전해에 의해 대량 생산되고 있다. Bayer법에 의해 추출한 고순도의 정제 알루미나(Al_2O_3)를 이온상태에서 용융할 수 있는 불화물인 빙정석(Na_3AlF_6)에 용해(1,000 ℃에서 4~20 wt%Al_2O_3를 용해)시켜 전해채취로 99.8 % 품위의 지금을 제조한다. Al의 용융염 전해채취 주반응 및 cathode, anode 반응은 다음과 같다.

$$2Al_2O_3 + 3C = 4Al + 3CO_2 \tag{6.83}$$

$$\text{Cathode:} \;\; Al^{3+} + 3e = Al \tag{6.84}$$

$$\text{Anode:} \;\; 2O^{2-} + C = CO_2 + 4e \tag{6.85}$$

97 희토류의 용융염 전해에 관해서는 8.3 '희토류의 리사이클링' 참조.

이와 같이 전해욕 중의 알루미나는 Al^{3+}이온과 O^{2-}이온으로 전리되어 있고, 전류의 통과와 함께 cathode에서는 Al^{3+}이온의 환원이 일어나 전해조 바닥부에 위치하는 용융 알루미늄 표면에서 알루미늄이 된다. Hall-Heroult법에 의한 Al의 전해에서는 anode로 탄소를 사용하므로 전해욕 중의 O^{2-}이온이 산화되어 발생하는 O_2와 반응하여 $CO+CO_2$가스를 발생시켜 소모하므로 전기에너지 소모가 적다.

또한 순도 높은 Al이 필요하거나, Al 스크랩으로부터 재생하는 경우 3층식 용융염 전해법으로 정제하여 99.998 %의 고순도 Al을 얻고 있다.

제7장

양산금속의 리사이클링기술

7.1 서론

자원리사이클링 원료에는 스크랩, 폐자동차(ELV), 폐전기전자제품(WEE), 폐촉매 등을 비롯하여 공정부산물, 폐기물 등이 있으며, 이러한 것은 금속상태의 것도 있지만 화합물 상태로 존재하는 것도 많다. 이러한 원료를 물리·화학적으로 처리하여 순금속이나 합금상태로 회수하는 경우가 대부분이다. 따라서 금속자원의 리사이클링 공정을 구성하기 위해서는 각 금속의 제련 공정에 대한 이해가 필요하다.

상기한 바와 같이 리사이클링 원료의 발생원도 다양하지만 함유된 금속의 종류도 다양하여 각 원료에서 회수하는 금속의 종류도 매우 많다. 그러나 원료의 발생원이 달라도 파쇄나 선별 공정을 거치면 목적금속에 따라 유사한 방법으로 회수할 수 있기 때문에 금속별 제련 및 리사이클링기술에 관한 지식이 필요하다.

따라서 본 장에서는 금속제련의 개요와 주요금속 중 철강재와 양산금속(Cu, Zn, Pb, Al)에 대하여, 다음 장에서는 희소금속(희토류금속, 백금족 포함)과 귀금속에 대하여 제련법의 개요와 리사이클링기술에 대해 알아본다. 또한 각 금속 중 주요한 발생원에 따른 리사이클링 방법에 대해서도 설명한다.

7.2 금속제련의 개요

7.2.1 천연광석

원소 중에는 Au, Ag, Cu 등과 같이 자연금속으로 산출되는 것도 있으나 대부분 황화물,

산화물, 탄산염, 규산염, 황산염, 비화물 등의 광물(mineral)로 산출된다. 지각을 구성하는 광물에서 경제적으로 채굴, 선광, 제련할 수 있는 양의 유가광물과 무가치한 맥석(gangue)의 혼합체를 광석(ore)이라 부른다.

예를 들면 동 자원의 대부분은 복합 황화물인 황동광 $CuFeS_2$(Chalcopyrite)에 SiO_2, CaO, Al_2O_3 등의 맥석류가 광물학적으로 조합된 황화광이다. Cu의 함유량은 광상에 따라 다르지만 대부분 1 wt% 전후로 품위 1 %라 한다. 제련을 하기 전에 미리 맥석류를 가능한 한 분리하여 유가성분을 농축하는 조작을 선광이라 하며, 황화광은 부유 선광법에 의해 품위 30 % 정도까지 농축된다.

한편, 선광에 의해 농축이 불가능한 광종도 있다. 스테인리스강에 사용되는 Ni은 규니켈광(garnierite)으로부터 추출되지만, 규니켈광은 $(Ni,Mg)O \cdot SiO_2.xH_2O$ 이다. 이때 Ni은 맥석의 결정 격자점 사이에 들어가 있는 완전한 고용체로 되어 있기 때문에 분리 농축할 수 없다. 따라서 Ni 함유량이 1.5~2 wt%의 저 품위광을 직접 용융제련의 원료로 사용하는 비경제적인 방법을 사용할 수밖에 없다. 가장 고 품위의 자원은 철광석이며, Fe로서의 함유량은 60 wt% 이상이다.

7.2.2 금속제련법의 개요

그림 7.1은 각 원소를 양산금속, 희소금속, 귀금속, 희토류로 분류하여 주기율표에 나타낸 것이다. 또한 부산물로부터 상당한 양이 생산되는 금속과 리사이클링이 중요한 금속들을 구분하여 나타내었다. 한편 제련의 관점에서는 좌측 끝의 실선으로 둘러싸인 1~3족 원소는 금속 중에서도 반응성이 풍부한 비(卑)한 금속들이기 때문에 용융염 전해 등을 이용하며 제조하고 있다.

다음의 4~10족은 천이금속들로서 일반적으로 융점이 높고, 특히 Mo, W 등은 수소환원 등에 의해 제조하고 있다. 천이금속들의 오른쪽 하부에는 Au, Ag를 비롯한 귀금속들이 배열되어 있으며, 상당한 양이 비철금속제련의 부산물로서 생산되고, 리사이클링도 중요한 것들이다. 또 12~15족에 걸쳐서 2점쇄선으로 둘러싸인 원소들은 700 K 이하의 저융점 금속들로서, 금속 및 화합물의 증기압도 높다. 특히 12족의 Zn, Cd, Hg는 증류제련을 적용한다. ○으로 표시된 원소들은 리사이클링이 중요하다. 특히 희토류 중의 Nd, Sm, Dy 등은 최근 전기자동차와 관련한 자성재료로 사용되지만 안정적인 수급을 위하여 필히 리사이클링하여야 하는 원소들이

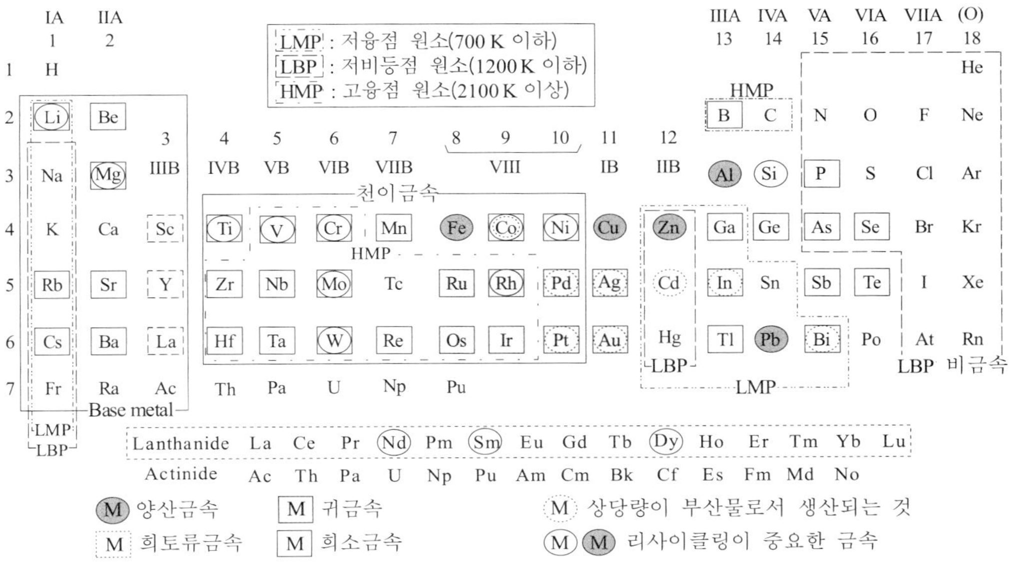

[그림 7.1] 금속의 분류와 리사이클링 관점에서의 주기율표

며, 용융염 전해 등을 이용하여 제조하거나 리사이클링하고 있다.

제련은 원료를 환원하여 금속상으로 분리하는 것이 주공정이지만, 금속상에는 제2, 제3의 성분이 불순물로 함유되어 있는 다원계 용체의 조금속(crude metal)이다. 따라서 불순물을 제거하는 공정이 부수적으로 필요하게 된다. 또 이것과는 별도로 원료로부터 불순물을 미리 제거하여 순수에 가까운 금속 화합물이나 그 수용액을 만든 후에 금속으로 환원하는 공정을 설치하는 등 주공정 전에 부수적인 처리를 하는 경우도 있다. 이러한 주와 부의 양자가 기능하여 비로소 제련이 성립하므로 편의상 각각의 기술내용을 기간 프로세스와 부속 프로세스로 구분하여 생각하면, 많은 금속의 복잡한 제련 프로세스를 이해하는 데 도움이 될 것이다.[98]

표 7.1에 주요 금속의 제련법 개요를 종합하여 나타내었다.[99]

---

98 K. Ono, 2004: Extractive Metallurgy III-Physicochemical Classification of Reduction Processes and Steelmaking-, *Materia Japan* **43**(8), pp. 680-685.

99 安座上竹四, 粟倉泰弘, 1999: 金屬製錬工學(Extractive Metallurgy), 日本金屬學會, p. 4.

〈표 7.1〉 주요 금속의 제련법 개요

금속	원료	예비처리	금속으로의 환원	금속의 정제
Al	산화광	알칼리 침출, 화학분리(Al_2O_3)	용융염 전해	3층식 용융염 전해
Ag	자연은, 황화은, 전해슬라임, 귀연	청화법($NaAg(CN)_2$) 화학분리 Zn에 의한 용융분리	Zn 세멘테이션 회취 증류·회취	전해
Au	자연금 Ag전해슬라임	청화법($NaAu(CN)_2$) 화학분리	Zn에 의한 세멘테이션	전해
Bi	황화광 제련중간물	배소(Bi_2O_3) 화학분리($BiOCl$)	탄소환원	플럭스 처리, 전해
Cd	연회, 정액재	화학분리($CdSO_4$, CdO)	Zn 세멘테이션	전해, 증류
Co	Ni, Cu 광에 수반	Ni제련과 동일하지만, 그 외 황산화배소·침전·용해분리·용매추출	수소에 의한 가압환원	전해
Cr	산화광	정광 알칼리배소·화학분리(Cr_2O_3) 화학분리($NH_4Cr(SO_4)_2 \cdot 12H_2O$)	Fe-Si환원(Fe-Cr) Al환원 전해	수소처리침화법
Cu	황화광 산화광	배소·맷트용련($Cu_2S \cdot FeS$) 황산침출($CuSO_4$), 용매추출	전로제동 Fe에 의한 세멘테이션, 전해	전해
Ge	제련중간물	염산처리·화학분리(GeO_2)	수소환원	대용융
Hg	황화광		증류(탈황)	재증류
Na	염화물	화학분리($NaCl$)	용융염 전해	
Mg	해수, 염화물, 탄산염광	화학분리($MgCl_2$) 하소($MgO \cdot CaO$)	용융염 전해, 감압하에서 Fe-Si로 환원	
Mn	산화광	정광 황산처리·화학분리($MnSO_4$)	탄소환원(Fe-Mn) 전해	
Mo	황화광	산화배소·화학분리(MoO_3)	탄소환원(Fe-Mo) 수소환원	
Ni	황화광 산화광 혼합황화광	배소·맷트용련·배소(NiO) 황화광과 용련·환원배소-침출 암모니아 가압침출·용매추출	탄소환원(Ni, Fe-Ni) 전해 수소 가압환원	전해 $Ni(CO)_4$의 생성·분해
Pb	황화광 제련중간물	배소·소결(PbO)	탄소환원 상호반응에 의한 환원	전해 용리, 선택산화, 제3원소 첨가
Sb	황화광	용리(Sb_2S_3) 휘발배소(Sb_2S_3)	Fe에 의한 환원 탄소환원	플럭스 처리 전해

▶▶▶

금속	원료	예비처리	금속으로의 환원	금속의 정제
Se	연회 전해슬라임	화학분리(SeO_2) 휘발배소(SeO_2)	SO_2에 의한 환원	증류
Si	산화광	화학분리($SiHCl_3$) 화학분리(SiH_4)	탄소환원(Fe-Si) 수소환원, 열분해	대용융
Sn	산화광	배소	탄소환원	전해
Ti	산화광	염화처리 · 화학분리($TiCl_4$), 화학분리(TiO_2)	Mg환원, Na환원 Al환원(Fe-Ti)	
W	산화광	정광 알칼리배소 · 화학분리(WO_3)	탄소환원(Fe-W) 수소환원	
Zn	황화광 제강더스트	배소 · 소결(ZnO) 배소 · 황산침출($ZnSO_4$)	탄소환원(증류) 전해	증류정제

기간 프로세스는 제련의 중심을 차지하는 금속으로의 환원이며, 각 금속에 적용하는 환원법은 평형론(예: 열역학)을 기반으로 한다. 환원방법은 다음과 같이 분류할 수 있다.

① 탄소에 의한 열환원: Fe, Ferro-alloy, Zn, Pb, Sn, Si 등

② 산소에 의한 열환원: Cu, Pb 등

③ 수소에 의한 열환원: W, Mo, Ni 등

④ 활성금속에 의한 열환원: Ti, Zr, Nb, Ta, V, U, Th, 희토류(rare earth)

⑤ 전해채취(수용액 전해와 용융염 전해)

ⓐ 수용액 전해: Zn, Ni, Co, Cr 등

ⓑ 용융염 전해: Al, Mg, Na, V, 희토류 등

②는 모순된 표현이지만, 금속 황화물을 산소가스와 반응시켜서 유황을 SO_2로서 제거하면 금속상이 생성되는 것으로, 동제련이 대표적인 예이다. 이러한 분류에 따라서 각 금속의 환원법에 대해 간단하게 설명한다.

(1) 탄소에 의한 열환원

Fe: Fe_2O_3→고로(과잉환원)→전로(부분산화)→조강

페로알로이(Fe-M합금, M: Ni, Cr, Si, Mn): (Fe, M)O_x→전기로→조Fe-M합금

Pb: PbO→용광로→Pb(l)

Zn: ZnO→용광로→Zn(g)

Si: SiO_2→전기로→조Si

Sn: SnO_2→전기로→조Sn

이러한 금속 중에서 연과 아연 광석은 황화물이지만 전처리로서 정광을 고온에서 산화하여 산화물로 만들고(배소), 이때 발생하는 SO_2가스는 부산물로서 전부 황산으로 만든다. 아연과 연의 배소광(cinder)을 동일한 용광로에 장입하여 환원된 연은 노저로부터, 아연증기는 노정으로부터 뽑아내는 동시 제련법도 있다.

페로알로이(ferroalloy, 합금철)에는 스테인리스강의 원료가 되는 페로니켈이 중요하며, 산화광으로부터 직접 Fe-Ni합금으로 환원시킨다. 그리고 순수한 Ni은 황화광으로부터 여러 가지 환원법을 적용하여 환원한다.

(2) 산소에 의한 열환원

Cu : $CuFeS_2$→자용로→FeS－$Cu_2S(l)$→PS전로→조Cu

이 프로세스는 Fe를 우선적으로 산화시켜 정광 중의 SiO_2와 플럭스로 첨가하는 규사로 용융 슬래그($2FeO \cdot SiO_2$)를 만들어 분리 제거하는 슬래그제련이다. 이러한 열환원은 유황이 연소하여 SO_2를 생성하는 발열반응이므로 동정광 그 자체가 연료이며, 별도의 열원을 필요로 하지 않는다.

(3) 수소에 의한 열환원

Mo : MoO_3→Mo분말, W : WO_3→W분말

일반적으로 수소환원은 수소가스 기류 중에서 산화물 분체를 1,100 K의 온도로 가열하는 과정에서 이루어진다. 수소는 산화물의 산소와 결합하여 물이 되기 때문에 깨끗한 환원 매체이지만, 고가의 특수한 금속에만 사용하고 있다.

(4) 활성금속에 의한 환원

Ti : $TiCl_4(g) + 2Mg(l) = Ti(s) + 2MgCl_2(l)$

Zr : $ZrCl_4(g) + 2Mg(l) = Zr(s) + 2MgCl_2(l)$

Nb: $Nb_2O_5(s)+(10/3)Al(l)=2Nb(l)+(5/3)Al_2O_3(l)$

Ta: $K_2TaF_7(s)+2Na(g)=Ta(s)+Na_2K_2F_7(l)$

V: $VCl_3(g)+(3/2)Mg(l)=V(s)+(3/2)MgCl_2(l)$

U: $UF_4(l)+2Mg(l)=U(s)+2MgF_2(l)$

Th: $ThF_4(l)+2Ca(l)=Th(s)+2CaF_2(l)$

희토류: $2RF_3(l)+3Ca(l)=2R(l,s)+3CaF_2(l)$

$Sm_2O_3(s)+2MM(l)=2Sm(g)+MM_2O_3(s)$[100]

이러한 금속은 환원제가 되는 금속의 용해도가 없고, 또 환원된 금속은 정제하기 어렵기 때문에 원료가 되는 각 금속의 화합물이 고순도여야 하는 점이 중요하다. 그리고 이 환원프로세스를 위해서는 환원제인 금속의 제조에 많은 에너지가 소비된다. 예를 들면, 타이타늄의 마그네슘환원에 이용되는 마그네슘은 환원생성물인 염화마그네슘을 전기 에너지를 소비하는 용융염 전해에 의해 재생하고, 타이타늄 제련공정으로 순환하고 있다.

(5) 전해채취-수용액 전해

Zn: $+O_2$, 불용성양극 | $ZnSO_4-H_2SO_4$ | Zn−

Ni: $+Ni_3S_2$ | $NiSO_4-H_2SO_4-Na_2SO_4$ | Ni−

Co: +crude Co | $CoSO_4-H_2SO_4-(NH_4)_2SO_4$ | Co−

Cr: $+O_2$, 불용성양극 | $Cr_2(SO_4)_3(NH_4)_2SO_4-H_2SO_4$ | Cr−

금속 외에 Cd, Cu, Mn 등도 수용액 전해채취의 대상이다. 또 귀금속인 금, 은도 수용액 화학프로세스에서 채취하고 있다.

---

100 MM: 미쉬메탈, Ce, La, Nd 등의 염화물을 용융염 전해에 의해 석출시킨 합금. La 30 %, Ce 50 %, Pr 5 %, Nd 15 % 정도의 광석 천연조성의 혼합희토금속.

(6) 전해채취-용융염전해

$$Al:\ \ +C \mid Al_2O_3 - NaAlF_6 - AlF_3 - CaF_2 \mid Al(l) -$$

$$Mg:\ \ +C \mid MgCl_2 - KCl - NaCl \mid Mg(l) -$$

$$Na:\ \ +C \mid NaOH - Na_2CO_3 \mid Na(l) -$$

$$V:\ \ +C \mid VCl_2 - LiCl - KCl \mid V -$$

$$\text{희토류}:\ \ +C \mid RCl_3 - CaCl_2 \mid R(l, s) -$$

용융염 전해는 전해질이 고온으로 용융한 상태에 있는 염(용융염)을 사용하는 전기분해이며, 용융염계 구성성분에는 환원하고자 하는 금속의 염이 포함되어 있다. 알루미늄이나 나트륨의 전해에서는 도전성 탄소양극의 표면에서 산소이온이 방전하여 산소가스를 발생시키고, 이 가스가 곧바로 탄소와 반응하므로 소모형 양극이 된다. Mg이나 V의 전해에서는 Cl_2가스가 발생하지만 탄소양극과 반응하지 않으므로 비소모형 양극이다.

7.3 철강재의 리사이클링

7.3.1 철강제조 프로세스

그림 7.2에는 철강제조의 주류를 이루고 있는 고로 일관 철강제조 프로세스와 전기로 제강 프로세스를 같이 나타내었다. 용광로(고로)-예비처리(탈황, 탈린 등)-전로(전기로)-2차정련(LF, RH 등)의 공정을 거쳐 목표로 하는 성분과 온도로 제어한 용강을 연속주조 설비에서 슬래브(slab), 블룸(bloom), 빌릿(billet) 등으로 주조한다. 이러한 주편을 대응하는 압연기에서 목표로 하는 형상으로 압연하여 제품으로 만든다.

고로-전로 프로세스에서의 철강제조 공정은, 고로에서의 철광석 환원공정과 전로(BOF)에서의 산화-탈탄 공정으로 구성된다. 고로에서는 코크스 중의 탄소(C) 및 탄소가 산화하여 발생한 일산화탄소가스(CO)가 환원제이므로 환원과 동시에 침탄반응이 일어나고, 약 4.5 %의 탄소를 함유하는 용융선철(용선)이 얻어진다.

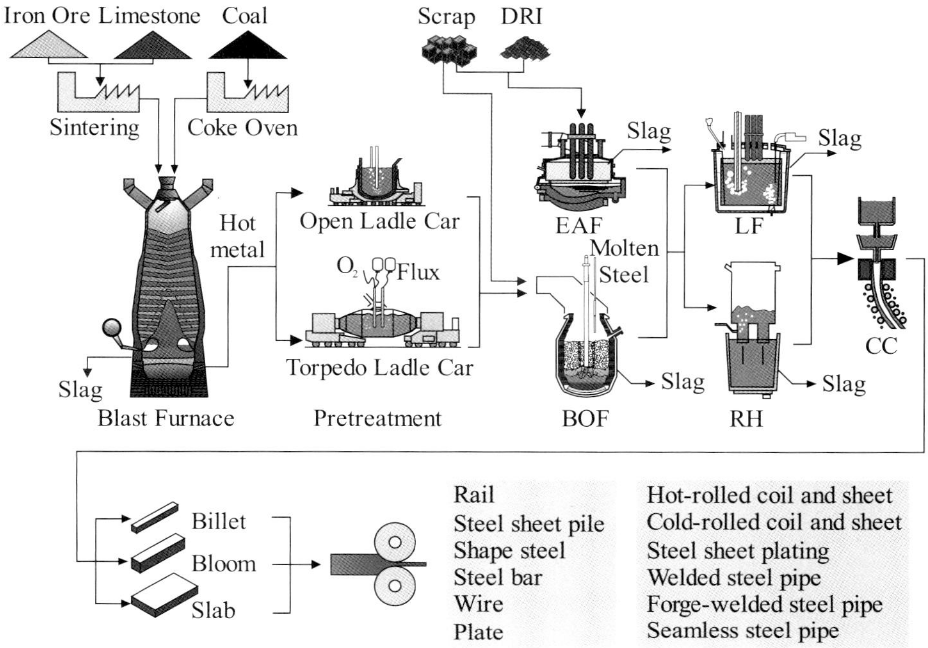

[그림 7.2] 철강제조 프로세스의 예

용선은 필요에 따라 탈린, 탈황을 위한 예비처리를 한 후 전로에서 필요 탄소량까지 산화-탈탄하여 용강으로 만든다. 이 공정의 주반응은 순 산소가스(O_2) 및 산화철(Fe_2O_3)에 의한 용선 중 탄소의 산화에 의한 탈탄반응이다. 이 탈탄반응에 기여하고 남은 산소는 용강 중에 남는다. 이 산소는 최종적으로 규소, 알루미늄 등의 탈산제를 투입하여 SiO_2, Al_2O_3 등의 산화물로서 고정, 제거하거나, 다음 공정인 진공 탈가스 처리에서 일산화탄소로 제거된다.

전기로 제강에서는 철원으로 철 스크랩이나 환원철 등을 사용하며, 전기에너지를 이용하여 용융한 후 전로제강과 같은 경로를 거친다. 상세한 내용은 리사이클링 항에서 설명한다.

7.3.2 철강재의 리사이클링기술

철강재료는 수집한 스크랩을 가열·용융하고, 필요한 성분조정을 하면 재사용할 수 있기 때문에 리사이클링하기 쉬운 재료이다. 따라서 인류가 철강재료를 사용하기 시작할 때부터 지금까지 스크랩이 된 철강의 90 % 이상은 리사이클링하여 왔다. 현재 세계 철강시장에서 스크랩을 주원료로 하는 전기로 제강법으로 철강재의 약 35 %를 제조하고 있다.

(1) 철스크랩의 정의

철 스크랩은 철광석 및 원료탄과 함께 철강산업의 3대 기초원료이며, 제강업 자체의 생산과정과 철강 수요산업의 철강재 가공과정, 철강제품이 사용불능 상태일 때 발생하고, 수집과정을 통해 회수되어 철강재 생산에 재투입되는 철강재를 의미한다. 이러한 스크랩에는 제강공정에서 발생하는 것, 수명이 다하여 폐기된 자동차 및 가전제품으로부터 회수되는 철강재, 스틸캔, 폐선박에 이르기까지 많은 것이 포함된다.

스크랩은 철광석을 환원하여 얻어진 철강재가 사용 후 회수된 것이므로 철강재로 재이용하게 되면 환원 에너지가 필요 없고, 단지 재생을 위한 용해 에너지(전기 에너지 등)만을 필요로 한다. 따라서 철광석을 환원하여 철강재를 얻는 것과 비교하면 매우 낮은 에너지로 철강재를 생산할 수 있을 뿐만 아니라 환경공해의 주범인 CO_2가스 발생량 역시 고로법의 약 35 %에 불과하다. 자원이 빈약한 우리나라에서 스크랩은 철광석보다 유용하고 귀중한 자원이다.

(2) 철스크랩의 분류와 규격

일반적인 스크랩의 분류 방법에는 크게 발생원에 따른 분류법과 용도 및 구입형태에 따른 분류법이 있다. 철스크랩의 발생원에 따른 분류를 살펴보면 그림 7.3과 같이 국내 스크랩과 수입 스크랩으로 구분하고 있다. 그리고 KS D2101(2010. 11)의 '재생용 강스크랩의 분류 및 등급' 기준[101]에 따르면 생철 스크랩, 노폐 스크랩, 선반 스크랩, 가공 스크랩으로 구분한다.

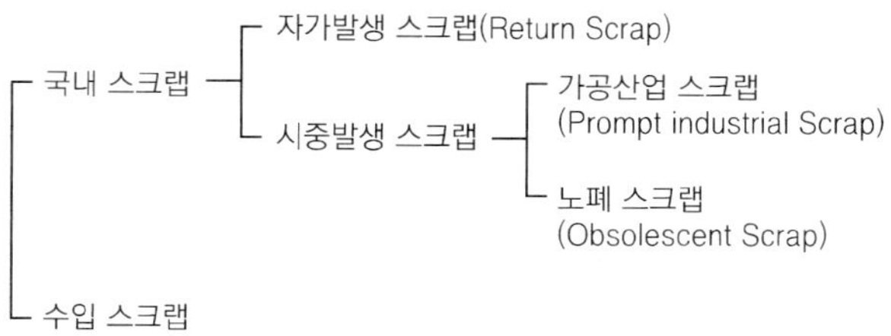

[그림 7.3] 발생원에 따른 스크랩의 분류

또 스크랩을 용도에 따라 분류하면 제강용 스크랩과 압연용 및 주물용 스크랩이 있다. 제강용은 전기로의 용해과정을 거쳐 강재로 생산되는 스크랩이며, 압연용 스크랩은 용해를 거치지

101 한국철강협회 철스크랩 위원회, 2013: 철스크랩 매뉴얼-KS D 2101 기준에 의거-
민동준, 2014: 제3절 철스크랩의 재활용, 2014리싸이클링백서, p. 262, 한국자원리싸이클링학회, S&M미디어(주).

않고 가열한 후 압연하는 스크랩을 의미한다.

이러한 스크랩의 상세내용은 다음과 같다.

(가) 자가발생 스크랩(Return or home scrap)

자가발생 스크랩이란 제강공정 또는 철강재의 제조공정에서 발생하는 것으로 대부분 강괴, 블룸, 빌릿, 파이프, 봉강, 형강 등이다. 발생량은 제강공정이나 주물공장의 용해량과 최종제품의 양에 정비례한다. 이러한 자가발생 스크랩은 별도의 처리나 가공을 하지 않고 대부분 전량회수되어 사용된다. 또한 성분관리가 용이하여 특수합금 성분의 회수에도 유리하다.

(나) 가공산업 스크랩(Prompt industrial scrap)

철강재를 이용하여 공업용이나 소비자용 제품의 생산과정에서 발생하는 스크랩으로, 재사용을 위한 회수경로 및 주기가 노폐 스크랩에 비해 짧다. 발생량은 철강소비 증가율과 제조업체에서의 강재 실수율에 따라 변화한다. 또 가공산업 스크랩은 자가발생 스크랩과 마찬가지로 성분관리가 용이하고 불순물 함유량이 비교적 적다.

(다) 노폐 스크랩(Obsolescent scrap)

철강제품의 내구 연수가 다하여 소유자로부터 처리된 철강 폐기물로서 재사용에 적합하도록 가공 처리되는 스크랩이며, 대표적으로는 폐자동차나 폐가전의 슈레더 스크랩 등이 있다. 발생량은 철강 축적량에 비례(철강축적량의 약 2.5 %)한다. 그러나 발생원과 발생지역이 광범위하여 수집과정에서 미회수되어 폐기물이 될 경우 환경 문제를 야기하며, 불순물의 함유량이 비교적 높다.

(라) 수입 스크랩

국내 수요에 부족한 양을 수입한 것으로, 일반 수입 스크랩과 폐선박을 수입한 후 이를 해체하여 사용하는 해체선박 스크랩 등이 있다. 전기로 업체의 설비능력이나 수요에 따라 수입량이 변하며, 가격변동이 심한 편이다.

(3) 스크랩 가공기술

철 스크랩은 발생한 형태 그대로 제강에 사용하는 경우는 거의 없으며, 대부분 구입 회사의 규격에 맞게 선별되고 가공되어 납품된다. 가공방법은 프레스 가공(압축, 감용, 압밀화), 절단 가공, 슈레더(파쇄, 선별) 등으로 구분할 수 있다.[102]

(4) 강의 성질에 미치는 불순물 원소의 영향

강 중에 함유되어 있는 불순물 원소는 일반적으로 저융점 금속이나 화합물로서 입계에 존재하고, 이것이 열간 가공성을 현저하게 해치는 경우가 많다.

예를 들면 동은 열간 가공성을 저해하는 원소로 알려져 있지만 주석이 공존하면 그 영향이 더욱 증대한다. 판재 및 합금강의 경우는 이 한계값이 더욱 엄격하여 Cu≤0.1 %, Sn≤0.025 %인 것으로 알려져 있다. Pb는 강 중에 소량 첨가된 경우에는 쾌삭강이 되지만 일단 Ni계 스테인리스강이나 고Ni강에 존재하게 되면 열간 가공성을 현저하게 해친다. 일반적으로 Pb를 0.005 % 함유하면 열간 가공성을 저해하는 것으로 알려져 있으며, 고급강을 생산하는 경우는 Pb를 0.001 % 이하로 억제할 필요가 있다.

철 스크랩 중의 불순물 원소는 구입단계에서부터 함유량이 확인되어 있다면 소량씩 사용하는 것이 가능하지만, 일반적으로는 노 중의 분석치를 통해 확인할 수밖에 없다. 따라서 이러한 원소가 혼입할 위험성이 있는 철 스크랩은 사용을 피하고 있는 실정이다.

(5) 스크랩 중의 불순물

자가발생 스크랩이나 가공산업 스크랩은 특정 강재로부터 비교적 대량으로 발생되므로 관리가 쉽다. 또한 비철부품 등을 조립하기 전에 발생하기 때문에 알루미늄, 동 등의 비철금속이 혼입할 염려가 적어 불순물의 관점에서 보면 양질의 스크랩이다.

한편 시중 발생 스크랩의 대부분을 차지하는 노폐 스크랩은 사용 후 제품에서 발생하며, 중량 스크랩과 경량 스크랩으로 구분한다. 중량 스크랩은 비교적 단중이 크고 불순물 함유량이 적어 양질의 스크랩이다. 그러나 경량 스크랩은 비철금속, 비금속으로 구성되어 있는 부품의 함유율이 높고 철분의 함유율이 낮다. 이러한 경량 스크랩에는 폐자동차, 폐가전제품 등에서 회수한 것들이 많다.

표 7.2에는 스크랩 중의 불순물 존재 형태를 나타내었다. 일반적으로 폐차 슈레더 스크랩에는 동, 크롬, 니켈의 함유량이 높고 도시 쓰레기에서 분리한 스크랩에는 주석, 동, 니켈의 함유량이 높은 경향이 나타난다.

---

102 상세한 내용은 3.7 '스크랩 가공기'를 참조.

〈표 7.2〉 스크랩 중 불순물의 존재 형태와 예

분류	불순물의 존재 형태	구체적 예(금속류)
대량 불순물	어느 정도의 질량을 갖는 비철금속이 단체로 철과 공존하는 것	* 모터류(Fe, Cu) * 자동차 엔진 블록(Fe, Al)
표층 불순물	철의 표면에 얇은 비철금속상으로 공존하는 것	* 아연도금 강판(Fe, Zn) * 주석도금 강판(Fe, Sn)
합금계 불순물	철강 제품의 성능 향상을 위해 합금 성분으로서 의도적으로 철강 중에 첨가된 원소에 의한 것	* 내후성 강판(Fe, Cu) * 스테인리스강(Fe, Ni, Cr, Mo)

(6) 스크랩 품질 저하의 원인

스크랩 품질 저하의 원인은 다음과 같다.

• 철강제품 고급화에 의한 특수원소 첨가강 및 특수원소 부착강의 증가
  예) 각종 고장력강, 내후성강, 스테인리스강, 특수강, 적층강판, 도금강판(아연도금, 주석도금, 합금도금, 복합도금) 등
• 최종제품의 고급화 및 고성능화에 의한 이물질 혼입과 소형화에 의한 분리 곤란
  예) 자동차, 가전제품, 사무기기 등의 전기배선, 모터, 전자 스위치류, 특수부품(베어링, 비철부품)
• 성분 허용값이 엄격하지 않는 재료의 리사이클링 사용
  예) 철근 bar, 형강 등 내부 강도용 재료

앞으로 스크랩 품질 관리를 위해 재료구성이 과거부터 현재까지 어떻게 변화하여 왔는지, 그리고 장래에 어떠한 재료로 구성될 것인지 예측할 필요가 있다. 따라서 자동차 등 관련업계의 사용재료 동향을 파악할 필요가 있다.

7.3.3 제강공정에서 철스크랩의 리사이클링

제강공정에는 그림 7.2에 나타낸 바와 같이 전로 제강법(BOF, basic oxygen furnace)과 전기로 제강법(EAF, electric arc furnace)이 있다. 전로 제강의 주 철원은 고로(용광로)에서 제조된 용선(hot metal)이지만, 반응 중 다량의 열이 발생하므로 냉각재로 10~20 % 정도의 철 스크랩을 사용한다. 철 스크랩과 용선을 장입하고 고속의 산소 제트를 용탕면에 취입하여 원하는 온도와 탄소농도 및 성분조정을 거쳐 출강한다. 제강공정은 산화정련이므로, 스크랩 중에 산소와의 친화력이

철보다 낮은 Cu, Ni, Sn 등이 혼입되지 않도록 주의하여야 한다.

전기로 제강법은 전로 제강법과 달리 철 스크랩이나 환원철(DRI 등) 등의 냉철원을 주원료로 사용하고, 전기에너지를 이용하여 용해정련하는 방법이다. 철자원의 회수, 리사이클링 측면에서 중요한 역할을 하고 있으며, 전로 다음으로 중요한 제강법이다.

전기로는 가열방식에 따라 아크로와 유도로로 구분되지만 철강제조 프로세스로는 주로 노용량이 크고, 생산 능률이 높은 아크로를 사용하고 있다. 그림 4.14에는 철 스크랩을 주원료로 사용하는 편심 노저 출강식 직류 아크로의 모식도를 나타내었다.[103] 철 스크랩을 많이 사용하는 주강이나 주철공장에서는 고주파 유도로를 많이 사용한다.[104]

아크로 조업은 탈탄, 탈린, 탈수소를 목적으로 하는 산화정련과 탈황, 탈산을 목적으로 하는 환원정련 모두가 가능하다. 따라서 아크로는 탄소강은 물론 스테인리스강으로 대표되는 고급강의 정련에도 많이 이용된다. 그러나 스테인리스강의 정련에 적합한 AOD법이나 VOD법[105] 등 2차정련법이 실용화됨에 따라 아크로의 역할은 고능률 용해기능에 한정되게 되었다. 탄소강에서도 고능률 용해와 탈탄을 아크로에서 하고 마무리는 2차정련로에서 하는 프로세스가 주를 이룬다.

전기로 조업은 용해기(원료장입+용해), 산화기, 환원기로 구분한다. 그러나 노외정련(2차정련)이 보급됨에 따라 환원기를 단축하거나 생략하는 경우가 많다. 용해기에는 장입된 고체 상태인 철 스크랩의 용융이 시작되며, 이때부터 휘발성 물질(아연 등)이 제거되기 시작한다. 산화기에는 산소취입 정련에 의해 C, Si, Mn, P 등의 산화제거와 목표 탄소량으로의 조정, 탈탄 비등에 의한 용강 중 수소나 질소의 탈가스 등이 일어난다. 이 시기에 고염기도, 고산화성 슬래그에 의해 탈린이 촉진된다. 특히 탈탄에 의해 발생하는 CO가스의 방출과정에서 용철의 비산과 Zn과 같이 비등점이 낮은 성분의 휘발이 활발하게 일어난다. 환원기에서는 탈산, 탈황, 합금성분의 조정 및 출강온도의 조정 등이 이루어진다. 이러한 전기로 조업 중에 발생하는 분진은 그림 4.14에 나타낸 아크로의 천정에 설치된 덕트를 통하여 백필터 등의 제진장치에서 포집된다. 제강분진의 처리방법은 7.5 '아연의 리사이클링'에서 설명한다.

---

103 손호상, 2018: 제강분진의 건식 처리기술 현황, 자원리싸이클링 27(2), pp. 68-76.

104 유도로에 대해서는 4.4 '원료의 용융'을 참조.

105 AOD: argon oxygen decarburization, VOD: vaccum oxygen decarburization
- 5.9 '철강재의 정련' 참조.

7.4 동 및 동합금의 리사이클링

7.4.1 동제련의 개요

동제련의 대상이 되는 광석에는 황화광이 많으나 산화광이나 자연동도 처리하고 있다. 황화동광은 Cu 1 % 전후의 광석을 선광에 의해 Cu 20~35 %의 정광으로 만든다. 건식 동제련에서는 황동광(chalcopyrite, $CuFeS_2$)을 주원료로 사용하고 있다.

(1) 동의 건식제련

제련법의 주류는 건식제련이지만 저 품위 광석이나 산화광을 대상으로 할 경우에는 습식제련을 이용하기도 한다. 동의 건식제련은 황동광을 산화시켜 맷트(Cu_2S-FeS)를 만드는 용련, 맷트를 다시 산화시켜 조동을 얻는 제동, 조동을 정제하는 전해정제의 3가지 공정으로 나눌 수 있다. 일반적으로는 자용로-PS전로-정제로-전해정련의 단계를 거쳐 전기동을 만든다. 그림 7.4에는 LS-Nikko 동제련의 자용로와 연속제련법인 MI법의 조업 계통도를 나타내었다.

맷트용련에서는 아래와 같이 황동광 중의 Fe와 S의 일부가 산화제거되고, Cu_2S-FeS의 맷트상과 fayalite 슬래그($2FeO \cdot SiO_2$)가 만들어진다.

$$2CuFeS_2(s) + O_2(g) = Cu_2S(l) + 2FeS(l) + SO_2(g) \tag{7.1}$$

$$FeS_2(s) + O_2(g) = FeS(l) + SO_2(g) \tag{7.2}$$

$$2FeS(l) + 3O_2(g) = 2FeO(l) + 2SO_2(g) \tag{7.3}$$

$$2FeO(l) + SiO_2(g) = 2FeO \cdot SiO_2(l) : \text{ fayalite slag} \tag{7.4}$$

제동공정에서는 식(7.3), 식(7.4)의 반응으로 맷트 중의 FeS를 산화시켜 fayalite 슬래그로 제거하고(slag-making), 식(7.5)의 반응으로 조동이 만들어지며(copper-making stage), 정제로에서 식(7.6)의 반응으로 탈황하고, 탈산한다.

$$Cu_2S(l) + O_2(g) = 2Cu(l) + SO_2(g) \tag{7.5}$$

$$[S]_{in\ Cu} + 2[O]_{in\ Cu} = SO_2(g) \tag{7.6}$$

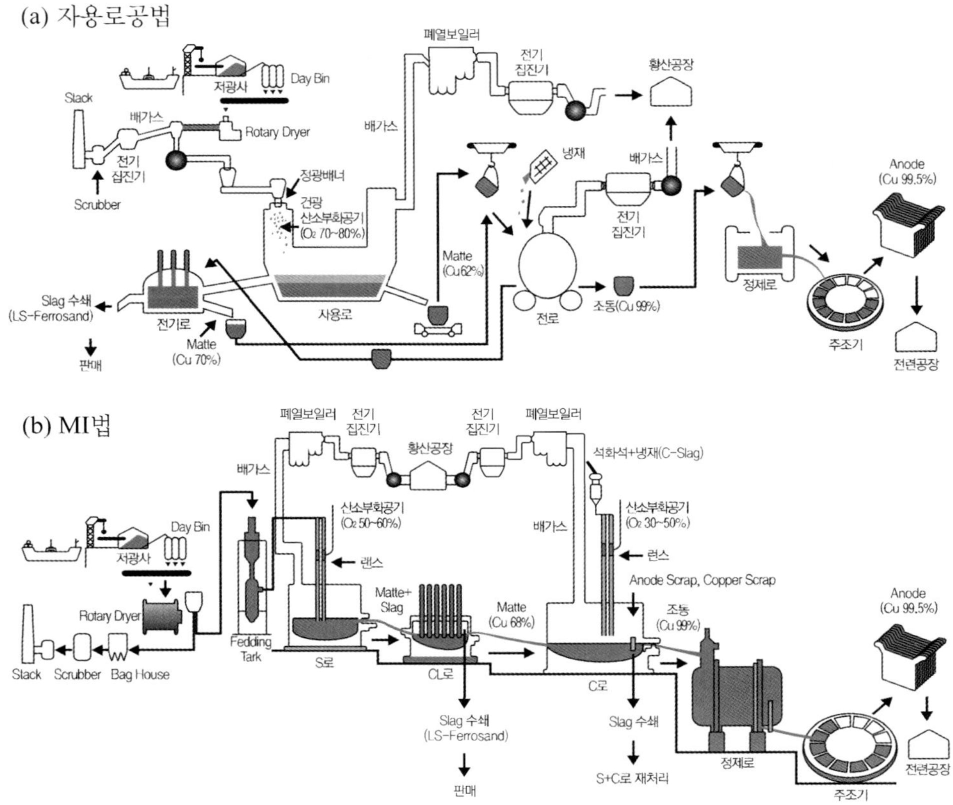

[그림 7.4] 자용로 공법과 연속제련법인 MI법의 조업 계통도(LS-Nikko 동제련)

최종적으로는 anode로 주조하고 전해정련을 거쳐 전기동을 만든다.

(2) 동의 습식제련

동 자원으로 산화광이 존재하므로 일부에서 황산침출을 이용하는 습식제련에 의해 전기동을 만들고 있다. 특히 최근의 용매 추출법에 의한 농축 및 불순물 제거 공정을 조합하여 귀금속까지 회수하는 효율적인 제련이 이루어지고 있는 것으로 알려져 있다. 동의 습식제련은 아황산가스를 발생시키지 않는 제련법으로서 가치가 있다.

7.4.2 동 및 동합금의 리사이클링기술

(1) 동 및 동합금 스크랩

일반적으로 동폐기물은 품위가 높고 회수가 용이하여 적극적으로 회수되어 이용된다. 회수된

폐동제품은 선별공정을 거쳐 품위를 높인다. 동 스크랩의 대부분을 차지하는 전선 스크랩은 잘게 재단한 후 피복재를 비중차에 의해 분리하거나, 피복재를 소각처리한 후(소선 스크랩) 용해하여 재생한다. 이러한 소선 스크랩을 용해원료로 사용하는 경우 절연물의 소각재가 용탕 성분의 불량원인이 되기도 한다.[106]

동 스크랩은 일반적으로 순동으로 재생되지만, 일부는 합금제조용으로도 사용된다. 합금 스크랩은 합금성분 원소의 가치를 보존하기 위해 기본적으로는 같은 조성의 합금으로 재생한다. 동 및 동합금 스크랩을 Cu 순도에 따라 분류하면 표 7.3과 같다.[107]

이러한 동 스크랩의 재생법은 종류나 품위에 따라 다음과 같다.

① 99 % 이상의 순도를 갖는 동 스크랩: 주로 동선 스크랩이며, 일반적으로 용해한 후 간단한 건식정련을 거쳐 동이나 동합금 제조용 원료로 사용된다. 사내발생 스크랩은 가장 순도가 높은 스크랩이며, 용해하여 정련하지 않고 재사용된다.

② 88~99 % 품위의 동 스크랩, 저Zn 황동(brass), 자동차 슈레더 스크랩: 일반적으로는 ①과 같은 처리를 하여 전해용 anode로 주조하고 전해정련을 한다.

③ 황동 등의 합금 스크랩: 용해하여 동일한 합금이나 유사한 조성의 합금으로 재생한다.

〈표 7.3〉 동 및 동합금 스크랩의 종류

Material	Cu(wt%)	Source
Pure no. 1 copper scrap	99	Semi-finished products, wire, strip, cuttings
No. 2 copper scrap	94~98	Miscellaneous unalloyed wire
Light copper scrap	88~92	Sheet, gutters, boilers, wires
Red brass scrap	75~85	Valves, machinery parts
Shredder material	60~65	Cars
Electronic scrap	5~30	Electronics
Copper slag	1~8	Copper smelter slag
Copper dust	1~50	Copper smelter dust

106 Toshiharu Fujisawa, 1996: Recycle Processes of Copper, *Materia Japan* **35**(12), pp. 1294-1297.
107 ERNST WORRELL and MARKUS A. REUTER, 2014: HANDBOOK OF RECYCLING- STATE-OF-THE-ART FOR PRACTITIONERS, ANALYSTS, AND SCIENTISTS, Elsevier, USA, p. 86.

④ 88 % 이하(88~15 %) 품위의 스크랩, 폐기물: 자동차 슈레더 스크랩, 모터나 전기제품 등에서 선별된 동 스크랩에 상당하는 것으로, 제련소에서 처리한다.

한편, 철이나 플라스틱류가 혼합된 동품위 15 % 이하의 폐기물은 경제성이 없고, 현재로서는 재자원화 처리기술도 없어 매립 등에 의해 처리하고 있다. 다만 동품위는 낮아도 금·은 등이 함유되어 있는 경우에는 회수 대상이다. 회수할 때는 건식의 동제련소에서 동원료와 혼합하여 회수하거나, 회수처리를 목적으로 한 전용 용해로에서 처리하기도 하지만, 최종적으로는 제련소로 보내 처리하고 있다. 또 동 프린트 기판의 에칭 폐액 등과 같이 동 용액으로 배출되는 것도 있으며, 비교적 동품위가 높은 것은 회수하여 재사용하고 있다.

그림 7.5에는 국내의 지알엠(GRM)에서 동을 함유하고 있는 각종 원료(광재, 전자스크랩, 에칭폐액, 슬러지, 전자/전선/반도체/석유화학/자동차 산업 등 각종 산업에서 발생하는 동재, 동 스크랩류, 금, 은, 팔라듐과 같은 귀금속 원소가 포함된 스크랩 등의 순환자원)를 TSL(top submerged lance) 공법으로 건식처리하여 블랙카파(black copper, CuO) 등으로 재생하는 공정도를 나타내었다. 블랙카파 중에는 귀금속도 함유되어 있으며, 동제련소로 보내 처리하고 있다. 그리고 이때 발생하는 슬래그는 고압의 공기에 의한 급냉으로 페로실리카를 만든다.

그림 7.6에는 LS-Nikko 동제련에서 동 함유 자원을 순환처리하는 공정도를 나타내었다.

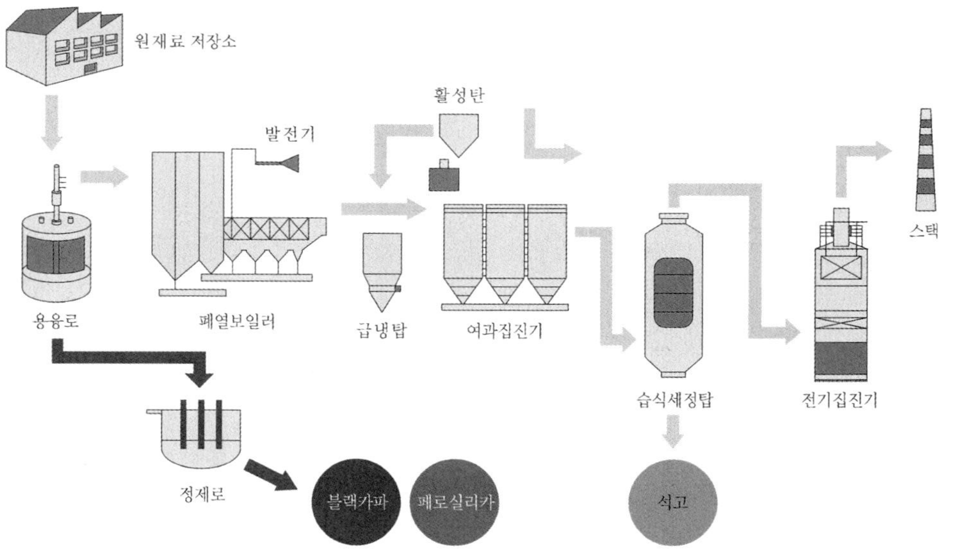

[그림 7.5] 지알엠(GRM)의 동 함유 순환자원의 처리공정도

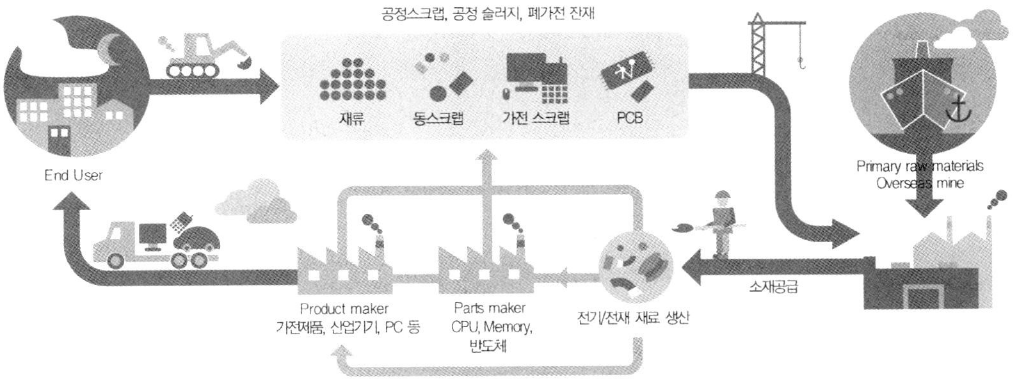

[그림 7.6] LS-Nikko의 동 함유 자원의 순환처리 공정도

(2) 동 스크랩의 건식정련

회수된 동 스크랩은 재용해 외에는 그림 7.4와 같이 제련소에서 PS전로의 냉각재 등으로 사용되는 것이 일반적이다. 제련소로 보내진 동 스크랩은 산화정련과 전해정련공정을 거처 전기동으로 재생되기 때문에 회수된 폐제품 중의 불순물 종류나 양은 그다지 문제가 되지 않는다는 장점이 있다.

동의 리사이클링에서 제거 대상이 되는 원소로는 Al, Si, Cr, Fe, Sn, Zn, Ni, Pb, Bi 등이 있으나, Bi를 제외하면 Cu보다 산화되기 쉽기 때문에 동 스크랩의 정련에서는 산화에 의한 건식정련이 유효하다. 이러한 불순물의 산화에 의한 제거반응은 불순물 X가 v가 산화물이 되어 슬래그로 이행하는 경우 다음 식과 같다.

$$\mathrm{X} + \frac{v}{4}\mathrm{O}_2(\mathrm{g}) = \mathrm{XO}_{v/2} \tag{7.7}$$

이 식의 평형관계로부터 분배비 L_{X}는 다음과 같이 나타낸다.

$$L_{\mathrm{X}} = \frac{(\%\mathrm{X})}{[\%\mathrm{X}]} = \frac{K \cdot (n_T) \cdot \gamma_{\mathrm{X}} \cdot p_{\mathrm{O}2}^{v/4}}{[n_T] \cdot \gamma_{\mathrm{XO}_{v/3}}} \tag{7.8}$$

여기서 K는 평형상수, (n_T)와 $[n_T]$는 각각 슬래그와 용동 100 g 중 구성성분 몰 수의 합, γ_i는 활동도계수, $p_{\mathrm{O}2}$는 평형 산소분압을 나타낸다. L_{X}값이 클수록 잘 제거됨을 의미하며, 정성적으로는 Al>Si>Cr>Fe>Zn>Sn>Co>Ni>Pb>Sb>Bi>As의 순으로 제거하기 쉬운 것으로 추정할 수 있다. 특히 Al, Si, Cr은 슬래그를 이용하지 않아도 산소나 공기를 용동 중에 취입하여 쉽게 제거할 수 있다.

한편 PCB 표면의 동을 긁어내어 유도로에서 용해할 때, 기판성분인 SiO_2와 기타의 불순물을 산화제거하기 위해 아래 식과 같이 Fe_2O_3를 첨가하여 $2FeO \cdot SiO_2$ 슬래그로 제거함으로써 정제한 경우도 있다.[108]

$$2FeO(l) + SiO_2(s) = 2FeO \cdot SiO_2, \quad \Delta G^0 = 24,480 - 21.59T \text{ (J)} \tag{7.9}$$

Fe, Zn, Sn, Co까지는 산화성 슬래그에 의해서 상당한 수준까지 제거 가능하다. Pb의 경우 분배비는 그다지 크지 않으나 제거가 가능하다. 그러나 Bi의 경우에는 산화정련에 의해서는 거의 제거되지 않는다. 그리고 강산성 산화물을 생성하는 As나 Sb은 강염기성 슬래그나 Cu_2O-CaO계, 탄산소다계 슬래그를 이용하는 산화정련이 매우 효과적이다. 이와 같이 모든 불순물에 대해 제거효과가 높은 슬래그는 없으며, 대상으로 하는 불순물 성분에 대응하는 슬래그계를 선택하는 것이 중요하다. 다만 Ni의 경우 유효한 슬래그계가 없기 때문에 전해정련에 의해 제거하는 것이 가장 효과적이다.

한편, 동합금에 대해서는 합금성분의 산화손실(황동 중의 Zn, P 등)이 있기 때문에 산화정련을 적용할 수 없으나, 부착한 기름 등의 오염 문제가 있는 S에 아래 식과 같이 탄산소다를 이용한 환원정련을 적용한 예가 보고되어 있다.[109]

$$Na_2O(l) + S(\% \text{ in Cu}) = Na_2S(1) + O(\% \text{ in Cu}) \tag{7.10}$$

이와 같이 동이나 동합금 스크랩은 성분, 형상, 이물질 혼입의 정도가 양호하기 때문에 전선용, 신동용, 주물용으로 재이용되고 있으며, 품위가 낮아서 재이용되지 못하는 것은 최종적으로 동제련소로 보내고 있다. 일반적으로 동품위 15 % 이상의 발생물은 전부 리사이클링되고 있다. 향후 동제련소의 1차 제련공정으로도 보내지 않는 리사이클링 프로세스의 개발과 함께 동품위가 15 % 이하인 폐기물을 매립하지 않고 재자원화할 필요가 있다.

---

108 허수빈, 손호상, 2017: Fe_2O_3 첨가에 의한 폐PCB로부터 긁어낸 Cu분말의 용융 및 정제, 자원리싸이클링 **26**(4), pp. 95-100.

109 Takaaki HATANO et al., 1995: Effect of Alloying Element, Melting Atmosphere and Melting Temperature on Desulfurization Behavior of Molten Copper Alloy by Soda Ash, Shigen-to-Sozai **111**(2), pp. 97-101.

7.5 아연의 리사이클링

7.5.1 아연제련의 개요

아연제련의 대상이 되는 광석은 섬아연광(閃亞鉛鑛, zinc blende)이며 황화광의 형태로 산출되고 있다. 섬아연광은 이론적으로는 67 %의 아연을 함유하고 있으나, 광석 중의 품위는 4~5 % 정도이며, 정광은 Zn을 50 % 전후로 함유한다. 열역학적으로 ZnS를 산화시켜 직접 Zn을 얻을 수는 없기 때문에 황화광을 직접침출하는 경우도 있으나, 대부분은 산화배소 등에 의해 산화물로 만든 후 황산침출-전해채취(습식법)나 탄소 열환원(건식법)에 의해 금속아연을 얻고 있다.

(1) 습식 아연제련

습식 및 건식 아연제련 계통도를 그림 7.7에 나타내었다. Zn정광(ZnS)을 산화배소하여 ZnO로 만든 다음, H_2SO_4용액(아연 전해미액)으로 침출하고, 불순물 제거를 위한 정액공정을 거쳐 전해채취를 통해 고순도 아연(99.98~99.99 %)을 제조한다. 아연정광에는 비교적 많은 원소가 불순물로 함유되어 있으며, 황산침출 공정에서 침전물로 분리되는 것에는 한계가 있기 때문에 정량 분석화학 기법을 응용하여 침출용액으로부터 분리하는 조작인 정액공정을 거친다.

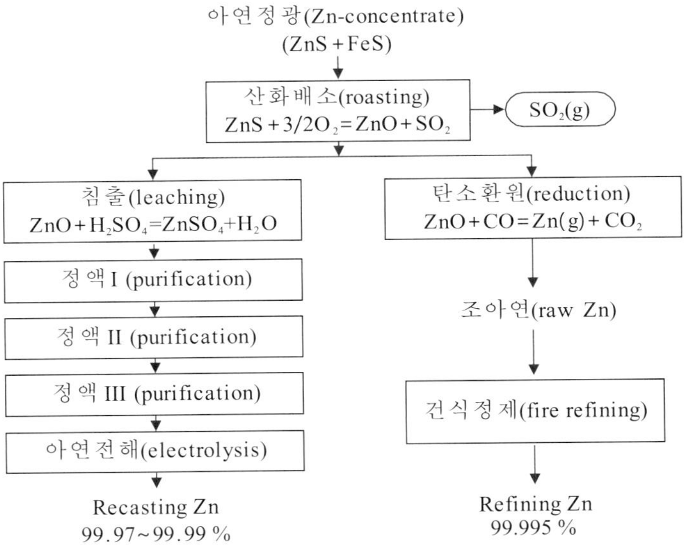

[그림 7.7] 건식 및 습식 아연제련 계통도

(2) 건식 아연제련

건식법의 기본은 ZnS를 산화배소하여 ZnO로 만들고 이것을 탄소 열환원시켜 금속 Zn증기로 만들어 응축하여 액상의 Zn를 얻는 것이다. 제강분진 중의 아연 역시 ZnO를 탄소 열환원시켜 Zn증기로 만들어 휘발시키고, 이것을 다시 산화시켜 비교적 순도가 높은 ZnO로 회수하는 방법을 택하고 있다.

ZnO는 C에 의해 환원되지만 실제반응은 CO에 의한 환원이 주체이다.

$$ZnO(s) + CO(g) = Zn(g) + CO_2(g) \tag{7.11}$$

$$\Delta G^0 = 182,170 - 113.96T \ (J)$$

ΔG^0식으로부터 반응은 큰 흡열반응이므로 소요열량을 어떻게 공급하는가가 Zn 건식제련에서 중요한 점의 하나이다.

7.5.2 아연의 리사이클링기술

(1) 재생아연 원료

아연 리사이클링의 특징은 1차 제품으로부터의 회수율이 다른 비철금속 원소와 비교해 낮다는 점이다. 아연은 그 자체로 사용되는 경우가 적고 주로 철강재의 도금용으로 사용되며, 자동차나 가전제품 등에서 다른 원소와 복잡한 구성물로 되어 있기 때문이다. 그리고 다이캐스트, 신동제품 외에는 회수율이 낮고, 산화아연의 경우 대부분 회수되지 않는다. 또한 화성품을 제외한 대부분의 아연제품은 수명이 10년 이상이어서 회수와 리사이클링까지의 기간이 길다는 특징이 있다. 표 7.4에는 신동 스크랩을 제외한 재생아연(2차 지금) 원료를 분류하여 나타내었다.[110]

다이캐스트합금 중에서 간이금형 등은 재용해에 의해 산화 슬래그 등의 불순물과 개재물을 분리하고 성분조정을 하여 원래의 품위로 리사이클링한다. 슬래그류는 분쇄, 분급하여 산화물과 아연을 분리하고, 금속분은 용해, 정제하여 재생아연을 얻는다. 자동차나 가전제품에 사용한 다이캐스트 제품은 시중의 쓰레기나 슈레더 더스트 중의 다른 금속성분과 혼재되어 분산된 상태로 회수되기 때문에 리사이클링의 경제성을 확보할 수 없는 실정이다. 그러나 도시 쓰레기 소각회 등의 용융처리에 의해 상당한 양의 아연이 회수될 가능성이 있다.

---

110 Shu Yamaguchi, 1996: Recycle Processes of Zinc, *Materia Japan* **35**(12), pp. 1298-1302.

〈표 7.4〉 재생아연의 원료와 용도

종류	Zn품위 (wt%)	발생원과 특징	재생아연 종류	용도
아연가공품	≒99	인쇄소, 전기아연도금공장, 방식아연스크랩, 아연용사, 건전지 공장	재생아연 상 (>99% Zn)	아연도금강판 신동품
다이캐스트 가공스크랩	92~94	다이캐스트공장, 해체스크랩, 슈레더스크랩	재생아연 상	신동품 용융아연도금
			재생다이캐스트	다이캐스트
용융아연도금 드로스	85~95 25~35	용융아연도금공장 55%Al도금(Al, Si 함유)	재생아연 상	신동품
			재생아연 중 (>93% Zn)	산화아연 제련원료
슬래그류	75~85 40~85 20~80	도금슬래그 합금아연슬래그 집진회, 연마분	재생아연 상	신동품 용융아연도금
			산화아연	무기약품 제련원료

한편, 도금 드로스는 회분식(batch)의 용융아연도금과 연속식 도금(CGL)의 도금욕 중에서 발생하는 Fe-Al이나 Fe-Zn계의 금속간 화합물이며, 아연 중에 분산된 상태로 회수된다. 침지도금에는 30~100 ppm의 Al이 첨가되어 있고, 피 도금재로부터 용출한 철은 아연 중의 포화용해도(약 300 ppm)를 초과하면 $FeZn_{13}$(bottom dross)으로 석출하여 포트의 바닥부에 누적된다. CGL에서는 일반 용융아연도금과 합금화 용융 아연도금이 있다. 일반 용융 아연도금욕에는 약 1,500~2,500 ppm의 Al이 첨가되어 있기 때문에 Fe_2Al_5(top dross)가 석출하여 부상한다. 합금화 아연도금욕에는 Al이 1,500 ppm 이하이기 때문에 $FeZn_7$(bottom dross)이 생성된다. 그 외에도 5 %와 55 %Al 도금강판이나 고Al 농도의 도금 처리를 하는 강선이 있으며, 이러한 프로세스에서는 Fe-Al이나 Fe-Al-Si계의 드로스가 발생한다. 드로스 발생량은 전체 도금용 아연의 약 10 %인 것으로 추정된다.

(2) 아연의 회수

아연 리사이클링 원료는 그 상태에 따라 금속계 스크랩과 산화물계 더스트로 분류할 수 있다. 신동제품은 동의 리사이클링 프로세스에서 처리되고, 일부는 제련원료로 아연 리사이클링 프로세스에서 처리한다. 도금 드로스나 다이캐스트 스크랩은 재생아연 프로세스에서 처리하여 금속아연이나 합금으로 재이용되는 것과, 산화물로서 제련원료나 무기약품으로 이용되는 것이 있다.

아연도금강판 중의 아연은 전기로(EAF)에 의한 철 스크랩의 용융공정에서 산화물상의 분진으로 회수한 후에 EAF 더스트 처리에 의해 정제하여 제련원료나 산화아연으로 사용한다.[111]

상기한 바와 같이 철강의 용융아연도금공정에서는 Fe-Zn계 화합물인 드로스가 생성된다. 이러한 드로스에 철과의 친화력이 Zn보다 강한 Al을 첨가하여 아연을 추출하고 철은 Al과 Fe-Al계 금속간 화합물을 만들어 비중차에 의해 분리하기도 한다. 이 때의 반응식은 다음과 같다.

$$2FeZn_{13}(s) + 5Al(l) = Fe_2Al_5(s) + 26Zn(l) \quad (7.12)$$

$$2FeZn_7(s) + 5Al(l) = Fe_2Al_5(s) + 14Zn(l) \quad (7.13)$$

이러한 반응은 아연용탕에서 Al과 Zn의 치환반응이며, 비교적 저온에서도 반응속도가 빠르다. 플럭스를 이용하면 탑드로스의 분리부상이 쉬우며, 간편한 처리로 비교적 순도가 높은 아연을 재생할 수 있다. 여기서 얻어진 재생아연 지금에는 필연적으로 1,500 ppm 이상의 Al이 함유되어 있기 때문에 용융아연도금에는 사용할 수 없지만, Al합금 용융도금 등에는 사용할 수 있을 것이다.

재생아연은 품위에 따라서 상급은 재생아연 잉곳으로 신동제품이나 용융아연도금에 사용하며, 중급아연은 산화하여 무기약품이나 제련원료인 조산화 아연으로서 건식제련이나 습식제련의 원료가 된다. 이 재생아연 프로세스에서 발생하는 아연 잔사물이나 아연에서 분리한 탑드로스는 건식 더스트 처리 등으로 보낸다. 도금 드로스에는 연이나 안티몬이 함유되는 경우가 있으나 현재는 원료의 배합에 의한 희석으로 대처하고 있다. 용융도금에서는 간단한 처리에 의해 탑드로스로부터 아연을 회수할 수 있기 때문에 발생원에서 온사이트처리가 증가할 가능성이 있다. 현재로서는 도금 드로스 등의 금속계 스크랩으로부터 아연을 회수, 리사이클링하는 것은 경제성이 높고, 남은 슬래그의 처리도 용이하기 때문에 리사이클링이 잘 이루어지고 있다.

7.5.3 EAF 더스트로부터 아연 회수[111]

전기로 제강의 원료로 사용하는 철 스크랩은 정련과정에서 용해되어 제품화되지만, 스크랩

111 손호상, 2018: 제강분진의 건식 처리기술 현황, 자원리싸이클링 27(2), pp. 68-76.

표면의 아연 도금층은 전기로 정련과정에서 첨가되는 부원료 성분과 함께 분진이 되어 노외로 배출되고 있다. 전기로 제강공정에서는 조강 1 톤당 약 15~25 kg의 분진이 발생한다.

제강공정에서 발생하는 분진은 Zn, Fe, Pb 등을 비롯, Cd, As, Cr, F 등을 함유하고 있기 때문에 매립이 어려울 뿐만 아니라 중금속이 허용기준치 이상으로 함유되어 있어 특정산업폐기물로 분류되어 있다. 매립 시 유해 중금속 성분들이 포함된 침출수에 의한 강물이나 토양의 오염 문제가 발생할 수 있으므로 제강분진을 매립하지 않고 재활용할 필요가 있다.

(1) 전기로 조업과 제강분진

전기로 제강법은 고철이나 환원철과 같은 냉철원을 원료로 사용하고, 전기에너지를 이용하여 용해정련하는 방법이다. 전기로 조업은 용해기(원료장입+용해), 산화기, 환원기로 나눌 수 있다. 산화기의 탈탄 중 CO가스의 방출 과정에서 용철의 비산과 Zn 같은 비등점이 낮은 성분이 휘발되며, 이것을 제강분진이라 한다.

제강분진의 조성은 철스크랩 종류, 제조강종, 조업조건 등에 따라 차이가 있으나, 표 7.5에 나타낸 바와 같다. 특히 제강분진의 광물학적 분석결과에 의하면 철과 아연은 Fe_3O_4, $ZnFe_2O_4$, ZnO, $(ZnMnFe)_2O_4$ 등으로 구성되어 있는 것으로 보고되어 있으며 주성분은 $ZnFe_2O_4$, ZnO이며 소량의 Fe_3O_4도 존재한다.

〈표 7.5〉 제강분진의 조성과 생성상

Element	Range(wt%)	Phases Containing Element
Fe	25~47	Fe_3O_4, $\alpha-Fe_2O_3$, $ZnFe_2O_4$, $(ZnMnFe)_2O_4$, metal Fe
Zn	11~27	ZnO, $ZnFe_2O_4$, $(ZnMnFe)_2O_4$, sulphide, silicate or aluminate
Cd	0.03~0.05	Distribution not well established
Pb	1.1~3.9	PbO, $PbSO_4$, $PbCl_2$
Cr, Ni	0.06~0.60 0.01~0.12	Replace Fe in Fe_3O_4 spinel phase. Cr_2O_3.
Ca	1.8~10.0	CaO, $CaCO_3$

(2) EAF 더스트로부터 아연 회수기술

전기로 제강분진으로부터 유가금속인 아연을 회수하는 기술에는 크게 건식법과 습식법이 있으며, 지역적 특성이나 이용 가능한 유휴설비, 시장현황 등에 따라 복합적인 방법을 이용하고 있다. 습식제련법에는 NH_4Cl을 용매로 사용하는 EZINEX process가 상업적으로 가동되고 있으며, ZINCEX process, RECUPAC process 등이 알려져 있다. 건식법은 사용하는 노의 형상에 따라 킬른형, 샤프트형, 회전노상형, 용융환원형 등으로 구분할 수 있다.

건식제련법에 의한 아연의 회수는 기본적으로 제강분진 중의 산화아연을 C(CO)에 의해 환원하여 Zn(g)를 만들고, 이를 다시 산화시켜 ZnO(s)를 만드는 것이다. 표 7.6에는 주요한 제강분진의 건식처리기술과 특징을 종합하여 나타내었으며, 반응식은 다음과 같다.

$$C(s) + \frac{1}{2}O_2(g) = CO(s) \tag{7.14}$$

$$ZnO(s) + CO(g) = Zn(g) + CO_2(g) \tag{7.15}$$

$$Zn(g) + \frac{1}{2}O_2(g) = ZnO(s) \tag{7.16}$$

〈표 7.6〉 주요한 제강분진의 건식처리기술과 특징

분류	명칭	특징
Rotary Kiln형	Waelz Kiln process	Rotary kiln을 이용하여 EAF 더스트 등을 처리하며, 전 세계 제강분진의 85 % 처리
	SMM process	Waelz법의 일종. 환원배소-습식정제-건조단괴공정으로 구성
	SDHL Waelz process	Waelz법의 일종으로 에너지소비 측면에서 개량한 것. 석회석+코크스-분진을 혼합한 펠렛을 사용
회전노상형	RHF	Rotary Hearth Furnace로 도넛형상의 회전로. 제철소의 각종 더스트, 슬러리 처리기술을 응용
샤프트형	PRIMUS법	샤프트형의 다단 수직로. 저가원료 사용 가능하며, 열효율이 높음. 환원철까지 회수
용융환원형	Ausmelt TSL	Top Submerged Lance를 이용하여 코크스와 산소를 취입, 아연제련잔사나 제강분진을 처리
	MF로	Mitsui Miike Furnace. 아연제련잔사, 동, 은 함유 라사이클링 원료를 사용
	ESRF	Elecctric Smelting Reduction Furnace로 전기에너지를 사용하여 제강분진을 처리
	ScanArc법	샤프트형의 용융로에 괴상의 EAF더스트, 코크스, 석회석 등을 장입하고 플라즈마에 의해 용융

Waelz Kiln Process(WKP)는 전 세계 전기로 제강분진의 85 % 이상을 처리하는 방법이다. 그림 7.8에 나타낸 바와 같이 WKP는 간단한 설비 및 구조와 높은 에너지 효율성 및 가동률 등의 특징을 가지고 있다. 특히 WKP는 다양한 농도의 장입물을 사용할 수 있지만 일반적으로는 Zn 농도가 18 % 이상의 것을 사용하고 있다. 주요설비인 로터리 킬른은 약 2도의 각도를 가지고 0.4~0.7 rpm의 속도로 회전하기 때문에 고체 장입물의 체류시간은 8~10시간 정도인 것으로 알려져 있다. 장입물이 배출구 근처에 도달하면 거의 모든 Zn은 식(7.15)의 반응에 의해 증류되고 슬래그만 남아 배출된다. Zn증기와 CO가스를 함유한 배가스는 연소대로 흘러 들어가서 흡입된 공기에 의해 완전히 산화되어 냉각되며, 이후 ZnO는 백필터에서 포집한다.

WKP와 유사한 방법으로는 SMM process(1977년, Sumitomo Shisaka Works), SDHL Waelz process 등이 있다.

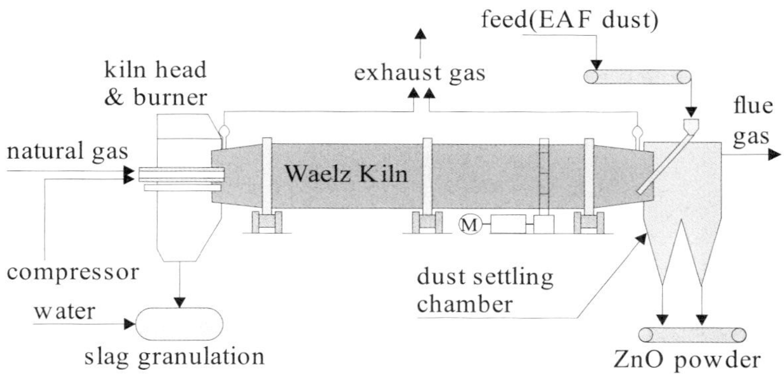

[그림 7.8] Waelz kiln공정의 모식도

Outotec사의 Ausmelt TSL(Top Submerged Lance)법은 공중에 매달려 있는 침지랜스를 통하여 연료와 산소부화 공기 등을 용탕에 취입하여 강력한 교반에 의해 반응시키는 방법으로, 반응이 빠른 것이 특징이다. 그림 7.9에 모식도를 나타내었다. 이 기술은 Cu, Pb, Ni, Sn, Zn, 백금족 원소는 물론 산업 부산물 등을 처리하는 많은 상업로에서 적용하고 있다. 특히 Zn을 함유하는 부산물은 환원제인 석탄과 함께 반응시켜 ZnO와 슬래그를 만들어 낸다. 특히 상부의 TSL은 특수한 구조의 다중관으로 되어 있다. 석탄과 공기 등이 랜스를 통해 슬래그 상부의 용탕에 직접 투입되어 강력한 교반을 일으킨다. 용탕에서는 장입원료 중의 Zn 등이 환원되어 금속상의 증기가 발생한다. Zn을 비롯한 금속 증기는 노 상부의 빈 공간(freeboard)이나 보일러실에서

2차 연소용 공기에 의해 산화되며, Zn은 ZnO로 회수한다. 국내에서는 고려아연, 영풍, GRM에서 이 공법을 사용하여 다양한 원료들을 처리하고 있다.

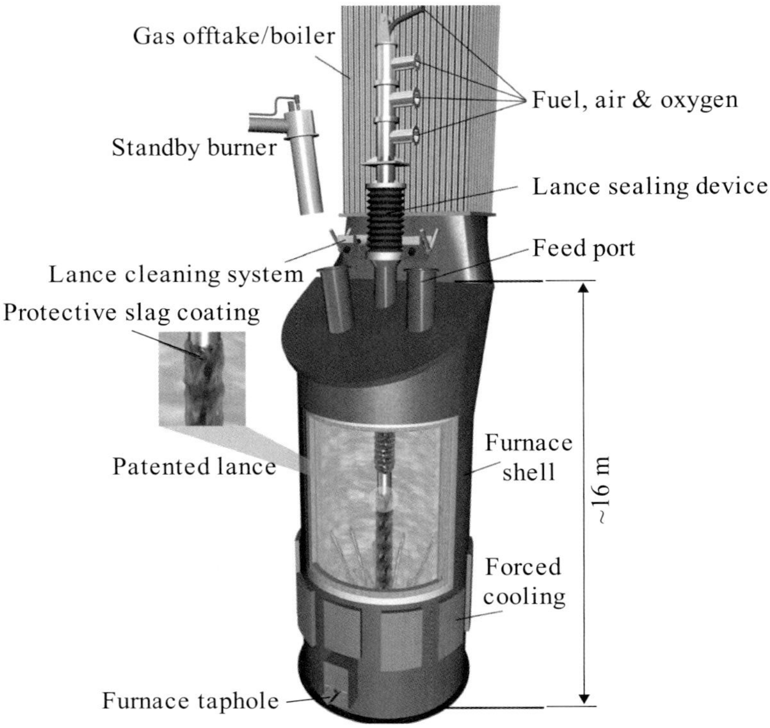

[그림 7.9] Ausmelt TSL(Top Submerged Lance)로의 모식도

7.6 연(Pb)의 라사이클링

7.6.1 연제련의 개요

연제련의 대상이 되는 광석은 방연광(PbS)이며, 섬아연광(ZnS)과 공존하는 경우가 많다. 이것을 부유선광법으로 Pb정광(Pb 60% 전후)과 Zn정광(Zn 50% 전후)으로 분리한다. 또 Pb정광 중에는 Ag가 함유되어 있는 경우가 많으므로 Ag의 분리회수도 중요하다. 대부분 건식제련법을 적용하고 있으며, Pb정광을 배소, 소결에 의해 산화물로 만들어 환원하지만, 우리나라에서는 QSL법을 이용하여 황화물로부터 직접제련하는 방법을 채택하고 있다.

(1) 건식 Pb제련

고 품위(Pb 70% 이상)의 Pb정광은 철 환원법이나 직접 용련법으로 처리하기도 하지만, 일반적인 방법은 산화배소-소결-환원법이다. 용광로 제련프로세스는 PbO를 조연으로 환원하는 방법이기 때문에 예비처리로서 Pb정광(대부분 PbS)을 PbO의 소결괴로 만든다. 일정 입도 이상의 소결광(Pb 40~45 %)을 코크스와 함께 용광로에 장입하여 용련하면 조연과 슬래그, Cu가 많을 때는 조연, 맷트, 슬래그의 3상이 생긴다. PbO의 CO환원은 500 K 근처에서 시작하며 반응식은 다음과 같다.

$$PbO(l) + CO = Pb(l) + CO_2, \quad \Delta G^0 = -98,140 + 16.23T \ (J) \tag{7.17}$$

(2) 조연의 정제

(가) 건식법

조연중의 Cu, Sn, As, Sb 등을 건식정제에 의해 제거한다. 불순물 제거 방법으로는 주로 Harris법, Parkes법, Kroll-Betterton법, 휘발 등이 이용된다. 자세한 내용은 '연의 리사이클링기술'에서 설명한다.

(나) 전해정제

Pb의 전해정제에서는 $PbSO_4$의 용해도가 작으므로 황산 전해액을 이용할 수 없고, Betts법이라 불리는 전해법이 이용된다. 자세한 내용은 '전해에 의한 재생' 항에서 설명한다.

7.6.2 연의 리사이클링기술

(1) 연축전지의 구성성분과 구조

연의 수요는 대부분이 연축전지이고, 나머지는 연관판, 전선, 무기약품 등이므로 연의 리사이클링은 곧 연축전지의 리사이클링이라고 할 수 있다. 연축전지는 연합금으로 되어 있는 격자상의 전극에 활성물질인 페이스트를 충진한 다음, 건조, 화성처리하여 제조한 전극과 전해질(묽은 황산), 격리판(합성수지+유리섬유)을 플라스틱(주로 폴리프로필렌제, ABS수지 등인 경우도 있음) 케이스에 장착한 구조를 갖고 있다. 그림 7.10에 자동차용 연축전지의 구조[112]를 나타내었

112 https://www.doitpoms.ac.uk/tlplib/batteries/batteries_lead_acid.php

으며, 각 전극에서의 반응식은 다음과 같다.

$$(+):\ Pb \underset{충전}{\overset{방전}{\rightleftarrows}} Pb^{2+} + 2e^-,\quad Pb^{2+} + SO_4^{2-} \rightleftarrows PbSO_4 \tag{7.18}$$

$$(-):\ PbO_2 + 4H^+ + SO_4^{2-} \underset{충전}{\overset{방전}{\rightleftarrows}} PbSO_4 + 2H_2O \tag{7.19}$$

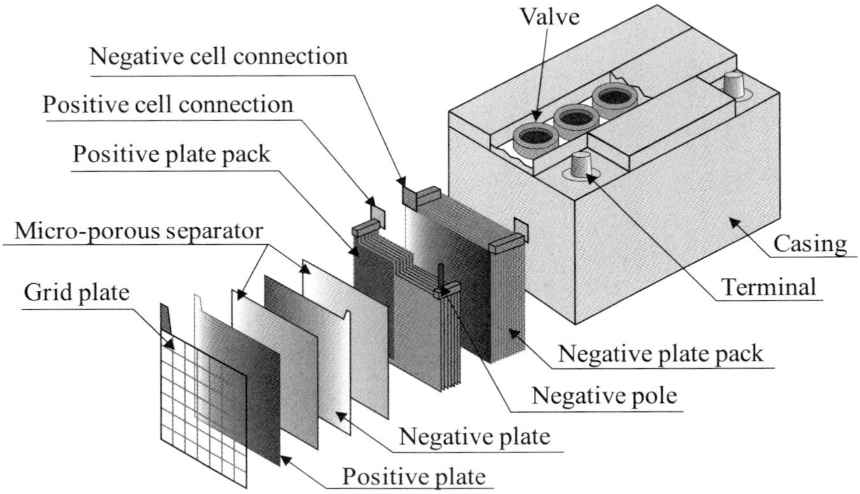

[그림 7.10] 자동차용 연축전지의 구성

<표 7.7> 폐연축전지의 구성성분

종류	묽은 황산	플라스틱	격자부	페이스트부		고무와 종이
				PbO_x	$PbSO_4$	
(wt%)	24	12	21	16	24	3
종류	금속납	산화납	합성수지	격리판	전해액	기타
(wt%)	28.1	35.7	5.0	2.5	28.6	

<표 7.8> 폐연축전지 전극의 조성

격자부	Sb	Ca	As	Sn	Cu
(+) Pb-Sb	2.0~5.0	-	0.2~0.3	0.01~0.02	0.02~0.05
(-) Pb-Ca	-	0.05~0.12	~	0.2~1.00	-

폐연축전지의 일반적인 구성성분을 표 7.7에 나타내었다. 연축전지의 경우 방전은 양극, 음극 모두 황산연($PbSO_4$)의 생성반응이며, 폐축전지에는 상당한 양의 황산연이 함유되어 있다. 그리고 표 7.8에 나타낸 바와 같이 (+)극의 Pb-Sb합금에는 As와 Cu가 함유되어 있으며, (-)극인 Pb-Ca합금에는 Sn이 함유되어 있다.[113]

(2) 건식법에 의한 재생

그림 7.11에는 건식법과 전해법에 의한 연재생의 공정도를 비교하여 나타내었다. 건식법에 의해 순연으로 재생하기 위해서는 전해법에 필적하는 순도가 되어야 한다. 건식법은 격자부와 페이스트부(PbO_2, $PbSO_4$)를 조연으로 환원하는 공정과, Cu, Sb, As, Sn 등을 제거하는 정제공정으로 나눌 수 있다. 전극과 페이스트를 동시에 처리하는 경우와 전극과 페이스트를 분리하여 전극부는 용해, 성분조정 후 연으로 재생하고, 불순물이 적은 페이스트부는 환원하여 순연으로 재생하는 경우가 있다. 2차 지금 회사에서는 대부분 전극부와 페이스트 부분을 동시에 처리한다.

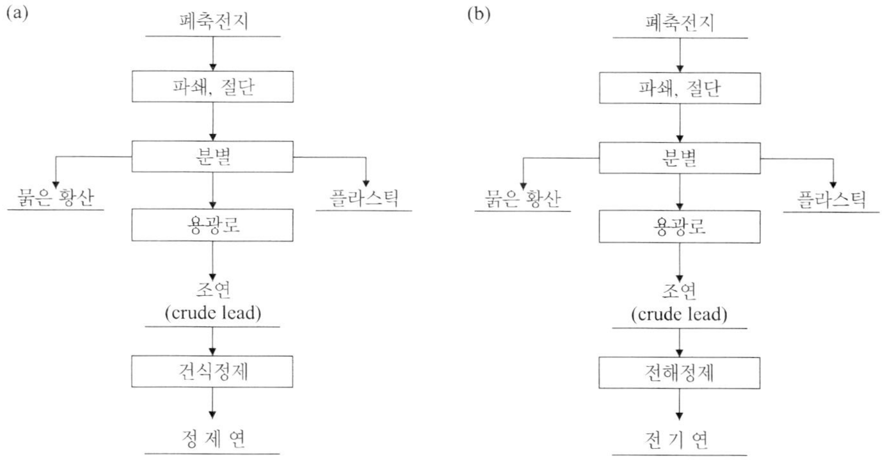

[그림 7.11] 건식 및 전해법에 의한 연재생 공정도

우선 폐축전지를 파쇄하거나 절단하여 플라스틱과 묽은 황산을 분리하고, 금속연 부분과 페이스트를 코크스, 고철, 규석과 함께 용광로(샤프트로, 반사로 등)에서 1,400~1,500 K에서 반응시켜 조연을 얻는다. Ca은 FeO-SiO_2계 슬래그 중으로 쉽게 산화 제거된다. 건식정제공정

113 Toshio Oishi, 1996: Processes for Recovering Lead, *Materia Japan* **35**(12), pp. 1303-1306.

에서 조연 중의 Cu와 As, Sb, Sn을 제거한다.[114]

(가) 탈동

조연 중 Cu의 제거는 용리(liquation)와 황화반응을 조합한 방법을 사용한다. 동은 연에 비해 유황과의 친화력이 강하므로 우선 연의 융점(600 K) 근방까지 온도를 내려서 함동 드로스로 제거하고, 뒤이어 유황을 첨가하여 잔류하는 Cu를 Cu_2S로 부상 분리한다. Cu_2S에 의한 제거는 열역학적으로 다음의 반응을 이용한다.

$$2Cu(s) + PbS(s) = Pb(l) + Cu_2S(s) \tag{7.20}$$

열역학적 계산에 의하면 제거한계는 600 K에서 0.051 wt%Cu이다. 유황첨가에 의한 탈동은 경우에 따라서 0.001 wt%Cu 이하까지 제거 가능한 것으로 알려져 있다.

(나) 탈 Sb, Sn, As

일반적으로는 NaOH, $NaNO_3$ 등의 첨가에 의한 해리스법(Harris)이 있지만, 순산소를 취입하는 산소 버블링법(bubbling)을 적용하는 경우도 있다.

산소 버블링법은 산소에 의해 산화물을 생성시켜 분리 제거하는 방법으로 873~973 K에서 조업한다. Sb, Sn, As는 Pb를 함유하는 액체 드로스로 부상·분리하고 있다. 예를 들어 Sb 0.8 wt%, As 0.05 wt%를 함유하는 150 ton의 탈동 연에 초기온도 853 K에서 산소 버블링을 한 경우 5시간 후에 Sb 30.2 wt%, As 2.0 wt%를 함유하는 드로스 3.4 톤이 생성된 것으로 보고되어 있다. Sb와 As의 일부는 Sb_4O_6, As_4O_6로서 휘발할 가능성도 있으므로 제거율은 상당히 양호하다. 한편 산소와의 친화력은 Sn이 가장 강하므로 Sn의 산화제거도 전혀 문제가 없을 것이다.

해리스법(Harris)은 800~900 K에서 NaOH 등의 Na염을 첨가하여 교반하면서 조연 중의 Sb, Sn, As을 산화시켜 Na_3SbO_4, Na_2SnO_3, Na_3AsO_4를 생성, 분리해 내는 방법이다. 그리고 Bi가 혼입되어 있는 경우에는 Ca과 Mg을 첨가하여 고융점 화합물인 Bi_2CaMg_2로서 제거하는 Kroll-Betterton법을 이용해 제거할 수 있다.

(다) 기타 원소의 제거

Pb를 용융 아연욕 중에 통과시키는 Parkes법에 의해서 Au, Ag를 Zn 상으로 분리하고, 생성된

---

114 5.8 '비철금속의 건식정제' 참조.

아연 크러스트(zinc crusts, Pb 30~70 %, Zn 20~40 %, Ag 6~15 %)로부터 환원휘발에 의해 Zn을 제거한 후 회취법에 의한 분은공정에서 Au, Ag를 회수한다. 또 Parkes법에서 처리한 후의 Pb에는 Zn(0.6~0.7 %)가 함유되어 있으므로 진공휘발에 의해서 Zn을 제거한다.

그림 7.12에는 건식법에 의한 폐축전지 재생공정의 예를 나타내었다.[115]

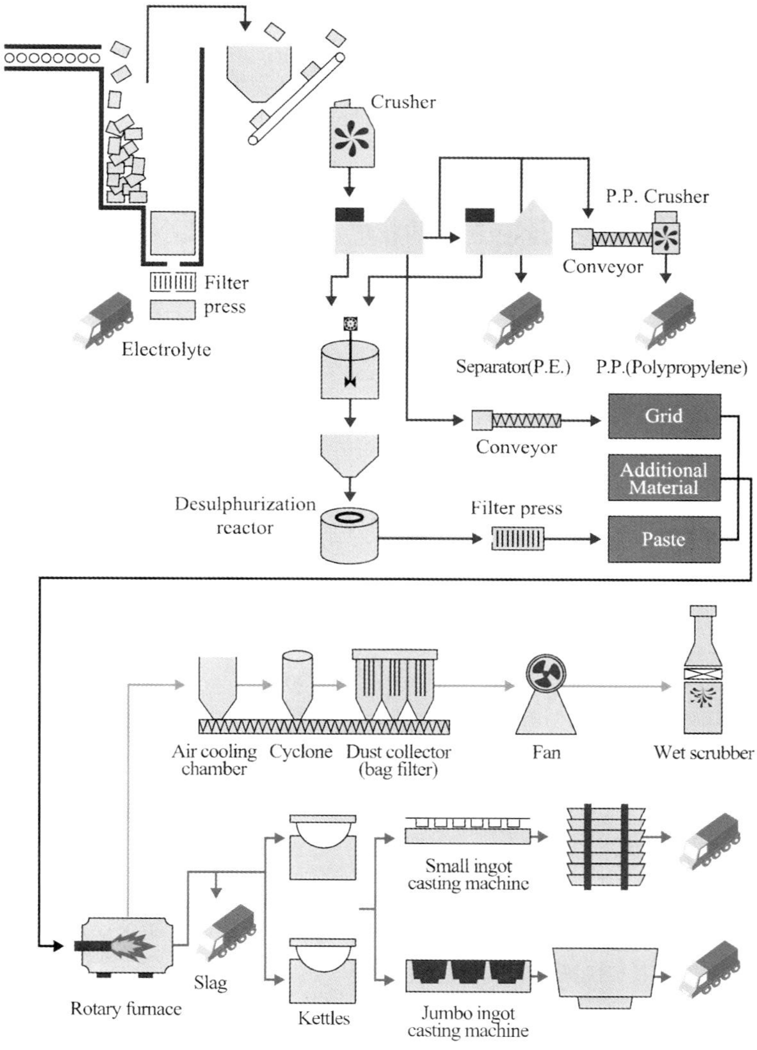

[그림 7.12] 폐연축전지의 재활용 공정의 예

115 http://www.joong-il.com/product

(3) 전해에 의한 재생

폐축전지를 파쇄하여 분리하고 용광로에서 조연을 만드는 공정까지는 건식법과 동일하다. 용광로에서 만들어진 조연을 H_2SiF_6용액을 이용하여 전해하는 Betts법을 적용하여 전해정제를 한다. 1차 지금을 생산하는 회사에서는 건식법과 병용하기도 한다.

폐축전지 스크랩으로부터 연을 전해채취하는 방법으로는 여러 가지 프로세스가 사용되나, 기본적으로는 아래의 3단계 공정을 포함한다.

① $PbSO_4$, PbO_2 등의 불용성 연화합물을 침출이 가능한 화합물인 $PbCO_3$, PbO, $Pb(OH)_2$, 등으로 전환하는 공정

② H_2SiF_6나 HBF_4 수용액으로 침출하여 연 전해액을 만드는 공정

③ 산소를 발생하는 불용성 양극을 사용하여 연을 전해채취하는 공정

$PbSO_4$를 가용성의 $PbCO_3$, $Pb(OH)_2$로 전환하기 위해 $(NH_4)_2CO_3$, $LiCO_3$, Na_2CO_3, K_2CO_3, NaOH 등을 이용하고 있다. PbO_2를 침출 가능한 화합물로 전환하기 위해서는 PbO_2와 $PbSO_4$에 알칼리 아질산을 첨가하여 563 K에서 가열하면 슬러지 중에 함유되어 있는 소량의 유기물이 환원제가 되어 PbO로 환원된다. 또 $PbSO_4$를 상기한 방법을 이용해 $PbCO_3$로 전환, H_2SiF_6나 HBF_4로 침출하는 공정에서 분말상의 연을 첨가하여 PbO로 전환하기도 하며, H_2O_2를 환원제로 사용하기도 한다.

전해채취에서는 양극에서 PbO_2가 석출되는 것을 피하기 위해 As, P, Co, H_2O_2 등을 첨가하거나 고 전류밀도 전해를 하기도 한다.

다른 방법으로 CX-EWS(Chemical Extraction-Electro Winning) 프로세스가 있으며, 다음과 같은 4가지의 주요 공정으로 구성되어 있다.[116]

① 폐축전지의 파쇄에 의해 얻어진 연 페이스트를 황화소다나 황산용액과 반응시켜서 페이스트 중의 모든 연 화합물을 황화연과 황산소다용액으로 만든다.

$$PbSO_4 + Na_2S = PbS + Na_2SO_4 \tag{7.21}$$

② 황화연과 붕불화제2철 전해액으로 침출하여 붕불화연-붕불화제1철 혼합용액과 미 용해 잔사로서 단체 유황을 얻는다.

116 Olper M. and Fracchia P., 1990: Hydrometallurgical process for recovering in pure metal form all the lead contained in the active mass of exhausted batteries. US patent 4,927,510.

$$PbS + 2Fe^{3+} = Pb^{2+} + 2Fe^{2+} + S^0 \tag{7.22}$$

③ 격막이 있는 FLUBOR 전해조에서 붕불화연-붕불화제1철용액을 전해하고, 음극실에서 전기연을 회수함과 동시에 탈연한 전해액을 양극실로 보내어 붕불화제2철을 얻는다. 붕불화제2철은 황화연의 침출에 재이용된다. 이 전해조는 새롭게 고안된 것이지만 일반적인 개방형의 전해조와 같은 특징을 갖고 있다.

$$Pb^{2+} + 2Fe^{2+} = Pb + 2Fe^{3+} \tag{7.23}$$

④ ①의 공정에서 생성하는 황산소다는 석탄을 사용한 가열환원에 의해 황화소다로 전환한 후 연 페이스트의 처리에 재이용한다.

$$Na_2SO_4 + 2C = Na_2S + 2CO_2 \tag{7.24}$$

7.7 알루미늄의 리사이클링

알루미늄은 가벼우면서도 내식성이 우수하고, Cu, Si, Mn, Mg, Zn, Li 등의 첨가에 의해 다양한 종류의 합금을 만들 수 있기 때문에 철강 다음으로 사용량이 많은 금속재료이다. 한편 광석으로부터 제련에 의해 알루미늄을 얻기 위해서는 대량의 전력이 필요하다. 다만 스크랩으로부터 재생하면 환원에 필요한 에너지를 절약할 수 있는데, 보크사이트로부터 제련하는 경우의 3~5 %에 해당하는 에너지로도 가능한 것으로 보고되어 있다. 따라서 알루미늄은 이미 상당한 양이 리사이클링되고 있다.

7.7.1 알루미늄제련의 개요

대표적인 알루미늄 광석은 보크사이트[117]이다. 주성분은 wt%로 45~60 Al_2O_3, 2~20 Fe_2O_3, 1~4 TiO_2, 1~10 SiO_2 등이며, 기타 미량성분(Mn, Ga, Ca, V, P, As)이 함유되어 있다. 알루미늄은 용융염 전해채취로 제조하며, 불화물계의 용융 빙정석($3NaF \cdot AlF_3$)에 알루미나(Al_2O_3)의 용해도가 높은 물리화학적인 성질을 이용한다. 우선 바이어법(Bayer법, 1888년)에 의해 순

117 Bauxite: gibbsite $Al(OH)_3$, boehmite AlO(OH), diaspore, AlO(OH)의 혼합물.

Al_2O_3를 제조한 후, Hall-Heroult법에서 용융염 전해에 의해 금속Al을 제조하고 있다.

(1) 알루미나의 제조

보크사이트로부터 알루미나를 제조하는 Bayer법의 주반응은 다음과 같다.

① 보크사이트 중 Al_2O_3의 NaOH용액에 의한 침출, $NaAlO_2$의 생성

$$Al(OH)_3 + NaOH = NaAl(OH)_4 \tag{7.25}$$

② $NaAlO_2$의 가수분해, $Al_2O_3 \cdot 3H_2O$의 석출

③ $Al_2O_3 \cdot 3H_2O$의 가열탈수, Al_2O_3의 생성

이러한 반응은 매우 완만하게 일어나기 때문에 대량의 알루미나를 생산하기 위해서는 다수의 대용량 탱크를 필요로 한다. 또한 이 과정에서 적니(赤泥, red mud)로 불리는 산화철을 다량 함유한 불용성 잔사가 발생한다.

(2) 금속알루미늄의 제조

빙정석(Na_3AlF_6)에 소량의 AlF_3, CaF_2 등을 첨가하고, 노저의 탄소벽돌이 음극인 노 중에서 용융상태를 유지하여 Al_2O_3를 약 5 % 용해하고, 탄소양극을 설치하여 1,230 K 부근에서 전해한다. 노저의 음극상에 Al이 용융상태로 석출하고, 양극(탄소)은 CO_2, CO가 발생하면서 소모된다. 전해 셀의 구성은 다음과 같다.

$$+\ CO + CO_2,\ C\,|\,Al_2O_3 - NaF - AlF_3 - CaF_2\,|\,Al(l),\ C\ - \tag{7.26}$$

(3) 알루미늄의 정제(3층 전해법)

Hall-Heroult법에서 전해 채취한 Al의 순도는 욕 원료나 전극의 회분 등에서 나온 Si, Fe, Ti 등의 불순물에 의해 99.8 %가 상한이다. 정제법으로는 3층 전해법과 편석법이 있다. 3층 전해의 원리는 Cu나 Zn의 수용액 전해정제와 같으며, 용융염 전해정제라 할 수 있다. 우선 Al에 Cu를 첨가하여 융점이 낮고 밀도가 큰 Al-33 %Cu 합금양극을 만들고, 그 위에 순 Al보다 밀도가 큰 전해욕(AlF_2-BaF_2-NaF계)을 두고, 상부 음극과의 사이에서 전해하여 최상부에 정제 Al을 석출시킨다. 이것이 3층식 용융염 전해정제법이며, Al 스크랩으로부터 Al을 리사이클링하여 회수할 때도 같은 방법을 이용할 수 있다.

7.7.2 알루미늄의 리사이클링기술

알루미늄의 규격 등을 고려하면 리사이클링을 위해 알루미늄 스크랩으로부터 제거하여야 할 원소는 Cu, Mg, Si, Mn, Fe 등과 스크랩의 취급과정에 혼입될 수 있는 Li, Sn, Pb, 그리고 캔의 도료 등에 기인하는 Ti 등이 있다. 다만 리사이클링 공정에서 Mg과 Li은 열역학적으로 그다지 문제가 되지 않으며, 실제로 Mg은 용탕처리에 의해 제거하고 있다. 그러나 Al보다 산소와의 친화력이 약한 Ti, Si은 제거가 쉽지 않다. 그리고 Fe, Mn, Sn, Cu, Pb, Zn은 제거하기 어려운 원소이다. Zn의 경우 증기압이 높기 때문에 진공정제에 의해 제거할 수 있을 것이다.[118]

(1) 알루미늄 스크랩의 전처리

알루미늄 스크랩에는 불순물 원소가 혼합되어 있는 경우가 많으므로 용융하기 전에 다음과 같은 전처리를 하는 것이 매우 효과적이다.

① 수선별: 가장 유효한 방법이지만 인건비에 따른 경제성 문제가 있다.

② 자력선별: 와전류 분리와 조합하여 철계 스크랩 등을 분리한다.

③ 와전류 분리: Al은 와전류가 흐르기 쉽기 때문에 자계를 작용시켜 분리한다.

④ 중액분리: 자성유체를 이용하고, 중액을 만들어 비중분리를 하지만, 자성유체의 가격이 높다는 문제점이 있다.

⑤ 융점차 분리: 혼합되어 있는 금속의 융점차를 이용하여 분별 용융하여 분리한다. 온도나 분위기 조절이 중요하며, 용융을 위한 전처리로 생각할 수 있다.

⑥ 배소법: 캔 등의 인쇄도막의 주성분인 유기물을 배소하여 제거한다. 버너가열 배소식의 회전드럼을 사용하지만, 안료 중의 무기물 성분은 제거되지 않는다.

⑦ 숏블라스트: 캔 등의 인쇄도막을 벗겨내기 위해 파쇄한 캔 재료를 블라스팅한다.

⑧ 팽윤 박리법: 캔 등의 도막을 유기용제로 박리하는 방법이다.

(2) 알루미늄 스크랩의 용해

알루미늄은 매우 활성이 큰 금속으로, 산소와 쉽게 반응하여 산화알루미늄(알루미나, Al_2O_3)이 된다. 예로서 산화물의 생성자유에너지를 비교하면 알루미늄은 칼슘과 마그네슘 다음이며,

---

118 Takashi Nakamura, 1996: Recycle Processes of Aluminum, *Materia Japan* 35(12), pp. 1290–1293.

진공용해가 아니면 주조할 수 없는 타이타늄보다 산화되기 쉬운 금속이다. 그러나 생성한 알루미나가 매우 치밀하고 강한 보호피막을 만들어 내부의 알루미늄 산화를 방지하기 때문에 마그네슘과 같이 연소되는 일은 없다. 즉, 알루미늄은 대기용해가 가능하여 오늘날 대량으로 사용할 수 있게 되었다.

한편 알루미늄은 비교적 용해하기 어려운 금속이다. 알루미늄의 융점은 철이나 동에 비해 매우 낮은 660 ℃이지만, 용융잠열과 비열이 크기 때문에 Cu의 용해보다 다량의 열량이 필요하다.[119] 또 알루미늄은 빛을 잘 반사하는 성질이 있어서 용해 시에는 열원으로부터 복사 에너지를 흡수하기 어렵다. 즉 복사 에너지를 흡수하는 흑도는 철이나 동의 약 1/4이다. 따라서 알루미늄은 용해하기 어려운 금속으로 알려져 있다.

알루미늄이나 합금은 제련에서 얻어진 1차 지금, 스크랩, 합금성분을 목적에 맞게 배합, 용해하고 성분조정하여 제조한다. 주조용 알루미늄합금을 얻기 위해서는 주조량에 맞는 용해로, 유지로, 용해 겸 유지로 등이 필요하다. 표 7.9에는 알루미늄합금 주물용 용해로의 종류, 표 7.10에는 각종 용해로의 특징을 나타내었다.[120]

용해공정은 원료의 장입, 용해, 성분조정, 탈가스, 슬래그 제거, 미세화 등의 용탕처리와 온도조절로 구성되어 있으며, 일반적인 용해공정은 그림 7.13과 같다.

〈표 7.9〉 알루미늄합금 주물용 용해로의 종류

<table>
<tr><th>종류</th><th colspan="2">형식</th><th colspan="2">연료</th></tr>
<tr><td rowspan="5">도가니로</td><td rowspan="2">정치식</td><td>밀폐형</td><td rowspan="2">전기</td><td>저항열</td></tr>
<tr><td>개방형</td><td>유도열</td></tr>
<tr><td rowspan="3">경동식</td><td rowspan="2">밀폐형</td><td colspan="2">가스</td></tr>
<tr><td colspan="2">중유</td></tr>
<tr><td>개방형</td><td colspan="2">중유</td></tr>
<tr><td rowspan="3">반사로</td><td>정치식</td><td></td><td colspan="2">중유</td></tr>
<tr><td>경동식</td><td></td><td colspan="2">가스</td></tr>
<tr><td>회전식</td><td></td><td colspan="2">전기저항열</td></tr>
</table>

119 Al의 용융잠열: 10.71 kJ/mol, Al의 비열: 24.20 J/(mol · K).

120 Sung-Kil Hong, 2008: Series II-Melting and Casting of Aluminum Alloys, *J. Kor. Foundarymen's Soc.* **28**(2), pp. 45-51.

〈표 7.10〉 용해로의 특징

노의 형식		대량용해	용탕품질	온도제어	용해속도	용해비
도가니로	연소형	△	◎	○	△	△
	전기저항열	△	◎	◎	△	△
반사로	연소형	◎	△	△	◎	◎
	전기저항열	△	◎	◎	△	△
유도로		◎	△	◎	◎	×

◎: 양호, ○: 보통, △: 나쁨, ×: 아주 나쁨

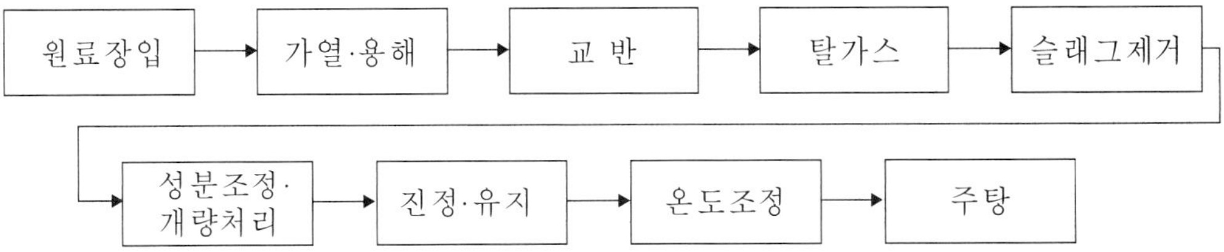

[그림 7.13] 일반적인 알루미늄합금주물 용탕의 용해공정

(3) 알루미늄 스크랩의 용탕처리

스크랩이나 1차 지금을 용해할 때, 용탕의 개재물과 수소농도가 최종 제품의 품질을 좌우한다. 알루미늄(합금) 용탕 중에는 외생 개재물과 내생 개재물이 존재한다. 외생 개재물은 일차주괴나 이차주괴에서 혼입된 것으로 산화물, 탄화물, 불화물 등이 있다. 내생 개재물은 용해-주조 공정에서 용해 분위기와 용탕의 반응에 의해 생성하는 산화물계 개재물과 결정립 미세화제 등에 의해 생성되는 것들이다. 이러한 개재물이 제품에 혼입되면 결함으로 작용하여 제품의 내구성에 막대한 영향을 미친다. 또 용해 및 주조과정에서 필연적으로 대기와 접촉하여 수분을 흡수해 용탕 중의 수소농도가 상승하고, 응고하는 과정에서 기포 결함으로 존재하게 된다.

용탕의 청정도 개선은 곧바로 제품의 품질향상과 연계되므로, 적절한 용탕처리를 실시하여 주조품의 품질을 향상시킬 수 있다. 현재 알루미늄 용탕으로부터의 제거가 실용화되어 있는 것은 Mg, Li 등 알칼리, 알칼리 토류금속뿐이며, 용탕처리에는 화합물법, 편석법, 진공정제법, 삼층 전해법 등이 있다. 실질적인 알루미늄 용탕처리에는 탈가스와 개재물 제거를 위해 여러 가지 방법을 적용하고 있다.

(가) 탈가스

대기 중의 수분, 연소가스 중의 수분, 내화물 중의 수분이나 용탕 부근에 존재하는 수분은 다음 식과 같이 알루미늄과 반응하여 수소가스가 용탕 중으로 용해된다.

$$2Al + 3H_2O = Al_2O_3 + 6H \tag{7.27}$$

알루미늄 용탕 중의 수소 용해도 S_H는 다음과 같다.[121]

$$\log S_H = A - \frac{B}{T} + \frac{1}{2}\log p_{H_2} \tag{7.28}$$

여기서 A와 B는 합금 조성에 따른 상수, $\log p_{H_2}$는 분위기 중의 수소분압이다.

탈가스는 랜스, 튜브, 다공성 플러그(porous plug), 임펠러 등으로 용탕 중에 불활성 기체를 취입하거나, 타블렛이나 분말 형태의 탈가스제를 투입하여 이루어진다. 불활성가스 취입에 의한 탈가스는 Ar, N_2, Cl_2 등의 가스를 사용한다. 특히 Cl_2에 의한 탈가스 및 개재물 제거는 효율이 높으나 환경 문제를 야기하기 때문에 미국이나 일본에서는 환경규제 강화로 고체 플럭스 등을 사용하고 있다.[122]

가스 취입법에 의한 용탕 중의 수소 제거는 다음의 세 단계를 거쳐 진행된다.

① 원자 상태의 수소가 확산과 대류를 통해 불활성 기체의 기포표면으로 이동

② 불활성 기체의 기포와 용탕 중 수소기체의 분압 차이에 의해 기포 내로 흡수되고 분자상태로 결합되어 불활성 기체 안으로 수소기체 포집

③ 버블이 용탕 표면으로 부상하여 수소 제거

(나) 용탕의 개재물 제거

용탕 중에 산화물, 질화물 등의 개재물이 존재하면 주조성 악화, 기계적성질 저하, 표면처리 결함 증가 등 여러 가지 문제가 발생한다. 따라서 용탕처리에 의해 청정한 용탕을 만들어 주조공정에 투입하여야 한다. 개재물의 제거는 다음과 같은 방법을 사용한다.[123]

---

121 S. Kitaoka, 1993: Melting and casting technology of recent aluminum alloy castings, *Keikinzoku* **43**(11), pp. 567-573.

122 T. A. Utigard et al., 1998: The properties and uses of fluxes in molten aluminum processing, *J. Miner. Met. & Mat. Soc.* pp. 38-43.

123 홍성길, 2008: 알루미늄의 용해 및 주조 시리즈II, *한국주조공학회지* **28**(2), pp. 45-51.

① 불활성가스나 할로겐가스를 취입하여 부상분리(탈가스 처리와 병행)

② 플럭스 처리에 의한 방법(NaCl, KCl, NaF 등을 주성분으로 하여 소량의 Na_2SiF_6, Na_2SO_4 등이 첨가된 플럭스를 사용)

③ 플럭스 등에 용탕을 통과시켜 제거하는 용탕 여과법(망상이나 스펀지상의 필터를 사용하여 개재물을 필터로 걸러내어 제거)

(다) 불순물 원소의 제거

알루미늄 스크랩을 용융하여 정제하는 프로세스는 열역학적으로 매우 어렵다. 기본적으로 알칼리, 알칼리 토류금속 외에는 알루미늄 화합물이 가장 안정하며, 예외적으로 Ti과 Zr이 질화물과 탄화물에서 Al보다 안정한 화합물을 생성한다. 표 7.11에는 대표적인 불순물 원소의 용융 Al 중에서 무한희석 상태의 활동도계수를 나타내었다. γ^0가 1보다 큰 것은 Zn, Pb뿐이며, 나머지는 전부 1보다 매우 작은 값이다. 따라서 열역학적으로 불순물을 제거하는 것이 매우 어려움을 알 수 있다.[124]

〈표 7.11〉 Al 정제 관련 불순물 원소의 무한희석 기준의 활동도계수

원소	Si	Mg	Fe	Cu	Zn	Pb
γ^0	0.04	0.168	0.027	0.042	2.161	78.52
온도(K)	1,100	1,073	1,873	1,373	1,000	1,200

알루미늄은 그 자체가 활성인 금속이기 때문에 불순물을 우선적으로 반응시켜 슬래그나 플럭스화하는 것은 쉽지 않다. 따라서 최종분리에 여러 가지 문제점은 있으나, 고체의 화합물을 생성시켜 분리·제거하는 방법이 제안되어 있다. 한 예로 Fe, Mn이나 Mn, Cr을 다량으로 함유하는 알루미늄합금에서는 합금의 액상선 이상의 고온에서 금속간 화합물을 정출한다. 이러한 금속간 화합물은 용탕 중의 불순물 성분을 농축하므로, 금속간 화합물을 액상으로부터 분리하여 용탕의 불순물 농도를 저감할 수 있다. 그리고 Si, Fe 등은 결정 분별법으로 제거할 수 있으며, Zn은 진공증류법으로 제거할 수 있다. 그림 7.14에는 Furukawa electric에서 제안한

124 Takashi Nakamura, 1996: Recycle Processes of Aluminum, *Materia Japan* **35**(12), pp. 1290-1293.

것으로 상기한 방법을 포함하는 알루미늄 스크랩의 정제공정을 나타내었다.[125]

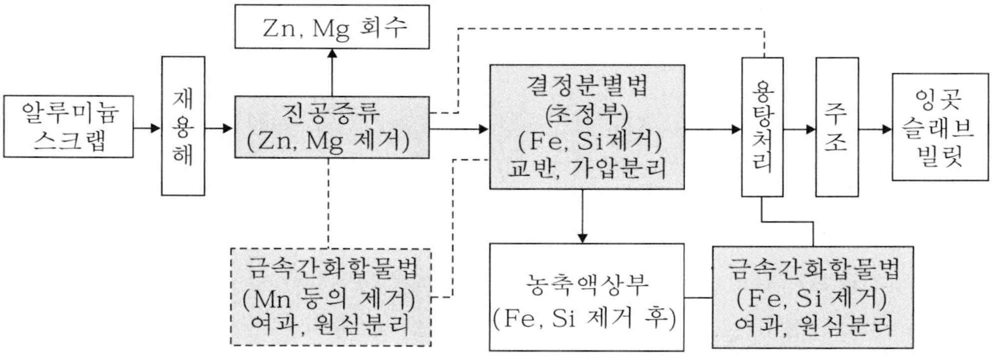

[그림 7.14] Furukawa electric의 Al 스크랩 정제공정의 예

(4) 알루미늄 드로스의 리사이클링

알루미늄은 활성이 매우 큰 금속으로, 용해공정에서 용탕표면에 반용융 상태의 드로스가 생성된다. 드로스는 용융 알루미늄과 다양한 산화물, 염화물로 구성되어 있으며, 이러한 것의 성분은 용해방법과 사용되는 플럭스의 양과 성분에 의해 좌우된다.[126] 드로스는 공정조건에 따라 화이트 드로스(white dross), 블랙 드로스(black dross) 그리고 솔트 케이크(salt cake)로 나누어진다.

화이트 드로스는 금속 알루미늄의 용해 및 용해 후 주조 공정 전 용탕 표면에 발생한 드로스이며, 덩어리 크기가 클 뿐더러 알루미늄 함량이 높아 재용해하면 드로스 무게의 15~70 %의 알루미늄을 회수할 수 있다. 화이트 드로스는 대부분 반사로나 도가니로에서 재용해하여 알루미늄을 회수하고 여기서 발생된 드로스는 블랙 드로스와 함께 재용해한다.

블랙 드로스는 알루미늄 스크랩을 용해할 때 용탕의 표면산화를 방지하고 용탕 내 불순물의 분리를 위해 플럭스를 사용한 경우에 발생하는 것이며, 금속 알루미늄의 함량은 20 % 미만이다. 블랙 드로스는 용탕에서 걷어낸 후 응고하기 전에 원심분리나 squeezing 방법을 사용하여

125 Mitsuhiro Ohtaki et. al., 1999: Development of Aluminum Recycling Process in the National Project, *古河電工(FURUKAWA ELECTRIC)時報* 104, pp, 25-30.

126 한철웅 등, 2017: 파쇄 기구에 따른 알루미늄 캔 재자원화 공정 중 발생한 블랙 드로스 내 알루미늄 회수에 관한 연구, *자원리싸이클링* **26**(4), pp. 71-78.

드로스에 묻어 있는 금속 알루미늄을 회수한다. 나머지는 폐기하거나 회전형 노, 도가니 노 등에서 NaCl, KCl이 주성분인 염과 함께 용해하여 잔류하는 금속 알루미늄을 회수한 후 매립 등의 방법으로 폐기한다. 이러한 방법에 의해 드로스 양의 약 12~18 %의 알루미늄을 회수하는 것으로 알려져 있다.[127]

드로스 내에 남아 있는 알루미늄 금속을 염과 함께 재용해하고 남은 드로스를 솔트 케이크라 하며, 여기에는 3~5 % 정도의 알루미늄이 존재한다. 솔트 케이크의 대부분은 매립 등으로 폐기처분하고 있으나, 이것을 물에 용해하여 염성분을 수용액상으로 분리시킨 후 가열, 농축하여 염을 재사용하는 방법도 개발되어 있다.

---

127 박형규 등, 1996: 국내 알루미늄 드로스의 처리공정에 관한 연구, *자원리싸이클링* 5(1), pp. 14-20.

제8장 귀금속과 희소금속의 리사이클링기술

8.1 희소금속(Rare metals)

휴대폰, 퍼스널 컴퓨터, TV를 비롯한 여러 가지 IT 기기에는 많은 종류의 희소금속(稀少金屬)이 사용된다. 이러한 희소금속은 대부분이 천이금속과 반금속에 속한다. 상대적인 단어는 보통 금속 또는 양산금속(common metals)으로서 오래전부터 사용되어 온 철, 구리, 아연, 연, 알루미늄 등이 이에 속한다. 그림 8.1에는 우리나라에서 정의하는 희소금속을 희토류(希土類, rare earth)와 함께 나타내었다. 우리나라에서는 그림 8.1에 나타낸 바와 같이 40종의 금속을 희소금속으로 지정하였으며, 산업용 금속원소를 학문적으로 분류하면 표 8.1과 같다.

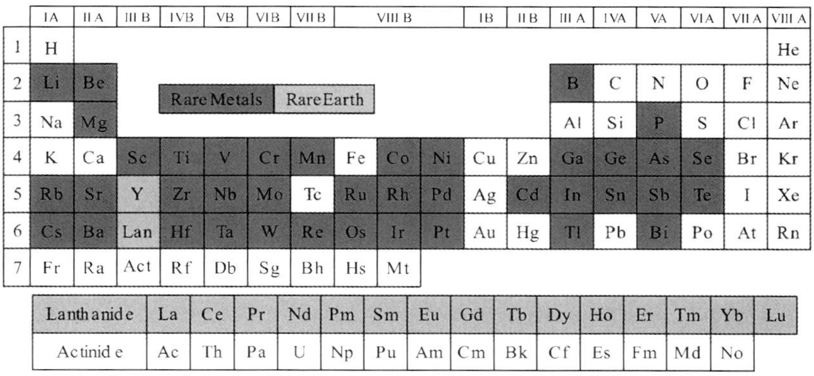

[그림 8.1] 우리나라에서 지정한 희소금속과 희토류 원소

희소금속이란 지각에 존재량이 적은 금속, 광석으로의 농축이 적은 금속, 그리고 정련이 곤란한 금속을 의미한다. 이러한 금속은 공업제품으로 되기 어려운 요소를 가지고 있다. 구체적

으로는 다음과 같이 정의할 수 있다.

① 지각 내에 존재량이 적고, 지리적으로 편재되어 있는 것

② 자원적으로는 풍부하여도 금속으로의 추출이 어려운 금속광물 자원

③ 자원적으로는 풍부하여도 광석의 품위가 낮은 금속

이러한 희소금속을 철강재료의 첨가원소로 사용하면 고성능 구조재가 된다. 그리고 전자재료의 구성원소로서도 불가결한 원소로서 신기능 재료는 희소금속을 제외하고는 생각할 수 없다. 즉, 희소금속은 최첨단기술을 지탱하는 구성원소로서 그 중요성이 급격하게 증대하였다. 특히 Ni, Cr, Co, Mo 등은 생산규모에서는 양산금속에 못 미치지만, 구조재료, 전자재료, 기능재료 등의 중요한 합금성분으로서 대량으로 사용되고 있는 금속이다.

본 장에서는 철강을 비롯한 양산금속(Cu, Zn, Pb, Al)에 이어서 귀금속과 희소금속(희토류금속, 백금족 포함)에 대하여 제련법의 개요 및 리사이클링 방법에 대해 알아본다.

〈표 8.1〉 산업용 금속원소의 학문적 분류

<table>
<tr><td colspan="2">철계금속</td><td>1</td><td>Fe</td></tr>
<tr><td rowspan="10">비
철
금
속</td><td>양산비철금속</td><td>4</td><td>Cu, Zn Pb, Al</td></tr>
<tr><td>귀금속</td><td>2</td><td>Au, Ag(백금족 원소를 포함함)</td></tr>
<tr><td rowspan="8">희소금속
(Rare
Metal)
(40종)</td><td>6</td><td>알칼리/알칼리토금속: Li, Mg, Cs, Be, Sr, Ba</td></tr>
<tr><td>1</td><td>REE(희토류금속: 17종(란타나이드15+Sc, Y)</td></tr>
<tr><td>11</td><td>고융점 금속(Ti, Zr, Hf, V, Nb, Ta, Cr, Mo, W, Mn, Re)</td></tr>
<tr><td>2</td><td>철족원소: Co, Ni</td></tr>
<tr><td>6</td><td>백금족원소: Ru, Rh, Os, Pd, Ir, Pt</td></tr>
<tr><td>4</td><td>13족원소: Cd, Ga, In, Tl</td></tr>
<tr><td>10</td><td>반금속원소: B, Ge, P, As, Sb, Bi, Se, Te, Sn</td></tr>
</table>

8.2 귀금속의 리사이클링

대표적인 귀금속으로는 금(Au), 은(Ag)을 들 수 있다. 여기에 백금족인 백금(Pt), 팔라듐(Pd), 로듐(Rh), 이리듐(Ir), 루테늄(Ru), 오스뮴(Os)의 6가지를 더하여 8원소를 지칭하기도 한다.

Os을 제외한 귀금속은 장식품이나 공업제품으로 이용되고 있다. 여기서는 우선 금, 은을 포함한 귀금속의 제련과 리사이클링기술에 대해서 알아본다.

8.2.1 금·은 제련의 개요

금은 지각 내에 광범위하게 존재하지만 함유율이 매우 적다. 따라서 경제적으로 제련 대상이 되는 원료로는 금이 농축되어 있는 산금(vein gold, 규산질맥상광)과, 이것이 2차적으로 풍화되어 생겨난 사금(placer gold)이 있다. 산금 중의 Au는 일반적으로 Ag와의 합금(일렉트램)으로 존재하며, Ag는 주로 휘은광(Ag_2S)으로 함유되어 있다. 또 Cu, Pb, Zn 등의 황화광 중에도 미량의 Au, Ag가 함유되어 있기 때문에 이러한 비철금속의 제련공정에서 부산물로 회수하고 있다.

금·은의 제련방법으로는 수선법, 아말감법, 염화법, 청화법, 전해 슬라임법 등이 있다.

(1) 습식제련법(청화법, Cyanide process)

현재 습식에 의한 금은광의 처리는 청화법이 주류이다. 금은 귀금속으로서 화학적으로 매우 안정하지만, 왕수나 산화제가 존재하는 묽은 청화액에서는 착염을 만들어 쉽게 용해된다. 따라서 우선 규산질 금은광을 조파쇄한 후, 소석회, 청화액(KCN)과 혼합하고, 미분쇄와 침출을 동시에 한다.

$$4Au + 8KCN + 2H_2O + O_2 = 4KAu(CN)_2 + 4KOH \tag{8.1}$$

침출 후의 광액(pulp)을 여과하여 고체분을 제거하고, Zn 소모를 감소시키기 위해 여액 중의 기포를 제거한 후 Zn분말을 첨가하여 치환환원법으로 청화 침전물을 얻는다.

$$\begin{aligned} &2KAu(CN)_2 + 2Zn + KCN + H_2O \\ &\qquad = 2K_2Zn(CN)_4 + 2Au + 2KOH + H_2 \end{aligned} \tag{8.2}$$

이것을 건조, 배소 후, 플럭스로 소다회, 규사, 붕사 등을 첨가하여 도가니 중에서 용융하여 불순물을 슬래그화하고, 금은합금 양극으로 주조하여 전해정제에 의해 Ag와 Au를 분리한다. Au, Ag를 리사이클링하는 경우도 침출한 후에 아연분말로 침전시켜 전해분리하는 것이 일반적이다.

실제의 청화법에서 사용되는 대표적인 침출액은 NaCN 0.1 %, pH 9~11, Au 2 g/t, Ag

20 g/t의 용액이다. 그림 8.2에는 $[CN]_T=10^{-2}$, $a_{Ag(CN)2}=10^{-4}$, $a_{Au(CN)2}=10^{-4}$ & 10^{-6}의 조건에서 작성한 전위-pH도를 나타내었다. 그림으로부터 금이나 은은 시안 착체를 형성하면 액의 pH 상승에 따라 금은의 용해전위가 급격하게 저하하여 쉽게 수용액 중으로 용해하는 것을 알 수 있다. 또 은보다 금이 더 잘 용해되는 것도 알 수 있다.

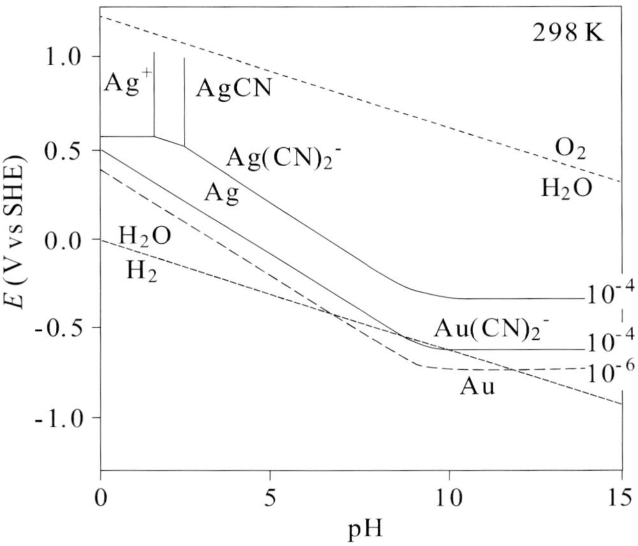

[그림 8.2] Au(Ag)-CN-H_2O계의 전위-pH도
(298 K, $[CN]_T=10^{-2}$, $a_{Au(CN)_2}=10^{-4}$ & 10^{-6}, $a_{Ag(CN)_2}=10^{-4}$)

(2) Anode slime의 처리

Cu나 Pb정광의 건식제련에서 광석 및 플럭스 중의 Au, Ag는 조동이나 조연 중에 분배되며, 전해정제를 하는 과정에서 발생하는 침전물인 양극 슬라임(anode slime) 중에 농축된다. 양극 슬라임을 배소-고온용융-전기분해하는 공정에 의해 Ag와 Au를 회수한다.

그림 8.3에는 LS-Nikko 동제련소 귀금속 공정의 예를 나타내었다. 양극 슬라임에는 Se도 함유되어 있기 때문에 SO_2가스 분위기 중에서 400~600 ℃로 가열하여 증기압이 높은 SeO_2의 형태로 휘발 제거한다. 배소공정에서 얻은 슬라임을 1,100~1,200 ℃로 가열하여 소다회, 붕사 등과 함께 산화용융시켜 금을 함유하는 은 합금의 양극판을 제조한다. 전기분해 공정에서는 은 양극판을 전기분해하여 순은과 양극 슬라임을 얻는다. 이 Ag 슬라임(Au, Pt, Pd 등의 귀금속 함유)을 침출하여 Pd를 분리한 후, 금양극판을 제조하고 전기분해에 의해 고순도의 금을 얻고 있다.

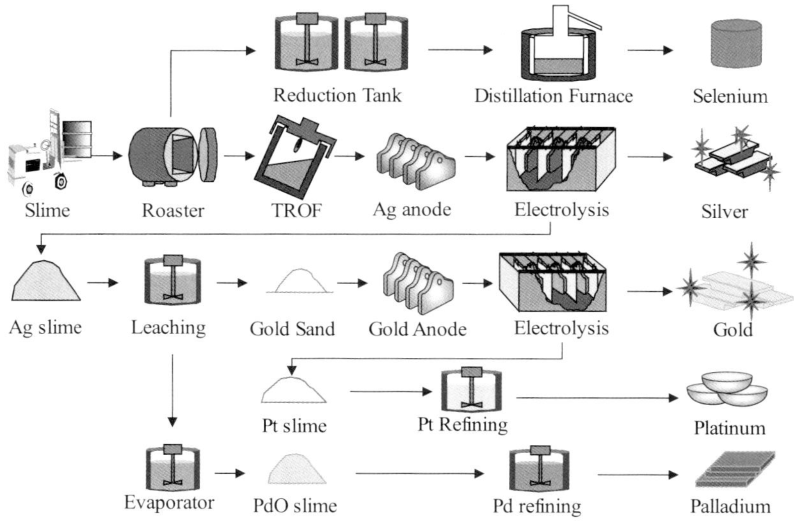

[그림 8.3] LS-Nikko 동제련소의 귀금속 회수 공정도 예

8.2.2 백금족 제련의 개요

감람암질의 1차 광상이 2차적인 풍화작용을 받아서 발생한 사백금이나 남아프리카 및 캐나다의 함Pt 황화광 등이 주된 광석이다. 국내에서 생산되는 백금의 대부분은 황화광 제련의 부산물로 회수된 것이다. 황화광의 건식제련에서는 광석 중의 미량 백금족 원소는 은 전해시의 anode slime 중에 농축된다. 이것을 진한 HNO_3로 처리하면 Pb의 대부분이 용출되고, 불용성 잔사 중에는 Au 외에 Pt, Rh 등이 모이므로, 이러한 중간산물로부터 백금족 원소를 회수한다.

8.2.3 귀금속의 리사이클링기술

(1) 귀금속의 리사이클링 순서

유가물로부터 귀금속을 회수하는 순서는 크게 평가, 회수와 농축, 정제의 3단계로 나눌 수 있으며, 그림 8.4에 순서도를 나타내었다.

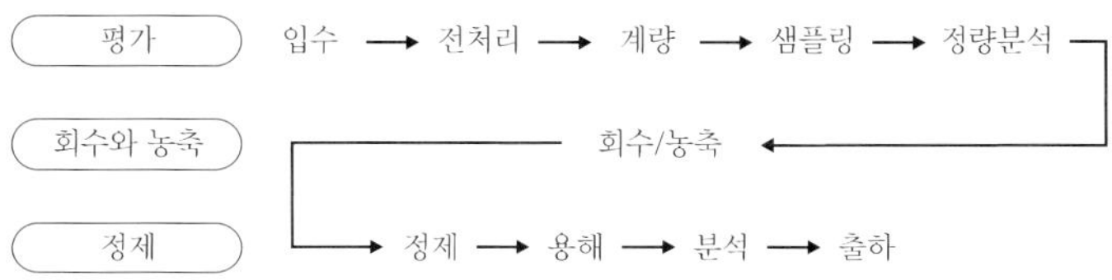

[그림 8.4] 귀금속의 입수부터 회수정제까지의 순서도

(가) 평가

평가란 원료에 들어 있는 귀금속의 종류와 함유량을 결정하는 것을 말한다. 리사이클링 원료 중의 귀금속 농도가 매우 낮고, 원료 중에 분산되어 있으며, 고가이기 때문에 원료로부터 분석시료를 정확하게 얻기 위한 전처리와 시료채취, 귀금속 함유량을 정밀하게 구하기 위한 분석과 원료의 계량이 필요하다.

고체원료 중 귀금속을 함유하는 금속괴나 선재, 도금된 것 등은 산이나 알칼리용액으로 용해하여 시료를 채취한다. 수지나 세라믹에 몰딩되어 있는 CPU나 메모리 등은 파쇄, 소성, 용해를 반복하여 액체상태로 만들어 시료를 채취한다. 또 세라믹이나 산화물과 복합체로 되어 있는 원료는 플럭스와 함께 용융하여 산화물 성분을 분리한 후 금속성분의 채취와 계량을 한다. 그리고 침전물 등이 없는 균일한 액체는 교반 후 곧바로 시료를 채취하고, 침전물 등이 혼입되어 있으면 여과 등의 처리를 한 후에 시료를 채취한다. 이러한 전처리는 리사이클링을 위한 기술과 동일하다.

귀금속 함유량이 높은 것은 중량으로, 함유량이 매우 낮은 것은 AA, ICP 등의 기기분석으로 함유량을 결정한다. 귀금속 함유량의 분석결과는 직접 금액에 반영되므로 정밀한 평가기술이 필요하다.[128]

(나) 회수와 농축

회수공정은 원료 중의 귀금속 농도가 매우 낮으므로 귀금속을 농축하여 조분리하는 것을 의미한다. 이때 귀금속이 전량 회수할 수 있도록 하는 것이 중요하다.

(다) 정제

정제는 회수공정에서 조분리한 귀금속을 필요한 순도까지 불순물을 제거하는 것을 말한다. Au는 99.99 % 이상의 지금이 유통되고 있고, 전기전자 산업분야에서는 99.999 %까지 정제된 고순도의 것을 사용하고 있다. 백금족인 Pd, Rh, Ir, Ru은 99.9 % 이상이지만, 일반적으로는 99.95 %까지 정제한다.

(2) 귀금속 리사이클링의 원료와 전처리

귀금속 리사이클링의 원료는 다음과 같이 두 가지로 구분한다.

---

128 J. Sibata and A. Okuda, 2002: Recycling Technology of Precious Metals, *Sigen-to-Sozai* **118**(1), pp. 1-8.

• 고체원료: 귀금속 스크랩, IC칩, 리드프레임, 액정, PCB 기판, 폐촉매 등
• 액체원료: 금, 은 함유 도금폐액, 산이나 알칼리 폐액

우선 원료의 적절한 전처리를 위하여 다음과 같은 사항을 검토한다.

① 함유되어 있는 귀금속과 그 외 물질의 종류와 추정량

② 방사능 오염 유무(소량이라도 혼입되면 전체 공정이 방사능으로 오염됨)

③ 가공방법과 그 상태

④ 액체의 경우 액 조성과 액의 종류

귀금속을 함유하는 원료의 전처리에는 다음과 같은 것이 있다.

① 소성(하소): 귀금속 함유 폐촉매, 수지, 귀금속 함유 활성탄 등

② 분쇄: 알루미나 담체 귀금속 폐촉매, 유리(액정), 세라믹 등은 파분쇄하여 침출 등을 용이하게 한다. 또 플라스틱 등에 몰딩되어 있는 IC칩 등의 부품과 리드프레임 등은 고속 전단파쇄기에서 파쇄하여 선별이 쉽도록 한다.

③ 분급: 귀금속 부착물에 혼입되어 있는 이물질 제거

④ 자력선별: 귀금속 스크랩 중 철분 등의 제거

⑤ 여과: 귀금속 함유 도금 폐액 중의 이물질 제거, 약품에 의한 귀금속이나 유가물의 고-액 분리

⑥ 박리: 금, 은이 표면에 노출되어 있는 경우에는 시안액으로 박리 용해한다.

(3) 습식법에 의한 귀금속의 회수

귀금속의 분리회수는 원료를 수용액의 상태로 만들어 정제하는 경우가 대부분이다. 고체인 경우 질산, 염산, 황산 등이나 알칼리, 시안화소다용액을 이용하여 최대한 침출한다. 침출액의 선정은 원료 중의 귀금속 종류, 조성, 형태, 정제공정에서의 적합도 등에 의해 결정되며, 표 8.2에는 침출액의 종류와 귀금속의 용해성을 나타내었다.[129]

도금 폐액 등 귀금속 농도가 매우 묽은 용액은 이온교환수지나 활성탄에 의한 흡착으로 회수하고 있다. 용액 중에 귀금속 농도가 높은 경우에는 용매추출법이나 전해환원으로 정제까지 하고 있다. 고체원료의 경우 아래와 같이 용해하여 회수한다.

---

129 M. Tanaka, 2007: Gold and Silver Smelting at Mitsui Kushikino Mining Co., Ltd., *J. MMIJ* **123**(12), pp. 675-677.

〈표 8.2〉 침출액 종류와 귀금속의 용해성

침출액	Ag	Au	Pt	Pd	Rh	Ir	Ru	Os	STS[≠]
진한 질산	○	×	△	○	×	×	×	×	×
왕수	침전*	○	○	○	△	△	△	△	○
염산+$Cl_2(g)$	침전*	○	○	○	△	△	△	△	○
진한 황산	○	×	×	○	△	×	×	○	○
시안화물+산화제	○	○	○	○	-	-	-	-	×

*침전: AgCl로 침전, ○: 상온이나 가열하여 용해 가능, △: 미세분말이나 합금상태에서 용해 가능, ×: 불용성, -: 실증된 예가 없음, ≠: STS: stainless steel

(가) 금의 용해와 환원

용해 시 왕수나 시안화물, 그리고 염산-염소가스 용해를 한다.

$$Au + 4HCl + HNO_3 \rightarrow HAuCl_4 + 2H_2O + NO \tag{8.3}$$

$$2Au + 4KCN + 2H_2O + (O) = 2KAu(CN)_2 + 2KOH \tag{8.4}$$

$$2Au + 2HCl + 3Cl_2 = 2HAuCl_4 \tag{8.5}$$

환원 시 아황산염이나 아연분말을 사용한다.

$$2HAuCl_4 + 3Na_2SO_3 + 3H_2O = 3Na_2SO_4 + 8HCl + 2Au \tag{8.6}$$

$$2HAuCl_4 + 3Zn = 3ZnC_2 + 2HCl + 2Au \tag{8.7}$$

$$2KAu(CN)_2 + Zn = K_2Zn(CN)_4 + 2Au \tag{8.8}$$

전해법으로 환원하는 경우는 염화금산용액을 전해액으로 하고, 양극은 금판을 사용하여 전해한다.

(나) 은의 용해와 환원

용해 시 질산이나 시안화물에 용해한다.

$$3Ag + 4HNO_3 = 3AgNO_3 + 2H_2O + NO \tag{8.9}$$

$$2Ag + 4KCN + H_2O + (O) = 2KAg(CN)_2 + 2KOH \tag{8.10}$$

환원 시 아연분말을 이용하여 환원한다.

$$2AgNO_3 + Zn = Zn(NO_3)_2 + 2Ag \tag{8.11}$$

$$2KAg(CN)_2 + Zn = K_2Zn(CN)_4 + 2Ag \tag{8.12}$$

(다) 백금의 용해와 환원

용해 시 왕수에 용해하여 염화백금산으로 만든다.

$$Pt + 8HCl + 2HNO_3 = H_2PtCl_6 + 4H_2O + 2NOCl \tag{8.13}$$

$$3Pt + 18HCl + 4HNO_3 = 3H_2PtCl_6 + 8H_2O + 4NO \tag{8.14}$$

환원 시 아연분말이나 포름산염[130]으로 환원한다.

$$H_2PtCl_6 + 3Zn = 3ZnCl_2 + H_2 + Pt \tag{8.15}$$

염화백금산을 알칼리로 중화하고 포름산염을 첨가한다.

$$Na_2PtCl_6 + 2HCOONa = 4NaCl + CO_2 + 2HCl + Pt \tag{8.16}$$

염화백금산용액에 염화암모늄을 첨가하면 염화백금산 암모늄의 침전이 생성되며, 이것을 하소한다.

$$H_2PtCl_6 + 2NH_4Cl = (NH_4)_2PtCl_6 + 2HCl \tag{8.17}$$

$$3(NH_4)_2PtCl_6 = 2N_2 + 2NH_3 + 18HCl + 3Pt \tag{8.18}$$

(라) 팔라듐의 용해와 환원

용해 시 왕수에 용해하며, 이때 Pd는 $PdCl_2$와 $PdCl_4$가 생성되지만 증발시켜 결정을 만들면 전부 $PdCl_2$가 된다.

$$Pd + 3HCl + HNO_3 = PdCl_2 + 2H_2O + NOCl \tag{8.19}$$

$PdCl_2$는 묽은 염산용액으로 사용한다.

환원 시 아연분말이나 포름산염으로 환원한다.

$$PdCl_2 + Zn = ZnCl_2 + Pd \tag{8.20}$$

$$PdCl_2 + HCOONa = HCl + NaCl + CO_2 + Pd \tag{8.21}$$

$PdCl_2$의 염산용액에 염화암모늄(ammonium chloride, NH_4Cl)을 첨가하고, 또 질산을 첨가하여 따뜻하게 하면 적색의 ammonium hexachloropalladate(IV)($Cl_6H_8N_2Pd$)의 침전이 생성된다. 이것을 하소하면 금속 Pd가 만들어진다.

---

130 포름산염(formate, methanoate): 포름산이온(CHOO- or HCOO-)을 함유하는 화합물.

(마) 기타 백금족 원소의 용해와 환원

Rh, Ru, Ir 등의 백금족 원소는 벌크 상태에서는 왕수에 전혀 용해되지 않지만, 매우 미세한 분말이나 합금화되어 분산된 상태에서 NaCl과 염소가스 기류 중에서 가열하면 가용성 염을 형성하거나, Rh의 경우 산성 황산칼륨으로 가열하면 용해된다.

$$Ir + 2NaCl + 2Cl_2 = Na_2IrCl_6 \quad (8.22)$$

$$4Rh + 12KHSO_4 + 3O_2 = 2Rh_2(SO_4)_3 + 6K_2SO_4 + 6H_2O \quad (8.23)$$

(4) 회수된 귀금속의 정제

회수된 귀금속의 정제는 주로 습식법으로 하고 있으며, 몇 가지 방법을 조합하여 정제한다. 기본적으로 침전분리법, 이온교환수지법, 용매추출법, 전해채취법, 산화증류법을 필요에 따라 조합한 복합 프로세스로 정제한다.

(가) 침전분리법

귀금속의 침전분리는 회수한 유가물원료로부터 귀금속을 산이나 알칼리용액으로 침출·용해한 후에 목적 귀금속의 용해도가 작은 염으로 침전시켜 정제하는 방법이다. 실제로는 1회의 조작으로는 목적으로 하는 순도를 얻을 수 없기 때문에 용해-침전분리를 반복한다. 그러나 이러한 조작은 수작업이며 회분식이기 때문에 주요한 분리정제의 단위조작은 용매추출이나 이온교환법으로 바뀌고 있다. 표 8.3에 정제에 이용되는 침전분리법을 정리하여 나타내었다.

〈표 8.3〉 귀금속의 정제에 이용되는 침전분리법

귀금속	침전물	방법
Au	Au분말	Hydrozine(N_2H_4), SO_2에 의해 환원
Ag	AgCl	HCl, NaCl로 침전 생성
Pt	$(NH_4)_2PtCl_6$	포화 NH_4Cl 액을 첨가하여 침전 생성
Pd	$PdCl_2(NH_3)_2$	암모니아, HCl을 첨가하여 침전 생성
Rh	$(NH_4)_3Rh(NO_2)_6$	NH_4NO_2를 첨가하여 침전 생성
Ir	$(NH_4)_2IrCl_3$	포화 NH_4Cl 액을 첨가하여 침전 생성

(나) 용매추출법

귀금속 중에서 백금족은 화학적 성질이 유사하여 침전분리법을 적용하는 경우 수없이 반복하여야 하므로, 처리공정이 길고 회수정제 비용이나 처리기간도 매우 길다. 따라서 자동화와 연속조작이 가능한 용매추출법이 공업적으로 응용되고 있다. 그림 8.5에 공업적으로 적용되고 있는 용매추출 프로세스를 나타내었다.[131]

(다) 전해정제

그림 8.3에 나타낸 바와 같이 Au와 Ag의 경우 전해정제법을 많이 이용하고 있다. 유가물로부터 농축·회수한 조은, 조금(약 99 %)은 순도를 더욱더 높이기 위해 전해정제를 하고 있다.

은의 전해정제는 Moebius법을 널리 사용하고 있다. 양극을 전해포로 감싸고 음극은 순은판이나 스테인리스강판을 이용하며, 전해액으로는 약산성의 $AgNO_3$용액을 사용하여 상온에서 전해한다. 음극판에 덴드라이트상으로 Ag가 석출하므로 긁어내면서 전해를 한다.

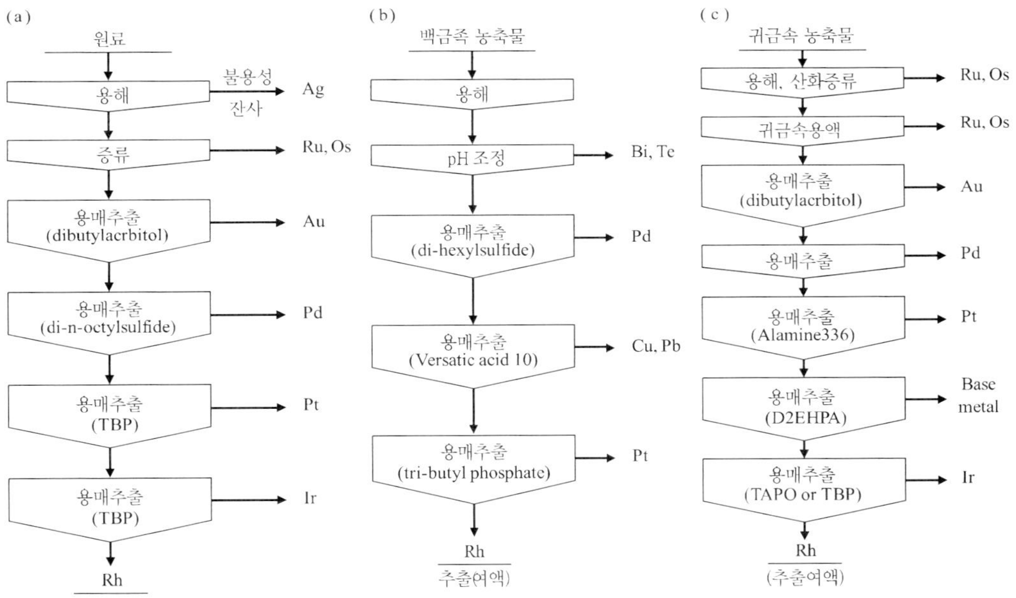

[그림 8.5] 귀금속 회수공정의 예
(a: INCO사의 Acton 정련소, b: Sumitomo 금속광산, c: 중국)

131 6.6 '용매추출'을 참조.

금의 전해정제는 Wohlwill법을 이용한다. 양극에는 조금을, 음극에는 순금판을 이용하고, 전해액으로는 약산성의 $HAuCl_4$용액을 사용하여 전해한다. 전해 중에 양극의 부동태화를 방지하기 위해 교류와 직류의 전원을 병용하면서 전해정제한다. 전해법에서는 순도 99.99 % 이상까지 정제되고, 얻어진 전해 Au는 용해하여 잉곳으로 만들어 Au지금으로 공급한다.

8.2.4 귀금속 폐촉매의 리사이클링

(1) 귀금속 폐촉매의 습식처리

우리나라의 경우 폐촉매의 발생량이 적기 때문에 건식법보다 습식법을 적용하고 있다. 다만 습식법의 경우 고가인 백금족 금속의 회수율 향상과 분리정제기술의 개발이 관건이다. 귀금속 함유 폐촉매를 습식으로 처리하는 방법은 그림 8.6에 나타낸 것처럼 귀금속 용해법과 담체 용해법으로 구분할 수 있다. 그러나 산 등을 다량으로 사용하므로 폐액 처리 등의 문제는 남아 있다.

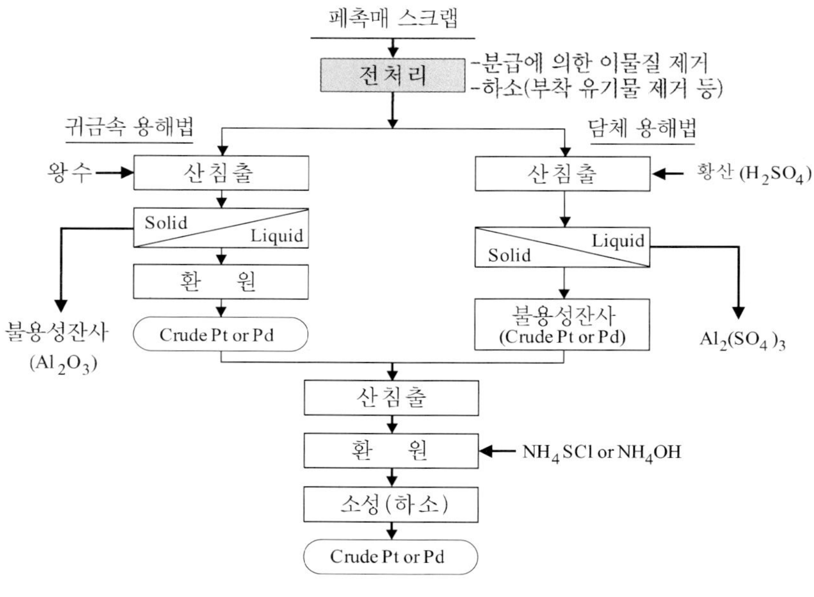

[그림 8.6] 귀금속 폐촉매의 습식처리 공정도

(가) 귀금속 용해법

다공성 담체에 분산되어 있는 백금족 금속의 효과적인 침출을 위해 담체를 미분쇄하여야 한다. 미분쇄한 담체는 ① 왕수 또는 HCl-산화제($NaClO_3$, NaOCl, Cl_2가스)에 의한 백금족의 직접침출, ② autoclave에서 NaCN 또는 I_2에 의한 직접침출 등이 있다. 다만 침출 후 잔사로 남는 다공성 알루미나 잔사에 백금족 금속의 침출액이 흡습되어 손실되는 단점이 있다. 이러한 손실량은 침출액의 약 1~2 %로 비교적 적은 양이지만 백금족 금속이 고가이므로 상당한 손실이다.[132]

(나) 담체 용해법

귀금속 용해법과 마찬가지로 담체를 미분쇄하고 소성한다. 석유화학 폐촉매의 경우 알루미나 담체는 H_2SO_4에 용해되지만, 담지된 백금족 금속들은 용해되지 않는 특성을 이용하여, 폐촉매의 알루미나 담체를 H_2SO_4로 용해하고 불용성인 백금족을 농축, 회수하는 방법이다. 이 방법이 회수율 향상과 담체의 활용도 측면에서 보다 경제적인 공정이 될 수 있다.

(2) 귀금속 폐촉매의 건식처리

자동차용 촉매, 석유화학용 촉매, 세라믹에 몰딩되어 있는 반도체 칩 등은 건식법으로 처리하기도 한다. 이러한 귀금속을 함유하는 원료는 광석을 원료로 하는 제련공정에 투입하면 높은 실수율로 귀금속을 추출하여 리사이클링할 수 있다. 그러나 이 방법은 공장입지에 제약이 있으며, 귀금속을 회수하기까지 많은 시간이 소요되어 경제적이지 못한 측면이 있다.

그림 8.7에 나타낸 것처럼 소량의 스크랩으로부터 귀금속을 회수하는 경우에는, 개별적으로 하소나 합금화 처리에 의해 귀금속을 농축한 후에, 주로 습식처리에 의해 회수하는 경우가 많다. 품위가 일정하고, 일정한 양의 폐촉매를 지속적으로 확보할 수 있으면, 건식법을 활용한다. 건식법에서 폐촉매 중의 귀금속 회수는 고온반응을 이용하여 액체금속(Fe, Cu, Ni, Pb, Sn 등)이나 합금, 황화물을 추출제로 이용하는 농축처리로 귀금속의 품위를 높인다. 이어 습식처리로 분리와 정제를 한다. 특히 건식법은 귀금속을 함유하는 리사이클링 원료를 비철금속제련공정에 투입하여 용융 포집금속 중에 귀금속을 추출, 분리하는 것이 일반적이다.

미국의 자동차용 배가스촉매 리사이클링 회사인 Multimetco는 그림 8.8과 같이 철을 포집금속으로 이용하여 백금족 금속을 농축 회수하고 있다. 분쇄한 촉매 스크랩을 철과 플럭스와 함께 플라즈마 아크로에서 용해하여 슬래그와 백금족 금속의 합금으로 분리한다. 여기서 분리

---

132 이재천, 2009: 폐촉매 재활용, *리싸이클링백서2009*, (사)한국자원리싸이클링학회, p. 281.

한 백금족 금속의 합금은 습식처리에 의한 귀금속 정련공정에서 백금, 로듐, 팔라듐으로 분리, 정제한다.[133]

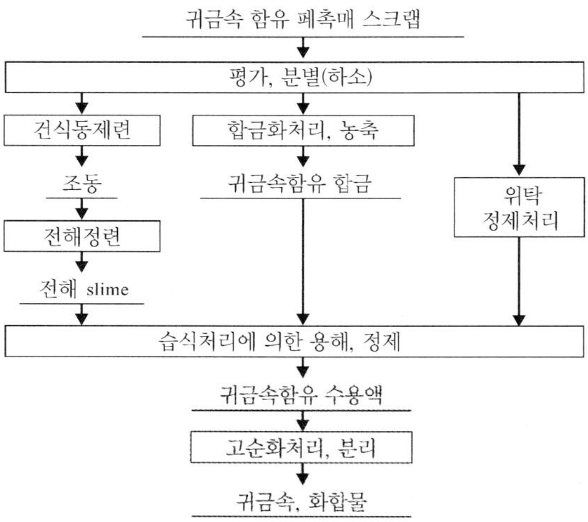

[그림 8.7] 귀금속 함유 폐촉매 스크랩의 리사이클링 공정도

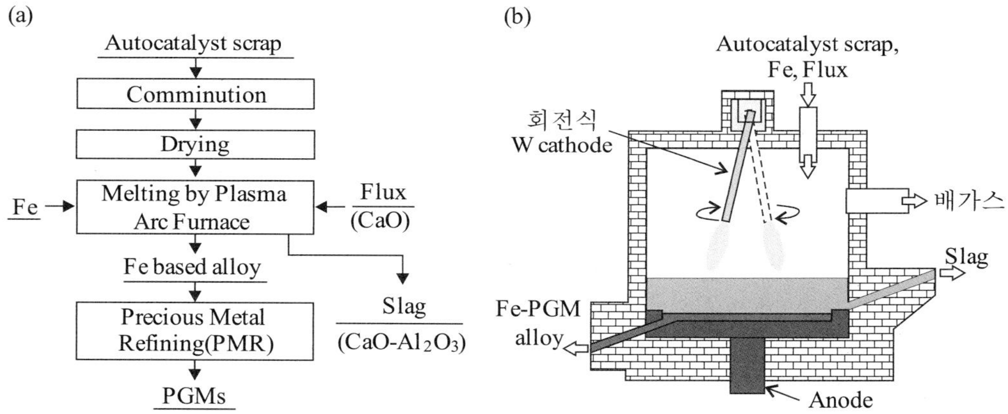

[그림 8.8] Fe를 포집금속으로 사용하는 자동차 배가스용 폐촉매 리사이클링 공정도(a)와 플라즈마아크 용해로(b)

Rose법은 일본 PGM사에서 개발한 방법으로, 동을 포집금속으로 사용하여 자동차용 배가스

133 Toru H. Okabe and Katsuhiro Nose, 2011: Pyrometallurgical Recycling Processes for Rare Metals and Platinum Group Metals, 廃棄物資源循環学会誌 22(1), pp. 50-57.

촉매로부터 백금족 금속을 리사이클링하는 방법이다. 그림 8.9에 그 개요를 나타내었다.

촉매의 세라믹 담채인 코디라이트(Cordierite, $2MgO \cdot 2Al_2O_3 \cdot 5SiO_2$) 등 비교적 융점이 높은(1,300 ℃∼) 산화물 중에 분산되어 있는 백금족을 높은 효율로 리사이클링하는 방법이다. Rose라는 명칭은 로듐(Rh)의 어원인 장미에서 명명한 것이다.

기본적으로는 제련공정을 활용하는 방법과 마찬가지로 동합금을 포집금속으로 사용한다. 다만 산화동(Cu_2O)도 포집금속으로 이용하여 슬래그의 융점을 낮추고, 포집합금을 직접 산화시켜 귀금속을 농축하는 점이 기존의 동제련을 활용하는 방법과의 차이점이다.

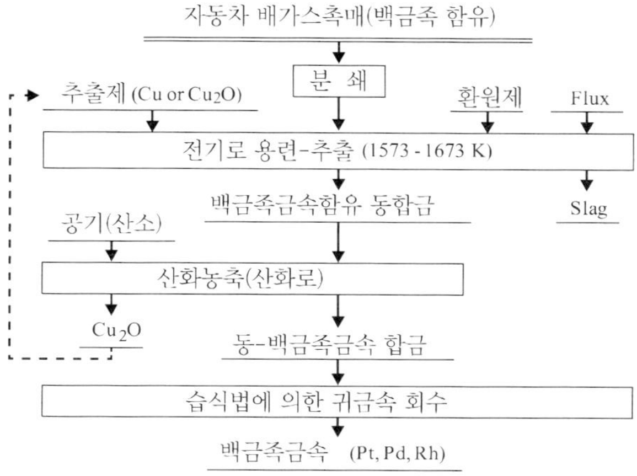

[그림 8.9] Rose법에 의한 백금족 금속의 회수 공정도

8.3 희토류의 리사이클링

희토류 원소(稀土類元素, rare earth metals, rare earth elements)는 주기율표의 17개 화학원소의 통칭으로, 스칸듐(Sc)과 이트륨(Y), 그리고 란타넘(La)부터 루테튬(Lu)까지의 란타넘족 15개 원소를 말한다.(그림 8.1) 이들을 묶어 희토류라고 부르는 이유는 서로 화학적성질이 유사하고 광물 속에 그룹으로 함께 존재하기 때문이다. 실제 희토류는 이름과는 달리 지구의 지각에 상대적으로 풍부하게 분포한다. 예를 들어 세륨은 68 ppm으로, 지각을 구성하는 원소 중 25번째로 풍부한 원소이며 구리와 비슷한 양이다. 그러나 지구화학적성질로 인해, 희토류 원소는 경제성 있는 농축된 형태로는 거의 산출되지 않는다.

희토류는 독특한 화학적·전기적·자성적·발광적 특징과 함께 탁월한 방사선 차폐 효과를 가지고 있다. 광섬유 제조에 사용되는 가돌리늄이나 어븀은 미량만 첨가해도 빛의 손실이 일반 광섬유의 1 %까지 낮아진다. 터븀을 사용한 합금은 열을 가하면 자성을 잃고 냉각시키면 자성을 회복하는 특성이 있다. 그리고 스마트폰, 하이브리드 자동차, 고화질TV, 태양광 발전, 항공우주산업 등 첨단산업에서는 희토류가 안 쓰이는 곳이 없다. 특히 전기자동차의 보급에 따라 Fe-Nd-B-Dy계 자석의 수요가 늘어나면서 이러한 것의 리사이클링이 주목받고 있다.

8.3.1 희토류금속제련의 개요

희토류 원소는 최외각 전자배치가 5S25P6(3가 이온)와 같은 형으로 되어 있기 때문에 화학적 성질이 매우 비슷하다. 따라서 희토류 원소를 상호 분리하여 정제하는 것이 매우 어렵다. 희토류 금속은 미쉬메탈(혼합희토금속)로서 철강의 탈산제, 탈황제, 주철의 흑연구상화제로 사용되어 왔다. 이러한 희토류 금속은 활성이 매우 강한 것으로 Li, Ca 다음이다. 따라서 출발원료에서 금속으로의 환원이 어렵고, 환원법도 여러 가지가 제안되어 있다.

표 8.4에는 현재 공업적으로 실시되고 있는 희토류 제련법을 나타내었다.[134] 다른 활성금속과는 달리 여러 가지 제련법이 있으며, 제조목적, 즉 대상원소, 생산량, 품질, 비용, 설비 등에 맞추어 제련법을 선택하여 이용하고 있다. 희토류의 리사이클링도 궁극적으로는 제련법을 이용하여 금속상까지 회수한다.

〈표 8.4〉 희토류의 제련법과 적용금속

환원방식	주원료	부원료	적용금속
금속 열환원법	불화희토류	Ca	Eu, Sm, Tm, Yb를 제외한 전체 REM
금속 열환원 증류법	산화희토류	MM	Eu, Sm, Tm, Yb
염화물 용융염 전해법	무수염화희토류	NaCl, $CaCl_2$	La, Ce, MM, Nd-Fe
산화물 용융염 전해법	불화희토류 산화희토류	LiF, BaF_2	La, Ce, MM, Pr-Fe, Nd-Fe Di-Fe, Dy-Fe, Al-Y
환원 확산법	산화물희토류	Ca, Co, Fe 등	Sm-Co, Nd-Fe-B

134 Ryoji OHMACHI and Takashi GOTO, 1991: Production of Rare Earth Metals and Their Recycling, *Resources processing* **38**(3), pp. 138-143.

(1) 환원 출발원료

환원을 위한 출발원료로는 산화물, 불화물, 무수염화물을 사용한다. 이 중에서 제조와 취급이 가장 용이한 것은 산화물이다. 그러나 열역학적으로 안정한 희토류 산화물을 환원하는 것이 쉽지 않기 때문에 불화물이나 무수염화물도 사용되고 있다.

① 산화물: 용매추출법 등으로 분리, 정제한 희토용액에 옥살산(oxalic acid, HOOC-COOH, 90.03 g/mol)을 첨가하여 희토 옥살산염을 침전시켜 여과, 세정하고 소성하여 산화물로 만든다.

② 불화물: 정제한 희토류용액에 불산을 첨가하여 불화희토의 침전을 만들고, 여과, 세척 후 옥살염이 생성하지 않는 온도에서 소성한다.

③ 무수염화희토: 염화희토용액을 농축하여 6수염 결정을 만들고, 이것을 가열, 탈수하여 무수염으로 만든다.

(2) 금속 열환원법(Metallothermic reduction method)

(가) 단순 금속 열환원법

금속을 환원제로 사용하는 금속 열환원법은 열역학적 치환환원반응이지만, 일반적으로 희토류 화합물은 표준 자유에너지의 음의 값이 매우 커서 난환원성이기 때문에 환원제와 원료 조합의 선택이 중요하다. 가장 많이 이용되는 환원제는 Ca으로 불화희토를 환원하는 방법이 실용화되어 있다. 환원반응은 다음 식과 같다.

$$RF_3 + 1.5Ca = R + 1.5CaF_2 \tag{8.24}$$

불화희토분말과 위 식의 이론량보다 약간 많은 입상의 금속Ca을 혼합하여 장치 내의 탄탈럼 용기에 투입한다. 진공으로 배기한 후 Ar 분위기에서 온도를 올려 반응을 진행한다. 환원은 800~1,000 ℃에서 시작하며 발열반응이다. 생성한 희토금속과 슬래그인 CaF_2의 양호한 분리를 위해 양쪽이 모두 용융되도록 최종온도를 1,450 ℃ 이상까지 올린다. 환원 후 냉각된 희토금속과 슬래그는 분리되고, 얻어진 희토금속은 진공용해하여 소량 함유되어 있는 Ca 등을 제거한다.

(나) 금속 열환원 증류법

Sm, Eu, Tm, Yb는 안정한 2가의 화합물이 존재하며, 일반적인 금속 열환원법이나 용융염 전해법에서는 환원이 진행되지 않는다. 그러나 이러한 원소는 다른 희토류에 비하여 증기압이 높기 때문에, 열환원 증류법으로 만들 수 있다. 그림 8.10에는 희토류의 온도에 따른 증기압을 나타내었다. 환원제는 같은 족의 미쉬메탈을 사용하고, 산화물을 환원하면서 생성된 금속을 계 외로 증발시켜 환원이 진행된다. Sm의 경우 반응식은 다음과 같다.

$$Sm_2O_3 + 2R = 2Sm\uparrow + R_2O_3 \ \ (R : \text{mischmetal}) \tag{8.25}$$

산화사마리움과 미쉬메탈칩을 혼합하고, 탄탈럼제 도가니에 투입하여 10^{-3}~10^{-5} torr의 진공 중에서 1,300~1,400 ℃로 가열하면 금속 Sm은 증발하여 상부의 수냉부에 층상으로 증착한다. 증류에 의한 방법이므로 순도가 높은 금속을 얻기 쉽다.

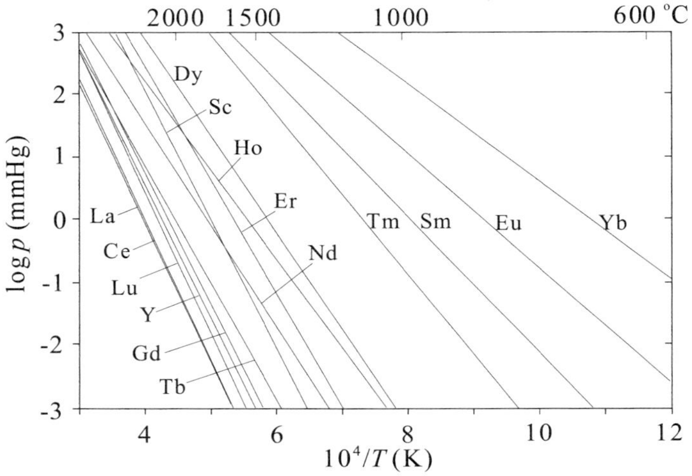

[그림 8.10] 희토류의 온도에 따른 증기압

(다) 금속 열환원-확산법

미국과 독일에서 거의 같은 시기인 1973년에 환원 확산법(Reduction-Diffusion, Co-Reduction)이라는 명칭으로 $SmCo_5$ 합금분말 제조법으로서 개발된 것이며, 본질적으로는 같은 환원법이다. NdFeB 합금에도 적용하고 있다. Ca에 의한 환원반응식의 예는 다음과 같다.

$$Sm_2O_3 + 3Ca + 10Co \xrightarrow{1150\,℃} 2SmCo_5 + 3CaO \tag{8.26}$$

$$\frac{15}{2}Nd_2O_3 + \frac{45}{2}Ca + 72Fe + \frac{4}{30}Fe_{40}B_{60} \xrightarrow{1200\,℃} Nd_{15}Fe_{77}B_8 + \frac{45}{2}CaO \tag{8.27}$$

산화희토분말(Sm_2O_3 등)과 별도의 원료분말, Ca을 혼합하여 펠렛으로 만들고, 이것을 환원반응장치에 넣고 승온하여 위의 반응을 진행시켜 냉각, 분쇄 후 물이나 묽은 산으로 Ca, CaO를 제거하고 건조하면 합금분말이 얻어진다. 확산반응이기 때문에 제품분말의 형상은 사용하는 Co, Fe 등의 형상에 좌우된다.

(3) 용융염 전해법(Fused-salt electrolysis)[135]

(가) 염화물의 용융염 전해법

염화물의 용융염 전해는 단일 희토류 금속은 물론 미쉬메탈을 공업적으로 생산하는 중요한 방법이다. 조염화희토류($RECl_3 \cdot 6H_2O$)를 가열·탈수하여 제조한 무수 희토류염화물과 용융온도, 점도, 전기전도도를 제어하기 위해 염화칼슘, 또는 염화나트륨을 소량 첨가하여 만든 전해욕을 용융로에 장입·용융시킨 후 흑연양극과 금속음극을 사용하여 전해한다. 환원반응은 다음과 같이 표시할 수 있다.

$$2RECl_3 = 2RE^{3+} + 6Cl^- \tag{8.28}$$

$$2RE^{3+} + 6e^- = 2RE \text{ (in cathode)} \tag{8.29}$$

$$6Cl^- = 3Cl_2 \uparrow + 6e^- \text{ (in anode)} \tag{8.30}$$

전해 시에 흑연양극 표면에서 염소가스가 발생하고 희토류금속은 음극표면에 석출한다. 희토류염화물의 이론적 분해전압에 의하면 Sm^{3+}가 Sm^{2+}로 환원되기 위해서는 분해전압이 3.6 V 이상 되어야 전해가 진행될 수 있다. Sm이 포함된 원료를 사용할 경우, 전해가 진행됨에 따라 Sm이 전해욕 중에 농축되어 전류효율을 떨어뜨리므로 염욕을 바꾸어 주어야 한다. 최근에는 Sm이 분리된 원료를 사용한다.

(나) 불화물욕 산화물 전해법(oxide-fluoride electrolysis)

기본개념은 알루미늄의 전해정련과 동일하다. 불화물욕에 희토류 산화물을 투입하여 전해하는 방법이다.[136] 불화염화물과는 달리 희토류 산화물은 안정도가 매우 높고 흡수성이 없는

---

135 박형규 등, 2012: 희토류금속제련기술 개요, *자원리싸이클링* 21(3), pp. 74-83.
136 1970년도 U.S. Bureau of Mines RI의 Shedd가 개발.

안정한 물질이다. 800~1,100 ℃의 전해온도에서 산화물의 이론분해전압은 2.4~2.6 V로 낮은 반면 불화물은 4.6~5.6 V로 높다. 그런데 NdF_3의 경우 융점이 1,373 ℃로 높기 때문에 단독으로는 용융염 전해에 사용하기 어렵다. LiF(융점 483 ℃), BaF_2(융점 1,353 ℃)를 적절히 첨가할 경우 700 ℃의 융점을 갖는 삼원공융 혼합염을 만들 수 있으며, 여기에는 수 %의 희토류 산화물 용해가 가능하다. 통상 미쉬메탈의 제조에는 REF_3 50 %, LiF 30 %, BaF_2 20 %의 조성을 갖는 혼합용융염을 사용한다.

(다) 불화물 전해법(electrolysis of fluoride)

불화네오듐 40~76 %, 불화리튬 24~59 % 혼합염을 용융염으로 하고, 흑연양극과 소모성 음극으로 순철을 사용하여 온도 900~950 ℃, 전압 8~12 V에서 전해 가능하다. 특히, 금속의 석출량에 대응하여 불화네오듐을 투입함으로써 전해를 연속적으로 할 수 있다. 이때 전류효율은 70~72 %, 얻어지는 합금조성은 Nd 76~81 %, Fe 19~24 %로 알려져 있다. 다만 배기되는 불소가스를 무공해 처리하기 위한 설비에 비용이 많이 소요되는 문제점이 있다.

8.3.2 희토류원소의 리사이클링기술

희토류 원소는 비교적 고가이고 다른 금속과의 분리도 쉽기 때문에 리사이클링의 경제성을 확보할 수 있다. 철, 알루미늄 등의 일반적인 소재에 비해 사용량이 매우 적은 편이고, 사용 후 기기 등으로부터 회수할 때 분산도가 너무 커서 수집비용 면에서는 문제점이 있지만, 최근 전기자동차가 보급되면서 희토자석의 사용량이 증가하여 이러한 문제점도 해소될 가능성이 있다. 따라서 영구자석용 희토류의 리사이클링에 대해 알아본다.

(1) Nd-Fe-B계 소결자석의 리사이클링기술

표 8.5에 Nd-Fe-B계 소결자석의 리사이클링기술에 대해 분류하여 나열하였다.[137] 자석합금의 리사이클링기술에는 제련의 상공정 원료로 공급하는 소재재생법, 자석합금의 원료로 재생하는 합금재생법, 자석합금으로 재이용하는 자석재생법의 세 가지가 있다.

---

137 岡部徹, 2007: 希土類金属の製造技術とリサイクル, *金属* 77(6), pp. 10-16.

〈표 8.5〉 Nd-Fe-B계 소결자석의 리사이클링기술

소재 재생법	습식법	① 불화물염 침전법(Fluorides precipitation) ② 옥살산염 침전법(Oxalates precipitation) ③ 황산염 정석 분리법(Hydrosulfate crystallization) ④ 질산염 침전법(Nitrate precipitation)
	건식법	⑤ 화학기상 수송법(Chemical vapor transport, CVT) ⑥ 선택환원 증류법(Selective reduction and distillation) ⑦ 선택 추출법(Selective extraction)
합금 재생법	① 전해 재생법(Regeneration by electrolysis) ② 용해 재생법(Remelting) • 고주파 유도가열 용해법 • 플럭스 용해법 • 아크 용해법 • 전자빔 용해법 • zone 멜팅법 ③ 수소/Ca 환원, 탈산법 ④ Ca-염화물 플럭스 탈산법 ⑤ 전기화학적 탈산법	
자석 재이용	① 합금재생법(Magnet alloy recycling): 자석스크랩 분말에 희토류 합금분말을 첨가·혼합하여 자석으로 재생하는 방법 ② 자석합금의 카스케이드 이용(Cascade recycling): 저 품위 제품이나 별도의 용도로 단계적 이용	

자석의 제조공정에서 발생하는 슬러지에는 탄소나 실리콘 등 절삭공구의 재료가 함유되어 있을 뿐만 아니라 물이나 기름 등에 의해 오염되고 산화되어 있다. 따라서 이러한 슬러지는 대부분 제련프로세스의 상공정으로 보내어 소재로 재생된다. 플럭스 등을 이용하는 방법도 있으나 품질이나 비용 등의 문제로 실용화되지는 않고 있다.

(가) 습식법

그림 8.11에는 습식법에 의한 자석 스크랩 리사이클링 공정도의 예를 나타내었다.[138] 이 방법은 현재 희토류를 함유하는 슬러지 처리방법의 주류이지만, 강산에 의한 용해와 옥살산이나 불산을 이용하는 다단 프로세스로서 용액의 조정이 어렵고 다량의 폐액이 발생하는 단점이 있다.

138 S. Shirayama and T. H. Okabe, 2009: Current Status of Rare Earth Alloy Magnet and Pyro- metallurgical Recycling Technology, *MOLTEN SALTS* 52(2), pp. 71-82.

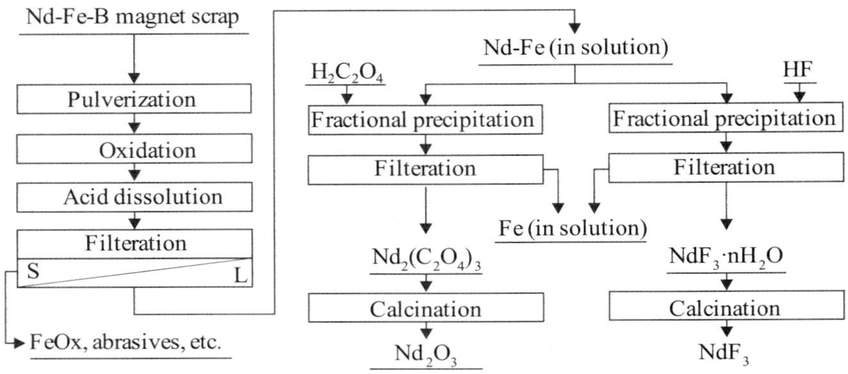

[그림 8.11] 습식법에 의한 Nd-Fe-B 자석 스크랩으로부터 Nd 회수

(나) 건식법

스크랩으로부터 저비용, 고효율로 희토류 금속을 회수하는 신기술이 보고되고 있다. 그림 8.12에는 화학기상 수송법(CVT)과 선택환원 및 증류에 의한 희토류 분리의 공정도를 나타내었다. CVT는 고온에서 자석합금 스크랩과 $AlCl_3$증기를 반응시켜 희토류를 함유하는 증기압이 높은 착체를 합성하고, 각 착체의 증기압 차이를 이용하여 분리·회수하는 기술이다. 선택환원과 증류도 CVT와 같은 원리이지만 염화물의 2가와 3가의 증기압 차이가 큰 것을 이용하여 분리효율을 높인 것이다.

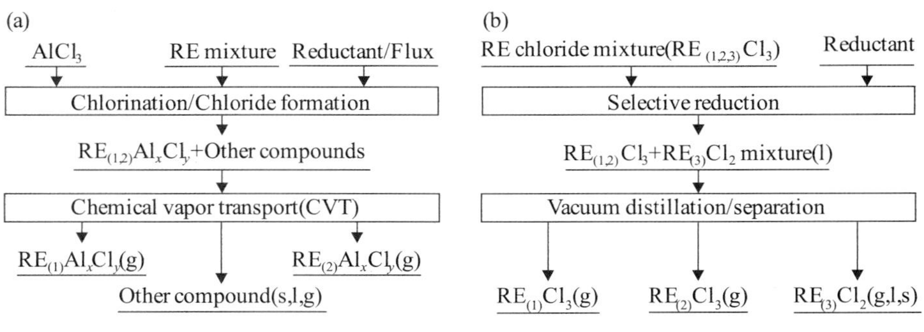

[그림 8.12] CVT에 의한 REM의 분리(a)와 선택환원과 증류에 의한 REM 분리(b)

그림 8.13에는 용융금속(Mg, Ag 등)을 추출제로 사용하여 자석 스크랩 중의 Nd를 추출하는 공정도(a)와 염화물인 할로겐화물을 이용한 추출 공정도(b)를 나타내었다. 용융금속 추출제의 경우 스크랩을 활용할 수 있으며, 희토류를 산화시키지 않고 선택적으로 추출할 수 있다. 또

할로겐화물을 추출제로 이용하는 경우, 자석 중의 희토류 원소가 선택적으로 염화되어 용융염 중에 침출시켜 분리할 수 있으며, 증기압 차이를 이용하면 희토류 원소끼리의 상호분리도 가능하다.

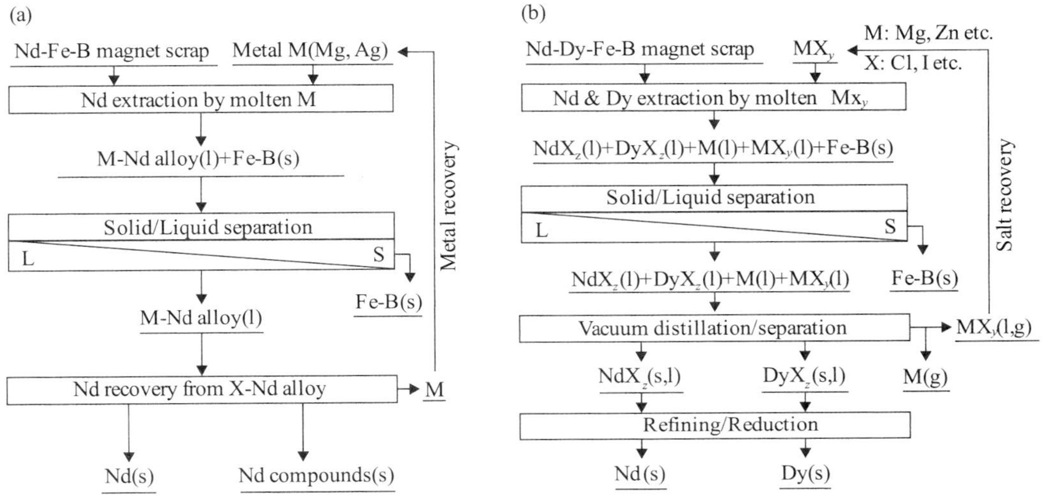

[그림 8.13] 금속(a) 및 할로겐화물(b)을 이용한 REM의 분리회수 공정도

8.4 니켈과 코발트의 리사이클링

Ni, Cr, Co, Mo 등은 생산규모에서는 양산금속에 못 미치지만, 구조재료, 전자재료, 기능재료 등의 중요한 합금성분으로서 대량으로 사용되고 있는 금속이다. 특히 이러한 원소들은 고융점 금속이므로 고온 내열재료로 이용되고 있다. 또 Ni과 Co는 2차 전지의 양극재료로 사용되므로 필히 리사이클링하여야 하는 재료이다.

8.4.1 니켈 제련의 개요

Ni광석은 pentlandit((Ni, Fe)S) 등의 황화물계와 전체 매장량의 60 %를 차지하는 laterite((Ni, Co)SiO_3 · (Fe, Al, Cr)$_2O_3$ · xH_2O)인 산화광계의 두 종류로 대별할 수 있다. 제련방법에는 황화광의 건·습식제련, 산화광의 건·습식제련의 네 가지가 있다.

(1) 니켈 황화광의 건식제련

(가) 맷트 및 고 품위 맷트용련

정광을 자용로 등에서 용련하여 Ni+Cu가 15~20 % 정도인 맷트를 만들고, 전로에서 Fe를 우선적으로 산화시킨 다음 플럭스인 SiO_2와 결합시켜 슬래그화하면 Ni 50~60 %, Cu 25~30 % 정도의 고 품위 맷트가 얻어진다.

(나) 금속 니켈의 제조

고 품위 맷트를 산화배소하면 Cu는 산에 잘 용해되는 산화물로 바뀌므로, Cu의 전해미액으로 Cu를 침출하고, 침출잔사를 완전히 탈황 후 환원하여 조니켈을 얻은 다음, Mond법[139]이나 Hybnette법으로 고순도 금속 Ni을 만든다.

- Mond법: 조금속 Ni과 CO가스를 반응시켜서 니켈카보닐($Ni(CO)_4$)로 만든다. $Ni(CO)_4$의 융점은 248 K(-25 ℃), 끓는점은 316 K(43 ℃)로 매우 휘발하기 쉽다. 더욱이 453 K(180 ℃) 이상에서는 분해하여 다시 Ni과 CO가 되므로, 이 성질을 이용하여 Co나 그 외의 불순물을 제거하고, 고순도 Ni을 제조하는 방법이다.
- Hybinette법: 고 품위 니켈맷트(Ni 48 %, Cu 27 %, S 22 %)를 산화배소한 후, 탈동 전해미액으로 Cu를 침출하여 제거하고, 잔사를 전기로에서 환원용융하여 조 Ni(Ni 76 %, Cu 17 %)로 만든 후 전해정제하는 방법이다.

(2) 니켈 황화광의 습식제련

황화광의 습식제련법은 Sherritt Gordon법이 유명하다. 귀금속의 함유량이 적고, Co를 함유하는 정광을 오토클레이브에서 70~88 ℃, 7~10 기압 정도의 산소를 취입하면서 강 암모니아수로 침출하면 Ni과 Cu는 가용성의 아민착체인 $Ni(NH_3)_6^{2+}$과 $Cu(NH_3)_4^{2+}$이 되어 용해된다. 침출 종료 후, 여액을 227 ℃ 정도의 오토클레이브 중에서 가압공기에 의해 Cu의 대부분을 CuS로서 침전시킨다. 남은 Cu는 H_2S 처리로 제거하고, 촉매로서 $FeSO_4$를 첨가하여 오토클레이브에서 수소압력 35 atm, 180~200 ℃로 가압환원하면 99.87 %의 Ni분말이 얻어진다.

---

139 5.8.9 '열해리를 이용한 정제' 참조.

(3) 니켈산화광의 건식제련

Ni산화광은 2 % 전후의 저 품위광으로 상당량의 산화철을 함유하고 있으므로, 환원용련에 의해 페로니켈을 제조하고 있다. 환원반응은 다음 식과 같다.

$$NiO(s) + Fe(l) = Ni(l) + FeO(l),$$
$$\Delta G^0/J = 10620 - 44.31\,T, \quad K_{1873} = 104 \tag{8.31}$$

(4) 니켈산화광의 습식제련(Nicaro법과 Moa Bay법)

- Nicaro법: 라테라이트광을 원료로 사용한다. 로터리 킬른에서 탈수하고, 가스에 의해 920 K 전후에서 환원하면 Ni-Fe 합금이 얻어진다. 이것을 암모니아와 탄산암모늄의 혼합용액으로 침출하면 Ni은 $Ni(NH_3)_6^{2+}$로 용해되고, Fe는 $Fe(OH)_3$로 침전한다. 여액을 가열하여 암모니아를 회수함과 동시에 Ni분을 염기성 탄산니켈 $Ni(OH)_2 \cdot NiCO_3$로 침전시켜 로터리 킬른에서 하소하여 산화니켈로 만든다.
- Moa Bay법: 산화광을 직접 묽은 황산으로 침출하는 방법이다. 500~530 K에서 가압침출하고, H_2S로 가압황화하여 NiS와 CoS의 혼합물로 만든다. 그다음 오토클레이브에서 가압산화하여 황산염으로 바꾼 뒤 Fe, Cr, Cu, Zn 등의 불순물을 제거하고, 최종적으로 가압 수소환원에 의해 Ni분말로 회수한다.

8.4.2 코발트 제련의 개요

코발트는 내열강이나 고속도강 등의 특수강, 초경공구, Co의 강자성을 이용한 영구자석 등의 자성재료, 촉매, Ni-Cd전지, 전자재료, 안료, 유리 첨가제 등에 이용되고 있다. 또한 Li이온 배터리의 주요 구성원소로 사용되고 있다. Co의 제련원료에는 산화광, 황화광, 비화광 및 Ni제련 부산물인 Co농축 중간산물 등이 있다.

(1) 황화광의 제련

황화정광(Cu 45 %, Co 1~3 %)을 유동 배소로에서 황산화배소하여 산화광과 함께 탈동 전해미액으로 침출하고, 탈철한 후, Na_2S로 탈Cu, 탈Ni을 한다. 그 뒤에 H_2S를 취입하여 Zn을 ZnS로 제거하고, 마지막에는 석회유($Ca(OH)_2$)에 의해 $Co(OH)_2$를 침전시킨다. 이것을 Co 전해미액으로 리펄프하여 불용성양극을 이용한 전해채취에 의해 Co를 음극상에 석출시킨다. 얻어진 Co의 품위는 99.8 % 정도이다.

(2) 니켈전해 부산물로부터의 회수

조Ni의 전해정제에서 나온 전해미액의 정액공정에서 부산물로 나오는 탈철 케이크에 SO_2가스를 취입하여 Co를 2가로 환원하면서 묽은 황산으로 침출하면 Ni, Co 및 Cu가 우선적으로 용해한다. 침출액을 Ni분말로 탈Cu한 후에 Cl_2가스와 Na_2CO_3에 의해 pH 2.2에서 Co를 $Co(OH)_3$로서 선택 침전시키면, Co 50 %, Ni 1 %의 수산화물 케이크를 얻는다. 이것을 하소·환원하여 얻어지는 Co를 양극으로 하고, 음극으로는 스테인리스강판을 사용하여 전해정제하는 방식으로 품위 99.6 %의 전기 코발트로 만든다.

(3) Sherritt Gordon법에 의한 회수

가압수소에 의해 Ni을 우선 환원한 다음 여액을 H_2S로 처리하면 Co 및 Ni을 각각 20 % 함유하는 황화물 혼합케이크가 얻어진다. 이것으로부터 Ni을 제거하고, 가압수소환원에 의해 순도 99.8 %의 금속 Co분말을 회수한다.

(4) 용매추출법에 의한 Co의 분리회수

니켈제련의 부산물인 Ni과 Co의 혼합 황화물을 원료로 하여 침출한 후, 용매추출법으로 양자를 분리하는 프로세스가 실용화되어 있다.

8.4.3 니켈과 코발트의 리사이클링기술

(1) 니켈의 리사이클링

그림 8.14에 나타낸 바와 같이 니켈 생산량 200만 톤(2016년) 중 69 %는 스테인리스스틸에 사용되며, 기타 특수강에 약 5 %, 비철금속 합금으로 10 % 등 약 85 %가 다른 금속과의 합금으로 사용되고 있다. 따라서 이러한 합금의 가공 스크랩과 제품의 수명이 다한 후에 폐기되는 노폐 스크랩이 있으나, 비철금속 합금을 제외하면 대부분 스테인리스강의 원료로 사용되고 있다. Ni은 철보다 귀한 금속이기 때문에 산화제련에 의해서는 용강으로부터 Ni을 분리할 수 없다. 따라서 특수강(스테인리스 강 등) 스크랩의 회수율을 향상시켜 재용해하는 형태로 Ni를 재이용하는 것이 최선의 Ni 리사이클링법일 것이다.[140]

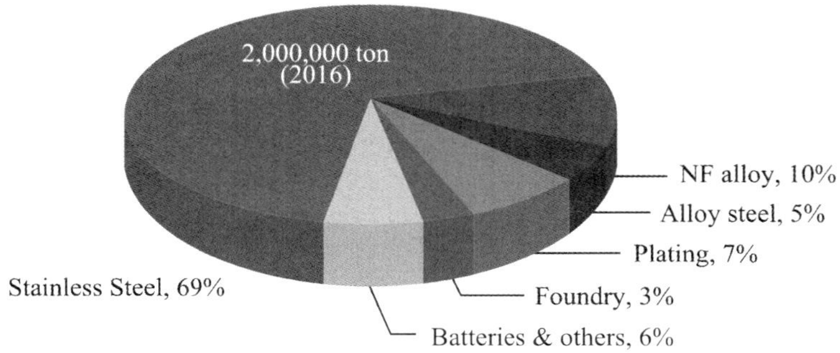

[그림 8.14] 금속 Ni의 용도(2016년)

그 외에 니켈 함유 폐자원으로는 특수강만큼 양은 많지 않지만, 석유탈황 폐촉매와 Ni-Cd 폐전지, 리튬이온전지 및 스테인리스 스틸 산세 폐액이나 도금폐수 처리오니 등이 있다. Ni-Cd 폐전지의 경우에는 니켈, 카드뮴, 철 등이 함유되어 있는데, 건·습식법을 혼합하여 이를 황산니켈로 회수한 다음 다시 니켈 금속으로 분리·회수할 수도 있지만, 건식처리를 위주로 하여 Fe-Ni로 직접 제조하기도 한다. 전기자동차의 보급이 확대됨에 따라 폐리튬이온전지의 발생량도 증가할 것으로 예상된다. 따라서 이러한 폐자원으로부터 Ni 등을 회수하는 것도 많은 이들의 관심사가 되고 있다.

(2) 코발트의 리사이클링

코발트는 초경합금, 폐촉매, 자석 등으로부터 비교적 잘 리사이클링되고 있다. 초경합금 칩은 알칼리 용해를 하여 $Co(OH)_2$의 형태로 회수되지만, W의 회수가 주목적이었다. 자석 스크랩은 예비처리를 거쳐 용융하여 슬래그와 메탈성분을 분리·회수하고 있다. 또 Sm-Co 자석은 산화시켜 CoO와 Sm_2O_3로 분리·회수한다.

8.4.4 리튬이온전지의 리사이클링

전기전자제품에서 리튬이온전지가 차지하는 비중이 커지고, 전기자동차의 보급이 확대되면서 주요 원료인 리튬과 니켈, 코발트에 대한 원자재 수요가 급증하고 있다. 리튬이차 전지는

140 Tetsuya Nagasaka, Mitsutaka Hino, 1996: Recvcling of Nickel, Chromium, Cobult and Molybdenum, *Materia Japan* **35**(12), pp. 1307-1310.

네 가지 기본소재인 양극, 음극, 전해질, 분리막으로 구성되며 통상적으로 양극에는 전이금속 산화물을 사용하고, 음극에는 층간 삽입이 가능한 탄소계 재료를 사용하고 있다. 양극 활물질에 따른 리튬이온전지의 분류를 표 8.6에 나타내었다.[141] Ni, Co를 사용하는 양극 활물질로는 $LiCoO_2$, $LiNiMnCoO_2$, $LiNiCoAlO_2$ 등이 있다. 이러한 리튬이온전지로부터 Ni, Co 등을 회수하고 있다.

〈표 8.6〉 양극 활물질에 따른 리튬이온전지의 분류

Type	Formula	Cycle life	Application
LCO	$LiCoO_2$	500~1,000	Mobile phone, tablet, laptop, camera
NMC	$LiNiMnCoO_2$	1,000~2,000	E-bike, medical device, EV, industrial
NCA	$LiNiCoAlO_2$	500	Medical device, industrial, electric powertrain(Tesla)
LMO	$LiMn_2O_4$	300~700	Power tools, medical devices, electric powertrain
LFP	$LiFePO_4$	1,000~2,000	Portable and stationary needing high load currents and endurance
LTO	$Li_4Ti_5O_{12}$	3,000~7,000	UPS, electric powertrain solar-powered street lighting

폐리튬이온전지의 재활용은 순수한 습식처리(JX-Nikko)와 건식+습식처리(Umicore)로 구분할 수 있으며, 그림 8.15에 JX-Nikko와 Umicore의 재활용 공정도를 나타내었다. 습식처리에서는 기본적으로 전지를 해체, 파쇄, 선별, 분급 등을 거쳐 전극 활물질만 농축하여 침출한다. 그리고 용매추출에 의해 Mn, Co, Ni, Li을 분리한다. Umicore의 건식+습식처리는 전지를 해체하지 않는다. 전지 중의 Al을 환원제로 활용하는 환원용융에 의해 금속(Ni, Co)과 슬래그(Li, Mn)를 분리하고, 금속은 수쇄한 후 산 침출하여 용매추출에 의해 Ni, Co만 분리한다. 최근에는 리튬이온전지와 Ni-MH전지를 동시에 동일한 방법으로 처리하여 슬래그 중의 희토류와 Li을 회수하는 공정을 추가한 것으로 알려져 있다.[142]

141 황동건 등, 2016: 폐리튬이온전지 재활용 관리방안 연구, 국립환경과학원, 환경부 NIER-RP2016-340.
142 Tobias Elwert et. al, 2016: Current Developments and Challenges in the Recycling of Key Components of (Hybrid) Electric Vehicles, *Recycling* 1(1), pp. 25-60.

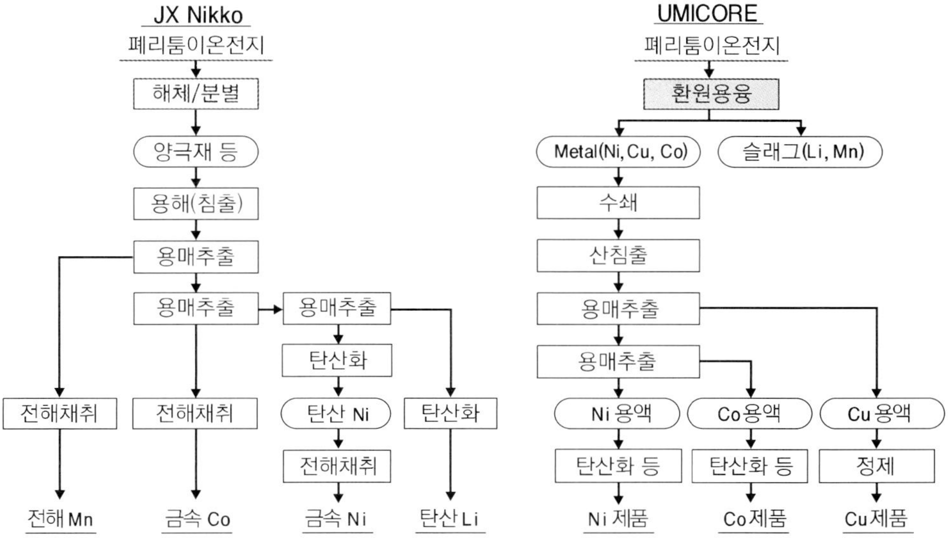

[그림 8.15] 폐리튬이온전지의 리사이클링 프로세스 비교

8.5 실리콘의 리사이클링

8.5.1 실리콘 제련의 개요

실리콘은 지각 중에 산소 다음으로 많이 존재하며, 비율로 따지면 약 28 % 정도를 차지한다. 천연으로는 주로 산화물이나 규산염의 형태로 존재하고 있다. 일반적으로 금속규소나 공업용 실리콘으로 불리는 물질은 산화물을 탄소로 환원하여 얻어지며, 이것을 정제, 용융하여 반도체용 실리콘을 만든다.

(1) 금속실리콘의 제조

가장 일반적인 방법은 규석(SiO_2 99 % 이상)에 고순도의 코크스를 혼합하고, 3개의 탄소전극을 갖는 에르식 전기로 중에서 강하게 가열하는 것이다. Si의 순도는 97~99 %이며, Al, Cu, Ni 등의 합금용은 이 상태로 사용된다.[143]

143 5.3.4 '산화물의 탄소 열환원' 참조.

(2) 금속실리콘의 정제

정제법은 삼염화실란($SiHCl_3$)을 출발 원료로 사용하는 것이 가장 일반적이다. 금속실리콘을 530~570 K에서 건조한 HCl가스와 반응시키면 $SiHCl_3$가 얻어진다. $SiHCl_3$의 끓는점은 304.9 K로 $SiCl_4$ 보다 휘발하기 쉽다. $SiHCl_3$를 정류한 후에 1,270~1,370 K에서 수소로 환원한다. $H_2/SiHCl_3$의 혼합 몰비는 5~15가 적당하며, 클수록 Si의 실수율은 증가한다. 생성 Si은 석영반응관의 내벽이나 가열한 Si봉에 석출시킨다.

(3) 실리콘의 용융과 반도체용 실리콘의 제조

분말상의 정제 Si은 투명 석영 도가니를 이용하여 10^{-2} Pa의 진공이나 Ar, He 중에서 용융한다. 반도체용으로는 고순도의 단결정 Si이 필요하므로, 봉상의 Si 다결정체를 부유 대용융법으로 정제한다. 용융 실리콘에 Si의 시드(seed) 결정을 붙여 회전하면서 끌어올려, 단결정을 얻는 회전인상법(Czochralski법)이 상용화되어 있다.

(4) 페로실리콘(Fe-Si 합금)의 제조

SiO_2 97 % 이상의 규석에 밀스케일 등의 Fe원과 환원제인 탄재를 배합하여 전기로에서 환원하여, Si 76 %, 50 %, 45 % 등 각종 그레이드의 페로실리콘을 제조한다.

8.5.2 태양전지 실리콘의 리사이클링

대체 에너지로 각광받고 있는 신재생에너지원으로 태양광 전지 산업이 급성장하고 있다. 특히 태양전지 중에서 실리콘을 기판으로 사용하는 c-Si계 태양전지가 낮은 가격 및 높은 효율로 인해 전 세계 태양전지 시장의 90 % 이상을 차지하고 있다. 일반적으로 태양전지의 수명은 20~25년 정도이며, 태양전지 산업이 1980년대부터 시작된 것을 감안하면 태양전지 폐기물이 발생할 시점이 도래하였다.[144] 한편 태양전지 모듈은 전지 가격의 60 %를 차지하고, 모듈 가격의 60 %는 결정질 실리콘으로 제조된 셀과 강화유리가 차지하고 있으며, 태양광산업 성장과 더불어 핵심소재의 생산량과 소비량이 급속히 증가하고 있어 태양전지 재활용기술의

144 강석민 등, 2011: 태양전지 폐 모듈로부터 실리콘 및 강화유리 회수에 관한 연구, *자원리싸이클링* **20**(2), pp. 45-53.

개발이 시급한 실정이다.

태양전지는 다수의 모듈로 구성되며, 대부분의 모듈은 그림 8.16과 같이 강화유리/접착제/태양전지셀/접착제/백시트의 샌드위치 구조로 이루어져 있다.[145] 모듈의 강도, 광투과도 향상을 위해 강화유리를, 백시트는 후면 보호 및 열적 안정성을 위해 불소함유 플라스틱필름을 사용하고 있다. 또한 층간 접착제로는 빛 투과율 저하가 적은 PVB(polyvinylbutyral)나 내습성이 우수한 EVA(ethylene vinyl acetate)가 주로 사용되고 있다.[146]

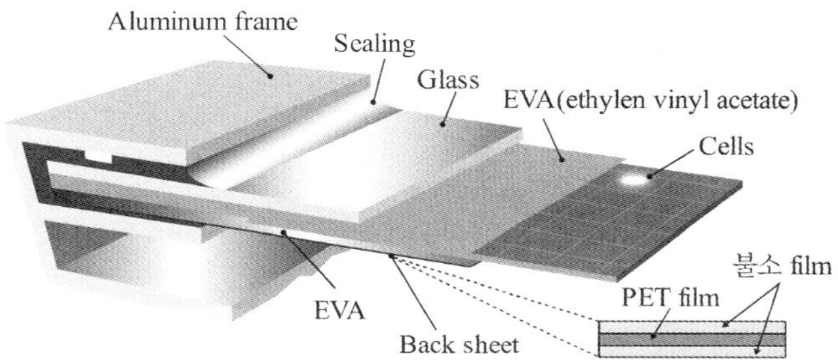

[그림 8.16] 태양전지 모듈의 구조

모듈 재활용을 위한 가장 효율적인 방법은 접착성분의 분해를 통한 모듈 구성 소재층의 분리이며, 현재까지 발표된 관련기술에는 유기용매법, 질산법, 열분해법, 유동층 연소법 등이 있다. 그러나 유기용매법과 질산법은 최소 25시간 이상의 장시간 처리가 요구되고, 공정 중 발생되는 공정폐액의 2차 환경오염 요소가 존재하며, 셀이 완전히 깨지는 단점이 있다. 열분해법과 유동층 연소법은 450 ℃ 이상의 고온상태가 요구되고, 공정 중 NOx 등 유해가스의 발생은 물론 셀이 파손되는 단점을 지니고 있어, 효율적인 재활용 공정으로서 공정시간이 짧고, 열에너지 소비 및 유해가스 발생이 억제되는 처리공정 개발이 절실히 요구되고 있다.

(1) 질산법

Bruton(BP Solar, UK) 등이 제안한 질산법은 태양전지 모듈을 60 ℃의 질산용액 중에서 25시간

---

145 http://sunnano.co.kr/

146 김영진, 이재령, 2011: Bath-type 초음파 세척기를 이용한 태양전지모듈 접착제 EVA(Ethylene Vinyl Acetate) 분해성, *자원리싸이클링* **20**(6), pp. 50-55.

처리하여 EVA를 분해제거하는 방법이다. 질산에 의해 태양전지 셀의 표면전극과 표면반사방지막을 녹이고, 태양전지는 웨이퍼 상태로 회수한다. 질산폐액의 처리, 셀 재생 공정의 필요성, NOx의 발생 등의 문제가 있고, 재생 셀은 효율이 저하하는 것으로 알려져 있다.

(2) 열분해법(질소 분위기)

Bohland(Solar Cells Inc., USA)가 제안한 열분해법은 520 ℃의 불활성가스(질소가스) 중에서 90분간 가열처리함으로써 EVA를 열분해하여 제거하는 방법이다. 태양전지는 셀의 상태로 회수된다. 산에 의한 에칭으로 웨이퍼를 회수하여 셀을 재생한다. 재생 후의 셀은 변환효율이 저하되는 문제점이 있다.

(3) 열분해법(유동상법)

Frisson(SOLTECH, Belgium)이 제안한 유동상 열분해법은 450~470 ℃의 유동상에서 30분간 처리하여 유동상에 의해 EVA와 이면재를 연소제거하는 방법이다. 태양전지는 웨이퍼 상태로 회수된다. 웨이퍼 회수율은 80 %를 달성하였으며, 셀 재생공정이 필요하지만, 재생 셀의 변환효율은 신품과 동등한 수준이다.

(4) 열분해법(공기 분위기)

Wambach(Deutsche Solar AG, Germany)가 제안한 열분해법은 공기 분위기에서 실시하므로 EVA 등의 연소가 일어나고, 질소 분위기와 비교하여 약간 낮은 온도에서 처리가 가능하지만, 생성되는 탄화물을 날려 보내는 데 3시간 정도의 시간이 필요하다. 산에 의한 에칭에 의해 웨이퍼로 회수한 후 셀 재생공정을 거친다. 재생 셀의 효율은 신품과 동등한 수준이다.

(5) 유기용매법

Doi 등은 단셀 모듈을 80 ℃의 trichloroethylene 중에서 10일간 침지처리하여 EVA를 용해하였다. 다만 EVA의 팽윤에 의한 셀의 파손을 억제하기 위해 기계적인 압력을 가할 필요가 있으나, 셀의 파손 없이 회수할 수 있다고 보고하였다. 그러나 trichloroethylene은 사용금지 화학물질은 아니지만 화학물질관리법 등의 지정물질이기 때문에 주의가 필요하다.[147]

한편 Kang 등은 태양전지로부터 실리콘과 강화유리를 회수하기 위해, 100 ℃의 유기용매(톨

루엔)에 48시간 침지하여 강화유리를 회수하고, EVA 수지는 열처리(Ar가스 분위기 600 ℃, 1시간)를 통하여 완전히 제거하였다. 실리콘은 계면활성제(혼산용액의 20 %)를 첨가한 혼산용액(증류수+질산 30%+불산 5%+황산 2.5%+초산 2.5%)으로 표면물질을 제거하여 90 % 이상의 높은 실수율로 회수한 것으로 보고하였다.[148]

8.6 몰리브덴과 바나듐의 리사이클링

8.6.1 몰리브덴 제련의 개요

몰리브덴은 그리스어의 molybdos(lead, 납)에서 유래한 것으로 주기율표의 6족에 속하는 은백색의 전이금속이다. 1778년 C. W. Scheele에 의해서 발견되었으나, 그 이전부터 소량이지만 철강의 합금원소로 사용되어 왔다. 그리고 1782년에 Peter Jacob Hjelm이 처음으로 산화몰리브덴을 탄소로 환원하여 금속 몰리브덴분말을 얻었다. 몰리브덴은 비중이 10.22 g/cm^{3}이고, 용융점이 2,610 ℃이며, 비등점은 5,560 ℃인 고융점 금속으로 열팽창율이 매우 낮으며, 열전도율이 우수한 특징을 갖고 있다. 현재 몰리브덴의 약 30 %는 스테인리스스틸이나 슈퍼알로이에 사용되고 있으며, 저합금강에 약 30 %, 공구강이나 고속도강에 약 10 %, 주물에 약 10 %, 나머지는 금속 몰리브덴이나 화학제품에 사용되고 있다. 그림 8.17에는 Mo광석으로부터 Mo 관련 제품의 생산공정을 나타내었다.[149]

이러한 몰리브덴은 몰리브데나이트(MoS_2)를 산화배소하여 삼산화몰리브덴으로 제조하고, 이를 알루미늄과 페로실리콘을 이용한 금속 열환원반응에 의해 페로몰리브덴으로 제조한다. 그리고 삼산화몰리브덴을 공기 중에서 1,000 ℃로 가열하여 승화정제하거나 습식처리에 의해 몰리브덴산 암모늄을 거쳐 정제한 후 수소환원에 의해 금속 몰리브덴으로 제조하고 있다.

---

147 Takuya Doi et al., 2001: Experimental study on PV module recycling with organic solvent method, *Solar Energy Materials & Solar Cells* **67**, pp. 397-403.

148 강석민 등, 2011: 태양전지 폐 모듈로부터 실리콘 및 강화유리 회수에 관한 연구, *자원리싸이클링* **20**(2), pp. 45-53.

149 손호상 등, 2010: 고순도 몰리브덴 제조기술현황, *재료마당* **23**(3), pp. 15-23.

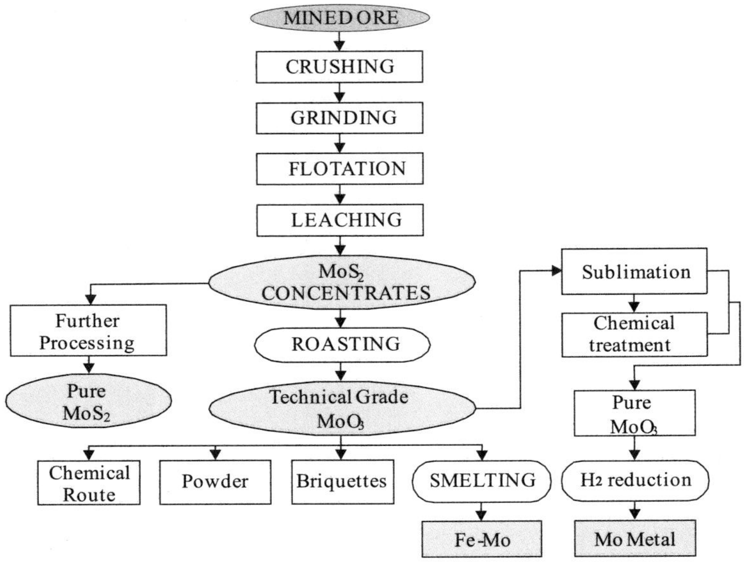

[그림 8.17] 몰리브덴 관련 제품의 제조공정도

8.6.2 바나듐 제련의 개요

바나듐은 지각 중에서 19번째로 풍부한 원소이며, carnotite, roscoelite, vanadinite, mottramite 그리고 patronite 등 많은 광물 중에 함유되어 있지만 일반적으로 부산물로서 회수된다. 바나듐의 원료는 크게 광석류와 폐자원류로 분류할 수 있다.[150] 광석류는 인광석, 함티탄자철광 철-바나듐 정광, 우라늄-바나듐정광이 있고, 폐자원은 함티탄 자철광으로부터 철강재 생산 시 바나듐 함유 슬래그, Ferro-phosphrous 슬래그, 석유 잔재물, 폐촉매, fly ash와 battom ash를 들 수 있다.

가장 많이 사용되는 바나듐의 최종제품은 바나듐 금속, 페로바나듐, 오산화바나듐이다. 일반적으로는 오산화바나듐을 출발원료로 사용하여 제조한다. 오산화바나듐을 제조하기 위한 주공정은 선광, 염배소, 산 침출, 알칼리 침출, 용매추출/이온교환수지법, 그리고 침전 등으로 구성되어 있다.

페로바나듐은 오산화바나듐을 환원제인 알루미늄, 카본 또는 실리콘(페로실리콘)과 배합하여 열환원법(thermic)으로 제조한다. 특히 알루미늄을 사용할 경우 큰 발열반응이므로 별도의 열원은 필요하지 않으며, 철 스크랩을 혼합하고 플럭스로 석회석이나 형석을 첨가한다.

---

150 박경호, 손정수, 2010: 바나듐 자원과 제련기술의 현황과 전망, *재료마당* 21(4), pp. 4-14.

금속 바나듐은 페로바나듐과 마찬가지로 탄소 열환원법이나 알루미늄 열환원법을 이용하여 제조한다. 특히 순도가 높은 바나듐을 제조하기 위해서는 V-Al(15~25 wt%)의 조합금을 제조한 후 전자빔 등을 이용하여 정련한다.

8.6.3 폐촉매로부터 Mo과 V의 회수

(1) 탈황 폐촉매

중유 탈황프로세스에는 직접탈황법과 간접탈황법이 있다. 여기에 사용하는 촉매는 모두 Mo을 주성분으로 하며 Ni, Co 등이 알루미나에 담지되어 있는 것이 대부분이다. 직접 탈황법에서는 중유 중의 V, Ni 등이 유황과 함께 촉매표면이나 세공(pore)에 부착되어 촉매활성이 열화한다. 따라서 이러한 탈황촉매 중에는 Mo, V, Ni 등의 유가금속이 다량으로 함유되어 있다. 표 8.7에는 탈황방법에 따른 촉매 중의 유가금속 함유량을 나타내었다.[151]

〈표 8.7〉 탈황 폐촉매의 조성 예(wt%)

성분	Mo	V	Ni	Co	Fe	P	S	AS*	기타**
직접탈황	3~6	0.5~12	2~3	0.5~1	0.5~1	<1.5	8~12	Bal.	5~20
간접탈황	6~9	<0.5	0.5~1	1.5~3	1~2	0.5~3	3~8	Bal.	3~15

*AS: $Al_2O_3+SiO_2$, **기타: 수분+유분

(2) 폐촉매로부터 Mo과 V의 회수

탈황 폐촉매로부터 유가금속의 회수는 유분, 수분, 유황 등을 제거한 후에, 알칼리성에서 침출하여 Mo과 V을 용해하고, 그 용액으로부터 Mo, V을 회수하는 것이 일반적이다. 이러한 배소-침출법에는 소다배소법과 저온배소법이 있으며, 그림 8.18에 공정도를 나타내었다.

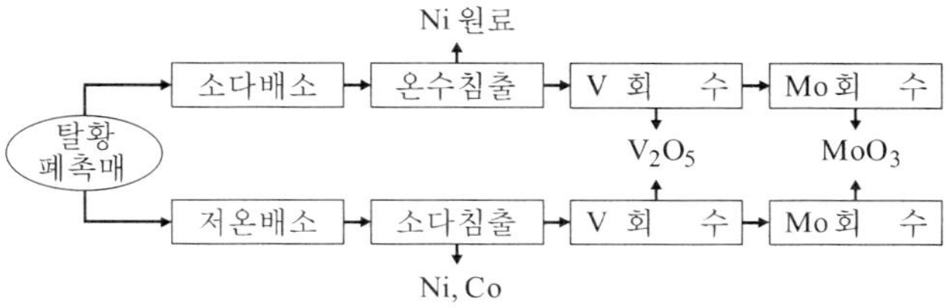

[그림 8.18] 폐촉매의 일반적인 처리 공정도

151 H. Yoshinaga, 2007: Recovery of Molybdenum and Vanadium from Spent Catalyst, *MMIJ* **123**(12), pp. 768-771.

한편 그림 8.19에는 Taiyo Koko사의 폐촉매 처리 공정도를 나타내었다. 탈황 폐촉매는 중유의 조성에 따라 성분변동이 크기 때문에 배소 전에 5~10종류의 촉매를 혼합하여 Mo, V의 품위를 조정한다. 그리고 $NaVO_3$, Na_2MoO_4의 나트륨 염을 만드는 데 필요한 이론 양의 2~2.5배 정도 되는 Na_2CO_3를 첨가하고 혼합하여 배소한다. 이 공정에서 원료 중의 탄소와 유황은 가스로 제거된다. 촉매 중의 Ni이나 Co는 고온배소과정에서 담체인 알루미나와 스피넬형의 안정한 화합물을 만들어 침출공정에서 불용성 잔사로 남으므로 Ni제련의 원료로 공급한다.

배소 후의 촉매는 파쇄하여 온수로 침출하여 가용성의 나트륨 염을 용해시킨다. 고-액 분리한 침출여액은 탈린한 후에 염화암모늄을 첨가하여 NH_4VO_3를 석출시킨다. 이것을 하소하여 오산화바나듐으로 만들거나 정제하여 고순도품을 만들고 있다. V을 석출시킨 여액은 이온교환법 등으로 정제한 후, 염산을 첨가하여 몰리브덴산으로 회수하여 하소에 의해 MoO_3를 제조하고 있다.

(3) 순금속 V의 제조

금속 V은 융점이 1,900 ℃인 고융점 금속이며, 탄소, 산소, 질소 등과의 친화력이 높기 때문에 고순도화가 어려운 금속이다. 따라서 회수한 오산화바나듐을 Al 금속 열환원법으로 조금속을 만든 후, 3회에 걸친 전자빔 용해에 의해 고순도 V을 제조하고 있다.

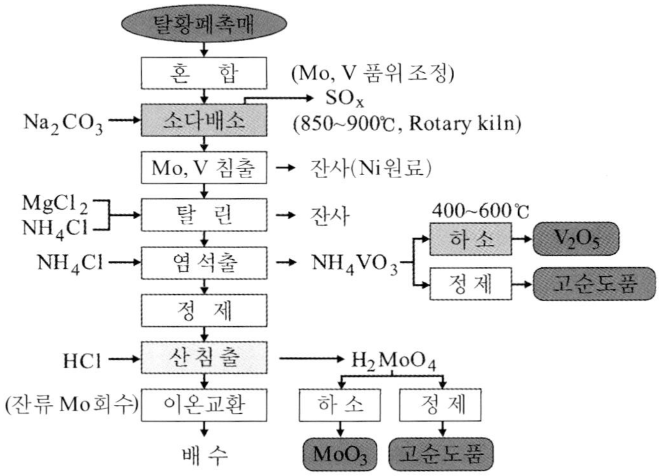

[그림 8.19] Taiyo Koko Co.의 폐촉매 처리 공정도

8.7 텅스텐의 리사이클링

8.7.1 텅스텐 제련의 개요

텅스텐은 초경합금(W과 Ta, Co)의 주원료가 되는 대표적인 고융점 금속이다. 텅스텐을 함유하는 광석으로는 회중석(scheelite, $CaWO_4$)과 철망간중석(wolframite, (Fe, Mn)WO_4)이 있다. 이러한 광석으로부터 선광공정을 거쳐 WO_3가 65 % 이상인 정광을 얻는다. 정광을 습식처리에 의해 파라텅스텐산 암모늄(APT)으로 제조한 후에 하소하여 순수한 WO_3를 얻고, 수소로 환원하여 금속 텅스텐, 그리고 탄화시켜 WC로 제조한다. 그림 8.20에 W 및 WC 제조공정도를 나타내었다.

텅스텐의 원재료로 국제시장에서 거래되는 것은 주로 APT와 산화텅스텐(WO_3)분말이 대부분이다. 산화텅스텐은 백색의 APT분말을 하소공정에서 열분해하여 얻어진다.

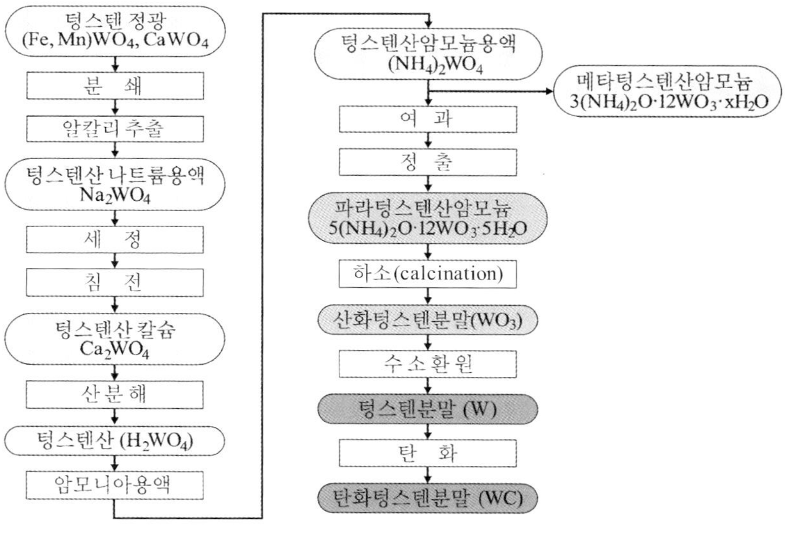

[그림 8.20] W 및 WC 제조공정도

한편 텅스텐 광석으로부터 텅스텐까지의 제조공정은 상당히 복잡한 화학반응 공정들을 거친다. 여기서는 산화텅스텐으로부터 텅스텐 및 탄화텅스텐을 제조하는 공정을 간략히 알아보기로 한다. 그림 8.21의 환원공정도와 같이 WO_3는 고온의 수소 분위기에서 환원반응 중 최초로 생성되는 것은 $WO_{2.9}$이며, 550 ℃ 이하 온도에서 환원반응을 지속시키면 β-W이 생성된 후

α-W으로 변태가 일어난다. 575~800 ℃의 온도구간에서 환원반응을 시키면 $WO_{2.9}$→WO_2→α-W의 순서로 환원이 진행된다. WO_3는 수소 분위기하의 700 ℃ 이상의 온도에서 약 3시간의 환원반응에 의해 100 %의 환원율을 나타낸다. 각 환원과정에 있어서 WO_3에서 WO_2로의 환원반응속도는 빠르고, WO_2에서 W으로의 환원속도는 느린데, 이러한 환원반응속도는 환원온도, WO_3 장입량, 수소의 유속, 수증기의 양 등의 영향을 크게 받는다.

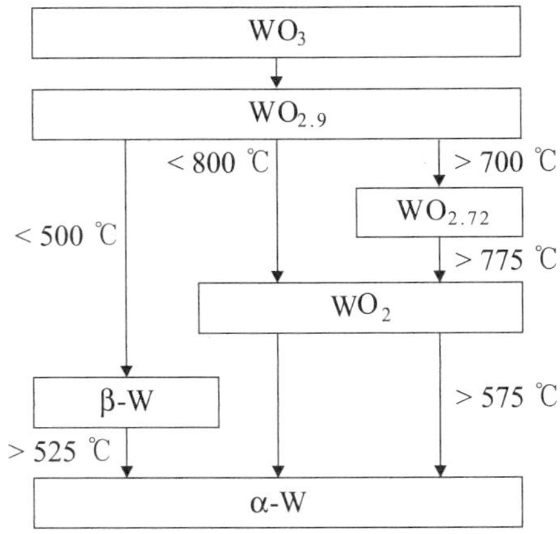

[그림 8.21] WO_3→W로의 환원공정도

한편 각 환원 과정에서 WO_3는 노란색(yellow powder), $WO_{2.9}$는 암청색(blue powder), WO_2는 갈색을 나타낸다. 또한 W의 입도에 영향을 주는 인자는 WO_3 장입량, 환원온도, 수소유량과 수소 중 수분함량 및 dopant(NaOH LiOH)의 첨가유무 등이다.

8.7.2 텅스텐의 리사이클링기술

(1) 초경합금 스크랩

초경합금은 일반 기계 금속재료의 절삭공구로 이용되거나 내마모성·내충격성을 요구하는 채석, 광산, 토목 건설 등의 공구로 사용되는 대표적인 공구 및 내마모 소재로서 산업 규모가 대단히 크다.[152] 그림 8.22에는 각종 초경합금 제품의 사진을 나타내었다.[153]

152 하국현, 2013: 초경합금 스크랩의 재자원화를 통한 텅스텐 소재화 기술개발, *재료마당* **26**(3), pp. 43-49.
153 안동길, 2008: 텅스텐의 동향 및 초경합금 연구개발, *재료마당* **21**(4), pp. 28-33.

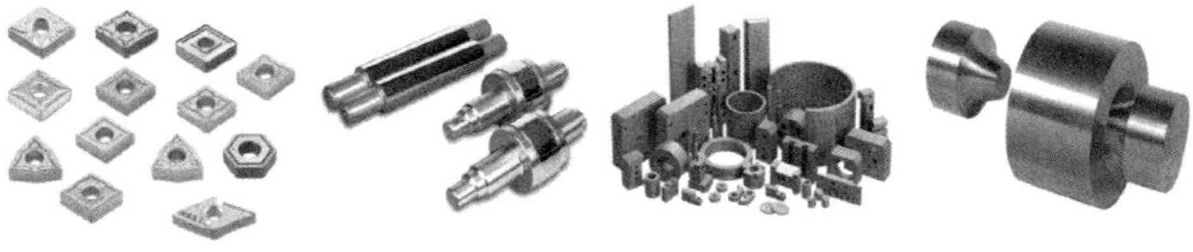

(a) (b) (c) (d)

[그림 8.22] 각종 초경합금 제품 사진(대구텍)
(a: 인서트형 초경공구, b: 초경롤, c: 초경 내마모소재, d: 다이아몬드 합성용 초경엔빌)

이러한 초경 공구들은 대부분 재료가 완전히 소모되기 전에 국부적인 마모에 의한 손상이나 결함이 발생하면 더 이상 사용하지 못하고 전량 폐기되므로 생산되는 초경 소재의 대부분이 폐기되는 초경 스크랩을 수집하여 재자원화할 수 있는 기술개발이 필요하다. 초경합금의 리사이클링에 의한 텅스텐의 재자원화에 대한 관심과 연구는 최근까지 꾸준히 있어 왔으나, 2000년 이후 텅스텐 가격의 급격한 상승과 원료 확보의 어려움 때문에 텅스텐 자원의 재자원화 문제가 새롭게 부각되고 있다.

(2) 초경합금 스크랩의 재이용 형태

우선 초경합금 스크랩의 리사이클링 방법은 다음과 같다.[154]

① 재연마 이용
② 특수강용 모합금으로 이용(WC-Co계 합금 스크랩)
③ 산화, 알칼리 처리에 의한 제련(제련공정을 활용)
④ 염소가스와 반응시켜 염화물로 회수(수소가스를 이용한 기상환원에 의해 금속을 얻기도 함)
⑤ 초경합금 스크랩을 분말로 만들어 리사이클링

(3) 분말 재생화기술

현재 공업화되어 있는 대표적인 재자원화기술은 크게 화학적 처리법(chemical method), 전기분해법(electrolysis method) 및 아연법(Zn method)의 세 가지로 분류할 수 있으며, 기본적으로는 초경합

154 정은, 1986: 초경합금 스크랩 재생, *대한금속학회지* **24**(12), pp. 1342-1345.

금이기 때문에 어떠한 방법으로 파쇄하는가에 따라 구분하고 있다. 이러한 관점에서 몇 가지 방법에 대해 설명한다.

① 고온 처리법: 스크랩을 선별, 세척, 건조 후 Co 함유량에 따라 1,800~2,300 ℃의 고온에서 열처리한다. 열처리품은 결합상인 Co 중 용존 가스성분의 발포에 의해 스펀지 상태로 된다. 이것을 조크러셔, 롤크러셔 등으로 조파쇄한 후에 아트라이터(attritor)로 미분쇄하고 조성조정을 하여 WC-Co 재생분을 만든다. 다만 이러한 방법으로 만들어진 재생품은 조대한 WC 입자가 생성되기 때문에 용도는 한정되어 있다. 아연 처리법 등의 경우에도 품질 등 여러 가지 문제가 있어 재생품의 용도는 제한되어 있다. 처리 공정도를 그림 8.23에 나타내었다.

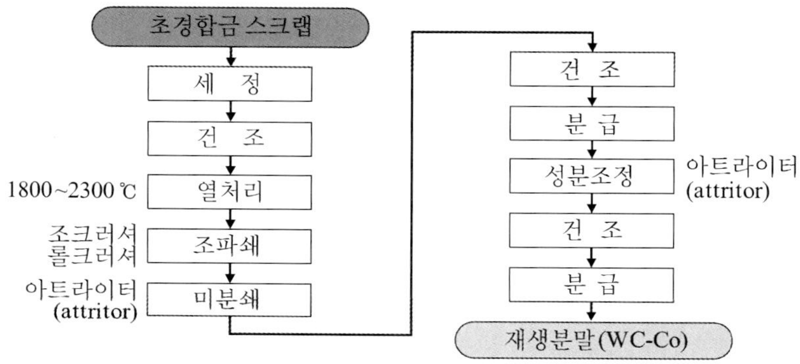

[그림 8.23] 초경합금 스크랩의 고온 처리법 공정도

② 아연 처리법: 전기로 내의 흑연용기 중의 용융 아연욕이나 아연증기와 초경합금을 접촉시켜 Zn이 Co 결합상이 되어 부피가 팽창되어 쉽게 분쇄된다. 초경합금을 950 ℃ 이상의 아연증기와 접촉시키면 층상조직을 형성한다. Co-Zn의 합금화 반응이 종료한 후에 승온이나 감압에 의해 아연을 증발제거하면 초경합금에 기공이 생성되어 쉽게 분쇄된다. 이와 같이 하여 WC-Co분말을 직접 얻을 수 있으나, 얻어진 합금분말의 품질문제가 있기 때문에 범용적으로 사용할 수 없는 문제점이 있다.

③ 전기분해법: 현재 중국에서 많이 사용하고 있는 기술로 코발트 함유량이 10 % 이상인 초경합금에 효율적인 처리법이다. 산용액 속에서 전기분해를 이용하여 코발트를 먼저 침출시켜 회수한 후, 남은 텅스텐을 분쇄하여 회수하는 리사이클링 방법이다. 이것은 폐초경합금을 약 20 mm의 일정 사이즈 이하로 분쇄하여야 짧은 시간에 효과적인 전기분해 반응을 기대할

수 있다. 그러나 초경합금은 코발트 함량이 높을수록 인성이 좋고 압축강도가 높으므로 대형 초경합금의 경우 분쇄에 상당한 노하우 기술이 필요하다.

④ 콜드 스트림법: 원료분말을 고압용기 중의 초경질 타깃(target)에 분사 충돌시켜 분쇄하는 방법이다. 노즐에서 고압분사를 할 때 공기의 단열팽창에 의해 용기 안이 0 ℃ 이하로 냉각되고, 조대한 입자들이 서로 충돌하여 분쇄효과가 얻어지는 것이다. 다만 전처리로 초경 스크랩을 3 mm 이하로 분쇄하여야 한다. 또 고 Co 함유 초경합금의 처리는 곤란하다. 다만 품질적인 문제가 있기 때문에 아연 처리법이나 고열 처리법과 마찬가지로 용도는 한정되어 있다.

⑤ 화학적 처리법: 아래 식과 같이 초경합금 스크랩을 산화한 후에 가성소다를 이용하여 텅스텐산나트륨용액으로 추출하고, 탈Si 처리 등을 한 후에 텅스텐산칼슘으로 침전시키는 방법이 있다. 그림 8.24에 공정도를 나타내었다.[155]

$$WC + 5/2O_2 = WO_3 + CO_2 \tag{8.32}$$

$$WC + Co + 3O_2 = CoWO_4 + CO_2 \tag{8.33}$$

$$WO_3 + 2NaOH = Na_2WO_4 + H_2O \tag{8.34}$$

$$CoWO_4 + 2NaOH = Na_2WO_4 + Co(OH)_2 \tag{8.35}$$

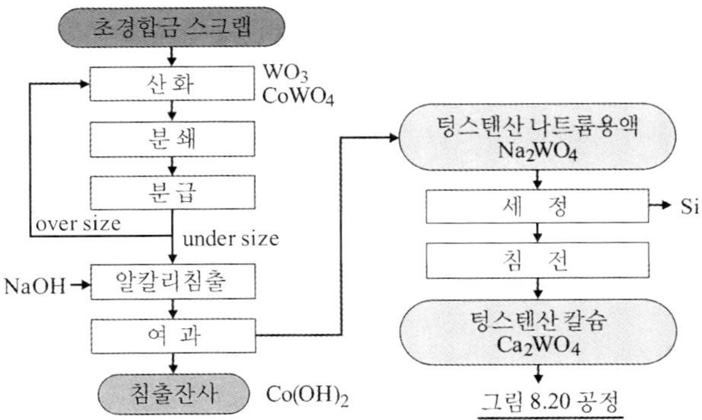

[그림 8.24] 화학적 처리법의 공정도

이 방법은 텅스텐정광의 습식정련법과 같은 방법이기 때문에 다양한 용도에 대응하는 W분말이나 WC분말을 얻을 수 있다. 이 처리법은 공정이 복잡하고, 대형 스크랩의 경우에는 산화와

155 S. Morita, T. Ohtsuka and O. Maeda, 2007: Production of Tungsten at Japan New Metals Co., Ltd., *MMIJ* **123**(12), pp. 707-710.

파쇄 등의 처리에 장시간이 필요하다는 등의 문제점이 있지만, 용매추출법, 이온교환법 등의 적용에 의한 프로세스의 간소화, 잔사 중에 포함된 유가금속의 회수기술 적용 등을 검토할 수 있다.

그 외에 염산, 인산, 과산화수소, 무기산 수용액 등을 이용하여 침출하거나 전기분해에 의해 침출하는 방법들이 있으나, 침출효율이 낮아 공업적인 규모로 실용화 되지 못하였다. 다만 $FeCl_3$ 수용액과 반응시켜 $CoCl_2$로 용출하는 방법은 일본에서 실용화되기도 하였다.

8.8 타이타늄의 리사이클링

8.8.1 타이타늄 제련의 개요

타이타늄은 지각 구성원소 중 9번째로 풍부한 원소(0.44 %)이며, 구조용 금속으로서는 알루미늄(8.1 %), 철(5.1 %), 마그네슘(2.1 %)에 이어 네 번째로 풍부한 원소로서 많은 광물 중에 존재한다. 타이타늄을 함유하는 광석 중에서 루타일(rutile, TiO_2 함유량 95~100 %)과 일메나이트(ilmenite, $FeTiO_3$, TiO_2 함유량 52.7 %)가 경제적인 가치가 있으며, 특히 일메나이트는 매장량이 매우 풍부한 원료이다. 타이타늄 광석은 구리나 철 등과는 달리 산화물로서만 존재하며, 철을 포함하여 많은 불순물을 함유하고 있다. 특히 타이타늄은 산소와의 친화력이 매우 강하고, 또 금속 타이타늄 중으로의 산소 용해도가 매우 크기 때문에 산화 타이타늄을 원료로 한 직접제련에 의한 고순도 타이타늄의 제조가 곤란하여 Hunter법이나 Kroll법과 같이 $TiCl_4$를 경유하여 금속 타이타늄을 제조한다.[156]

(1) 일메나이트의 고 품위화

천연 루타일의 자원은 세계적으로 고갈되어 가고 있으므로, 일메나이트로부터 Fe를 제거하여 천연 루타일에 버금가는 고 품위의 합성 루타일을 제조하는 방법이 중요하게 되었다. 그림 8.25에는 안료급의 TiO_2 제조방법과 함께 일메나이트의 고 품위화 방법을 정리하여 나타내었다.[157]

---

156 손호상, 정재영, 2016: 타이타늄 제련기술 현황, *자원리싸이클링* **25**(4), pp. 68-79.
157 손호상, 정재영, 2016: TiO_2 제조를 위한 일메나이트 처리기술 현황, *자원리싸이클링* **25**(5), pp. 64-74.

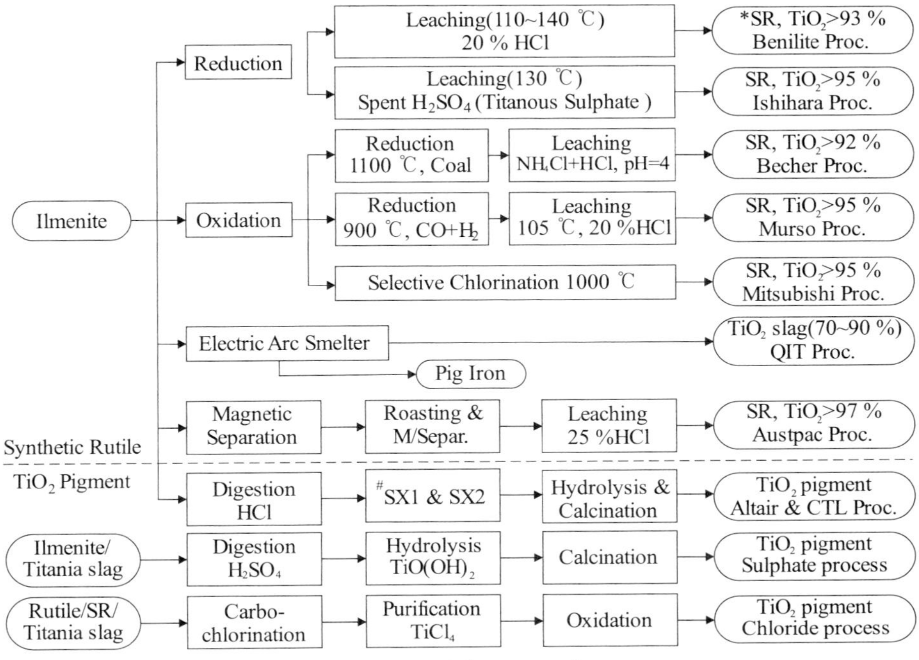

*SR: Synthetic Rutile, #SX: Solvent extraction

[그림 8.25] 일메나이트의 고 품위화기술과 TiO_2 제조법

타이타늄 광석으로부터 안료급의 TiO_2를 제조하는 방법으로는 황산법(sulfate process)과 염화법(chloride process)이 주류를 이루고 있다. 황산법의 경우 일메나이트 등과 같이 Fe가 비교적 높게 함유되어 있는 원료를 사용할 수 있으나, 염화법의 경우에는 천연 루타일이나 합성 루타일과 같이 비교적 TiO_2 농도가 높은 원료를 사용하고 있다. 그러나 천연 루타일은 매장량이 적고 생산량도 적기 때문에 대부분 합성 루타일을 염화법의 원료로 사용하고 있다. 합성 루타일을 제조하는 방법으로는 일메나이트를 전기로 등에서 정련하여 선철을 생산하고 남은 TiO_2 농도가 높은 슬래그, 일메나이트 중의 Fe나 기타 불순물을 제거하기 위한 산 침출법, 일메나이트 중의 산화철을 부분환원하거나 완전히 환원한 후에 물리적 선별이나 화학적 처리를 하는 방법, 그리고 선택적 염화에 의해서 Fe만 제거하는 방법이 있다.

(2) 금속 Ti 제조

금속 Ti은 TiO_2로부터 $TiCl_4$를 제조하여 금속 Mg으로 환원하는 Kroll법에 의해 만들어지고 있다. 크롤법에 의한 스펀지 타이타늄의 제조공정도는 그림 5.9에 나타내었으며, 전체적으로

다음의 4가지 프로세스로 구분할 수 있다.[158]

① $TiCl_4$제조: Ti원(천연 루타일, 합성 루타일, 고Ti 슬래그 등)과 코크스를 분체의 상태로 유동로에 장입하고, 하부로부터 Cl_2를 취입하여 약 1,170 K에서 반응시키면 $TiCl_4$가 증발하여 나오므로 냉각하여 응축한다. 반응식은 다음과 같다.

$$\frac{1}{2}TiO_2 + CO + Cl_2 = \frac{1}{2}TiCl_4 + CO_2 \quad K_{1273} = 8.4 \times 10^4 \tag{8.36}$$

② 환원, 분리: $TiCl_4$와 Mg을 반응시켜 스펀지 Ti을 생성하고, 부산물인 염화마그네슘($MgCl_2$)과 미반응 Mg을 증류에 의해 분리한다. 환원반응식은 다음과 같다.

$$TiCl_4(g) + 2Mg(l) = Ti(s) + 2MgCl_2(l), \quad K_{1073} = 3.9 \times 10^{15} \tag{8.37}$$

③ 전해: 부산물인 $MgCl_2$를 전기분해하여 Mg과 염소를 생성하고, 이것을 환원, 분리하여 $TiCl_4$ 제조공정에 사용한다.

최근까지 Kroll법을 대체하기 위한 많은 연구가 진행되어 왔으나, 상업적으로 실용화되지는 못하고 있다. 타이타늄의 신제련법은 환원방법으로 보면 금속 열환원법, 전해채취법, 그리고 기타의 방법이 있으며, 환원경로 측면에서 살펴보면 산화물로부터의 직접 환원, 염화물/불화물과 같은 중간화합물을 경유하는 방법이 있다. 또한 생성물질의 상태 측면에서 살펴보면 고체(스펀지), 분말, 액체 등의 방법이 있다. 그리고 수소환원법으로, $TiCl_4$를 수소로 환원하거나 타이타늄 수소화합물(titanium hydride)을 만들어 금속 타이타늄으로 만드는 방법도 제안되어 있다. 원료적인 측면에서 본다면 $TiCl_4$를 이용하는 방법과 TiO_2를 이용하는 방법으로 대별할 수 있다. 이러한 신제련법은 $TiCl_4$를 이용하는 기존의 Kroll법이나 Hunter법을 개량한 방법들이 대부분이다. 한편 TiO_2를 이용하여 직접 전해환원을 하는 방법들에 대해서도 많은 연구들이 이루어져 왔으며, 타이타늄 하이드라이드를 경유하는 방법은 산소농도를 비교적 낮게 유지할 수 있는 장점이 있는 것으로 생각된다.[159]

(3) Ti ingot 제조

스펀지 Ti를 프레스로 압축성형하고, 이것을 Ar 분위기 중에서 용접하여 1차 전극을 만든다.

---

158 Kroll, W., 1940: THE PRODUCTION OF DUCTILE TITANIUM, *Trans. Electrochem. Soc.* **78**, pp. 35-47.
159 손호상, 정재영, 2016: 타이타늄 제련기술 현황, *자원리싸이클링* **25**(4), pp. 68-79.

그다음 진공 아크로(VAR)에서 용해하여 수냉 동 도가니 중에서 응고시켜 2차 전극을 만든다. 이것을 다시 한 번 진공아크 용해하여 최종 잉곳을 얻는다. 진공도를 1~0.1 Pa로 유지하면 스펀지 Ti 중의 $MgCl_2$, Mg, H_2O 등은 완전히 제거되어 고순도의 Ti를 얻을 수 있다.

8.8.2 타이타늄의 리사이클링기술

(1) Ti 및 Ti합금 스크랩

타이타늄 관련 제품의 사용 상황으로 보면 도료나 안료 등으로 소비되는 TiO_2는 순Ti 기준으로 금속 Ti의 10배 이상이지만 리사이클링의 대상이 되기는 어렵다. 리사이클링의 대상이 되는 것은 금속 타이타늄이며, 금속 Ti은 Al과 마찬가지로 에너지 다소비형 금속이다. 따라서 금속 Ti의 리사이클링이 중요한 과제이지만, Ti의 특성상 라이프 사이클이 매우 길고, 시장규모가 작기 때문에 스크랩 시장은 아직 성숙되지 못하였다. 표 8.8에는 금속 Ti의 리사이클링 현황을 나타내었다.

우리나라에서는 금속 Ti을 제조하지 않고 있으나, 금속 Ti의 제조과정에서 발생하는 자가발생 스크랩의 대부분은 수출되어 잉곳 재생용과 철강 첨가용으로 재이용되고 있는 것으로 알려져 있다.

〈표 8.8〉 금속 Ti의 리사이클링 현황

주요제품	이용형태	폐Ti형태	라이프사이클	비고
항공기, 로켓 (엔진, 기체 등)	각종 Ti합금 (Ti-6Al-4V 등)	폐엔진	10년	· 스크랩의 일부는 재이용(철강첨가) · 수출(미국)되어 용해
		폐항공기	20년	
화력, 원자력발전 (컨덴셔튜브, 터빈)	순Ti관, 판재, 단조품	폐파이프 폐장치	30년	· 라이프사이클이 길어서 재활용 예가 드뭄
석유화학공업용 (배과, 열교환기)	순Ti관, 판재	폐파이프 폐장치	20년 이상	· 사용자/공급자의 직접거래. 리사이클링율은 높은 것으로 추정
전극, 전해조	순Ti(Pd, Ru, Ta함유), 판재, 관	폐파이프 폐장치	3~10년	· 일부 전해액에 용출되어 소모 · 사용자-공급자 재이용 시스템 확립
플레이트식 열교환기	순Ti판	판재	5~10년	· 일부 철강 첨가용으로 재이용
건축, 토목 (지붕, 외장, 관)	순Ti판	판재	50년 이상	· 라이프사이클이 길어서 재활용 예가 드뭄
기타(민생품)	순Ti, 각종 합금	각종 형상	반영구	· 리사이클링 실태 미지
철강첨가재 (고장력강, STS)	페로Ti, 순Ti	폐강관 폐강판	철강에 따라 다름	· 철강 재용해 과정에서 Ti는 대부분 슬래그로

〈표 8.9〉 ASTM의 Ti 및 Ti합금 규격

	Spec.	Concentration of elements (wt%)						
		C	H	O	N	Fe	Al	V
Pure Ti	Gr. 1	≤0.08	≤0.015	≤0.18	≤0.03	≤0.2	-	-
	Gr. 2	≤0.08	≤0.015	≤0.25	≤0.03	≤0.3	-	-
	Gr. 3	≤0.08	≤0.015	≤0.35	≤0.05	≤0.3	-	-
	Gr. 4	≤0.08	≤0.015	≤0.40	≤0.05	≤0.5	-	-
Ti-Al-V alloy	Gr. 5	≤0.08	≤0.015	≤0.20	≤0.05	≤0.4	5.5-6.75	3.5~4.5
	Gr. 23	≤0.08	≤0.015	≤0.13	≤0.03	≤0.25	5.5-6.5	3.5~4.5

(2) Ti 및 Ti합금 스크랩의 탈산과 리사이클링

순Ti이나 합금 중에는 일반적으로 약 0.1 wt의 O가 함유되어 있다. 이러한 산소는 제품의 기계적성질에 악영향을 미치므로 필히 피해야 한다. 표 8.9에는 ASTM의 순Ti과 Ti합금의 불순물 허용기준을 나타내었다.

특히 Ti이나 Ti합금 스크랩을 재용해할 때 가장 큰 문제점은 가스상의 원소는 물론이고 많은 원소가 고용되거나 반응하여 흡수되므로 기계적성질이 저하된다는 점이다. Ti의 경도에 미치는 제 원소의 영향은 다음과 같다.[160]

$$H_B = 45\sqrt{wt\%C} + 158\sqrt{wt\%O} + 196\sqrt{wt\%N} + 20\sqrt{wt\%Fe} + 57 \qquad (8.38)$$

예를 들면, 0.15 wt%O의 스크랩을 재용해하여 0.35 wt%O로 산소농도가 증가하였다면 경도는 H_B 기준 30 정도가 증가하여 가공성이 상당히 열화하는 것을 예상할 수 있다. 따라서 오염되어 있는 스크랩을 재이용하기 위해서는 탈산 등의 정련공정이 필요하다. Ti의 탈산에 대해서는 Ca을 이용하는 등의 방법이 시도되었으나 아직 확립된 방법은 없다. 아래에서는 Ca에 의한 탈산에 대해 알아본다.[161]

칼슘의 산화반응은 다음 식으로 나타낼 수 있다.

$$Ca(l) + \frac{1}{2}O_2(g) = CaO(s)$$

$$\Delta G^0 = -642{,}680 + 111.1T \ (J/mol), \ (842 \sim 1501 \ ℃) \qquad (8.39)$$

160 前義治, 1994: チタン合金のリサイクルとエコマテ化, *Materia Japan* 33(5), p. 579.
161 윤무원, 손호상, 2013: 칼슘 열환원법에 의한 타이타늄 스크랩의 탈산, *자원리싸이클링* 22(6), pp. 41-47.

Okabe 등에 의하면 고체 타이타늄 중으로의 산소 용해 반응은 다음 식으로 나타낼 수 있다.[162]

$$\frac{1}{2}O_2(g) = [wt\%O]_{in\ Ti}$$

$$\Delta G^0 = -583{,}000 + 88.5T\ (J/mol),\ (842 \sim 1100\ ℃) \quad (8.40)$$

따라서 칼슘에 의한 타이타늄의 탈산반응은 다음 식과 같이 나타낼 수 있다.

$$Ca(l) + [wt\%O]_{in\ Ti} \rightarrow CaO(s)$$

$$\Delta G^0 = -59{,}680 + 22.6T\ (J/mol),\ (841 \sim 1100\ ℃) \quad (8.41)$$

그러므로 Ca, CaO와 평형하는 타이타늄 중의 산소농도는 식(8.42)와 같이 나타낼 수 있다.

$$\ln[wt\%O]_{in\ Ti} = -\frac{7178}{T} + 2.72\ (842 \sim 1100\ ^{o}C) \quad (8.42)$$

따라서 식(8.42)에 의한 타이타늄 중 평형 산소농도는 반응온도가 상승할수록 증가한다. 그러나 0.5 wt%를 초과하는 스크랩 중의 산소농도를 고려하면 충분히 탈산할 수 있는 수준이다. 분말 야금법에 의한 성형이나 소결과정에서 다량의 스크랩이 발생하고 있다. 이러한 분말 스크랩을 Ca 열환원법으로 초기 0.54 wt%O에서 0.14 wt%O까지 탈산한 예도 있다.[163]

한편 Ti분말 스크랩을 Mg과 혼합하여 H_2를 가압한 상태에서 700~800 ℃로 가열하여 Ti-H-O계의 수소화물을 만들면 MgO가 TiO_x보다 안정하여 저산소 농도로 Ti분말을 재생할 수 있는 것으로 알려져 있다. 이러한 탈산방법으로 0.35 wt%O의 CP-Ti분말을 약 0.16 wt%O까지 탈산한 것으로 보고되어 있다.[164]

그림 8.26에는 리사이클링에 의해 항공용급의 Ti를 재생하는 ECOTITANIUM의 전체 공정도를 나타내었다.[165] 그림에서와 같이 Ti 스크랩을 PAM(plasma arc melting)을 한 후에 다시 VAR(vacuum arc remelting)에 의해 재생하고 있다.

---

162 Okabe, Toru H. et al., 1991: Thermodynamic Properties of Dilute Titanium-Oxygen Solid Solution in Beta Phase, *Materials Trans. JIM* **32**(5), pp. 485-488.

163 윤무원, 손호상, 2013: 칼슘 열환원법에 의한 타이타늄 스크랩의 탈산, *자원리싸이클링* **22**(6), pp. 41-47.

164 Lei Xu, Ying Zhang, Z. Zak Fang, Pei Sun, Yang Xia, 2018: A novel deoxygenation process for Ti powder with Mg in H_2, Ti USA 2018 Las Vegas.

165 ECOTITANIMU, 2017: PRESS KIT.

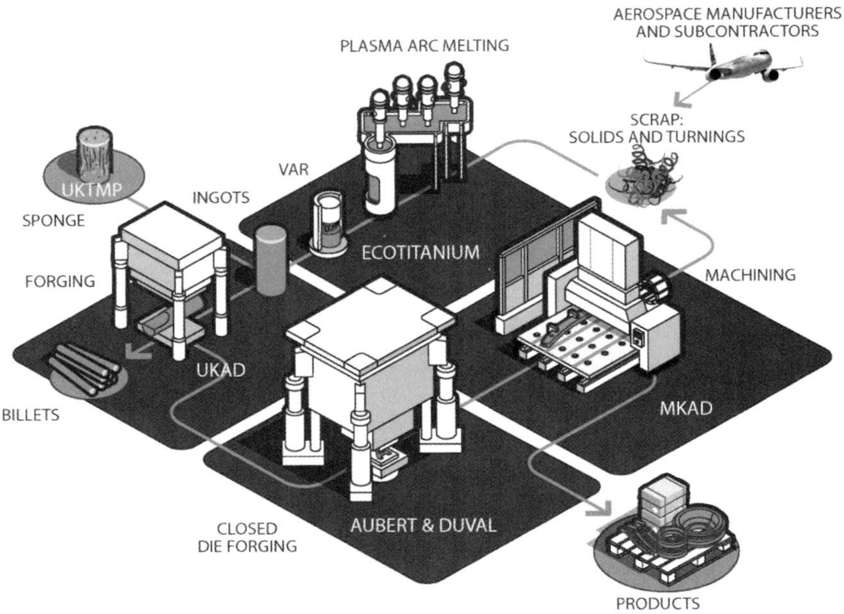

[그림 8.26] ECOTITANIUM의 스크랩 처리 공정도

부록

부록 1 물질의 몰 비열

$C_P = a + bT + cT^{-2} + dT^2$ (J · mol^{-1} · K^{-1})

물질	a	$b\times10^3$	$c\times10^{-5}$	$d\times10^6$	온도범위/K
Ag(s)	21.3	8.54	1.51	-	29-8m.p.
Ag(l)	30.5	-	-	-	m.p.-1600
Al(s)	20.7	12.4	-	-	298-m.p.
Al(l)	31.8	-	-	-	m.p.-2400
Al_2O_3(s)	106.6	17.8	-28.5	-	298-1800
AlN(s)	34.4	16.9	-8.37	-	298-1500
C(黑鉛)	0.109	38.94	-1.48	-17.38	298-1100
CO(g)	28.4	4.1	-0.46	-	298-2500
CO_2(g)	44.14	9.04	-8.54	-	298-2500
Ca(α)	25.37	-7.263	-	23.7	298-720
Ca(l)	29.3	-	-	-	m.p.-1757
CaO(s)	49.62	4.52	-6.95	-	298-1177
CaS(s)	45.2	7.74	-	-	298-2000
Cr(s)	24.4	9.87	-3.7	-	298-m.p.
Cr(l)	39.3	-	-	-	m.p.
Cr_2O_3(s)	119.4	9.20	-15.6	-	350-1800
Cu(s)	22.6	6.28	-	-	298-m.p.
Cu(l)	31.4	-	-	-	m.p.-1600
Cu_2O(s)	62.34	23.8	-	-	298-1200
CuO(s)	38.8	20.1	-	-	298-1250
Cu_2S(α)	81.59	-	-	-	298-376
Cu_2S(β)	97.28	-	-	-	376-623
Fe(α, δ)	37.12	6.167	-	-	298-1809
Fe(γ)	24.5	8.45	-	-	1187-1674
Fe(l)	41.8	-	-	-	m.p.-1873
FeO(s)	51.80	6.78	-1.59	-	298-1200
Fe_3O_4(α)	91.55	202	-	-	298-900
Fe_3O_4(β)	200.8	-	-	-	900-1800
Fe_2O_3(α)	98.28	77.8	-14.9	-	298-950
Fe_2O_3(β)	151.0	-	-	-	950-1050
Fe_2O_3(γ)	132.6	7.36	-	-	1050-1750
FeS(α)	21.7	110.5	-	-	298-411
FeS(β)	72.80	-	-	-	411-598
H_2(g)	27.3	3.3	0.50	-	298-3000
H_2O(g)	30.0	10.7	0.33	-	298-2500
H_2S(g)	32.7	12.4	-1.9	-	298-2000

물질	a	$b\times10^3$	$c\times10^{-5}$	$d\times10^6$	온도범위/K
Mg(s)	22.3	10.3	-0.431	-	298-m.p.
Mg(l)	32.6	-	-	-	m.p.-1150
$MgCl_2$(s)	79.08	5.94	-8.62	-	298-m.p.
$MgCl_2$(l)	92.47	-	-	-	m.p.-1500
MgO(s)	48.99	3.14	-11.7	-	298-3098
Mn(α)	23.8	14.1	-1.57	-	298-990
Mn(β)	34.9	2.8	-	-	990-1360
Mn(γ)	25.2	14.9	-1.85	-	298-1410
Mn(δ)	46.44	-	-	-	1410-1517
Mn(l)	46.0	-	-	-	m.p.-b.p.
MnO(s)	46.48	8.12	-3.7	-	298-1800
MnS(s)	47.70	7.53	-	-	298-1803
Mo(s)	5.18	1.66	-	-	-
Mo(l)	41.8	-	-	-	-
N_2(g)	27.9	4.27	-	-	298-2500
Ni(α)	17.0	29.5	-	-	298-633
Ni(l)	38.5	-	-	-	m.p.-2000
NiO(α)	-20.9	157.2	16.3	-	298-525
NiO(β)	58.07	-	-	-	525-565
NiS(s)	38.9	26.8	-	-	298-670
O_2(g)	30.0	4.2	-1.7	-	298-3000
Pb(s)	23.6	9.75	-	-	298-m.p.
Pb(l)	32.4	-3.10	-	-	m.p.-1200
PbS(s)	44.60	16.4	-	-	298-900
S_2(g)	36.5	0.67	-3.8	-	298-3000
Si(s)	23.9	2.5	-4.1	-	298-m.p.
Si(l)	25.6	-	-	-	m.p.-1873
SiO_2(α)	17.9	88.12	-	-	298-523
SiO_2(β)	72.76	1.30	-41.4	-	523-1995
Sn(白)	21.6	18.2	-	-	298-m.p.
Sn(l)	34.7	-9.2	-	-	510-810
V(s)	20.5	10.8	0.8	-	298-m.p.
V_2O_3(s)	122.8	19.9	-22.7	-	298-1800
Zn(s)	22.4	10.0	-	-	298-m.p.
Zn(l)	31.4	-	-	-	m.p.-1200
ZnO(s)	48.99	5.10	-9.12	-	298-1600

부록 2 물질의 표준 생성열, 표준 엔트로피, 융점, 끓는점

물질	ΔH^0_{298}/kJ·mol^{-1}	ΔS^0_{298}/J·mol^{-1}·K^{-1}	m.p./K	b.p./K
Ag(s)	0	42.68±0.21	1234	2473
Al(s)	0	28.33±0.21	933	2793
Al(g)	+329.3±2.1	164.4±0.4	-	-
Al_2O_3(s)	-1677.4±6.3	51.0±0.4	2323	-
AlN(s)	-318.4±2.1	20.17±0.1	-	-
C(黑鉛)	0	5.740±0.021	-	-
CO(g)	-110.54±0.21	197.57±0.04	-	-
CO_2(g)	-393.50±0.13	213.68±0.04	-	
Ca(s)	0	41.63±0.4	1112	1757
Ca(g)	+178.24±1.7	154.77	-	-
CaO(s)	-634.3±1.7	39.7±0.8	-	-
CaS(s)	-476.1±10.0	56.5±1.3	-	-
Cr(s)	0	23.64±0.21	2130	2945
Cr(g)	+397.5±4.2	174.18	-	-
Cr_2O_3(s)	-1129.7±10	81.2±0.8	-	-
Cu(s)	0	33.14±0.21	1356	2833
Cu(g)	+336.8±1.3	166.27±0.08	-	-
Cu_2O(s)	-167.4±2.9	93.09±0.4	-	-
CuO(s)	-155.2±3.3	42.7±0.21	-	-
Cu_2S(s)	-79.5±1.3	120.9±2.1	-	-
Fe(s)	0	27.28±0.13	1809	3133
Fe(g)	+415.5±1.3	180.37	-	-
$FeCl_2$(s)	-342.3±0.8	117.99±2.1	-	-
$Fe_{0.95}O$(s)	-264.4±1.3	58.79±0.8	1651	-
Fe_3O_4(s)	-1116.7±4.2	151.46±2.5	1870	-
Fe_2O_3(s)	-821.3±3.3	87.4±0.4	1867	-
FeS(s)	-100.4±2.5	60.29±0.21	1468	-
H_2(g)	0	130.58±0.08	-	-
H_2O(g)	-241.81	188.72	-	-
H_2S(g)	-20.5±0.4	205.64±0.4	-	-

물질	ΔH^0_{298}/kJ·mol^{-1}	ΔS^0_{298}/J·mol^{-1}·K^{-1}	m.p./K	b.p./K
Mg(s)	0	32.68±0.08	922	1363
Mg(g)	+146.4±1.3	148.53	-	-
$MgCl_2$(s)	-641.4±0.8	89.62±0.8	987	1691
MgO(s)	-601.24±0.8	26.94±0.4	-	-
MgS(s)	-351.5±3.3	50.33±0.8	-	-
Mn(s)	0	32.01±0.08	1517	-
Mn(g)	+283.26±4.2	173.59	-	-
MnO(s)	-384.9±2.1	59.8±0.04	-	-
MnS(s)	-213.4±2.1	80.3±0.8	1803	-
Mo(s)	0	28.66±0.21	2893	4873
Mo(g)	+658.1±5.4	181.84	-	-
MoO_2(s)	-587.9±1.7	50.00±1.3	-	-
MoS_2(s)	-275.31±5.9	62.59±1.05	-	-
N_2(g)	0	191.50±0.08	-	-
Ni(s)	0	29.87±0.21	1726	3183
Ni(g)	+430.1±2.1	182.09	-	-
NiO(s)	-240.6±2.1	38.1±0.4	2228	-
NiS(s)	-94.14±3.8	52.93±0.8	-	-
O_2(g)	0	205.0±0.04	-	-
Pb(s)	0	65.06±0.4	600	2023
Pb(g)	+61.17±1.3	175.27± -	-	-
PbO(赤)	-219.41±0.8	66.32±0.8	1159	-
PbS(s)	-98.3±2.5	91.34±1.7	1386	-
S(斜方)	0	31.88±0.21	-	-
S_2(g)	+128.66±0.4	228.03	-	-
SO_2(g)	-296.81±0.21	248.11	-	-
Si(s)	0	18.8±0.21	1685	3553
Si(g)	+455.6±5.0	167.86	-	-
SiO_2(s)	-910.44±3.3	41.46±0.21	1995	-
Sn(白)	0	51.21±0.4	505	2878

물질	ΔH^0_{298}/kJ·mol^{-1}	ΔS^0_{298}/J·mol^{-1}·K^{-1}	m.p./K	b.p./K
Sn(g)	+301.2±2.1	168.36	-	-
SnO_2(s)	-580.7±2.1	52.3±1.3	-	-
V(s)	0	28.95±0.4	2175	3623
V(g)	+515.5±7.9	182.17±0.8	-	-
V_2O_3(s)	-1218.8±6.3	98.07±1.3	-	-
Zn(s)	0	41.63±0.21	693	1180
Zn(g)	+130.42	160.87	-	-
ZnO(s)	-350.6±0.4	43.64±0.4	-	-

부록 3 화합물의 표준 생성 자유에너지

$\Delta G^0/J = A + BT\log T + CT = -19.15\,T\log K$

반응식	$\Delta G^0/J = A + BT\log T + CT$			온도범위 (K)
	A	B	C	
$2Ag(s)+Cl_2(g)=2AgCl(s)$	-246230		97.61	298-730
$2Ag(s)+Cl_2(g)=2AgCl(l)$	-206180		44.02	730-1235
$2Ag_2O(s)+4NO_2(g)+O_2(g)=4AgNO_3(s)$	-564440		830.29	298-460
$4Ag(s)+O_2(g)=2Ag_2O(s)$	-61530		134.05	298-460
$4Ag(s)+S_2(g)=2Ag_2S(s)$	-170160		68.91	451-1115
$4Ag(s)+S_2(g)=2Ag_2S(l)$	-151080		51.80	1115-1235
$4Ag(l)+S_2(g)=2Ag_2S(l)$	-192810		85.61	1235-1500
$2Ag(s)+SO_2(g)+O_2(g)=Ag_2SO_4(l)$	-404340	-127.57	679.65	930-1234
$2Al(s)+Cl_2(g)=2AlCl(g)$	-109190		-162.10	298-933
$2Al(l)+Cl_2(g)=2AlCl(g)$	-146220		-123.17	933-2000
$2/3Al(s)+Cl_2(g)=2/3AlCl_3(g)$	-390490		34.03	298-933
$2/3Al(l)+Cl_2(g)=2/3AlCl_3(g)$	-400070		44.17	933-2000
$2/3Al(s)+F_2(g)=2/3AlF_3(s)$	-1003480		170.35	298-933
$2/3Al(l)+F_2(g)=2/3AlF_3(s)$	-1004480		171.43	933-1548
$2/3Al(l)+F_2(g)=2/3AlF_3(g)$	-819700		52.09	1548-2000
$2Al(s)+N_2(g)=2AlN(s)$	-637980		211.32	298-933
$2Al(l)+N_2(g)=2AlN(s)$	-659280		234.15	933-2500
$4Al(l)+O_2(g)=2Al_2O(g)$	-371820		-90.57	933-2000
$4/3Al(s)+O_2(g)=2/3Al_2O_3(s)$	-1116200		207.31	298-933
$4/3Al(l)+O_2(g)=2/3Al_2O_3(s)$	-1126890		218.81	933-2327
$1/3Al_2O_3(s)+SO_3(g)=1/3Al_2(SO_4)_3(s)$	-197020	-38.70	307.57	600-1100
$9/2Al_2O_3(s)+B_2O_3(s)=1/2(9Al_2O_3{\cdot}2B_2O_3)(s)$	-63730		-39.06	298-723
$2Al_2O_3(s)+B_2O_3(s)=2Al_2O_3{\cdot}B_2O_3(s)$	-68190		1.58	298-723
$2Al_2O_3(s)+B_2O_3(l)=2Al_2O_3{\cdot}B_2O_3(s)$	-99080		44.19	723-1308
$4Al(s)+3C(s)=Al_4C_3(s)$	-209730		42.60	298-933
$4Al(l)+3C(s)=Al_4C_3(s)$	-258690		94.86	933-1800
$2Al(s)+As_2(g)=2AlAs(s)$	-422480		173.80	298-933
$2Al(l)+As_2(g)=2AlAs(s)$	-442580		195.43	933-2013
$2Al(s)+P_2(g)=2AlP(s)$	-473340		180.71	298-933
$2Al(l)+P_2(g)=2AlP(s)$	-499130		208.24	933-1800
$2Al(s)+Sb_2(g)=2AlSb(s)$	-284410		228.31	298-933
$2Al(l)+Sb_2(g)=2AlSb(s)$	-305320		250.72	933-1333
$2Al(l)+Sb_2(g)=2AlSb(l)$	-228650		193.24	1333-1800
$2As(s)=As(g)$	187530		-160.33	298-875
$2/3As(s)+Cl_2(g)=2/3AsCl_3(g)$	-173760		28.74	403-875

반응식	$\Delta G^0/J = A + BT\log T + CT$			온도범위 (K)
	A	B	C	
$4/3As(s)+O_2(g)=2/3As_2O_3(s)$	-436110		175.38	298-582
$4/3As(s)+O_2(g)=2/3As_2O_3(l)$	-424410		155.28	582-670
$4/3As(s)+O_2(g)=1/3As_4O_6(g)$	-396130		112.76	670-875
$4/5As(s)+O_2(g)=2/5As_2O_5(g)$	-369850		191.26	298-875
$2As(s)+S_2(g)=2AsS(s)$	-269790		169.22	298-580
$2As(s)+S_2(g)=2AsS(l)$	-248270		131.99	580-844
$4/3As(s)+S_2(g)=2/3As_2S_3(s)$	-239150		163.27	298-585
$4/3As(s)+S_2(g)=2/3As_2S_3(l)$	-211370		155.61	585-875
$2B(s)+N_2(g)=2BN(s)$	-500950		165.42	298-2000
$4/3B(s)+O_2(g)=2/3B_2O_3(l)$	-823170		143.45	723-2329
$4B(s)+C(s)=B_4C(s)$	-64280		5.03	298-2000
$Ba(s)+Cl_2(g)=BaCl_2(s)$	-856430		156.51	298-1002
$Ba(l)+Cl_2(g)=BaCl_2(s)$	-859780		159.93	1002-1235
$Ba(l)+Cl_2(g)=BaCl_2(l)$	-816240		124.61	1235-2000
$2Ba(s)+O_2(g)=2BaO(s)$	-1097760		188.52	298-1002
$2Ba(l)+O_2(g)=2BaO(s)$	-1114860		205.67	1002-2286
$2Ba(s)+S_2(g)=2BaS(s)$	-1050730		201.67	298-1001
$2Ba(l)+S_2(g)=2BaS(s)$	-1077630		228.03	1001-2000
$BaO(s)+CO_2(g)=BaCO_3(g)$	-289440	-131.01	597.21	298-1646
$BaO(s)+H_2O(g)=Ba(OH)_2(s)$	-153200		143.32	298-681
$BaO(s)+H_2O(g)=Ba(OH)_2(l)$	-118050		91.18	681-1305
$BaO(s)+SO_3(g)=BaSO_4(s)$	-530420	-14.94	238.55	298-1623
$2Be(s)+O_2(g)=2BeO(s)$	-1220000		203.57	298-1560
$2Be(l)+O_2(g)=2BeO(s)$	-1237290		207.82	1560-2742
$2/3Bi(l)+Cl_2(l)=2/3BiCl_3(l)$	-235150		106.28	545-712
$2/3Bi(l)+Cl_2(g)=2/3BiCl_3(g)$	-185540		36.54	712-1835
$4/3Bi(l)+O_2(g)=2/3Bi_2O_3(s)$	-390740		193.99	545-1098
$4/3Bi(l)+O_2(g)=2/3Bi_2O_3(l)$	-314130		123.10	1098-1835
$4/3Bi(l)+S_2(g)=2/3Bi_2S_3(s)$	-272840		186.24	545-1048
$1/3Bi_2O_3(s)+SO_3(g)=1/3Bi_2(SO_4)_3$	-261120		207.46	298-1098
$1/2C(s)+Cl_2(g)=1/2CCl_4(g)$	-53120	-11.70	105.33	349-800
$1/2C(s)+H_2(g)=1/2CH_4(g)$	-34560	25.63	-32.68	298-1200
$2C(s)+O_2(g)=2CO(g)$	-221840		-178.01	298-3000
$C(s)+O_2(g)=CO_2(g)$	-393500		-2.99	298-3000
$2CO(g)+O_2(g)=2CO_2(g)$	-565160		172.03	298-3000

반응식	$\Delta G^0/J = A + BT\log T + CT$			온도범위 (K)
	A	B	C	
$C(s)+S_2(g)=CS_2(g)$	-10530		-7.22	319-2000
$2CO(g)+S_2(g)=2COS(g)$	-182480		156.98	298-2000
$Ca(s)+Cl_2(g)=CaCl_2(s)$	-799110		162.27	298-1045
$Ca(l)+Cl_2(g)=CaCl_2(l)$	-758550		115.42	1115-1774
$Ca(s)+F_2(g)=CaF_2(\alpha)$	-1232310	-22.91	242.41	298-1115
$Ca(l)+F_2(g)=CaF_2(\alpha)$	-1236520	-28.90	264.44	1115-1424
$Ca(l)+F_2(g)=CaF_2(\beta)$	-1206100		152.04	1424-1690
$2Ca(s)+O_2(g)=2CaO(s)$	-1267840		206.40	298-1115
$2Ca(l)+O_2(g)=2CaO(s)$	-1285360		222.20	1115-1774
$2Ca(g)+O_2(g)=2CaO(s)$	-1576180		386.12	1774-3200
$CaO(s)+CO_2(g)=CaCO_3(s)$	-175930		150.69	298-1127
$CaO(s)+H_2O(g)=Ca(OH)_2(s)$	-106740		135.64	298-793
$1/2CaO(s)+Al_2O_3(s)=1/2(CaO{\cdot}2Al_2O_3)(s)$	-8290		-14.83	298-2038
$3CaO(s)+Al_2O_3(s)=3CaO{\cdot}Al_2O_3(s)$	-11890		-33.32	298-1808
$CaO(s)+Al_2O_3(s)=CaO{\cdot}Al_2O_3(s)$	-18260		-18.07	298-1873
$2CaO(s)+Fe_2O_3(s)=2CaO{\cdot}Fe_2O_3(s)$	-38490		-9.75	873-1708
$CaO(s)+Fe_2O_3(s)=CaO{\cdot}Fe_2O_3(s)$	-37610		1.98	950-1489
$CaO(s)+SiO_2(s)=CaSiO_3(\alpha)$	-89120		0.50	298-1483
$CaO(s)+SiO_2(s)=CaSiO_3(\beta)$	-83260		-3.43	1483-1816
$2CaO(s)+SiO_2(s)=Ca_2SiO_3(s)$	-126360		-5.02	298-1673
$CaO(s)+SO_3(g)=CaSO_4(s)$	-477600	-174.10	776.59	1100-1638
$2Ca(s)+S_2(g)=2CaS(s)$	-1073150		192.57	673-1115
$2Ca(l)+S_2(g)=2CaS(s)$	-1091530		209.08	1115-1774
$1/2Ca(s)+C(s)=1/2CaC_2(s)$	-27160		-15.40	298-1115
$1/2Ca(l)+C(s)=1/2CaC_2(s)$	-30670		-12.35	1115-1774
$Cd(l)+Cl_2(g)=CdCl_2(s)$	-391380		156.53	594-842
$Cd(l)+Cl_2(g)=CdCl_2(l)$	-346710		103.52	842-1039
$Cd(g)+Cl_2(g)=CdCl_2(g)$	-436640		190.11	1039-1236
$2Cd(l)+O_2(g)=2CdO(s)$	-524250		210.00	594-1039
$2Cd(g)+O_2(g)=2CdO(s)$	-712290		391.10	1039-1755
$2Cd(l)+S_2(g)=2CdS(s)$	-444450		191.97	594-1039
$2Cd(g)+S_2(g)=2CdS(s)$	-634710		375.09	1039-1633
$3CdO(s)+SO_3(g)=CdSO_4{\cdot}2CdO(s)$	-497690		359.66	1100-1273
$1/2(CdSO_4{\cdot}2CdO(s))+SO_3(g)=3/2CdSO_4(s)$	-161920		92.05	1100-1273
$2/3Ce(s)+Br_2(g)=2/3CeBr_3(s)$	-597840		143.29	298-1005
$2/3Ce(l)+Br_2(g)=2/3CeBr_3(l)$	-560060		106.31	1071-1730
$2/3Ce(s)+Cl_2(g)=2/3CeCl_3(s)$	-697970		157.56	298-1071

반응식	$\Delta G^0/J = A + BT\log T + CT$			온도범위 (K)
	A	B	C	
$2/3Ce(l)+Cl_2(g)=2/3CeCl_3(l)$	-651550		113.64	1080-1997
$2/3Ce(s)+F_2(g)=2/3CeF_3(s)$	-1122680		163.35	298-1071
$2/3Ce(l)+F_2(g)=2/3CeF_3(s)$	-1113640		154.86	1071-1710
$2/3Ce(l)+F_2(g)=2/3CeF_3(l)$	-1046090		115.30	1710-2000
$2/3Ce(s)+I_2(g)=2/3CeI_3(s)$	-491520		144.76	298-1033
$2/3Ce(l)+I_2(g)=2/3CeI_3(l)$	-456020		109.98	1071-1780
$4/3Ce(s)+O_2(g)=2/3Ce_2O_3(s)$	-1195540		187.47	298-1071
$4/3Ce(l)+O_2(g)=2/3Ce_2O_3(s)$	-1194340		186.26	1071-2450
$Ce(s)+O_2(g)=CeO_2(s)$	-1087910		205.87	298-1071
$Ce(l)+O_2(g)=CeO_2(s)$	-1085520		203.68	1071-2500
$4/3Ce(s)+S_2(g)=2/3Ce_2S_3(s)$	-917200		190.65	298-1071
$4/3Ce(l)+S_2(g)=2/3Ce_2S_3(s)$	-921690		194.80	1071-2163
$Ce(l)+S_2(g)=CeS_2(s)$	-745030		192.55	298-1071
$Co(s)+Cl_2(g)=CoCl_2(s)$	-318120	-43.58	270.38	298-994
$Co(s)+Cl_2(g)=CoCl_2(l)$	-273430	-39.72	214.12	994-1354
$Co(s)+Cl_2(g)=CoCl_2(g)$	-166040	-84.55	275.20	1354-1768
$2Co(s)+O_2(g)=2CoO(s)$	-468200		140.98	298-1768
$3/2Co(s)+O_2(g)=1/2Co_3O_4(s)$	-458360		193.73	298-1226
$CoO(s)+SO_3(g)=CoSO_4(s)$	-289660	-115.60	573.96	890-1250
$9/4Co(s)+S_2(g)=1/4Co_9O_8(s)$	-331540		166.57	298-1048
$3/2Co(s)+S_2(g)=1/2Co_3O_4(s)$	-305600		172.34	298-953
$Co(s)+S_2(g)=CoS_2(s)$	-279780		182.67	298-1100
$Cr(s)+Cl_2(g)=CrCl_2(s)$	-390150		119.56	298-1088
$Cr(s)+Cl_2(g)=CrCl_2(l)$	-333910		67.19	1088-1576
$2/3Cr(s)+Cl_2(g)=2/3CrCl_3(s)$	-365400		143.64	298-1088
$4/3Cr(s)+O_2(g)=2/3Cr_2O_3(s)$	-754900		170.00	298-2000
$Cu(s)+Cl_2(g)=CuCl_2(s)$	-222920	-36.19	253.93	298-862
$2Cu(s)+Cl_2(g)=2CuCl(l)$	-225340		39.22	709-1357
$2Cu(s)+Cl_2(g)=2CuCl(g)$	175230		-169.12	298-1357
$2Cu(s)+Cl_2(g)=2/3Cu_3Cl_3(g)$	-176800		5.03	298-1357
$4Cu(s)+O_2(g)=2Cu_2O(s)$	-338300		146.63	298-1357
$4Cu(l)+O_2(g)=2Cu_2O(s)$	-380110		177.35	1357-1517
$4Cu(l)+O_2(g)=2Cu_2O(l)$	-243390		87.34	1517-2000
$2Cu(s)+O_2(g)=2CuO(s)$	-306220		173.30	298-1357
$4Cu(s)+S_2(g)=2Cu_2S(s)$	-262400		61.00	298-1357
$4Cu(l)+S_2(g)=2Cu_2S(s)$	-235480		41.26	1357-1400
$4Cu(l)+S_2(g)=2Cu_2S(l)$	-282000		74.52	1400-1600

반응식	ΔG^0/J= $A+BT\log T+CT$			온도범위 (K)
	A	B	C	
$2Cu(s)+S_2(g)=2CuS(s)$	-234070		154.88	298-774
$Cu_2O(s)+Fe_2O_3(s)=2CuFeO_2(s)$	-42710		16.38	1091-1470
$CuO(s)+Fe_2O_3(s)=2CuFe_2O_4(s)$	19400	3.50	-37.52	700-1400
$2CuO(s)+SO_3(g)=CuO{\cdot}CuSO_4(s)$	-217690	-21.59	240.96	800-1200
$CuO{\cdot}CuSO_4(s)+SO_3(g)=2CuSO_4(s)$	-216650	-21.59	253.55	700-1100
$2Cu_2S(s)+4FeS(s)+S_2(g)=4CuFeS_2(s)$	-436560	-248.80	1055.84	298-830
$2/3Dy(s)+Cl_2(g)=2/3DyCl_3(s)$	-662900		163.58	298-924
$2/3Dy(s)+Cl_2(g)=2/3DyCl_3(l)$	-616300		113.77	924-1682
$2/3Dy(l)+Cl_2(g)=2/3DyCl_3(l)$	-600670		104.15	1682-1810
$2/3Dy(s)+F_2(g)=2/3DyF_3(s)$	-1123600		158.74	298-1430
$2/3Dy(s)+F_2(g)=2/3DyF_3(l)$	-1071880		122.53	1430-1682
$2/3Dy(l)+F_2(g)=2/3DyF_3(l)$	-1072850		123.10	1682-2000
$4/3Dy(s)+O_2(g)=2/3Dy_2O_3(s)$	-1235650		190.14	298-1682
$4/3Dy(l)+O_2(g)=2/3Dy_2O_3(s)$	-1243600		194.38	1682-2000
$2/3Er(s)+Cl_2(g)=2/3ErCl_3(s)$	-660030		158.66	298-1049
$2/3Er(s)+Cl_2(g)=2/3ErCl_3(l)$	-613830		114.64	1049-1795
$2/3Er(s)+F_2(g)=2/3ErF_3(s)$	-1121210		160.29	298-1419
$2/3Er(s)+F_2(g)=2/3ErF_3(l)$	-1060170		116.87	1419-1795
$2/3Er(l)+F_2(g)=2/3ErF_3(l)$	-1070410		122.59	1795-2000
$Eu(s)+Br_2(g)=EuBr_2(s)$	-746730		173.66	298-956
$Eu(l)+Br_2(g)=EuBr_2(l)$	-702690		130.06	1090-1797
$2/3Eu(s)+Br_2(g)=2/3EuBr_3(s)$	-530580		167.36	298-663
$2/3Eu(s)+Cl_2(g)=2/3EuCl_3(s)$	-620450		167.17	298-897
$2/3Eu(s)+Cl_2(g)=2/3EuCl_3(l)$	-570530		110.98	897-1090
$2/3Eu(l)+Cl_2(g)=2/3EuCl_3(l)$	-574210		114.44	1090-1300
$2/3Eu(s)+F_2(g)=2/3EuF_3(s)$	-1051880		169.37	298-1090
$2/3Eu(l)+F_2(g)=2/3EuF_3(s)$	-1029330		148.03	1090-1650
$4/3Eu(s)+O_2(g)=2/3Eu_2O_3(s)$	-1102730		200.05	298-1090
$4/3Eu(l)+O_2(g)=2/3Eu_2O_3(s)$	-1098910		195.86	1090-1350
$1/5Fe(s)+CO(g)=1/5Fe(CO)_5(g)$	-34240		112.63	298-800
$Fe(s)+Cl_2(g)=FeCl_2(s)$	-338480		121.93	298-950
$Fe(s)+Cl_2(g)=FeCl_2(l)$	-287640		68.33	950-1293
$Fe(s)+Cl_2(g)=FeCl_2(g)$	-160330		-29.43	1293-1809
$2/3Fe(s)+Cl_2(g)=2/3FeCl_3(s)$	-264830		138.28	298-577
$2/3Fe(s)+Cl_2(g)=2/3FeCl_3(g)$	-174200		18.7	605-1809
$2/3Fe(s)+Cl_2(g)=1/3Fe_2Cl_6(g)$	-221730		61.73	604-1809

반응식	ΔG^0/J= $A+BT\log T+CT$			온도범위 (K)
	A	B	C	
$2Fe(s)+O_2(g)=2'FeO'(s)$	-528860		129.46	298-1650
$2Fe(s)+O_2(g)=2'FeO'(l)$	-477560		97.06	1650-1809
$3/2Fe(s)+O_2(g)=1/2Fe_3O_4(s)$	-543240		149.00	880-1809
$4/3Fe(s)+O_2(g)=2/3Fe_2O_3(s)$	-541430		166.92	298-1809
$2'FeO'(s)+SiO_2(s)=Fe_2SiO_4(s)$	-33260		15.27	298-1490
$2'FeO'(l)+SiO_2(s)=Fe_2SiO_4(l)$	24480		-21.59	1500-1700
$'FeO'(s)+Al_2O_3(s)=FeAl_2O_4(s)$	-33140		6.11	298-1644
$FeO(s)+SO_3(g)=FeSO_4(s)$	-266060	-31.00	290.03	298-944
$1/3Fe_2O_3(s)+SO_3(g)=1/3Fe_2(SO_4)_3(s)$	-203300	-34.10	297.19	700-1000
$2Fe(s)+S_2(g)=2FeS(s)$	-312470		118.41	598-1461
$2Fe(s)+S_2(g)=2FeS(l)$	-240670		69.16	1461-1809
$2Fe(l)+S_2(g)=2FeS(l)$	-265370		82.82	1809-2000
$2'FeS'(s)+S_2(g)=2'FeS_2'(s)$	-362750		376.56	600-1100
$3Fe(s)+C(s)=Fe_3C(s)$	13780		-12.31	1000-1410
$4/3Ga(l)+O_2(g)=2/3Ga_2O_3(s)$	-729080		218.56	303-1998
$2Ga(l)+As_2(g)=2GaAs(s)$	-346080		223.11	303-1511
$2Ga(l)+P_2(g)=2GaP(s)$	-356680		225.45	303-1740
$2Ga(l)+Sb_2(g)=2GaSb(s)$	-327070		213.15	303-985
$2/3Gd(s)+Br_2(g)=2/3GdBr_3(s)$	-581180		156.41	298-1058
$2/3Gd(s)+Br_2(g)=2/3GdBr_3(l)$	-535620		113.28	1058-1585
$2/3Gd(s)+Cl_2(g)=2/3GdCl_3(s)$	-670060		160.14	298-875
$2/3Gd(s)+Cl_2(g)=2/3GdCl_3(l)$	-627730		111.57	875-1585
$2/3Gd(l)+Cl_2(g)=2/3GdCl_3(l)$	-614390		102.78	1585-1919
$2/3Gd(s)+F_2(g)=2/3GdF_3(s)$	-1127520		159.16	298-1505
$2/3Gd(l)+F_2(g)=2/3GdF_3(l)$	-1079840		126.53	1585-2000
$2/3Gd(s)+I_2(g)=2/3GdI_3(s)$	-454290		144.43	298-1204
$2/3Gd(s)+I_2(g)=2/3GdI_3(l)$	-399080		98.43	1204-1585
$4/3Gd(s)+O_2(g)=2/3Gd_2O_3(s)$	-1214540		187.64	298-1550
$Ge(s)+O_2(g)=GeO_2(s)$	-554000		173.01	298-1210
$Ge(l)+O_2(g)=GeO_2(s)$	-575460		190.43	1210-1409
$Ge(l)+O_2(g)=GeO_2(l)$	-556160		176.86	1409-1993
$H_2(g)+Cl_2(g)=2HCl(g)$	-188270		-12.10	298-2000
$H_2(g)+F_2(g)=2HF(g)$	-548600		-6.72	298-2000
$2H_2(g)+O_2(g)=2H_2O(g)$	-493070		109.88	298-3000
$2H_2(g)+S_2(g)=2H_2S(g)$	-177760		96.75	298-2000

반응식	ΔG^0/J= $A+BT\log T+CT$			온도범위 (K)
	A	B	C	
$2Hg(l)+Cl_2(g)=2HgCl(g)$	161180		-141.69	298-629
$2Hg(g)+Cl_2(g)=2HgCl(g)$	36770		56.40	629-2000
$2Hg(l)+O_2(g)=2HgO(s)$	-180930		213.99	298-629
$2Hg(l)+S_2(g)=2HgS(s)$	-234540		212.61	298-629
$HgO(s)+SO_3(g)=HgSO_4(s)$	-225760	-32.71	284.25	298-720
$Hg(l)+Se(l)=HgSe(s)$	-60260		26.22	493-629
$2Hg(g)+Se_2(g)=2HgSe(s)$	-352120		354.82	629-969
$4/3In(l)+O_2(g)=2/3In_2O_3(s)$	-616030		210.37	430-2183
$2In(l)+S_2(g)=2InS(s)$	-397480		207.87	430-953
$4/3In(s)+S_2(g)=2/3In_2S_3(s)$	-362730		189.75	430-1371
$2In(l)+As_2(g)=2InAs(s)$	-309300		207.80	430-1216
$2In(l)+P_2(g)=2InP(s)$	-323050		218.60	430-1344
$2In(l)+Sb_2(g)=2InSb(s)$	-294910		201.61	430-798
$2In(l)+Sb_2(g)=2InSb(l)$	-191760		72.17	798-1200
$2K(l)+Cl_2(g)=2KCl(s)$	-873990		191.88	336-1036
$2K(g)+Cl_2(g)=2KCl(l)$	-949300		264.85	1044-1710
$4K(l)+O_2(g)=2K_2O(s)$	-723520		280.56	336-980
$4K(g)+O_2(g)=2K_2O(l)$	-919220		469.44	1031-1325
$4K(l)+S_2(g)=2K_2S(s)$	-885880		278.08	336-1036
$K_2O(s)+CO_2(g)=K_2CO_3(s)$	-395880		152.77	298-1154
$K_2O(s)+H_2O(g)=2KOH(s)$	-241660		110.69	298-679
$K_2O(s)+H_2O(g)=2KOH(l)$	-201190		49.67	679-1154
$2/3La(s)+Br_2(g)=2/3LaBr_3(s)$	-629960		150.69	298-1061
$2/3La(l)+Br_2(g)=2/3LaBr_3(l)$	-588190		112.33	1193-1980
$2/3La(s)+Cl_2(g)=2/3LaCl_3(s)$	-708490		155.50	298-1131
$2/3La(l)+Cl_2(g)=2/3LaCl_3(l)$	-646910		101.45	1193-2000
$2/3La(s)+F_2(g)=2/3LaBr_3(s)$	-1129460		160.12	298-1193
$2/3La(l)+F_2(g)=2/3LaBr_3(s)$	-1118830		150.72	1193-1766
$2/3La(l)+F_2(g)=2/3LaBr_3(l)$	-1066980		121.24	1766-2000
$2/3La(s)+I_2(g)=2/3LaI_3(s)$	-503820		145.31	298-1051
$2/3La(l)+I_2(g)=2/3LaI_3(l)$	-459550		103.74	1193-1925
$4/3La(s)+O_2(g)=2/3La_2O_3(s)$	-1192800		186.49	298-1193
$4/3La(l)+O_2(g)=2/3La_2O_3(s)$	-1195950		189.19	1193-2000
$4/3La(s)+S_2(g)=2/3La_2S_3(s)$	-928650		185.48	298-1193
$4/3La(l)+S_2(g)=2/3La_2S_3(s)$	-935100		190.93	1193-2000
$2Li(l)+Cl_2(g)=2LiCl(s)$	-819100		166.37	454-883

반응식	$\Delta G^0/J = A + BT\log T + CT$			온도범위 (K)
	A	B	C	
$2Li(l)+Cl_2(g)=2LiCl(l)$	-771120		111.79	883-1605
$4Li(l)+O_2(g)=2Li_2O(s)$	-1207370		273.37	454-1605
$Li_2O(s)+CO_2(g)=Li_2CO_3(s)$	-222110		154.93	298-993
$Li_2O(s)+CO_2(g)=Li_2CO_3(l)$	-153750		85.87	993-1300
$Li_2O(s)+H_2O(g)=2LiOH(s)$	-127630		132.69	298-744
$Li_2O(s)+H_2O(g)=2LiOH(l)$	-66480		51.33	744-1312
$Mg(s)+Cl_2(g)=MgCl_2(s)$	-641490		156.88	298-923
$Mg(l)+Cl_2(g)=MgCl_2(l)$	-599670		114.21	980-1366
$Mg(g)+Cl_2(g)=MgCl_2(l)$	-717580		200.49	1366-1691
$2Mg(s)+O_2(g)=2MgO(s)$	-1202700		214.28	298-923
$2Mg(l)+O_2(g)=2MgO(s)$	-1217280		230.08	923-1366
$2Mg(g)+O_2(g)=2MgO(s)$	-1461830		410.87	1366-3098
$MgO(s)+CO_2(g)=MgCO_3(s)$	-99970		173.02	298-812
$MgO(s)+H_2O(g)=Mg(OH)_2(s)$	-79740		146.85	298-700
$MgO(s)+SiO_2(s)=MgSiO_3(s)$	-41390		7.72	298-1850
$2MgO(s)+SiO_2(s)=Mg_2SiO_4(s)$	-67310	-69.37	6.02	298-2171
$MgO(s)+SO_3(g)=MgSO_4(s)$	-328700		421.29	1000-1428
$2Mg(s)+S_2(g)=2MgS(s)$	-816730		185.59	298-923
$2Mg(l)+S_2(g)=2MgS(s)$	-833260		203.48	923-1366
$2Mg(g)+S_2(g)=2MgS(s)$	-1080470		384.53	1366-2000
$Mn(s)+Cl_2(g)=MnCl_2(s)$	-478660		128.10	298-923
$Mn(s)+Cl_2(g)=MnCl_2(l)$	-432790		78.42	923-1500
$2Mn(s)+O_2(g)=2MnO(s)$	-765060		148.96	298-1519
$2Mn(l)+O_2(g)=2MnO(s)$	-801100		173.02	1519-2083
$MnO(s)+SiO_2(s)=MnSiO_3(s)$	-27960		2.42	298-1564
$3/2Mn(s)+O_2(g)=1/2Mn_3O_4(s)$	-692000		172.42	298-1519
$3/2Mn(l)+O_2(g)=1/2Mn_3O_4(s)$	-704250		180.46	1519-1835
$Mn(s)+O_2(g)=MnO_2(s)$	-521430		181.94	298-803
$MnO(s)+SO_3(g)=MnSO_4(s)$	-292720	-38.31	318.00	298-973
$2Mn(s)+S_2(g)=2MnS(s)$	-554100		127.28	298-1519
$2Mn(l)+S_2(g)=2MnS(s)$	-593390		153.17	1519-1803
$2Mn(l)+S_2(g)=2MnS(l)$	-541680		124.49	1803-2000
$Mo(s)+O_2(g)=MoO_2(s)$	-570230		164.94	298-2000
$2/3Mo(s)+O_2(g)=2/3MoO_3(s)$	-494660		165.71	298-1074
$4/3Mo(s)+S_2(g)=2/3Mo_2S_3(s)$	-392570		174.01	298-2050
$1/3N_2(g)+H_2(g)=2/3NH_3(g)$	-28720	19.46	11.32	298-1500

반응식	ΔG^0/J= $A+BT\log T+CT$			온도범위 (K)
	A	B	C	
$N_2(g)+O_2(g)=2NO(g)$	180490		-24.90	298-2000
$1/2N_2(g)+O_2(g)=NO_2(g)$	32010		63.71	298-2000
$2Na(l)+Cl_2(g)=2NaCl(s)$	-819120		172.80	371-1074
$2Na(g)+Cl_2(g)=2NaCl(l)$	-927890		258.82	1154-1738
$2Na(l)+F_2(g)=2NaF(s)$	-1149130		207.93	371-1154
$2Na(g)+F_2(g)=2NaF(l)$	-1240810		291.27	1269-2063
$Na(l)+1/3Al(l)+F_2(g)=1/3Na_3AlF_6(l)$	-1125490		206.50	1285-2273
$4Na(l)+O_2(g)=2Na_2O(s)$	-835060		277.03	371-1154
$4Na(g)+O_2(g)=2Na_2O(s)$	-1157660		553.90	1154-1405
$4Na(g)+O_2(g)=2Na_2O(l)$	-1041780		472.32	1405-2000
$4Na(l)+S_2(g)=2Na_2S(s)$	-880740		263.18	371-1154
$4Na(g)+S_2(g)=2Na_2S(l)$	-1257720		580.74	1192-1600
$Na_2O(s)+SiO_2(s)=Na_2SiO_3(s)$	-234740		9.02	298-1362
$Na_2O(s)+CO_2(s)=Na_2CO_3(s)$	-310570		131.76	723-1123
$Na_2O(s)+CO_2(s)=Na_2CO_3(l)$	-278200		102.80	1123-1405
$Na_2O(l)+CO_2(s)=Na_2CO_3(l)$	-318130		131.37	1405-2000
$Na_2O(s)+SO_3(s)=Na_2SO_4(s)$	-575870	-50.09	315.01	600-1157
$4/5Nb(s)+O_2(g)=2/5Nb_2O_5(s)$	-754030		166.99	298-1783
$4/5Nb(s)+O_2(g)=2/5Nb_2O_5(l)$	-687010		128.88	1783-2000
$2/3Nd(s)+Br_2(g)=2/3NdBr_3(s)$	-610380		154.40	298-955
$2/3Nd(s)+Br_2(g)=2/3NdBr_3(l)$	-575690		117.97	955-1289
$2/3Nd(l)+Br_2(g)=2/3NdBr_3(l)$	-567630		111.81	1289-1859
$2/3Nd(s)+Cl_2(g)=2/3NdCl_3(s)$	-691490		157.94	298-1032
$2/3Nd(s)+Cl_2(g)=2/3NdCl_3(l)$	-640240		107.84	1032-1289
$2/3Nd(l)+Cl_2(g)=2/3NdCl_3(l)$	-642500		109.59	1289-1976
$2/3Nd(s)+F_2(g)=2/3NdF_3(s)$	-1115350		158.36	298-1289
$2/3Nd(l)+F_2(g)=2/3NdF_3(s)$	-1108590		152.67	1289-1650
$2/3Nd(l)+F_2(g)=2/3NdF_3(l)$	-1064280		125.88	1650-2000
$2/3Nd(s)+I_2(g)=2/3NdI_3(s)$	-477360		151.55	298-1060
$2/3Nd(s)+I_2(g)=2/3NdI_3(l)$	-428520		105.47	1060-1289
$2/3Nd(l)+I_2(g)=2/3NdI_3(l)$	-430830		107.56	1289-1777
$4/3Nd(s)+O_2(g)=2/3Nd_2O_3(s)$	-1201760		185.00	298-1289
$4/3Nd(l)+O_2(g)=2/3Nd_2O_3(s)$	-1208130		189.78	1289-2000
$4/3Nd(s)+S_2(g)=2/3Nd_2S_3(s)$	-876800		193.28	298-1289
$4/3Nd(l)+S_2(g)=2/3Nd_2S_3(s)$	-895780		208.05	1289-2000
$Ni(s)+Cl_2(g)=NiCl_2(s)$	-301710		146.36	298-1128

반응식	$\Delta G^0/J = A + BT\log T + CT$			온도범위 (K)
	A	B	C	
$1/4Ni(s)+CO(g)=1/4Ni(CO)_4(g)$	-39550		100.16	298-1728
$2Ni(s)+O_2(g)=2NiO(s)$	-468580		169.44	298-1728
$2Ni(l)+O_2(g)=2NiO(s)$	-494910		184.68	1728-2228
$NiO(s)+Fe_2O_3(s)=NiO \cdot Fe_2O_3(s)$	-17730		-5.33	855-1500
$2Ni(s)+S_2(g)=2NiS(s)$	-287480		153.91	670-850
$3Ni(s)+S_2(g)=Ni_3S_2(s)$	-277150		100.12	828-1079
$3Ni(s)+S_2(g)=Ni_3S_2(l)$	-241460		66.94	1079-1700
$NiO(s)+SO_3(g)=NiSO_4(s)$	-248070		198.82	900-1200
$3Ni(s)+Ti(s)=Ni_3Ti(s)$	-143140		-8.05	298-1653
$Ni(s)+Ti(s)=NiTi(s)$	-68040		11.33	298-1583
$1/2Ni(s)+Ti(s)=1/2NiTi_2(s)$	-42710		6.03	298-1257
$2P(s,\ red)=P_2(g)$	176900		-165.80	298-703
$2P(L,\ white)=P_2(g)$	140220		-124.17	317-552
$2/5P_2(g)+O_2(g)=1/5P_4O_{10}(g)$	-631620		201.20	552-1973
$Pb(l)+Cl_2(g)=PbCl_2(l)$	-324340		102.74	774-1223
$Pb(l)+Cl_2(g)=PbCl_2(g)$	-189480		-7.63	1223-2020
$2Pb(s)+O_2(g)=2PbO(s)$	-438340		198.17	298-601
$2Pb(l)+O_2(g)=2PbO(s)$	-439340		200.40	601-1159
$2Pb(l)+O_2(g)=2PbO(l)$	-368880		139.58	1159-1897
$2Pb(l)+S_2(g)=2PbS(s)$	-324220		174.76	601-1387
$2Pb(l)+S_2(g)=2PbS(l)$	-277040		140.65	1387-1587
$PbO(l)+SiO_2(s)=PbO \cdot SiO_2(l)$	-2930		-9.25	1159-1800
$5PbO(l)+SO_3(g)=PbSO_4 \cdot 4PbO(s)$	-304890		128.45	800-1108
$3/2(PbSO_4 \cdot 4PbO(s))+SO_3(g)=5/2(PbSO_4 \cdot 2PbO(s))$	-298650	-70.33	357.61	889-1168
$2(PbSO_4 \cdot 2PbO(s))+SO_3(g)=3(PbSO_4 \cdot PbO(s))$	-367860	-70.33	435.47	889-1223
$PbSO_4 \cdot PbO(s)+SO_3(g)=2PbSO_4(s)$	-309620	-70.33	407.52	800-1139
$2/3Pr(s)+Br_2(g)=2/3PrBr_3(s)$	-620590		154.56	298-966
$2/3Pr(s)+Br_2(g)=2/3PrBr_3(l)$	-482110		31.55	966-1204
$2/3Pr(l)+Br_2(g)=2/3PrBr_3(l)$	-577530		111.34	1204-1909
$2/3Pr(s)+Cl_2(g)=2/3PrCl_3(s)$	-699000		155.87	298-1059
$2/3Pr(s)+Cl_2(g)=2/3PrCl_3(l)$	-653090		112.33	1059-1204
$2/3Pr(l)+Cl_2(g)=2/3PrCl_3(l)$	-651240		111.18	1204-1982
$2/3Pr(s)+F_2(g)=2/3PrF_3(s)$	-1121250		158.74	298-1204
$2/3Pr(l)+F_2(g)=2/3PrF_3(s)$	-1114450		152.99	1204-1672
$2/3Pr(l)+F_2(g)=2/3PrF_3(l)$	-1057720		119.10	1672-2000
$2/3Pr(s)+I_2(g)=2/3PrI_3(s)$	-493610		144.49	298-1011
$2/3Pr(s)+I_2(g)=2/3PrI_3(l)$	-459880		111.14	1011-1204

반응식	$\Delta G^0/J = A + BT\log T + CT$			온도범위 (K)
	A	B	C	
$2/3Pr(l)+I_2(g)=2/3PrI_3(l)$	-454930		107.34	1204-1803
$4/3Pr(s)+O_2(g)=2/3Pr_2O_3(s)$	-1202730		190.22	298-1204
$4/3Pr(l)+O_2(g)=2/3Pr_2O_3(s)$	-1210970		197.12	1204-2000
$7/6Pr(s)+O_2(g)=1/6Pr_7O_{12}(s)$	-1108530		208.73	298-1184
$Pr(s)+O_2(g)=PrO_2(s)$	-972800		193.64	298-500
$Pr(s)+S_2(g)=2PrS(s)$	-1028810		210.46	298-1204
$Pr(l)+S_2(g)=2PrS(s)$	-1049700		227.72	1204-2000
$3/2Pr(s)+S_2(g)=1/2Pr_3S_4(s)$	-902700		202.45	298-1204
$3/2Pr(l)+S_2(g)=1/2Pr_3S_4(s)$	-917610		214.77	1204-2000
$Pt(s)+O_2(g)=PtO_2(s)$	168330		1.41	298-2000
$2S(l)=S_2(g)$	115350		-132.59	388-717
$2S(g)=S_2(g)$	-430790		119.85	298-2000
$3/2S_2(g)=S_3(g)$	-53750		72.21	298-1300
$2S_2(g)=S_4(g)$	-110210		142.63	400-2000
$3S_2(g)=S_6(g)$	-277600		311.58	298-1200
$4S_2(g)=S_8(g)$	-402300		451.44	298-1200
$S_2(g)+O_2(g)=2SO(g)$	-117180		-14.06	298-2000
$1/2S_2(g)+O_2(g)=SO_2(g)$	-361660		72.48	298-2000
$1/3S_2(g)+O_2(g)=2/3SO_3(g)$	-306080		108.96	298-2000
$2Sb(s)=Sb_2(g)$	226740		-151.99	298-904
$2Sb(l)=Sb_2(g)$	171570		-91.38	904-1858
$4/3Sb(s)+O_2(g)=2/3Sb_2O_3(s)$	-469720		177.50	298-904
$4/3Sb(s)+O_2(g)=1/3Sb_4O_6(g)$	-430150		144.50	928-1858
$4/3Sb(s)+O_2(g)=2/5Sb_2O_5(s)$	-397600		191.91	298-798
$4/3Sb(s)+S_2(g)=2/3Sb_2S_3(s)$	-262470		158.16	298-823
$4/3Sb(s)+S_2(g)=2/3Sb_2S_3(l)$	-219710		106.21	823-904
$4/3Sb(l)+S_2(g)=2/3Sb_2S_3(l)$	-243470		132.61	904-1273
$2/3Sc(s)+F_2(g)=2/3ScF_3(s)$	-1069530		148.80	298-1812
$2/3Sc(s)+Cl_2(g)=2/3ScCl_3(s)$	-608230		154.18	298-1240
$2/3Sc(s)+Br_2(g)=2/3ScBr_3(s)$	-500950		146.28	298-1202
$4/3Sc(s)+O_2(g)=2/3Sc_2O_3(s)$	-1270590		196.36	298-1812
$Se(s)+O_2(g)=SeO_2(s)$	-224870		179.94	298-493
$Se(l)+O_2(g)=SeO_2(s)$	-229470		189.15	493-601
$Se(l)+O_2(g)=SeO_2(g)$	-119810		6.49	601-957

반응식	$\Delta G^0/J = A + BT\log T + CT$			온도범위 (K)
	A	B	C	
$1/2Si(s)+Cl_2(g)=1/2SiCl_4(g)$	-332800		67.23	330-1685
$3/2Si(s)+N_2(g)=1/2Si_3N_4(s)$	-373100		166.16	298-1685
$3/2Si(l)+N_2(g)=1/2Si_3N_4(s)$	-435760		203.12	1685-2146
$2Si(s)+O_2(g)=2SiO(g)$	-204060		-164.43	298-1685
$Si(s)+O_2(g)=SiO_2(s)$	-904180		172.37	298-1685
$Si(l)+O_2(g)=SiO_2(s)$	-943040		195.31	1685-2001
$2Si(s)+S_2(g)=2SiS(g)$	97600		-166.13	298-1685
$Si(l)+C(s)=SiC(s)$	-72760		7.04	298-1685
$2/3Sm(s)+Cl_2(g)=2/3SmCl_3(s)$	-680780		162.36	298-950
$2/3Sm(s)+Cl_2(g)=2/3SmCl_3(l)$	-640810		120.38	950-1345
$2/3Sm(s)+F_2(g)=2/3SmF_3(s)$	-1107180		159.30	298-1348
$2/3Sm(l)+F_2(g)=2/3SmF_3(s)$	-1098480		152.64	1345-1572
$2/3Sm(l)+F_2(g)=2/3SmF_3(l)$	-1066170		132.07	1572-2000
$4/3Sm(s)+O_2(g)=2/3Sm_2O_3(s)$	-1216100		195.47	298-1345
$4/3Sm(l)+O_2(g)=2/3Sm_2O_3(s)$	-1228520		204.70	1345-2000
$Sn(l)+Cl_2(g)=SnCl_2(l)$	-305770		97.80	520-885
$1/2Sn(l)+Cl_2(g)=1/2SnCl_4(g)$	-238520		71.63	505-2000
$Sn(l)+O_2(g)=SnO_2(l)$	-579810		204.09	505-2140
$2Sn(l)+O_2(g)=2SnO(l)$	-516390		154.16	1250-1500
$2Sn(l)+O_2(g)=2SnO(g)$	13170		-100.42	505-2000
$2Sn(l)+S_2(g)=2SnS(s)$	-353280		195.78	505-1153
$2Sn(l)+S_2(g)=2SnS(l)$	-273520		126.56	1153-1477
$2Sn(l)+S_2(g)=2SnS(g)$	46850		-90.51	1477-2000
$2Sr(s)+O_2(g)=2SrO(s)$	-1180730		196.47	298-1050
$2Sr(l)+O_2(g)=2SrO(s)$	-1190200		205.41	1050-1685
$SrO(s)+CO_2(g)=SrCO_3(s)$	-264960	-68.96	394.47	298-1513
$SrO(s)+H_2O(g)=Sr(OH)_2(g)$	-133250		143.34	298-783
$4/5Ta(s)+O_2(g)=2/5Ta_2O_5(s)$	-810480		164.49	298-2058
$2/3Tb(s)+Cl_2(g)=2/3TbCl_3(s)$	-660990		159.85	298-855
$2/3Tb(s)+Cl_2(g)=2/3TbCl_3(l)$	-617760		109.50	855-1630
$2/3Tb(s)+F_2(g)=2/3TbF_3(s)$	-1132200		158.70	298-1450
$2/3Tb(s)+F_2(g)=2/3TbF_3(l)$	-1071330		116.24	1450-1630
$2/3Tb(l)+F_2(g)=2/3TbF_3(l)$	-1082590		123.31	1630-2000
$2/3Tb(s)+I_2(g)=2/3TbI_3(s)$	-462180		144.48	298-1228

반응식	ΔG^0/J= $A+BT\log T+CT$			온도범위 (K)
	A	B	C	
$2/3Tb(s)+I_2(g)=2/3TbI_3(l)$	-405270		98.02	1228-1625
$4/3Tb(s)+O_2(g)=2/3Tb_2O_3(s)$	-1237600		183.90	298-1630
$7/6Tb(s)+O_2(g)=1/6Tb_7O_{12}(s)$	-1099200		177.19	298-1385
$Te(l)+O_2(g)=TeO_2(s)$	-335480		194.58	723-1006
$Te(l)+O_2(g)=TeO_2(l)$	-301040		160.46	1006-1267
$1/2Th(s)+F_2(g)=1/2ThF_4(s)$	-1043550		146.24	298-1383
$Th(s)+O_2(g)=ThO_2(s)$	-1220540		180.67	298-2023
$1/2Ti(s)+Cl_2(g)=1/2TiCl_4(g)$	-381050		59.80	409-1939
$2Ti(s)+O_2(g)=2TiO(s)$	-1100130	-60.03	387.26	600-1939
$4/3Ti(s)+O_2(g)=2/3Ti_2O_3(s)$	-993860		166.20	298-1939
$6/5Ti(s)+O_2(g)=2/5Ti_3O_5(s)$	-967300		162.94	298-1939
$Ti(s)+O_2(g)=TiO_2(s)$	-936550		173.33	298-1939
$2Ti(\alpha)+N_2(g)=2TiN(s)$	-673320		186.84	298-1166
$2Ti(\beta)+N_2(g)=2TiN(s)$	-669070		183.14	1166-1939
$Ti(\alpha)+C(s)=2TiC(s)$	-183850		10.26	298-1166
$Ti(\beta)+C(s)=2TiC(s)$	-186670		12.64	1166-2000
$1/2U(s)+F_2(g)=1/2UF_4(s)$	-1594760	-1904.66	6566.56	298-1309
$1/2U(l)+F_2(g)=1/2UF_4(l)$	-915720		113.59	1405-1730
$1/3U(s)+F_2(g)=1/3UF_6(g)$	-714760		90.95	329-1405
$2U(s)+N_2(g)=2UN(s)$	-561410	52.85	-17.23	298-1405
$U(s)+O_2(g)=UO_2(s)$	-1081240		169.75	298-1405
$U(l)+O_2(g)=UO_2(s)$	-1084060		171.86	1405-3115
$3/4U(s)+O_2(g)=1/4U_3O_8(s)$	-891100		163.55	298-1405
$2/3U(s)+O_2(g)=2/3UO_3(s)$	-816300		168.34	298-1050
$U(s)+C(s)=UC(s)$	-96630		-8.00	298-1405
$U(l)+C(s)=UC(s)$	-111930		2.87	1405-2000
$4/3V(s)+O_2(g)=2/3V_2O_3(s)$	-800190		164.60	298-2190
$4/5V(s)+O_2(g)=2/5V_2O_5(s)$	-618730		171.60	298-943
$4/5V(s)+O_2(g)=2/5V_2O_5(l)$	-581050		131.84	943-1290
$W(s)+O_2(g)=WO_2(s)$	-583790		174.78	298-1803
$2/3W(s)+O_2(g)=2/3WO_3(s)$	-555270		162.24	298-1745
$W(s)+C(s)=WC(s)$	-39100		0.33	298-2000
$2/3Y(s)+Cl_2(g)=2/3YCl_3(s)$	-663260		150.22	298-994

반응식	ΔG^0/J= $A + BT\log T + CT$			온도범위 (K)
	A	B	C	
$2/3Y(s)+Cl_2(g)=2/3YCl_3(l)$	-623300		110.31	994-1757
$2/3Y(s)+F_2(g)=2/3YF_3(s)$	-1139790		151.71	298-1428
$2/3Y(s)+F_2(g)=2/3YF_3(l)$	-1078310		108.11	1428-1799
$2/3Y(s)+I_2(g)=2/3YI_3(s)$	-469060		140.72	298-1273
$2/3Y(s)+I_2(g)=2/3YI_3(l)$	-415400		98.08	1273-1580
$4/3Y(s)+O_2(g)=2/3Y_2O_3(s)$	-1265920		188.20	298-1799
$Zn(l)+Cl_2(g)=ZnCl_2(l)$	-399740		124.71	693-1004
$Zn(g)+Cl_2(g)=ZnCl_2(g)$	-394070		102.03	1179-2000
$Zn(g)+F_2(g)=ZnF_2(l)$	-811530		210.10	1223-1776
$2Zn(l)+O_2(g)=2ZnO(s)$	-712540		215.91	693-1179
$2Zn(g)+O_2(g)=2ZnO(s)$	-929500		399.96	1179-2243
$2Zn(l)+S_2(g)=2ZnS(s)$	-548500		207.68	693-1179
$2Zn(g)+S_2(g)=2ZnS(s)$	-745870		375.25	1179-1907
$ZnO(s)+CO_2(g)=ZnCO_3(s)$	-73620		174.50	298-422
$2ZnO(s)+SiO_2(s)=Zn_2SiO_4(s)$	-36540		2.43	298-1300
$3/2ZnO(s)+SO_3(g)=1/2(ZnO\cdot 2ZnSO_4(s))$	-239280	-31.80	274.60	800-1200
$ZnO\cdot 2ZnSO_4(s)+SO_3(g)=3ZnSO_4(\alpha)$	-224810		189.16	800-1007
$ZnO\cdot 2ZnSO_4(s)+SO_3(g)=3ZnSO_4(\beta)$	-164350		129.16	1007-1200
$1/2Zr(s)+Cl_2(g)=1/2ZrCl_4(g)$	-435950		58.11	609-2000
$Zr(s)+O_2(g)=ZrO_2(s)$	-1090960		180.14	298-2125

부록 4 298 K에서 수용액의 표준전극전위

전 극 반 응	E^0/V
산성용액 ($a_{H^+}=1$)	
$F_2(g)+2e^-=2F^-$	+2.87
$Co^{3+}+e^-=Co^{2+}$	+1.83
$H_2O_2+2H^++2e^-=2H_2O$	+1.77
$Au^++e^-=Au$	+1.69
$MnO_4^-+8H^++5e^-=Mn^{2+}+4H_2O$	+1.51
$Cl_2+2e^-=2Cl^-$	+1.3592
$Tl^{3+}+2e^-=Tl^-$	+1.252
$O_2+4H^++4e^-=2H_2O$	+1.229
$Br_2+2e^-=2Br^-$	+1.065
$Ag^++e^-=Ag$	+0.7989
$Fe^{3+}+e^-=Fe^{2+}$	+0.771
$O_2+2H^++2e^-=2H_2O_2$	+0.682
$I_3^-+2e^-=3I^-$	+0.536
$Cu^{2+}+2e^-=Cu$	+0.337
$Hg_2Cl_2+2e^-=2Hg+2Cl^-$	+0.2674
$AgCl+e^-=Ag+Cl^-$	+0.2223
$Cu^{2+}+e^-=Cu^+$	+0.153
$CuCl(aq)+e^-=Cu+Cl^-$	+0.137
$AgBr+e^-=Ag+Br^-$	+0.0711
$2H^++2e^-=H_2$	0.0000
$Pb^{2+}+2e^-=Pb$	-0.126
$AgI+e^-=Ag+I^-$	-0.1516
$CuI+e^-=Cu+I^-$	-0.1850
$Ni^{2+}+2e^-=Ni$	-0.23
$Co^{2+}+2e^-=Co$	-0.28
$PbSO_4+2e^-=Pb+SO_4^{2-}$	-0.3586
$Ti^{3+}+e^-=Ti^{2+}$	-0.369
$Cd^{2+}+2e^-=Cd$	-0.403
$Cr^{3+}+e^-=Cr^{2+}$	-0.407
$Fe^{2+}+2e^-=Fe$	-0.4400
$Cr^{3+}+e^-=Cr^{2+}$	-0.744
$Zn^{2+}+2e^-=Zn$	-0.7626
$Hg_2^{2+}+2e^-=2Hg$	-0.792
$2Hg^{2+}+2e^-=Hg_2^{2+}$	-0.907

전 극 반 응	E^0/V
$Cr^{2+}+2e^-=Cr$	−0.913
$Mn^{2+}+2e^-=Mn$	−1.180
$Al^{3+}+3e^-=Al$	−1.662
$Mg^{2+}+2e^-=Mg$	−2.363
$Na^++e^-=Na$	−2.714
$Ca^{2+}+2e^-=Ca$	−2.866
$K^++e^-=K$	−2.925
$Li^++e^-=Li$	−3.045
염기성용액($a_{OH^-}=1$)	
$MnO_4^-+2H_2O+3e^-=MnO_2+4OH^-$	+0.588
$O_2+2H_2O+4e^-=4OH^-$	+0.401
$S+2e^-=S2^-$	−0.447
$2H_2O+2e^-=H_2+2OH^-$	−0.8278
$SO_4^{2-}+H_2O+2e^-=SO_3^-+2OH^-$	−0.93

부록 5 수용액계에서의 열역학 Data

화 학 식	상태	ΔG^0_{298K} (kJ/mol)	ΔH^0_{298K} (kJ/mol)	ΔS^0_{298K} (J/(mol · K))
H^+	aq	0	0	0
H_2	g	0	0	130.574
O_2	g	0	0	205.028
H_2O	l	-237.178	-285.830	69.91
OH^-	aq	-157.298	-229.994	-10.75
Al	c	0	0	28.32
Al^{3+}	aq	-485	-531	-321.7
$Al(OH)_3$	c	-1138	-1276	(71)
$Al_2O_3 \cdot H_2O$(boehmite)	c	-1825.5	-1974.8	96.86
$Al_2O_3 \cdot H_2O$(diaspore)	c	-1841	-2000	70.54
$Al_2O_3 \cdot 3H_2O$(gibbsite)	c	-2287.4	-2562.7	140.21
$H_2AlO_3^-$	aq	-1067.7	—	—
AlO_2^-	aq	-823.4	-918.8	-21
$Al(OH)_4^-$	aq	-1297.9	-1490.3	117
Ag	c	0	0	42.70
Ag^+	aq	77.124	105.579	72.68
Ag_2O	c	-11.21	-31.05	121.3
$Ag_2S(\alpha)$	c	-40.67	-32.59	144.01
AgCl	c	-109.805	-127.068	96.2
AgCN	c	156.9	146.0	107.19
$Ag(CN)_2^-$	aq	305.4	270.3	192
$Ag(NH_3)_2^+$	aq	-17.24	-111.29	245.2
Au	c	0	0	47.7
Au^{+*}	aq	163.2	—	—
Au^{3+}	aq	433.5	—	—
$Au(CN)_2^-$	aq	285.8	242.3	172
$AuCl_4^-$	aq	-235.1	-325.5	61
CO_2	g	-394.383	-393.51	213.639
HCO_3^-	aq	-587.06	-691.11	94.9
H_2CO_3	aq	-623.42	-698.7	191.11
CO_3^{2-}	aq	-528.10	-676.26	-53.1
$CH3COO^-$	aq	-372.46	-488.87	—
CH3COOH	aq	-95.51	-488.45	—
Ca	c	0	0	41.6
Ca^{2+}	aq	-553.54	-542.83	-53.1

화 학 식	상태	ΔG^0_{298K} (kJ/mol)	ΔH^0_{298K} (kJ/mol)	ΔS^0_{298K} (J/(mol · K))
$Ca(OH)_2$	c	-898.56	-986.08	83.39
CaO	c	-604.04	-635.09	39.75
CaS	c	-477.4	-482.4	56.5
Cd	c	0	0	55.6
Cd^{2+}	aq	-77.580	-75.90	-73.2
$Cd(OH)_2$	c	-473.6	-560.7	96
$HCdO_2^-$	aq	-361.9	—	—
CdO	c	-228.4	-258.2	54.8
CdS	c	-156.5	-161.9	64.9
Cl_2	g	0	0	222.95
Cl^-	aq	-131.168	-167.456	55.2
Co	c	0	0	28.5
Co^{2+}	aq	-54.4	-58.2	-113
Co^{3+}	aq	120.9	—	
$Co(OH)_2$	c	-454.4	-539.7	79
$HCoO_2^-$	aq	-347.1	—	
$Co(OH)_3$	c	-596.6	-730.5	(84)
CoO	c	-214.22	-237.94	52.97
CoS^*	c	-82.8	-80.8	67.4
HCN	aq	119.7	—	—
CN^-	aq	172.4	150.6	94.1
Cr	c	0	0	23.8
Cr^{2+}	aq	-175.8	—	—
$Cr(OH)_2$	c	-587.8	—	—
Cr^{3+}	aq	-215.5	—	-307.5
$Cr(OH)_2^{2+}$	aq	-431.0	-474.9	-68.6
$Cr(OH)_3$	c	-900.8	-1033.8	80.3
H_2CrO_4	aq	-777.9	—	—
$HCrO_4^-$	aq	-773.6	-921.3	69.0
CrO_4^{2-}	aq	-736.8	-894.3	38.5
CrO_2^-	aq	-535.6	—	—
$Cr_2O_7^{2-}$	aq	-1319.6	-1522.9	213.8
Cr_2O_3	c	-1046.8	-1128.4	81.2
Cu	c	0	0	33.3
Cu^+	aq	50.00	71.67	40.6

화 학 식	상태	ΔG^0_{298K} (kJ/mol)	ΔH^0_{298K} (kJ/mol)	ΔS^0_{298K} (J/(mol・K))
Cu^{2+}	aq	65.52	64.77	-99.6
$Cu(OH)_2$	c	-356.9	-443.9	(79)
$HCuO_2^-$	aq	-257.0	—	—
CuO_2^{2-}	aq	-182.0	—	—
Cu_2O	c	-146.0	-168.6	93.14
CuO	c	-129.7	-157.3	42.64
Cu_2S	c	-86.2	-79.5	120.9
CuS	c	-53.6	-53.1	66.5
$CuSO_4$	c	-661.9	-771.36	109
$CuFeS_2$	c	-190.58	-190.4	124.98
$Cu(NH3)_2^{2+}$	aq	-65.3	-151.0	263.6
$Cu(NH3)_4^{2+}$	aq	-111.29	-348.5	273.6
Fe	c	0	0	14.6
Fe^{2+}	aq	-78.87	-89.1	-137.7
$Fe(OH)_2$	c	-486.6	-569.0	88
$HFeO_2^-$	aq	-379.2	—	—
Fe^{3+}	aq	-4.6	-48.5	-315.9
$FeOH^{2+}$	aq	-233.9	-282.0	-97.1
$Fe(OH)_3$	c	-696.6	-823.0	106.7
Fe_2O_3	c	-742.2	-824.2	87.40
Fe_3O_4	c	-1015.5	-1118.4	146.4
FeS	c	-100.4	-100.0	60.29
FeS_2	c	-166.9	-178.2	52.93
Fe_7S_8	c	-748.5	-736.4	485.8
Mg	c	0	0	32.5
Mg^{2+}	aq	-454.8	-466.85	-138.1
$Mg(OH)_2$	c	-833.58	-924.54	63.18
MnO(periclase)	c	-569.44	-601.70	26.94
MnS	c	-341.8	-346.0	50.33
Mn	c	0	0	31.8
Mn^{2+}	aq	-228.0	-220.75	-73.6
$Mn(OH)_2$	c	-615.0	-695.4	99.2
$HMnO_2^-$	aq	-505.8	—	—
MnO_4^{2-}	aq	-503.8	—	—
MnO_4^-	aq	-449.4	-542.7	190.0
MnS	c	-218.4	-214.2	78.2
MnO_2	c	-465.18	-520.03	53.05

화 학 식	상태	ΔG^0_{298K} (kJ/mol)	ΔH^0_{298K} (kJ/mol)	ΔS^0_{298K} (J/(mol·K))
NH_3	aq	-26.57	-80.29	111.3
NH_4^+	aq	-79.37	-132.51	113.4
Ni	c	0	0	30.1
Ni^{2+}	aq	-45.6	-54.0	-128.9
$Ni(OH)_2$	c	-447.3	-529.7	88
$HNiO_2^-$	aq	-349.2	—	—
$Ni(OH)_3$	c	-541.8	-678.2	(81.6)
NiO	c	-211.7	-239.7	37.99
NiS	c	-79.5	-82.0	52.97
Ni_3O_2	c	-197.1	-202.9	133.9
$Ni(NH_3)_6^{2+}$	aq	-250.1	-630.1	394.6
Pb	c	0	0	64.9
Pb^{2+}	aq	-24.39	-1.7	10.46
$Pb(OH)_2$	c	-452.3	-515.9	—
$HPbO_2^-$	aq	-338.82	—	—
PbO(yellow)	c	-187.90	-217.32	68.7
PbO(red)	c	-188.95	-218.99	66.5
PbS	c	-98.7	-100.4	91.2
$PbSO_4$	c	-813.20	-919.94	148.57
PbO_2	c	-217.36	-277.4	68.6
H_2S	g	-33.56	-20.63	205.69
H_2S	aq	-27.86	-39.7	121
HS^-	aq	-12.05	-17.6	62.8
S^{2-}	aq	85.8	33.1	-14.6
SO_4^{2-}	aq	-744.63	-909.27	20.1
HSO_4^-	aq	-756.01	-887.34	131.8
SO_2	aq	-300.70	-322.980	161.9
HSO_3^-	aq	-527.81	-626.22	139.7
SO_3^{2-}	aq	-486.6	-635.5	-29
Sn	c	0	0	51.5
Sn^{2+}(aqHCl)	aq	-27.2	-8.8	-17
Sn^{4+}(aqHCl)	aq	2.5	30.5	-117
$Sn(OH)_2$	c	-491.6	-561.1	155
$HSnO_2^-$	aq	-410	—	—
$Sn(OH)_6^{2-}$	aq	-1299	—	—
SnO	c	-256.9	-285.8	56.5

화 학 식	상태	ΔG^0_{298K} (kJ/mol)	ΔH^0_{298K} (kJ/mol)	ΔS^0_{298K} (J/(mol · K))
SnO_2	c	-519.7	-580.7	52.3
SnS	c	-98.3	-100	77
U	c	0	0	50.32
U^{3+}	aq	-520.37	-514.51	-125
U^{4+}	aq	-578.93	-613.45	-327
UO_2	c	-1031.5	—	—
UO_2^{+}	aq	-993.88	-1034.9	50
UO_2^{2+}	aq	-988.86	-1047.4	-71
UO_3	c	-1141.9	—	—
$UO_3 \cdot H_2O$	c	-1434.77	-1570.30	138
$U(OH)^{3+}$	aq	-809.41	-853.14	-125
$U(OH)_3$	c	-1100.97	—	—
$U(OH)_4$	c	-1470.74	—	—
UO_2SO_4	c	-1730.51	-1954.72	-54
$UO_2(CO_3)_3^{4-}$	aq	-2677.12	—	—
$UO_2(CO_3)_2(H_2O)_2^{2-}$	aq	-2601.83	—	—
UO_2CO_3	c	-1576.99	—	—
$UO_2(OH)_2 \cdot H_2O$	c	-1827.97	—	—
Zn	c	0	0	41.6
Zn^{2+}	aq	-147.03	-153.89	-112.1
$Zn(OH)_2$	c	-553.58	-641.91	81.2
$HZnO_2^{-}$	aq	-464.0	—	—
ZnO_2^{2-}	aq	-389.2	—	—
ZnO	c	-318.32	-348.28	43.64
ZnS(sphalerite)	c	-201.29	-205.98	57.7
$ZnSO_4$	c	-874.5	-982.8	119.7
$Zn(NH_3)_4^{2+}$	aq	-307.5	—	—

부록 6 SI Units[166]

Table 1. SI base units.

Base quantity	SI base unit	
	Name	Symbol
length	meter	m
mass	kilogram	kg
time	second	s
electric current	ampere	A
thermodynamic temperature	kelvin	K
amount of substance	mole	mol
luminous intensity	candela	cd

Table 2. Examples of SI derived units expressed in terms of SI base units.

Derived quantity	SI base unit	
	Name	Symbol
area	square meter	m^2
volume	cubic meter	m^3
speed, velocity	meter per second	m/s
acceleration	meter per second squared	m/s^2
wave number	reciprocal meter	m^{-1}
mass density (density)	kilogram per cubic meter	kg/m^3
specific volume	cubic meter per kilogram	m^3/kg
current density	ampere per square meter	A/m^2
magnetic field strength	ampere per meter	A/m
amount-of-substance concentration (concentration)	mole per cubic meter	mol/m^3
luminance	candela per square meter	cd/m^2

166 Barry N. Taylor : "Guide for the Use of the International System of Units(SI)", NIST Special Publication 811, 1995 Edition.

Table 3. Value of selected physical constants.

상 수	기호	값	단위
Faraday상수	F	9.6485309×10^{4}	$C \cdot mol^{-1}$
Avogadro 수	N_A	6.0221367×10^{23}	mol^{-1}
기체상수	R	8.3145101	$J \cdot K^{-1} \cdot mol^{-1}$
기체상수	R	1.9872	$cal \cdot K^{-1} \cdot mol^{-1}$
기체상수	R	0.0820578	$L \cdot atm \cdot K^{-1} \cdot mol^{-1}$
Boltzmann상수	k_B	1.380658×10^{-23}	$J \cdot K^{-1}$
중력가속도	g	980.665	$cm \cdot s^{-2}$
표준상태의 이상기체부피	-	22.41409	$L \cdot mol^{-1}$
Planck상수	h	$6.6260755 \times 10^{-34}$	$J \cdot s$

Table 4. SI prefixes

Fraction	Prefix	Symbol	Fraction	Prefix	Symbol
10^{-1}	deci	d	10	deca	da
10^{-2}	centi	e	10^{2}	hecto	h
10^{-3}	milli	m	10^{3}	kilo	k
10^{-6}	micro	μ	10^{6}	mega	M
10^{-9}	nano	n	10^{9}	giga	G
10^{-12}	pico	p	10^{12}	tera	T
10^{-15}	femto	f	10^{15}	peta	P
10^{-18}	atto	a	10^{18}	exa	E

Table 5. Conversion table for units

Units	Symbol	Value
Length		
meter(SI unit)	m	
centimeter	cm	$=10^{-2}$ m
angstrom	A	$=10^{-10}$ m
micron	μ	$=10^{-6}$ m
Volume		
cubic meter(SI unit)	m^3	
liter	L	$=dm^3=10^{-3}$ m^3
Mass		
kilogram(SI unit)	kg	
gram	g	$=10^{-3}$ kg
Energy		
joule(SI unit)	J	
erg	erg	$=10^{-7}$ J
rydberg	Ry	$=2.17987\times10^{-18}$ J
electron volt	eV	$=1.60218\times10^{-19}$ J
inverse centimeter	cm^{-1}	$=1.98645\times10^{-23}$ J
calorie(thermochemical)	cal	=4.184 J
liter atmosphere	1 atm	=101.325 J
Pressure		
pascal(SI unit)	Pa	
atmosphere	atm	=101325 Pa
bar	bar	$=10^{5}$ Pa
torr	Torr	=133.322 Pa
pounds pre square inch	psi	$=6.894757\times10^{3}$ Pa
Power		
watt(SI unit)	W	
horsepower	hp	=745.7 W
Angle		
radian(SI unit)	rad	
degree	o	$=\frac{2\pi}{360}\text{rad}=\left(\frac{1}{57.29578}\right)\text{rad}$

[참고서적]

1. 손호상 역, 2017: A. Yazawa의 열역학 문제집, 경북대학교출판부.
2. 이강문, 1980: 광물처리공학, 반도출판사, 서울.
3. 이상호, 유재근, 손진군, 백영현, 2008: 금속생산의 원리, 청문각.
4. 이응조, 1985: 습식제련공학, 문운당.
5. 이승이, 1976: 비철금속제련공학, 문운당.
6. 대한금속학회, 1980: 비철제련공학, 탑출판사.
7. 한국자원리싸이클링학회, 2014: 2014리싸이클링백서, S&M미디어(주).
8. 오재현, 2017: 자원리싸이클링산업의 탐색, S&M미디어(주).
9. C.B. Gill, 1980: Nonferrous Extractive Metallurgy, John Wiley & Sons, Inc. USA.
10. Chiranjib Kumar Gupta, 2003: Chemical Metallurgy-Principles and Practice, WILEY-VCH Verlag GmbH & Co. KGaA, Weinheim.
11. C. B. Alcock, 1976: Principles of Pyrometallurgy, Academic Press, NY.
12. G. S. Upadhyaya and R. K. Dube, 1977: Problems in Metallurgical Thermodynamics and Kinetics, Pergamon Press, Oxford, U.K.
13. Tomas Havlik, 2008: Hydrometallurgy-Principles and applications, CRC Press, Woodhead Publishing Limited, Cambridge England.
14. 大谷正康, 水渡英昭, 早稲田嘉夫, 1975: "冶金物理化學演習", 丸善株式會社.
15. David R. Gaskell, 1995: Introduction to the Thermodynamics of Materials", Taylor Francis.
16. 松下幸雄 등, 1970: 冶金物理化學, 丸善株式会社, 東京, 日本.
17. 川北公夫, 小石眞純, 種谷眞一, 1981: 粉體工學(應用編), 槇書店.
18. 安座上竹四, 粟倉泰弘, 1999: 金屬製錬工學(Extractive Metallurgy), 日本金屬學會.
19. 萬谷志朗(Banya Sirou), 2000: 鐵鋼製錬(Ferrous Process Metallurgy), 日本金屬學會.